高等职业教育本科新形态系列教材

EDA 技术及应用项目化教程
——基于 Multisim 的电路仿真分析

徐宏伟　周润景　贾　雯　孙伟霞　编著

机械工业出版社

本书在新工科背景下，以"项目引领、任务驱动"的方式编写而成，全书注重理论与实践相结合。全书内容分为两部分，共 8 个项目。第一部分为 Multisim 软件的使用，其中包括软件的基本操作、元件库分类、各类仪表使用以及仿真分析的方法讲解；第二部分为模数电路，其中包括基本放大单元电路的仿真分析、集成运算放大电路的仿真分析、常用的数字电路及数/模混合电路的仿真分析。每个项目又分成若干任务，由浅入深，以完成各任务的步骤为顺序组织内容，结构合理、层次分明。书中所有电路都通过实际验证，每个项目都附有素养目标和习题与思考题。同时，本书还配有教学仿真视频、电子教案、教学大纲及仿真源文件，需要的读者可登录 www.cmpedu.com 免费注册，审核通过后下载，或联系编辑索取（微信：18515977506，电话 010-88379753）。

本书可作为高等职业院校、职业本科院校电子信息类专业 EDA 技术、电子技术等课程的教材，也可作为相关工程技术人员的参考书。

图书在版编目（CIP）数据

EDA 技术及应用项目化教程：基于 Multisim 的电路仿真分析 / 徐宏伟等编著. -- 北京：机械工业出版社，2025.6. -- （高等职业教育本科新形态系列教材）.
ISBN 978-7-111-77937-7

I．TN702

中国国家版本馆 CIP 数据核字第 2025KB0168 号

机械工业出版社（北京市百万庄大街 22 号　邮政编码 100037）
策划编辑：尚　晨　　　　　责任编辑：尚　晨　汤　枫
责任校对：张爱妮　张昕妍　　封面设计：张　静
责任印制：张　博
固安县铭成印刷有限公司印刷
2025 年 7 月第 1 版第 1 次印刷
184mm×260mm・16.5 印张・416 千字
标准书号：ISBN 978-7-111-77937-7
定价：79.00 元

电话服务　　　　　　　　　　网络服务
客服电话：010-88361066　　　机　工　官　网：www.cmpbook.com
　　　　　010-88379833　　　机　工　官　博：weibo.com/cmp1952
　　　　　010-68326294　　　金　书　网：www.golden-book.com
封底无防伪标均为盗版　　　　机工教育服务网：www.cmpedu.com

前言

EDA（Electronic Design Automation，电子设计自动化）技术是现代电子工程领域的主流技术，它提供了基于计算机和信息技术的电路系统设计方法。EDA 技术的发展极大地推动了电子工业的发展。EDA 在教学和产业界的技术推广是当今业界的一个技术热点，EDA 技术已成为现代电子工业中不可缺少的一项技术。掌握这项技术是电子类高校学生就业的一个基本条件。

Multisim 软件以其界面形象直观、操作方便、分析功能强大、易学易用等突出优点，深受广大电子设计工作者的喜爱，特别是在许多院校，已将 Multisim 软件作为电子类课程和实验的重要辅助工具。目前 Multisim 14.3 是 Multisim 软件的主流版本，该版本在用户界面上进行了大量的改进，使其更加直观且易于使用；在应用程序的集成方面，提供了一整套的应用程序，用户可以在其中选择适合自己的部件来进行仿真和测试；用户可以在 Multisim 14.3 中创建自己的仿真文件和元件符号，并将其存储在 Libraries 文件夹中，方便其他用户在设计中使用；并且支持多屏幕和虚拟仪器盘。综上所述，Multisim 14.3 为用户提供了全方位的电路设计和分析工具。

通过本书的多个综合设计实例，读者不仅可以熟悉 Multisim 14.3 的主要功能的使用方法，而且可以加深对电路与系统的理解与掌握，提高理论与实践的能力。本书摒弃了传统书本以理论知识为所有内容的特点，书中含有大量例题和实例，且所有实例均通过实际验证，从而更好地满足新时代背景下求学者的学习需求；理论知识部分力求深入浅出，通过直观的方式介绍抽象内容，例如更多地用电路的仿真结果去展示电路的效果，以便更好地理解和记忆；此外，本书还注重学生的文化素养教育，例如在数字电路学习中，通过介绍生活中随处可见的现象，传递了 EDA 技术对现代社会的影响，旨在激发求学者更细心地发现生活中的各种电路。

本书共分 8 个项目，项目 1 主要学习软件的使用，包括软件初始界面的介绍和各种工具栏的作用，然后用一个简单电路来介绍电路原理图建立和仿真的基本操作，在搭建电路的过程中学会软件的使用；项目 2 学习软件的元件库与仿真仪器，软件提供的仿真仪器与现实中的仪表一样，学习者通过使用软件中的仿真仪器能够对学习提供极大的帮助；项目 3 通过实际电路讲解了 Multisim 14.3 中各种仿真方法的相关原理和使用设置方法；项目 4、项目 5 是模拟电路内容，通过模拟电路的综合设计，不仅对整体设计电路进行了完整的仿真分析，而且对各组成部分的电路原理进行了详细的讲解；项目 6~项目 8 是数字电路内容，分别对组合逻辑电路、时序逻辑电路和数/模混合电路进行原理讲解。然后在每个项目的最后给出一个实例，从设计要求出发，对各组成部分进行详细说明，以此加深对电路的理解。

本书共 8 个项目，其中项目 1、2、3 由徐宏伟编写，项目 4、5 由贾雯编写，项目 6 由孙伟霞编写，项目 7、8 由周润景编写，全书由周润景统稿。

为了实现与仿真软件的无缝结合，书中涉及的电气逻辑符号及元器件符号与 Multisim 软件中保持一致，有需求的读者请参阅相关国标。

由于作者水平有限，加之时间仓促，书中难免有错误和不足之处，敬请读者批评指正。

编　者

目录

前言

项目1 学习 Multisim 软件的使用 1
  任务 1.1 Multisim 软件简介 1
  任务 1.2 Multisim 基本认识 2
    1.2.1 Multisim 基本界面 2
    1.2.2 用户界面与环境参数自定义 8
  任务 1.3 Multisim 电路初步设计 10
    1.3.1 建立新设计图 10
    1.3.2 元件操作与调整 11
  习题与思考题 17

项目2 熟悉 Multisim 元件库与仿真仪器 18
  任务 2.1 认识 Multisim 元件库 18
    2.1.1 信号源库 19
    2.1.2 基本元件库 19
    2.1.3 二极管元件库 20
    2.1.4 晶体管元件库 21
    2.1.5 模拟元件库 22
    2.1.6 TTL 元件库 23
    2.1.7 CMOS 元件库 23
    2.1.8 其他数字元件库 24
    2.1.9 混合元件库 24
    2.1.10 显示元件库 25
    2.1.11 功率元件库 25
    2.1.12 混合类元件库 26
    2.1.13 高级外设元件库 27
    2.1.14 射频元件库 27
    2.1.15 机电类元件库 28
    2.1.16 NI 元件库 28
    2.1.17 连接器元件库 29
  任务 2.2 学习常用仪表的使用 30
    2.2.1 万用表 30
    2.2.2 函数信号发生器 31
    2.2.3 功率计 32
    2.2.4 双通道示波器 33
    2.2.5 四通道示波器 35
    2.2.6 波特图仪 35
    2.2.7 频率计数器 37
  任务 2.3 高级仿真分析仪器 37
    2.3.1 字信号发生器 37
    2.3.2 逻辑转换仪 40
    2.3.3 逻辑分析仪 41
    2.3.4 伏安特性分析仪 43
    2.3.5 失真度分析仪 46
    2.3.6 频谱分析仪 47
    2.3.7 网络分析仪 49
  任务 2.4 其他仪器 51
    2.4.1 测量探针 51
    2.4.2 电流探针 52
    2.4.3 安捷伦（Agilent）虚拟仪器 53
    2.4.4 泰克（Tektronix）虚拟示波器 54
    2.4.5 LabVIEW 虚拟仪器 55
  习题与思考题 58

项目3 学习电路特性的常用分析方法 59
  任务 3.1 电路的参数扫描分析 59
    3.1.1 直流工作点分析 59
    3.1.2 直流扫描分析 62
    3.1.3 参数扫描分析 63
    3.1.4 温度扫描分析 65
  任务 3.2 电路的时域与频域特性分析 66
    3.2.1 交互式分析 66
    3.2.2 瞬态分析 68

3.2.3　交流分析 …………………… 70
任务 3.3　其他仿真分析 ………………… 71
　　3.3.1　傅里叶分析 ………………… 71
　　3.3.2　单频交流分析 ……………… 73
　　3.3.3　噪声分析 …………………… 74
　　3.3.4　噪声因数分析 ……………… 76
　　3.3.5　失真分析 …………………… 77
　　3.3.6　灵敏度分析 ………………… 78
习题与思考题 ……………………………… 80

**项目 4　学习模拟电路的基本放大
　　　　单元电路的仿真** ……………… 81
任务 4.1　共射极放大电路的
　　　　　仿真 …………………………… 81
　　4.1.1　晶体管特性分析 …………… 81
　　4.1.2　放大电路的组成及原理分析 …… 83
　　4.1.3　放大电路的性能指标 ……… 84
　　4.1.4　静态工作点的稳定及其偏置
　　　　　电路 …………………………… 85
任务 4.2　多级放大电路的仿真 ………… 87
　　4.2.1　多级放大电路的耦合方式 …… 87
　　4.2.2　多级放大电路的分析方式 …… 90
任务 4.3　差分放大电路的仿真 ………… 90
　　4.3.1　差模和共模信号 …………… 90
　　4.3.2　长尾式差分放大电路 ……… 91
任务 4.4　放大电路中的负反馈 ………… 92
　　4.4.1　负反馈的基本概念 ………… 92
　　4.4.2　负反馈的组态及其对放大
　　　　　电路的影响 …………………… 93
　　4.4.3　负反馈放大电路的计算 …… 98
任务 4.5　功率放大电路的仿真 ………… 98
　　4.5.1　乙类互补功率放大电路 …… 98
　　4.5.2　甲乙类互补功率放大电路 …… 99
习题与思考题 ……………………………… 101

**项目 5　学习模拟电路的集成运算放大
　　　　电路的仿真** ……………………… 102
任务 5.1　认识集成运算放大器 ………… 102
　　5.1.1　认识理想运放"虚短"和
　　　　　"虚断" ……………………… 103
　　5.1.2　理想运放的特点 …………… 104

任务 5.2　集成运放的典型应用
　　　　　电路 …………………………… 105
　　5.2.1　基本运算电路 ……………… 105
　　5.2.2　滤波电路 …………………… 113
　　5.2.3　电压比较器 ………………… 120
任务 5.3　音频功率放大器设计
　　　　　实例 …………………………… 125
　　5.3.1　晶体管音频功率放大器的
　　　　　设计 …………………………… 125
　　5.3.2　集成运放音频放大电路设计 … 156
　　5.3.3　拓展电路设计 ……………… 174
习题与思考题 ……………………………… 186

**项目 6　学习数字电路中组合逻辑
　　　　电路** ……………………………… 187
任务 6.1　学习门电路 …………………… 187
　　6.1.1　半导体二极管逻辑门电路 …… 187
　　6.1.2　TTL 门电路 ………………… 193
　　6.1.3　其他类型门电路 …………… 195
任务 6.2　组合逻辑电路的分析与
　　　　　设计 …………………………… 198
　　6.2.1　组合逻辑电路的分析 ……… 199
　　6.2.2　组合逻辑电路的设计 ……… 200
任务 6.3　常用组合逻辑电路 …………… 202
　　6.3.1　加法器 ……………………… 202
　　6.3.2　编码器 ……………………… 203
　　6.3.3　译码器 ……………………… 205
　　6.3.4　数据选择器 ………………… 208
任务 6.4　组合逻辑电路中的竞争
　　　　　冒险 …………………………… 209
　　6.4.1　竞争冒险的概念与产生的
　　　　　原因 …………………………… 209
　　6.4.2　竞争冒险的判断方法 ……… 210
　　6.4.3　消除竞争冒险的方法 ……… 210
任务 6.5　组合逻辑电路的设计实
　　　　　例——竞赛抢答器设计 …… 212
　　6.5.1　设计目的 …………………… 212
　　6.5.2　设计任务 …………………… 212
　　6.5.3　设计原理 …………………… 212
　　6.5.4　系统仿真与电路分析 ……… 214
习题与思考题 ……………………………… 216

项目 7　学习数字电路中时序逻辑电路 ·················· 217

任务 7.1　时序逻辑电路概述 ········· 217
任务 7.2　时序逻辑电路分析与设计 ·················· 219
7.2.1　时序逻辑电路的分析 ··········· 219
7.2.2　时序逻辑电路的设计 ··········· 221
任务 7.3　常用时序逻辑电路 ········ 223
7.3.1　触发器 ·················· 223
7.3.2　寄存器 ·················· 225
7.3.3　计数器 ·················· 228
7.3.4　顺序脉冲发生器 ··········· 236
任务 7.4　时序逻辑电路的设计实例——110 序列检测器设计 ·················· 237
7.4.1　设计目的 ·················· 237
7.4.2　设计任务 ·················· 237
7.4.3　设计思路 ·················· 237
7.4.4　设计过程 ·················· 237
7.4.5　系统仿真 ·················· 240
习题与思考题 ······················ 241

项目 8　学习数/模混合电路 ············ 242

任务 8.1　典型数/模混合电路的仿真 ·················· 242
8.1.1　D/A 转换电路的仿真 ··········· 242
8.1.2　A/D 转换电路的仿真 ··········· 246
任务 8.2　数/模混合电路的设计实例——A/D、D/A 转换设计 ·················· 251
8.2.1　设计目的 ·················· 251
8.2.2　设计任务 ·················· 251
8.2.3　设计思路 ·················· 252
8.2.4　系统仿真及电路分析 ··········· 253
习题与思考题 ······················ 254

参考文献 ···························· 255

项目 1
学习 Multisim 软件的使用

项目描述

NI Multisim 14 是美国国家仪器有限公司（National Instrument，NI）推出的以 Windows 为基础、符合工业标准的、具有 SPICE 仿真环境的新版电路设计套件。该电路设计套件包含 NI Multisim 14 和 NI Ultiboard 14 两个软件，能够实现电路原理图的绘制、电子线路和单片机仿真、多种性能分析和基本机械 CAD 设计等功能。本项目主要认识 NI Multisim 14 电路仿真软件和对电路进行初步构建。

任务 1.1 Multisim 软件简介

Multisim 和 Ultiboard 是美国国家仪器公司下属的 ElectroNIcs Workbench Group 推出的交互式 SPICE 仿真和电路分析软件，专用于原理图捕获、交互式仿真、电路板设计和集成测试。这个平台将虚拟仪器技术的灵活性扩展到了电子设计者的工作台上，弥补了测试与设计功能之间的缺口。通过将 NI Multisim 电路仿真软件和 LabVIEW 测量软件相集成，需要设计制作自定义印制电路板（PCB）的工程师能够非常方便地比较仿真和真实数据，从而规避设计上的反复，减少原型错误并缩短产品上市时间。

使用 Multisim 可交互式地搭建电路原理图，并对电路行为进行仿真。Multisim 提炼了 SPICE 仿真的复杂内容，这样使用者无须深入懂得 SPICE 技术就可以很快地进行捕获、仿真和分析新的设计，这也使其更适合电子技术相关专业的教育。通过 Multisim 和虚拟仪器技术，使用者可以完成从理论到原理图捕获与仿真再到原型设计和测试这样一个完整的综合设计流程。

Multisim 14.3 具有以下特点。

1）Multisim 14.3 在用户界面上进行了大量的改进，使其更加直观且易于使用。同时，它也提供了一个全新的布局设计工具，使用户能够快速完成布局。这些新的功能，令 Multisim 14.3 比其前几代的软件更具先进性。

2）Multisim 14.3 的仿真模型文件非常丰富，比如支持 SPICE，它可以模拟多达 65000 种不同的电子部件，并具有多种不同的仿真类型，包括 DC、AC、时域和频域。这些模型都经过了严格的测试和验证，可以为用户提供更真实的仿真体验。

3）Multisim 14.3 提供了一整套的应用程序，用户可以在其中选择适合自己的部件来进行仿真和测试。如果用户缺少一个特定的部件，还可以轻松地从 NI 在线存储库下载它，并将其导入 Multisim 14.3 中进行仿真。

4）在 Multisim 14.3 中，用户还可以创建自己的仿真文件和元件符号，并将其存储在 Libraries 文件夹中，以便其他用户在他们的设计中使用。这让用户能够在电路设计中更具创造性和灵活性。

任务 1.2 Multisim 基本认识

1.2.1 Multisim 基本界面

打开 Multisim 后，其基本界面如图 1-1 所示。Multisim 的基本界面主要包括菜单栏、标准工具栏、视图工具栏、主工具栏、仿真工具栏、元件工具栏、仪器工具栏、设计工具栏、电路工作区、电子表格视窗等，下面将对它们进行详细说明。

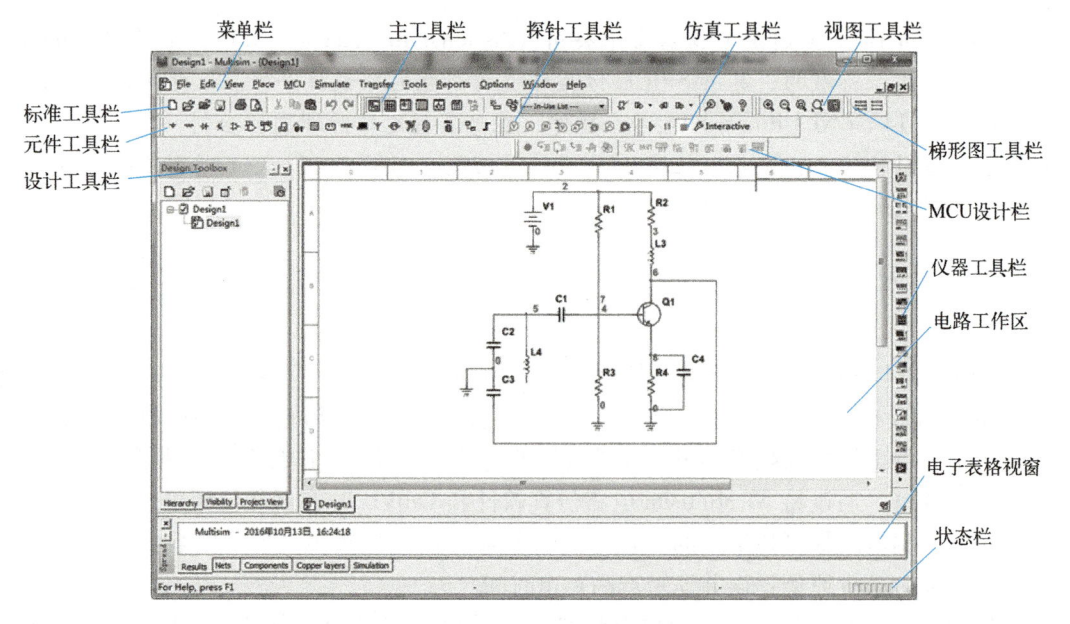

图 1-1 Multisim 的基本界面

1. 菜单栏

和所有应用软件相同，菜单栏中分类集中了软件的所有功能命令。Multisim 的菜单栏包含 12 个菜单项，它们分别为文件（File）菜单、编辑（Edit）菜单、视图（View）菜单、放置（Place）菜单、MCU 菜单、仿真（Simulate）菜单、文件输出（Transfer）菜单、工具（Tools）菜单、报告（Reports）菜单、选项（Options）菜单、窗口（Window）菜单和帮助（Help）菜单。以上每个菜单下都有一系列功能命令，用户可以根据需要在相应的菜单下寻找功能命令。

（1）文件（File）菜单

该菜单主要用于管理所创建的电路文件，如对电路文件进行打开、保存和打印等操作，其中大多数命令和一般 Windows 应用软件基本相同，这里不再赘述。

（2）编辑（Edit）菜单

编辑菜单下的命令，主要用于绘制电路图的过程中，对电路和元件进行各种编辑，其中一些常用操作如复制、粘贴等和一般 Windows 应用程序基本相同，这里不再赘述。

(3) 视图（View）菜单

该菜单用于设置仿真界面的显示及电路图的缩放显示等内容（如工具栏、网格、纸张的边界等）。

(4) 放置（Place）菜单

放置菜单提供在电路窗口内放置元件、连接点、总线和子电路等命令，该菜单的主要命令及功能如下。

- Component：放置元件。
- Probe：放置探针（测量电压、电流和功率）。
- Junction：放置节点。
- Wire：放置导线。
- Bus：放置总线。
- Connectors：放置连接器，其下拉菜单包括在页连接器（On-Page connector）；全局连接器（Global connector）；层次电路或子电路连接器（Hierarchical connector）；输入连接器（Input connector）；输出连接器（Output connector）；总线层次电路连接器（Bus hierarchical connector）；平行页连接器（Off-Page connector）和总线平行页连接器（Bus Off-Page connector）。
- New Hierarchical Block：放置一个新的层次电路模块。
- Hierarchical Block from File：从已有电路文件中选择一个作为层次电路模块。
- Replace by Hierarchical Block：将已选电路用一个层次电路模块代替。
- New Subcircuit：放置一个新的子电路。
- Replace by Subcircuit：将已选电路用一个子电路模块代替。
- New PLD Subcircuit：放置一个新的 PLD 子电路。
- New PLD Hierarchical Block：放置一个新的 PLD 子电路模块。
- Multi-Page：新建一个平行设计页。
- Bus Vector Connect：放置总线矢量连接器。
- Comment：在工作空间中放置注释。
- Text：在工作空间中放置文字。
- Graphics：放置图形。
- Circuit Parameter Legend：总线向量连接。
- Title Block：放置标题栏。
- Place Ladder Rungs：放置梯级。

(5) MCU 菜单

MCU 模块用于含微处理器的电路设计，MCU 菜单提供微处理器编译和调试等功能。其主要功能和一般编译调试软件类似，这里不做详细介绍。

(6) 仿真（Simulate）菜单

仿真菜单主要提供电路仿真的设置与操作命令，其中的主要命令及功能如下。

- Run：运行仿真开关。
- Pause：暂停仿真。
- Stop：停止仿真。
- Analyses and Simulation：选择仿真分析方法。

- Instruments：选择仿真用各种仪表。
- Mixed-mode Simulation Settings：混合模式仿真设置。
- Probe Settings：设置探针属性。
- Reverse Probe Direction：反转探针方向。
- Locate Reference Probe：把选定的探针锁定在固定位置。
- NI ELVIS Ⅱ Simulation Settings：NI ELVIS Ⅱ 仿真设置。
- Postprocessor：打开后处理器对话框。
- Simulation Error Log/Audit Trail：显示仿真的错误记录/检查仿真轨迹。
- XSPICE Command Line Interface：打开可执行 XSPICE 命令的窗口。
- Load Simulation Settings：加载曾经保存的仿真设置。
- Save Simulation Settings：保存仿真设置。
- Automatic Fault Option：设置电路元件发生故障的数目和类型。
- Clear Instrument Data：清除仪表数据。
- Use Tolerances：设置在仿真时是否考虑元件容差。

（7）文件输出（Transfer）菜单

文件输出菜单提供将仿真结果输出给其他软件处理的命令，其中的主要命令及功能如下。

- Transfer to Ultiboard：将原理图传送给 Ultiboard。
- Forward Annotate to Ultiboard：将原理图传送给 Ultiboard 14。
- Backward Annotate from File：将 Ultiboard 电路的改变标注到 Multisim 电路文件中，使用该命令时，电路文件必须打开。
- Export to other PCB Layout File：如果用户使用的是 Ultiboard 外的其他 PCB 设计软件，可以将所需格式的文件传到该第三方 PCB 设计软件中。
- Export SPICE Netlist：输出网格表。
- Highlight Selection in Ultiboard：当 Ultiboard 运行时，如果在 Multisim 中选择某元件，则在 Ultiboard 的对应部分将高亮显示。

（8）工具（Tools）菜单

该菜单提供一些管理元器件及电路的一些常用工具，其中的主要命令及功能如下。

- Component Wizard：打开创建新元件向导。
- Database：数据库菜单。
- Variant Manger：变量管理。
- Set Active Variant：设置有效的变量。
- Circuit Wizards：电路设计向导。
- SPICE Netlist Viewer：查看网络表。
- Advanced RefDes Configuration：优化集成电路和门的个数。
- Replace Components：对已选元件进行替换。
- Update Components：更新电路元件。
- Update Subsheet Symbols：更新子电路符号。
- Electrical Rules Check：运行电气规则检查。
- Clear ERC Markers：清除 ERC 标记。

- Toggle NC(no connection) Markers：绑定 NC 标志。
- Symbol Editor：打开符号编辑器。
- Title Block Editor：打开标题栏编辑器。
- Description Box Editor：打开描述框编辑器。
- Capture Screen Area：捕获屏幕区域。
- Online Design Resources：在线设计资源。

（9）报告（Reports）菜单

报告菜单用于输出电路的各种统计报告，其中主要的命令及功能如下。

- Bill of Materials：提供材料清单。
- Component Detail Report：元件细节报告。
- Netlist Report：网络表报告，提供每个元件的电路连通性信息。
- Cross Reference Report：元件的交叉相关报告。
- Schematic Statistics：原理图统计报告。
- Spare Gates Report：空闲门报告。

（10）选项（Options）菜单

选项菜单用于对电路的界面及电路的某些功能的设定，其中主要的命令及功能如下。

- Global Options：打开整体电路参数设置对话框。
- Sheet Properties：打开页面属性设置对话框。
- Lock Toolbars：锁定工具条。
- Customize Interface：自定义用户界面。

（11）窗口（Window）菜单

窗口菜单为对文件窗口的一些操作，其中的主要命令及功能如下。

- New Window：打开一个和当前窗口相同的窗口。
- Close：关闭当前窗口。
- Close All：关闭所有打开的文件。
- Cascade：层叠显示电路。
- Tile Horizontal：调整所有打开的电路窗口使它们在屏幕上横向排列。
- Tile Vertical：调整所有打开的电路窗口使它们在屏幕上纵向排列。
- Next Window：转到下一个窗口。
- Previous Window：转到前一个窗口。
- Windows：打开窗口对话框。

（12）帮助（Help）菜单

帮助菜单主要为用户提供在线技术帮助和使用指导，其中的主要命令及功能如下。

- Multisim Help：显示关于 Multisim 的帮助目录。
- NI ELVISmx Help：显示关于 NI ELVISmx 的帮助目录。
- Getting Started：打开 Multisim 入门指南。
- New Features and Improvements：显示关于 Multisim 新特点和提升内容。
- Product Tiers：产品对照表。
- Patents：打开专利对话框。
- Find Examples：查找实例。

- About Multisim：显示有关 Multisim 的信息。

2. 标准工具栏

标准工具栏如图 1-2 所示，主要提供一些常用的文件操作功能，按钮从左到右的功能分别为：新建文件、打开文件、打开设计实例、文件保存、打印电路、打印预览、剪切、复制、粘贴、撤销和恢复。

3. 视图工具栏

视图工具栏如图 1-3 所示，其中按钮从左到右的功能分别为：放大、缩小、对指定区域进行放大、在工作空间一次显示整个电路和全屏显示。

图 1-2　标准工具栏　　　　　图 1-3　视图工具栏

4. 主工具栏

主工具栏如图 1-4 所示，它集中了 Multisim 的核心操作，从而可使电路设计更加方便。该工具栏中的按钮从左到右分别为：

- 显示或隐藏设计工具栏。
- 显示或隐藏电子表格视窗。
- 显示或隐藏 SPICE 网表查看器。
- 打开实验电路板查看器。
- 打开图形和仿真列表。
- 对仿真结果进行后处理。
- 打开母电路图。
- 打开新建元器件向导。
- 打开数据库管理窗口。
- 使用元器件列表。
- 进行 ERC 电路规则检测。
- 将 Multisim 原理图文件的变化标注到存在的 Ultiboard 14 文件中。
- 将 Ultiboard 电路的改变标注到 Multisim 电路文件中。
- 将 Multisim 电路的注释标注到 Ultiboard 电路文件中。
- 查找范例。
- 打开 Education 网站。
- 打开 Multisim 帮助文件。

图 1-4　主工具栏

5. 仿真工具栏

用于控制仿真过程的选项有 4 个，如图 1-5 所示。依次为仿真启动、暂停、停止开关和交互式仿真分析选择。

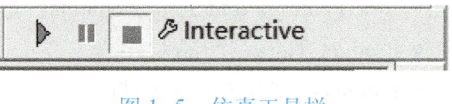

图 1-5　仿真工具栏

6. 元件工具栏和仪器工具栏

Multisim 的元件工具栏包括 20 种元件分类库，如图 1-6 所示，每个元件库放置同一类型的元件，此外元件工具栏还包括放置层次电路和总线的命令。元件工具栏从左到右的模块分别为：电源库、基本元件库、二极管库、晶体管库、模拟器件库、TTL 器件库、CMOS 元件库、其他数字元件库、混合元件库、显示元件库、功率元件库、其他元件库、高级外设元件库、RF 射频元件库、机电类元件库、NI 元件库、连接器元件库、微处理器模块、层次化模块和总线模块，其中层次化模块是将已有的电路作为一个子模块加到当前电路中。各元件库又有不同的分类，我们将在项目 2 中详细介绍。

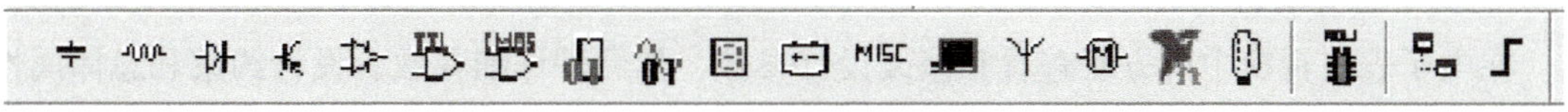

图 1-6　元件工具栏

仪器工具栏包含各种对电路工作状态进行测试的仪器仪表及探针，如图 1-7 所示。仪器工具栏从左到右分别为：数字万用表、函数信号发生器、功率表、双通道示波器、四通道示波器、波特图仪、频率计、数字信号发生器、逻辑转换仪、逻辑分析仪、伏安特性分析仪、失真分析仪、频谱分析仪、网络分析仪、安捷伦函数发生器、安捷伦万用表、安捷伦示波器、泰克示波器、LabVIEW 虚拟仪器和电流探针。各仪器仪表的功能将在项目 3 中详细介绍。

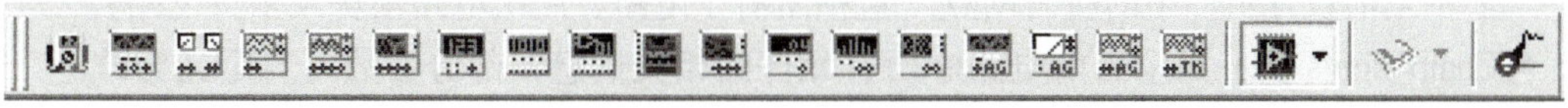

图 1-7　仪器工具栏

7. 设计工具栏

设计工具栏用来管理原理图的不同组成元素。设计工具栏由三个不同的标签页组成，它们分别为层次化（Hierarchy）页、可视化（Visibility）页和工程视图（Project View）页，如图 1-8 所示。下面介绍一下各标签页的功能。

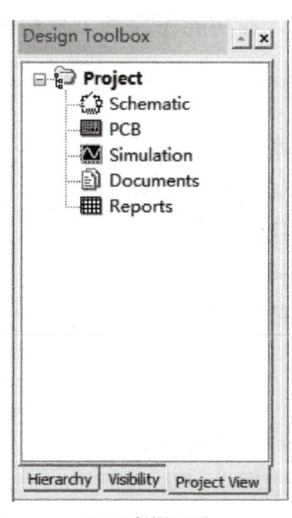

a) 可视化页　　　　b) 工程视图页　　　　c) 层次化页

图 1-8　设计工具栏

- Hierarchy 页：该页包括了所设计的各层电路，页面上方的 5 个按钮从左到右分别为新建原理图、打开原理图、保存、关闭当前电路图和（对子电路、层次电路和多页电路）重命名。
- Visibility 页：由用户决定工作空间的当前页面显示哪些层。
- Project View 页：显示所建立的工程，包括原理图文件、PCB 文件、仿真文件等。

8. 电路工作区

在电路工作区可进行电路图的编辑绘制、仿真分析及波形数据显示等操作，如果需要，还可在电路工作区内添加说明文字及标题框等。

9. 电子表格视窗

在电子表格视窗中可方便查看和修改设计参数，如元件详细参数、设计约束和总体属性等。电子表格视窗包括 5 个页面，下面将简单介绍各页面的功能。

- Results 页：该页面可显示电路中元件的查找结果和 ERC 校验结果，但要使 ERC 校验的结果显示在该页面，需要在运行 ERC 校验时选择将结果显示在 Result Panel 中。
- Nets 页：显示当前电路中所有网点的相关信息，部分参数可自定义修改；该页面上方有 9 个按钮，它们的功能分别为：找到并选择指定网点、将当前列表以文本格式保存到指定位置、将当前列表以 CSV（Comma Separate Values）格式保存到指定位置；将当前列表以 Excel 电子表格的形式保存到指定位置、按已选栏数据的升序排列数据、按已选栏数据的降序排列数据、打印已选表项中的数据、复制已选表项中的数据到剪切板和显示当前设计页面中的所有网点（包括所有子电路、层次电路模块及多电路）。
- Components 页：显示当前电路中所有元件的相关信息，部分参数可自定义修改。
- Copper Layers 页：显示 PCB 层的相关信息。
- Simulation 页：显示运行仿真时相关信息。

10. 状态栏

状态栏用于显示有关当前操作以及鼠标所指条目的相关信息。

11. 其他

以上主要介绍了 Multisim 的基本界面组成，当用户常用 View 菜单下的其他的功能窗口和工具栏时，也可将其放入界面中，各功能窗口和工具栏的说明不再重复介绍。

1.2.2 用户界面与环境参数自定义

上节简单认识了 Multisim 的基本界面和主要功能，下面将介绍在设计电路前应如何对用户界面与环境参数进行自定义，以适合用户的需要和习惯。软件和界面的相关设置可在 Options 菜单下进行修改。下面我们对各类参数的设置进行分类介绍。

1. 总体参数设置

总体参数设置（Global Options）完成对软件的相关设置，其对话框包括 7 页选项卡，如图 1-9 所示，各页面的相关设置如下。

- Paths 页：该页的设置项主要包括电路的

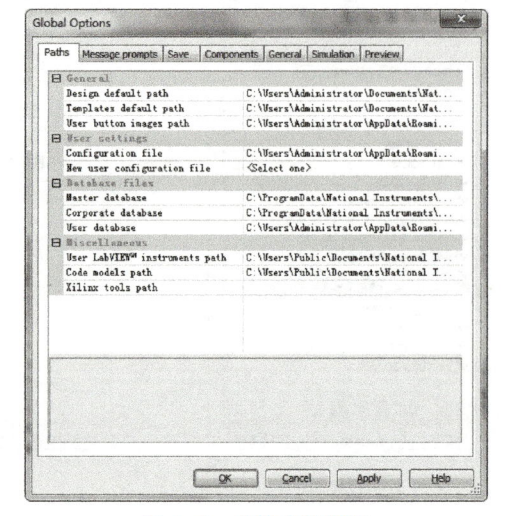

图 1-9 总体参数设置

默认路径设置、模板默认路径、用户按钮图像路径、用户配置文件路径和数据库文件路径和其他设置。这些设置用户一般不用修改，采用软件默认设置即可。

- Message prompts 页：检查提示用户想要显示的情况，包括代码片段、注释和出口、布线和组件、输出模板、NI 例程查找器、项目封装、网络表查看器、分析和仿真、VHDL 输出、组设置。

- Save 页：该页用于定义文件保存的操作，主要设置项包括是否创建电路文件安全复制、是否自动备份及备份间隔、是否保存仪器的仿真数据及数据最大容量和是否保存 .txt 文件作为无编码文件。如用户无特殊要求，该页的设置也可按默认设置。

- Components 页：该页分为三部分，它们分别是放置元件模式设置、符号标准设置、视图设置。在放置元件模式设置中，用户可以选择是否在放置元件完毕后返回元件浏览器，以及元件放置的方式，如一次放置一个元件、仅对复合封装元件连续放置或连续放置元件（按〈Esc〉键或单击右键结束）；符号标准设置可将元件的符号设为美国的 ANSI 标准和 IEC 标准；视图设置为当文本移动时查看相关组件和当元件移动时显示原始位置。

- General 页：该页可设置框选行为、鼠标滑轮滚动行为、元件移动行为、走线行为和语言种类。框选行为可选择 Intersecting 项（指当元件的某一部分包括在选择方框内时，即将元件选中），或 Fully enclosed 项（指只有当元件的所有部分，包括元件的所有文本、标签等都在选择框内，才能选中该元件）；鼠标滑轮滚动时的操作可设为滚动工作空间或放大工作空间；在元件移动行为中还可设置移动元件文本（元件标号、标称值等）时是否显示和元件的连接虚线及移动元件时是否显示它和原位置的连接虚线；走线行为设置的内容为当引脚互相接触时是否自动连线，是否允许自动寻找连线路径，当移动元件时 Multisim 是否自动优化连线路径以及删除元件时是否删除相关的连线；语言选项中可选英文或德文。

- Simulation 页：该页分为网络表错误提示、图表设置、正相位移动方向设置。网络表错误提示可以设置当网络发生错误时是否提示或者继续运行；图表设置为图表和仪器设置背景颜色；正相位移动方向的设置仅影响交流分析中的相位参数。

- Preview 页：预览页包括是否显示选项卡式窗口缩略图、是否显示设计工具箱缩略图、是否显示主电路/电路多页预览和是否显示分支电路/层次块预览。

2. 页面属性设置

页面属性设置（Sheet Properties）用于对工作区内的当前页面进行设置，该窗口包括 7 页选项卡，如图 1-10 所示，如勾选窗口最下方的 Save as default 选项，当前保存的设置将作为其他页的默认设置。各选项页的功能说明如下。

- Sheet visibility 页：该页主要分为电路参数显示。参数显示部分包括元件参数、网点名称及总线标签的显示设置。

- Colors 页：该页面用于背景颜色的设置。

图 1-10　页面属性设置

背景颜色有多种被选项，用户也可自己定义。
- Workspace 页：该页面主要用于工作区显示形式和页面大小的设置。可选择工作区内是否显示栅格、页边界和页边框；页面大小可选已有尺寸，也可自定义大小，且可定义纸张方向为横向或纵向。
- Wiring 页：该页面中可设置导线和总线的宽度。
- Font 页：该页用于设置字体的类型和大小，以及字体应用的对象。
- PCB 页：该页用于设置印制电路板的相关内容。
- Layer settings 页：该页可自定义注释层。

3. 用户界面自定义

用户界面自定义窗口包含 5 个选项页，如图 1-11 所示，各页的主要功能如下。

- Commands 页：该页左边栏内为命令的分类菜单，右边栏内为各类菜单下的全部命令列表。左边栏中各菜单下的命令可能不全包含在软件菜单栏的各子菜单下，我们可以将要用到的命令拖拽到相应子菜单下，或直接拖拽到菜单栏的空白处，右键单击已移到菜单栏空白处的命令，可选择将其移动到新的子菜单下，对该子菜单重命名，即完成了新子菜单的建立。如不需要某个子菜单或其某一命令，右键单击可选择将其删除。
- Toolbars 页：可将已选工具栏显示在当前界面中，用户也可新建工具栏。
- Keyboard 页：该页用于设置或修改已选命令的快捷键。
- Menu 页：用于设置打开菜单时菜单的显示效果。
- Options 页：用于工具栏和菜单栏的自定义设置，如是否显示工具栏图标的屏幕提示及快捷键、是否选用大图标及工具栏和菜单栏的显示风格等。

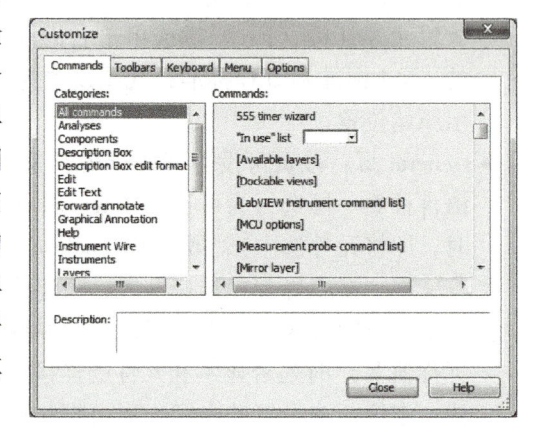

图 1-11 用户界面自定义

任务 1.3 Multisim 电路初步设计

下面我们以 BJT 共射放大电路为例来介绍电路原理图的建立和仿真的基本操作。所要建立的电路如图 1-12 所示，电路中所用到的元件都为常用元件，如电源、电阻、电容和晶体管等。

1.3.1 建立新设计图

首先，从系统"开始"菜单程序中找到 Multisim 14.3，启动 Multisim 后程序将自动建立一个名为 Design1 的空白电路文件，用户也可以选择菜单 File/New/Blank 来新建一个空白电路文件，或直接单击标准工具栏中的 New 按钮新建文件。所新建的文件初始都按软件默认命名，用户可对其重新命名。

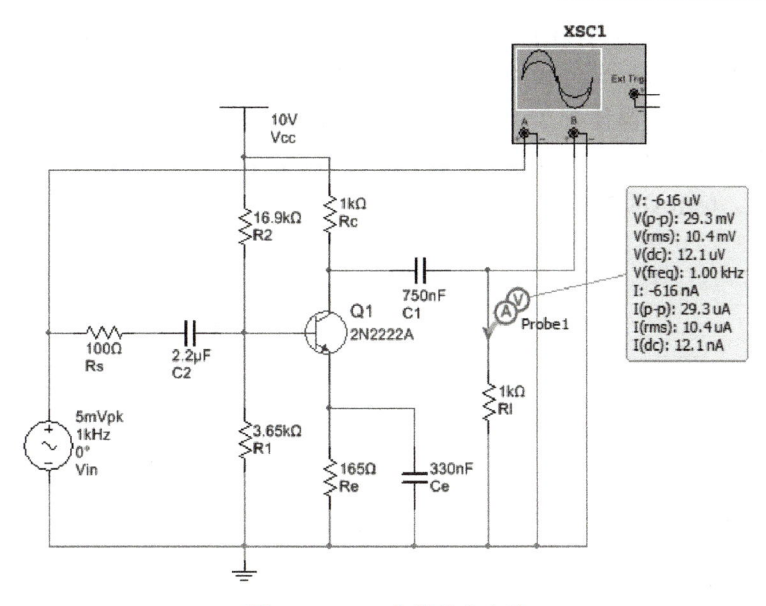

图 1-12　BJT 共射放大电路

1.3.2　元件操作与调整

（1）元件的操作

元件的操作包括以下几种。

- 选取元件：元件可在界面中的元件工具栏中选取，也可选择 Place 菜单下的 Component 命令打开元件选择对话框，如图 1-13 所示。所有元件总的分为几组（Group），各组下又分出几个系列（Family），各系列元件在 Component 栏下显示。当选中相应的元件，元件的符号将在右边的符号窗内显示；单击右边的 Detail report 按钮，将显示元件的详细信息；单击 View model 按钮，将显示元件的模型数据；单击 OK 按钮，将选择当

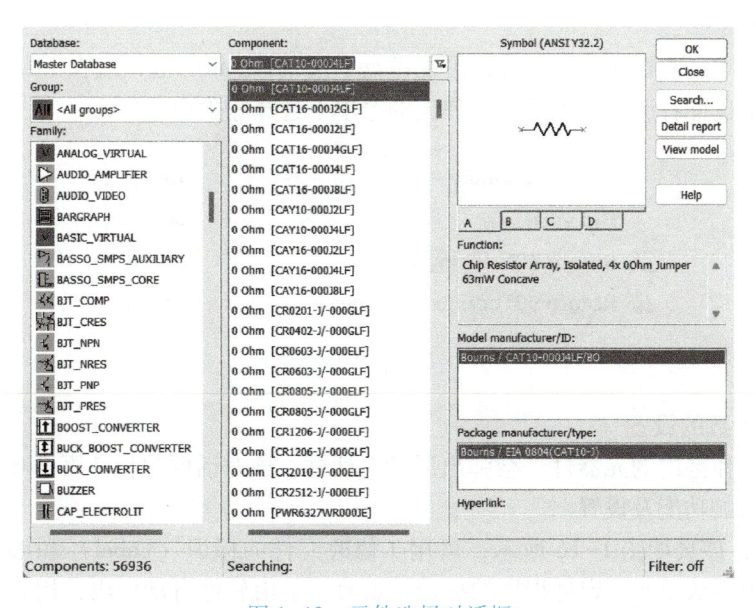

图 1-13　元件选择对话框

前元件；当不清楚要选择的元件在哪个分类下时，单击 Search 按钮，将弹出图 1-14a 的查找元件对话框，当仅知道芯片的部分名称时，可用 " * " 号代替未知的部分进行查找，如要查找晶体管 2N2222A，但用户仅知道元件后面的编号，此时用户可单击 Search 按钮，按如图 1-14b 的形式输入进行查找，图 1-14c 为元件查找结果，选择要找的元件，单击 OK 按钮选取相应的元件。

a) 元件查找对话框　　　　b) 查找形式　　　　c) 查找结果

图 1-14　元件查找

- 移动元件：要把工作区内的某元件移到指定位置，只要按住鼠标左键拖动该元件即可；若要移动多个元件，则需将要移动的元件先框选起来，然后用鼠标左键拖拽其中任意一个元件，则所有选中的元件将会一起移动到指定的位置。如果只想微调某个元件的位置，则先选中该元件，然后使用键盘上的箭头键进行位置的调整。
- 元件调整：为了使电路布局更合理，常需要对元件的放置方位进行调整。元件调整的方法为鼠标右键单击要调整的元件，将弹出一个菜单，其中包括元件调整的四种操作，如图 1-15 所示，它们分别为水平反转（Flip horizontally）、垂直反转（Flip vertically）、顺时针旋转 90°（Rotate 90° clockwise）和逆时针旋转 90°（Rotate 90° counter clockwise）。
- 元件的删除：要删除选定元件，可在键盘上按〈Delete〉键，或在 Edit 菜单下执行删除命令，也可右键单击该元件在弹出的菜单下选择删除命令。

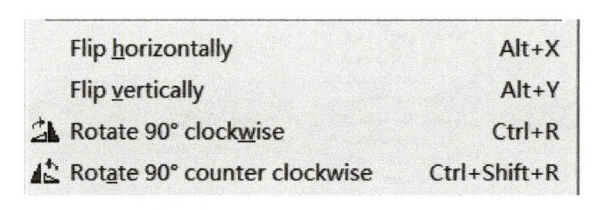

图 1-15　元件的调整

（2）元件参数的设置

双击电路工作区内的元器件，会弹出属性对话框，该对话框包括 7 页选项页，下面我们分别介绍常用页的功能及设置。

- Label 页：该页如图 1-16 所示，可用于修改元件的标识（Label）和编号（RefDes）。标识是用户赋予元件容易识别的标记，编号一般由软件自动给出，用户也可根据需要自行修改。有些元件没有编号，如连接点、接地点等。

- Display 页：该页如图 1-17 所示，用于设定已选元件的显示参数。

图 1-16　Label 页

图 1-17　Display 页

- Value 页：该页如图 1-18 所示，当元件有数值大小时，如电阻、电容等，可在该页中修改元件标称值、容差等数值，还可修改附加的 SPICE 仿真参数及编辑元件引脚。
- Fault 页：该页如图 1-19 所示，可以在电路仿真过程中在元件相应引脚处人为设置故障点，如开路、断路及漏电阻。默认设置为 None，即不设置故障。

图 1-18　Value 页

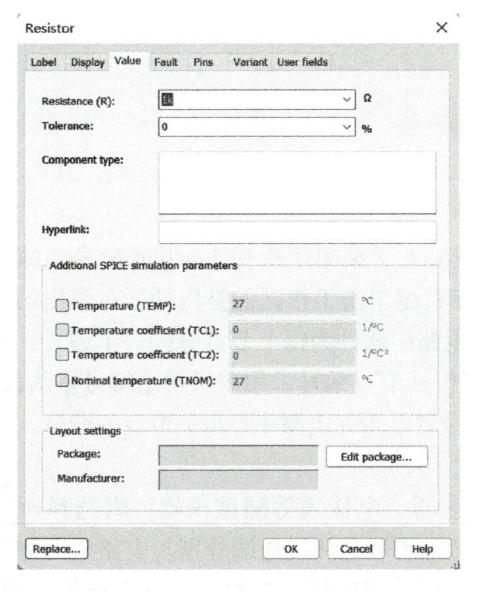

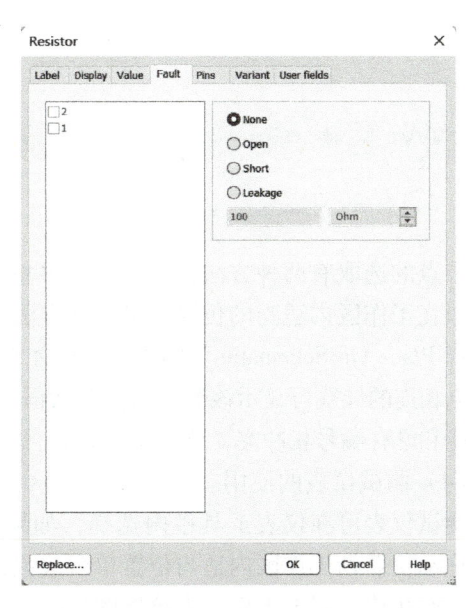

图 1-19　Fault 页

有些元件属性窗口中还包含"Pins"页、"Variant"页和"User fields"页等，它们的主要设置内容分别为引脚相关信息、元件变量状态和用户增加内容。由于这些页的设置不常用，所以不做详细介绍。元件属性窗口左下方有"Replace"按钮，其功能是在弹出的元件选择窗口中选择其他元件来替换当前元件。

(3) 元件的连接

所用的元件放置于工作区内后，需要根据电路设计对元件进行连接。下面我们来介绍元件连接的相关内容。

① 导线的连接

将鼠标指向要连接的端点时会出现十字光标，单击鼠标左键可引出导线，将鼠标指向目的端点，该端点变红后单击鼠标左键，即完成了元件的自动连接。

② 导线颜色的改变

在 Multisim 中如要改变所有导线的颜色，右键单击空白工作区，选择属性命令打开页面属性设置对话框，在其中的自定义颜色部分可改变所有导线（Wire）的颜色。

③ 导线的删除

鼠标右键单击要删除的导线，在弹出菜单中选择"Delete"命令。或者用户可以左键单击选中导线，然后在键盘上按〈Delete〉键对导线进行删除。

④ 导线上插入

要在两个元件的导线上插入元件，只需将待插入的元件直接拖放在导线上，然后释放即可。

⑤ 节点的使用

节点是一个实心小圆点，节点可作为导线的端点，也可用于导线的交叉点。在 Multisim 中要连接导线，必须同时有两个端点，电路要引出输出端的情况下，可在工作区空白处放置一个节点，然后连接将节点与元件的一端相连，如图 1-20 所示。如果要使相互交叉的导线连通，需要在交叉处放置一个节点，如图 1-21 所示。

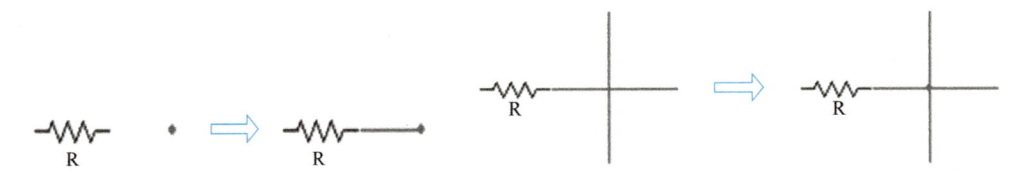

图 1-20　导线端点连接示意图　　　　　图 1-21　相互交叉的导线连通示意图

节点的选取有两种方法：一种是在菜单栏的 Place 子菜单下选择 Junction 命令，即可将节点放在工作区内适当的位置；另一种方法是鼠标右键单击工作区的空白处，在弹出的菜单中选择 Place On Schematic 下的 Junction 命令。在电路中软件为每个节点分配一个编号，双击与节点相连的导线可显示该节点属性对话框，其中包括节点编号，用户可对该编号重新设置，但不能和已有编号相冲突，节点属性对话框中还可设置是否在电路中显示该节点的编号。

(4) 测试仪表的使用

测试仪表可在仪表工具栏内选择，如果是示波器、电压表等测试仪器，则选择所需仪器，拖动仪器到工作区内适当位置单击放置，将仪器信号端和接地端分别与电路中的测试端和接地端相连，双击工作区内仪器图标弹出仪器面板，调整仪器参数后，按电路仿真按钮，即可在仪器面板上观察到测试波形。对于探针类仪表，将其直接放置在适当的导线处，对电路进行仿真，即可观察到测试数据。

(5) 电路文本描述

工作区内的文本描述主要包括三个部分：标题栏、文本和注释。标题栏中包括电路的主要信息，如电路图的名称、描述、设计者、设计日期等；文本主要是对电路原理或关键信息进行描述；注释为对电路的特别标注。下面介绍一下这三种文本的添加方法：

① 添加标题栏

选择 Place/Title Block 命令，打开标题栏编辑对话框，在该窗口可以看到 Multisim 自带的 10 个标题栏模板，如图 1-22 所示，用户可以根据软件自带的标题栏模板文件进行格式的修改。每个标题栏模板形式不同，所显示的内容也不相同，打开 defaultV7 模板，其中标题栏格式可右键选择 edit symbol/title block 进行修改，各栏内容可双击打开也可右键选择 Properties 打开属性设置窗口修改，如图 1-23 所示。修改后的标题栏，用户也可将当前模板另存为 new.tb7 模板。

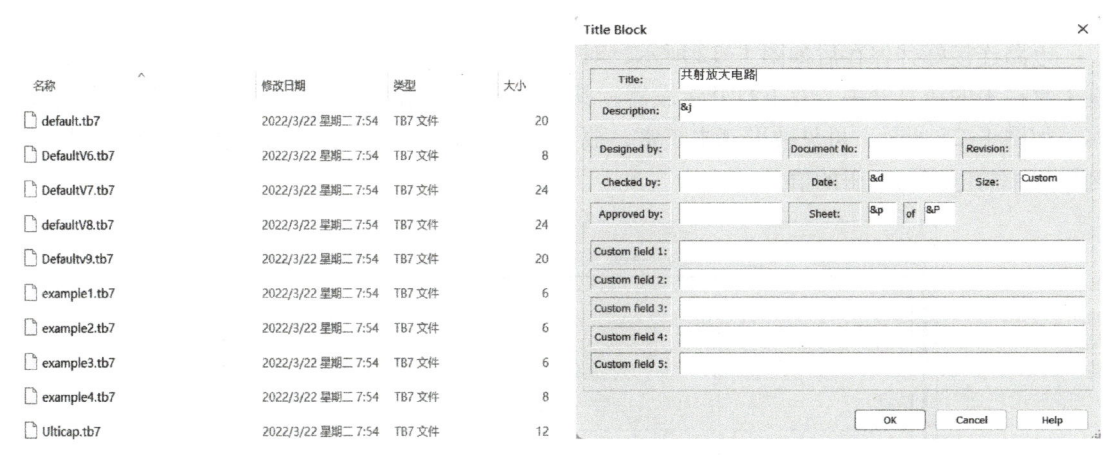

图 1-22　标题栏模板　　　　　　　　图 1-23　标题栏修改界面

当要在工作区内添加标题栏时，在菜单栏的"Place"菜单下选择"Title Block"，弹出 Title Block 的对话框，此时可选择的模板除了软件自带的模板外，还有刚建的 new 模板，选择该 new 模板，然后将其放置在工作区内的适当位置。其中已显示信息为当前电路的默认信息，没有显示的信息需要用户添加。双击标题栏，打开标题栏设置对话框，在该对话框中可对需要显示的信息进行增加或修改。

标题栏在工作区内的位置可任意拖拽，也可选择菜单栏中"Edit"菜单下的"Title Block Position"命令使菜单栏分别放置到工作区的四个角上。

② 添加文本

在电路工作区中添加文本的方法为：选择菜单栏中"Place/Text"命令或在工作区任意位置单击右键，在弹出的菜单中选择"Place Graphic/Text"命令，然后在工作区内单击要添加文本的位置，将出现闪动的光标，输入文本后单击工作区内其他位置，即完成文本编辑，此时已添加的文字组成一个文本框，双击此文本框可对文本进行修改；鼠标右键单击文本框，在弹出的菜单中可选择对文本的字体、颜色、大小等属性进行编辑；若要移动文本框，单击并拖动文本框到新位置即可。

③ 添加注释

在电路工作区中添加注释的方法有两种：一是选择菜单栏中"Place"菜单下的"Comment"命令；二是在工作区任意位置单击右键，在弹出的菜单中选择"Place Comment"命令。

选择第一种方法后，一个类似于图钉的图标将随鼠标的移动而移动，单击将其放置在适当位置，文字注释部分反白，用户可添加注释，如图1-24a所示。编辑完成后，注释将自动隐藏，如图1-24b所示，此时将鼠标移向图标，注释重新显示，如图1-24c所示。

图1-24 注释图标

（6）电路仿真

电路连接好并保存后如图1-12所示，对电路进行仿真可检验电路的工作特性。按下仿真工具栏中的仿真开关，双击打开示波器，并调整示波器的时间轴与幅值轴，使波形方便观察，如图1-25所示，可见波形基本正常，放大倍数约为3倍。输出回路的探针指示了某时刻导线中的电流与电压的值。

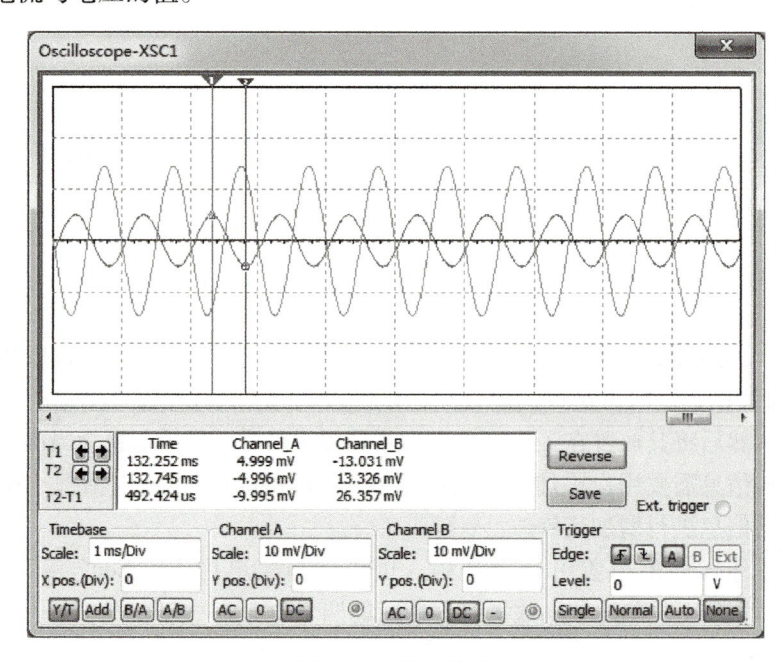

图1-25 仿真结果

注意：示波器的默认背景是黑色，可单击示波器面板上的"Reverse"按钮使示波器的背景反白。

本电路仅用到示波器，对于其他仪器的使用将在项目2中详细介绍。电路的一些高级的仿真功能将在项目3中详细介绍。

素养目标

学生通过学习电路原理图的绘制、电子线路的搭建和单片机运行仿真等实际操作，不仅让学生提高了对电路知识的运用能力，更锻炼了学生的实际应变和排除电路故障的动手能力；在实际动手操作之前用软件对电路进行仿真能够给学生一定程度上的成就感，让学生从

"要我学"的思维转变到"我要学",提高学生的学习热情和积极性、激发创新探索精神、提高设计效率和综合分析能力。

习题与思考题

1. 熟悉 Multisim 的主要界面,按图 1-12 的电路完成电路的连接与仿真。
2. 练习在工作区内添加文本的操作。
3. 练习用新元件替换已有元件。
4. 如何层叠显示多个电路?
5. 如何根据元件的细节报告选取适合的元件?

项目 2
熟悉 Multisim 元件库与仿真仪器

项目描述

电路由不同的元件组成，要对电路进行仿真，组成电路的每个元件必须有自己的仿真模型，NI Multisim 14 仿真软件把所有仿真模型的元件组合在一起构成元器件库。并且 NI Multisim 14 提供了 20 多种虚拟仪表，可以用来测量仿真电路的性能参数，这些仪表的设置、使用和数据读取方法大都与现实中的仪表一样。学习 Multisim 元件库不仅有助于进行电路设计、分析和优化，还为教学和自学提供了极大的便利，用户通过模拟和仿真来深入理解电路的工作原理和性能，从而提高设计和验证的效率及成功率。

任务 2.1 认识 Multisim 元件库

本节将介绍 Multisim 元件库的结构与分类。选择 Tools/Database/Database Manager 命令可打开图 2-1 所示的元件数据库管理窗口，Multisim 的元件分别存储于三个数据库中，它们分别为 Master 库、Corporate 库和 User 库，这 3 种数据库的功能分别为：

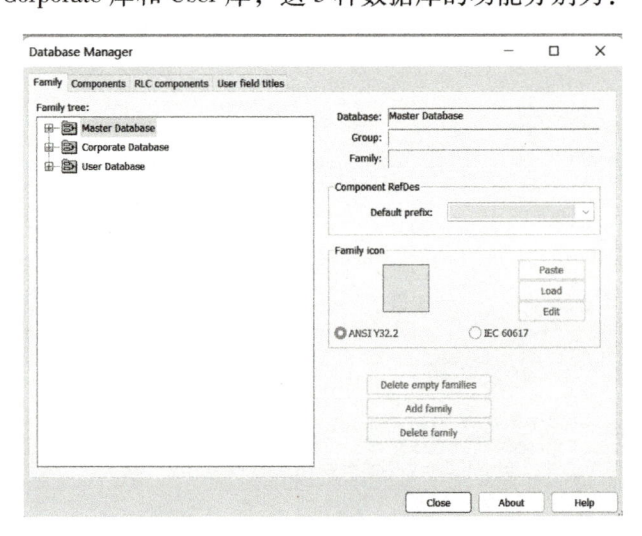

图 2-1 元件数据库管理窗口

- Master 库：存放 Multisim 提供的所有元件。
- Corporate 库：用于存放便于团队设计的一些特定元件，该库仅在专业版中存在。
- User 库：存放被用户修改、创建和导入的元件。

下面我们主要介绍 Multisim 的 Master 库，该库包含 20 个元件库，各库下面还包含子库。

2.1.1 信号源库

鼠标左键单击元件工具栏中的信号源库，可弹出图 2-2 所示的信号源选择对话框。在"Family"栏下有 8 项分类，下面分别进行介绍：

- All families：选择该项，信号源库中的所有元件将列于窗口中间的元件栏中。
- POWER_SOURCES：包括常用的交直流电源、数字地、公共地、星形或三角形联结的三相电源等。
- SIGNAL_VOLTAGE_SOURCES：包括各类信号电压源，如交流电压源、AM 电压源、双极性电压源、时钟电压源、指数电压源、FM 电压源、基于 LVM 文件的电压源、分段线性电压源、脉冲电压源、基于 TDM 文件的电压源和热噪声源。
- SIGNAL_CURRENT_SOURCES：包括各类信号电流源，如交流电流源、双极性电流源、时钟电流源、直流电流源、指数电流源、FM 电流源、基于 LVM 文件的电流源、分段线性电流源、脉冲电流源和基于 TDM 文件的电流源。
- CONTROLLED_VOLTAGE_SOURCES：包括各类受控电压源，如 ABM 电压源、电流控制电压源、FSK 电压源、压控分段线性电压源、压控正弦波信号源、压控方波信号源、压控三角波信号源和压控电压源。
- CONTROLLED_CURRENT_SOURCES：包括各类受控电流源，如 ABM 电流源、电流控制电流源和电压控制电流源。
- CONTROL_FUNCTION_BLOCKS：包括各类控制函数块，如限流模块、除法器、增益模块、乘法器、电压加法器、多项式复合电压源等。
- DIGITAL_SOURCES：包括数字时钟源、数字常量源、交互式数字常量源。

2.1.2 基本元件库

鼠标左键单击元件工具栏中的基本元件库，可弹出图 2-3 所示的基本元件选择对话框。在"Family"栏下有 22 项分类，下面分别进行介绍：

图 2-2　信号源选择对话框　　　　图 2-3　基本元件选择对话框

- All families：选择该项，基本元件库中的所有元件将列于窗口中间的元件栏中。
- BASIC_VIRTUAL：包括一些基本的虚拟元件，如虚拟电阻、电容、电感、变压器、压控电阻等，因为是虚拟元件，所以元件无封装信息。
- RATED_VIRTUAL：包括额定虚拟元件，包括额定555定时器、晶体管、电容、二极管、熔丝等。
- RPACK：包括多种封装的电阻排。
- SWITCH：包括各类开关，如电流控制开关、单刀双掷开关、单刀单掷开关、按键开关、时间延时开关等。
- TRANSFORMER：包括各类线性变压器，使用时要求变压器的一次侧和二次侧分别接地。
- NON_IDEAL_RLC：包括非理想电容、电感、电阻。
- RELAY：包括各类继电器，继电器的触点开关是由加在线圈两端的电压大小决定的。
- SOCKETS：与连接器类似，为一些标准形状的插件提供位置以便PCB设计。
- SCHEMATIC_SYMBOLS：包括熔丝、LED、光电晶体管、按键开关、可变电阻、可变电容等器件。
- RESISTOR：包括具有不同标称值的电阻，其中在"Component Type"下拉菜单下可选择电阻类型，如碳膜电阻、陶瓷电阻等，在"Tolerance（%）"下拉菜单下可选择电阻的容差，在"Footprint manuf./Type"栏中选择元件的封装，若选择无封装，则所选电阻放置于工作空间后为黑色，代表为虚拟电阻，若选择一种封装形式，则电阻变为蓝色，代表实际元件。
- CAPACITOR：包括具有不同标称值的电容，也可选择电容类型（如陶瓷电容、电解电容、钽电容等）、容差和封装形式。
- INDUCTOR：包括具有不同标称值的电感，可选择电感类型（如环氧线圈电感、贴心电感、高电流电感等）、容差和封装形式。
- CAP_ELECTROLIT：包括具有不同标称值的电解电容，可选择电解电容类型（如聚乙烯膜电解电容、钽电解电容等）、容差和封装形式。
- VARIABLE_RESISTOR：包括不同阻值的变压器。
- VARIABLE_ CAPACITOR：包括具有不同标称值的可变电容，可选择可变电容类型（如薄膜可变电容、电介质可变电容等）和封装形式。
- VARIABLE_ INDUCTOR：包括具有不同标称值的可变电感，可选择可变电感类型（如铁氧体芯电感、线圈电感）和封装形式。
- POTENTIOMETER：包括具有不同标称值的电位器，可选择电位器类型（如音频电位器、陶瓷电位器、金属陶瓷电位器等）和封装形式。
- MANUFACTURER_RESISTOR：包括生产厂家提供的不同大小的电阻器。
- MANUFACTURER_CAPACITOR：包括生产厂家提供的不同大小的电容器。
- MANUFACTURER_INDUCTOR：包括生产厂家提供的不同大小的电感器。
- THERMISTOR：包括各种热敏电阻。

2.1.3 二极管元件库

鼠标左键单击元件工具栏中的二极管元件库，可弹出图2-4所示的二极管选择对话框。

在"Family"栏下有 16 项分类，下面分别进行介绍：
- All families：选择该项，二极管元件库中的所有元件将列于窗口中间的元件栏中。
- DIODES_VIRTUAL：包括虚拟的普通二极管和虚拟的齐纳二极管，其 SPICE 模型都为典型值。
- DIODE：包括许多公司提供的不同型号的普通二极管。
- ZENER：包括许多公司提供的不同型号的齐纳二极管。
- SWITCHING_DIODE：包括不同型号的开关二极管。
- LED：包括各种类型的发光二极管。
- PHOTODIODE：包括不同型号的光电二极管。
- PROTECTION_DIODE：包括不同型号的带保护二极管。
- FWB：包括各种型号的全波桥式整流器（整流桥堆）。
- SCHOTTKY_DIODE：包括各类肖特基二极管。
- SCR：包括各类型号的可控硅整流器。
- DIAC：包括各类型号的双向开关二极管，该二极管相当于两个肖特基二极管并联。
- TRIAC：包括各类型号的可控硅开关，相当于两个单向可控硅的并联。
- VARACTOR：包括各类型号的变容二极管。
- TSPD：包括各种规格的晶闸管浪涌保护器件。
- PIN_DIODE：包括各类型号的 PIN 二极管。

2.1.4 晶体管元件库

鼠标左键单击元件工具栏中的晶体管元件库，可弹出图 2-5 所示的晶体管选择对话框。在"Family"栏下有 22 项分类，下面分别进行介绍：

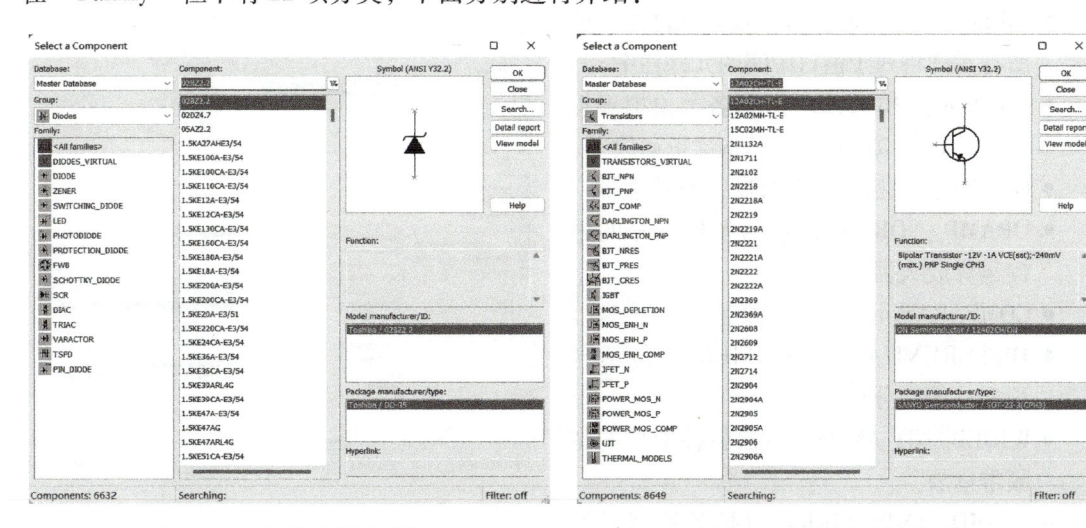

图 2-4　二极管选择对话框　　　　　图 2-5　晶体管选择对话框

- All families：选择该项，晶体管元件库中的所有元件将列于窗口中间的元件栏中。
- TRANSISTORS_VIRTUAL：包括各类虚拟晶体管。
- BJT_NPN：包括各种型号的双极型 NPN 晶体管。
- BJT_PNP：包括各种型号的双极型 PNP 晶体管。

- BJT_COMP：包括各种型号的双重双极型晶体管。
- DARLINGTON_NPN：包括各种型号的达林顿型 NPN 晶体管。
- DARLINGTON_PNP：包括各种型号的达林顿型 PNP 晶体管。
- BJT_NRES：包括各种型号的内部集成偏置电阻的双极型 NPN 晶体管。
- BJT_PRES：包括各种型号的内部集成偏置电阻的双极型 PNP 晶体管。
- BJT_CRES：包括各种型号的双数字晶体管。
- IGBT：包括各种型号的 IGBT 器件，它是一种 MOS 门控制的功率开关。
- MOS_DEPLETION：包括各种型号的耗尽型 MOS 管。
- MOS_ENH_N：包括各种型号的 N 通道增强型场效应晶体管。
- MOS_ENH_P：包括各种型号的 P 通道增强型场效应晶体管。
- MOS_ENH_COMP：包括各种型号的对偶互补型场效应晶体管。
- JFET_N：包括各种型号 N 沟道结型场效应晶体管。
- JFET_P：包括各种型号 P 沟道结型场效应晶体管。
- POWER_MOS_N：包括各种型号的 N 沟道功率绝缘栅型场效应晶体管。
- POWER_MOS_P：包括各种型号的 P 沟道功率绝缘栅型场效应晶体管。
- POWER_MOS_COMP：包括各种型号的复合型功率绝缘栅型场效应晶体管。
- UJT：包括各种型号可编程单结型晶体管。
- THERMAL_MODELS：带有热模型的 NMOSFET。

2.1.5 模拟元件库

鼠标左键单击元件工具栏中的模拟管元件库，可弹出图 2-6 所示的模拟元件选择对话框。在"Family"栏下有 11 项分类，下面分别进行介绍：

- All families：选择该项，模拟元件库中的所有元件将列于窗口中间的元件栏中。
- ANALOG_VIRTUAL：包括各类模拟虚拟元件，如虚拟比较器、基本虚拟运放等。
- OPAMP：包括各种型号的运算放大器。
- OPAMP_NORTON：包括各种型号的诺顿运算放大器。
- COMPARATOR：包括各种型号的比较器。
- DIFFERENTIAL_AMPLIFIERS：包括各种型号的微分放大器。
- WIDEBAND_AMPS：包括各种型号的宽频带运放。
- AUDIO_AMPLIFIER：包括各种型号的音频放大器。
- CURRENT_SENSE_AMPLIFIERS：包括各种型号的电流检测放大器。
- INSTRUMENTATION_AMPLIFIERS：包括各种型号的仪器仪表放大器。
- SPECIAL_FUNCTION：包括各种型号的特殊功能运算放大器，如测试运放、视频运放、乘法器、除法器等。

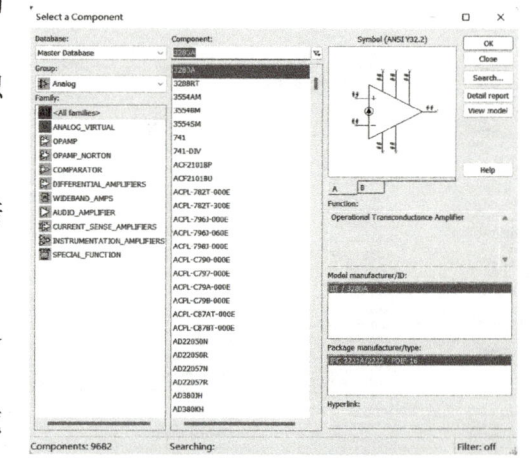

图 2-6 模拟元件选择对话框

2.1.6 TTL 元件库

TTL 元件库含有 74 系列的 TTL 数字集成逻辑器件。鼠标左键单击元件工具栏中的 TTL 元件库，可弹出图 2-7 所示的 TTL 元件选择对话框。在"Family"栏下有 10 项分类，下面分别进行介绍：

- All families：选择该项，TTL 元件库中的所有元件将列于窗口中间的元件栏中。
- 74STD：包含各种标准型 74 系列集成电路。
- 74STD_IC：包含各种标准型 74 系列集成电路芯片。
- 74S：包含各种肖特基型 74 系列集成电路。
- 74S_IC：包含各种肖特基型 74 系列集成电路芯片。
- 74LS：包含各种低功耗肖特基型 74 系列集成电路。
- 74LS_IC：包含各种低功耗肖特基型 74 系列集成电路芯片。
- 74F：包含各种高速 74 系列集成电路。
- 74ALS：包含各种先进低功耗肖特基型 74 系列集成电路。
- 74AS：包含各种先进的肖特基型 74 系列集成电路。

2.1.7 CMOS 元件库

CMOS 元件库含有各类 CMOS 数字集成逻辑器件。鼠标左键单击元件工具栏中的 CMOS 元件库，可弹出图 2-8 所示的 CMOS 元件选择对话框。在"Family"栏下有 15 项分类，下面分别进行介绍：

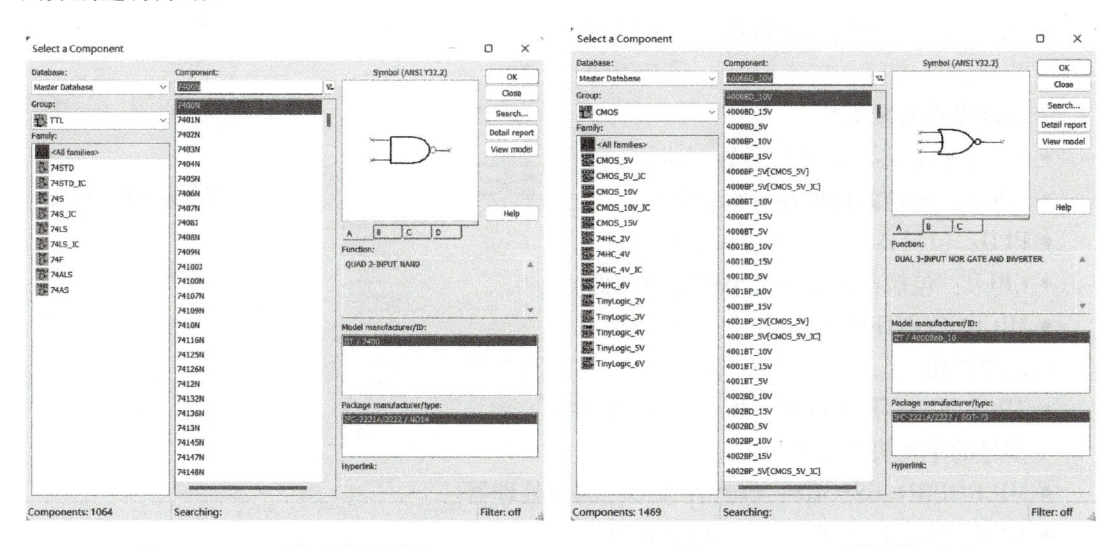

图 2-7　TTL 元件选择对话框　　　　图 2-8　CMOS 元件选择对话框

- All families：选择该项，CMOS 元件库中的所有元件将列于窗口中间的元件栏中。
- CMOS_5V：5 V 4XXX 系列 CMOS 集成电路。
- CMOS_5V_IC：5 V 4XXX 系列 CMOS 集成电路芯片。
- CMOS_10V：10 V 4XXX 系列 CMOS 集成电路。
- CMOS_10V_IC：10 V 4XXX 系列 CMOS 集成电路芯片。
- CMOS_15V：15 V 4XXX 系列 CMOS 集成电路。

- 74HC_2V：2 V 74HC 系列 CMOS 集成电路。
- 74HC_4V：4 V 74HC 系列 CMOS 集成电路。
- 74HC_4V_IC：4 V 74HC 系列 CMOS 集成电路芯片。
- 74HC_6V：6 V 74HC 系列 CMOS 集成电路。
- TinyLogic_2V：包括 2 V 快捷微型逻辑电路，如 NC7S 系列、NC7SU 系列、NC7SZ 系列和 NC7SZU 系列。
- TinyLogic_3V：包括 3 V 快捷微型逻辑电路，如 NC7S 系列、NC7SU 系列、NC7SZ 系列和 NC7SZU 系列。
- TinyLogic_4V：包括 4 V 快捷微型逻辑电路，如 NC7S 系列、NC7SU 系列、NC7SZ 系列和 NC7SZU 系列。
- TinyLogic_5V：包括 5 V 快捷微型逻辑电路，如 NC7S 系列、NC7ST 系列、NC7SU 系列、NC7SZ 系列和 NC7SZU 系列。
- TinyLogic_6V：包括 6 V 快捷微型逻辑电路，如 NC7S 系列和 NC7SU 系列。

2.1.8 其他数字元件库

鼠标左键单击元件工具栏中的其他数字元件库，可弹出图 2-9 所示的其他数字元件选择对话框。在"Family"栏下有 14 项分类，下面分别进行介绍：

- All families：选择该项，其他数字元件库中的所有元件将列于窗口中间的元件栏中。
- TIL：包括各类数字逻辑器件，如与门、非门、异或门、三态门等，该库中的器件没有封装类型。
- DSP：包括各种数字信号处理器件。
- FPGA：包括各种现场可编程器件。
- PLD：包括各种可编程逻辑器件。
- CPLD：包括各种复杂可编程逻辑器件。
- MICROCONTROLLERS：包括各种型号的单片机。
- MICROCONTROLLERS_IC：包括各种型号的单片机集成芯片。
- MICROPROCESSORS：包括各种型号的微处理器。
- MEMORY：包括各种型号的 EPROM。
- LINE_DRIVER：包括各种型号的线路驱动器。
- LINE_RECEIVER：包括各种型号的线路接收器。
- LINE_TRANSCEIVER：包括各种型号的线路收发器。
- SWITCH_DEBOUNCE：包括各种型号的防抖动开关。

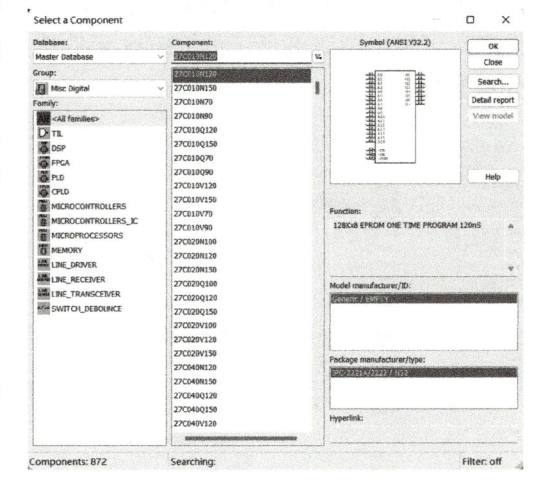

图 2-9 其他数字元件选择对话框

2.1.9 混合元件库

鼠标左键单击元件工具栏中的混合元件库，可弹出图 2-10 所示的混合元件选择对话框。在"Family"栏下有 8 项分类，下面分别进行介绍：
- All families：选择该项，混合元件库中的所有元件将列于窗口中间的元件栏中。
- MIXED_VIRTUAL 包括各种混合虚拟元件，如 555 定时器、模拟开关、频分器、单稳态触发器和锁相环。
- ANALOG_SWITCH：包括各类模拟开关。
- ANALOG_SWITCH_IC：包括各类模拟开关芯片。
- TIMER：包括不同型号的定时器。
- ADC_DAC：包括各种型号的 AD/DA 转换器。
- MULTIVIBRATORS：包括各种型号的多谐振荡器。
- SENSOR_INTERFACE：包括各种型号的传感器接口。

2.1.10 显示元件库

鼠标左键单击元件工具栏中的显示元件库，可弹出图 2-11 所示的显示元件选择对话框。在"Family"栏下有 9 项分类，下面分别进行介绍：

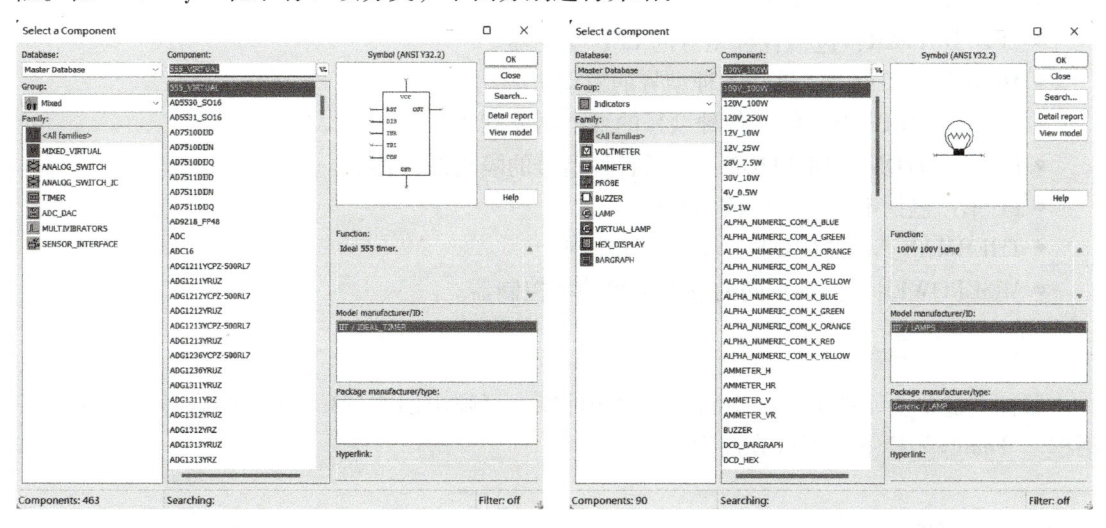

图 2-10　混合元件选择对话框　　　　图 2-11　显示元件选择对话框

- All families：选择该项，显示元件库中的所有元件将列于窗口中间的元件栏中。
- VOLTMETER：可测量交直流电压的伏特表。
- AMMETER：可测量交直流电流的电流表。
- PROBE：包括各色探测器，相当于一个 LED 仅有一个连接端与电路中某点相连，当达到高电平时探测器发光。
- BUZZER：包括蜂鸣器和固体音调发生器。
- LAMP：包括各种工作电压和功率不同的灯泡。
- VIRTUAL_LAMP：虚拟灯泡，其工作电压和功率可调节。
- HEX_DISPLAY：包括各类十六进制显示器。
- BARGRAPH：条形光柱。

2.1.11 功率元件库

鼠标左键单击元件工具栏中的功率元件库，可弹出图 2-12 所示的功率元件选择对话框。在"Family"栏下有 20 项分类，下面分别进行介绍：
- All families：选择该项，功率元件库中的所有元件将列于窗口中间的元件栏中。
- POWER_CONTROLLERS：包括各种型号的功率控制器。
- SWITCHES：包括各种型号的以晶体管和二极管构成的开关。
- SMPS_AVERAGE：包括各种型号的同步降压稳压器。
- POWER_MODULE：包括各种型号的电源管理芯片。
- SWITCHING_CONTROLLER：包括各种型号的整流控制器。
- HOT_SWAP_CONTROLLER：包括各种型号的热交换控制器。
- BASSO_SMPS_CORE：包括各种型号的模式转换芯片。
- BASSO_SMPS_AUXILIARY：包括各种型号的辅助开关电源控制器。
- VOLTAGE_MONTOR：包括各种型号的电压监控器。
- VOLTAGE_REFERENCE：包括各类基准电压元件。
- VOLTAGE_REGULATOR：包括各种型号的稳压器。
- VOLTAGE_SUPPRESSOR：包括各种型号的特殊二极管。
- LED_DRIVER：包括各种型号的 LED 驱动器。
- MOTOR_DRIVER：包括各种型号的发动机驱动器。
- RELAY_DRIVER：包括各种型号的继电器驱动器。
- PROTECITON_ISOLATION：包括各种型号的隔离保护器。
- FUSE：包括不同熔断电流的熔丝。
- THERMAL_NETWORKS：包括 3 种热网。
- MISCPOWER：包括不同的混合电源功率控制器。

2.1.12 混合类元件库

鼠标左键单击元件工具栏中的混合类元件库，可弹出图 2-13 所示的混合类元件选择对话框。"Family"栏下的项目分别为：

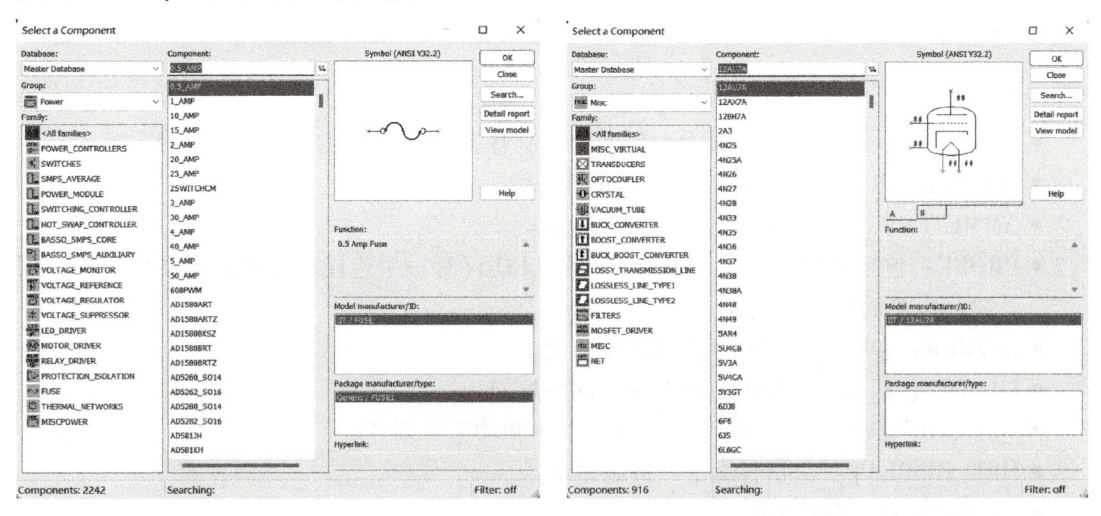

图 2-12 功率元件选择对话框　　　　图 2-13 混合类元件选择对话框

- All families：选择该项，混合类元件库中的所有元件将列于窗口中间的元件栏中。
- MISC_VIRTUAL：包括一些虚拟的元件，如虚拟晶振、虚拟熔丝、虚拟发动机、虚拟光电耦合器等。
- TRANSDUCERS：包括各种功能的传感器。
- OPTOCOUPLER：包括各类光电耦合器。
- CRYSTAL：包括各类晶振。
- VACUUM_TUBE：包括各种类型的真空管。
- BUCK_CONVERTER：降压转换器。
- BOOST_CONVERTER：升压转换器。
- BUCK_BOOST_CONVERTER：升降压转换器。
- LOSSY_TRANSMISSION_LINE：有损传输线。
- LOSSLESS_LINE_TYPE1：一类无损传输线。
- LOSSLESS_LINE_TYPE2：二类无损传输线。
- FILTERS：各类滤波器芯片。
- MOSFET_DRIVER：各类 MOS 管驱动器。
- MISC：各类其他器件，如三态缓冲器、集成 GPS 接收器等。
- NET：包括不同接口数量的网络。

2.1.13 高级外设元件库

鼠标左键单击元件工具栏中的高级外设元件库，可弹出图 2-14 所示的高级外设元件选择对话框。在"Family"栏下有 5 项分类，下面分别进行介绍：
- All families：选择该项，高级外设元件库中的所有元件将列于窗口中间的元件栏中。
- KEYPADS：包括双音多频按键、4×4 数字按键和 4×5 数字按键。
- LCDS：包括不同规格的 LCD 显示屏。
- TERMINALS：包括一个串行端口。
- MISC_PERIPHERALS：包括传送带、液体贮槽、变量值指示器、交通灯。

2.1.14 射频元件库

鼠标左键单击元件工具栏中的射频元件库，可弹出图 2-15 所示的射频元件选择对话框。在"Family"栏下有 9 项分类，下面分别进行介绍：

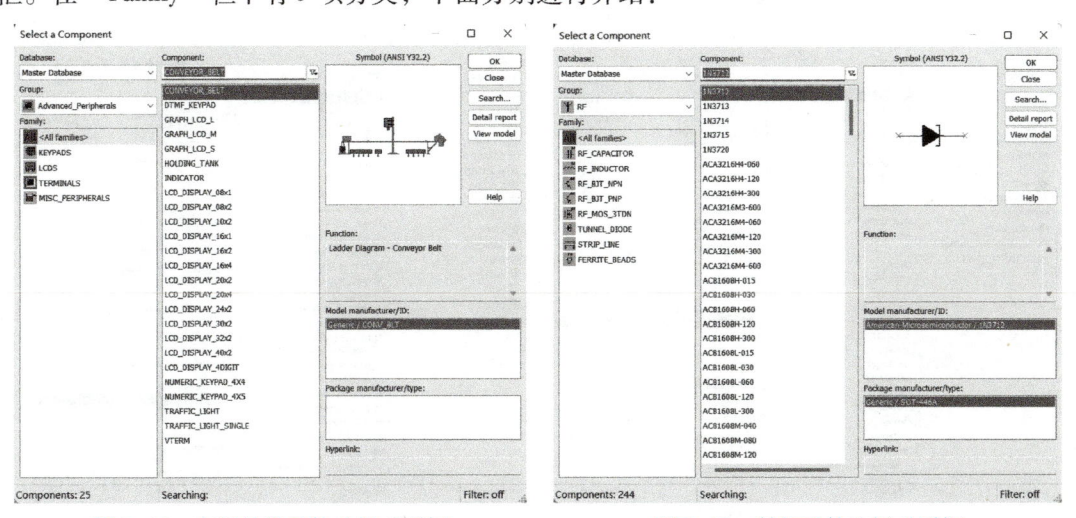

图 2-14 高级外设元件选择对话框

图 2-15 射频元件选择对话框

- All families：选择该项，射频元件库中的所有元件将列于窗口中间的元件栏中。
- RF_CAPACITOR：包含一个 RF 电容。
- RF_INDUCTOR：包含一个 RF 电感。
- RF_BJT_NPN：包含各种型号射频电路用 NPN 晶体管。
- RF_BJT_PNP：包含各种型号射频电路用 PNP 晶体管。
- RF_MOS_3TDN：包含各种型号射频电路用三端 N 沟道耗尽型 MOSFET。
- TUNNEL_DIODE：包含各种型号的隧道二极管。
- STRIP_LINE：包括各类带状线。
- FERRITE_BEADS：包括各种型号铁氧体磁珠。

2.1.15 机电类元件库

机电类元件库主要由一些电工类元件组成。鼠标左键单击元件工具栏中的机电类元件库，可弹出图 2-16 所示的机电类元件选择对话框。在"Family"栏下有 9 项分类，下面分别进行介绍：

- All families：选择该项，机电类元件库中的所有元件将列于窗口中间的元件栏中。
- MACHINES：包括各种类型的发动机。
- MOTION_CONTROLLERS：包括各种类型的步进控制器。
- SENSORS：包括增量编码器和旋转角度解析器。
- MECHANICAL_LOADS：包括 3 种机械负载。
- TIMED_CONTACTS：包括各类定时接触器。
- COILS_RELAYS：包括各类线圈与继电器。
- SUPPLEMENTARY_SWITCHES：包括各种类型的补充开关。
- PROTECTION_DEVICES：包括各种保护装置，如磁过载保护器、梯形逻辑过载保护器等。

2.1.16 NI 元件库

鼠标左键单击元件工具栏中的 NI 元件库，可弹出图 2-17 所示的 NI 元件选择对话框。在"Family"栏下有 12 项分类，下面分别进行介绍：

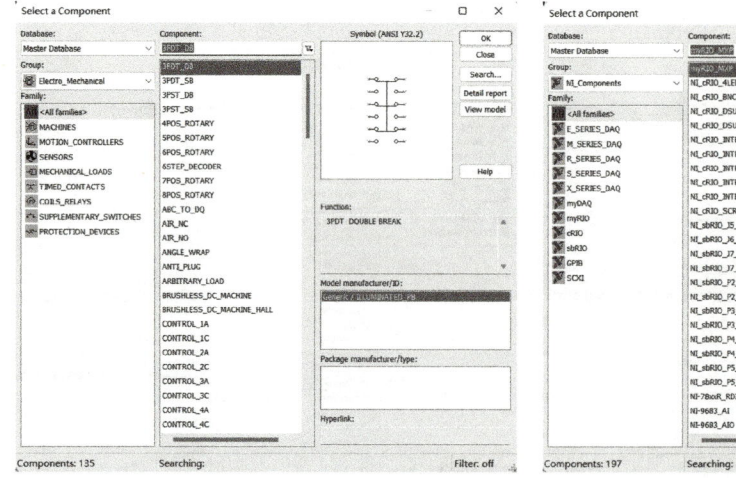

图 2-16 机电类元件选择对话框 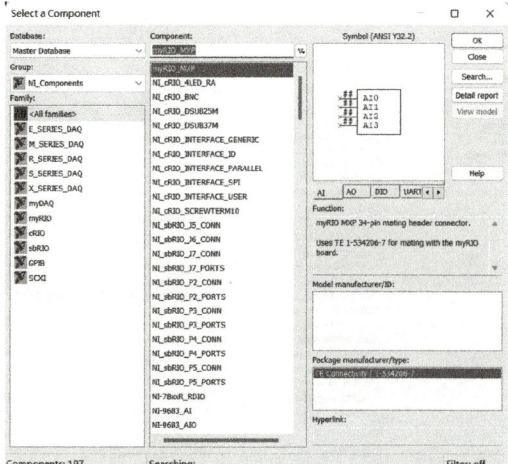   图 2-17 NI 元件选择对话框

- All families：选择该项，NI 元件库中的所有元件将列于窗口中间的元件栏中。
- E_SERIES_DAQ：包括 National Instruments 公司各种 E 系列数据采集芯片。
- M_SERIES_DAQ：包括 National Instruments 公司各种 M 系列数据采集芯片。
- R_SERIES_DAQ：包括 National Instruments 公司各种 R 系列数据采集芯片。
- S_SERIES_DAQ：包括 Norcomp 公司各种 S 系列数据采集芯片。
- X_SERIES_DAQ：包括 National Instruments 公司各种 X 系列数据采集芯片。
- myDAQ：包括 National Instruments 公司一个微分模拟输入输出的双向数字 IO 端口芯片。
- myRIO：包括一个使用 TE-534206-7 时的配套连接芯片，采用 NI 工业标准的可重配置 I/O(RIO)技术。
- cRIO：包括 National Instruments 公司的 LED、交互界面接口。
- sbRIO：包括各类 RIO 嵌入式控制和采集设备接口。
- GPIB：包括各类通用接口总线，可以使用设备和计算机连接的总线。
- SCXI：包括各类用于测量和自动化系统的高性能信号调理和开关平台。

2.1.17 连接器元件库

鼠标左键单击元件工具栏中的连接器元件库，可弹出图 2-18 所示的连接元件选择对话框。在"Family"栏下有 12 项分类，下面分别进行介绍：

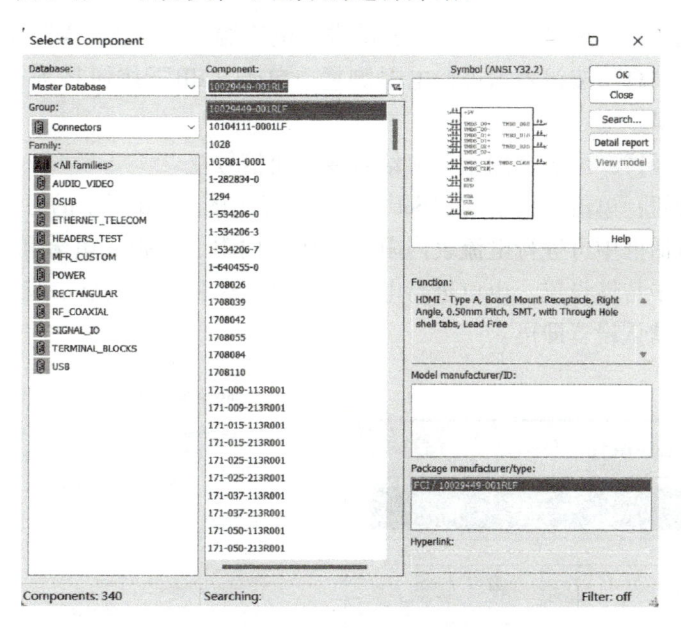

图 2-18 连接元件选择对话框

- All families：选择该项，连接器元件库中的所有元件将列于窗口中间的元件栏中。
- AUDIO_VIDEO：包括各种类型的音频视频芯片。
- DSUB：包括不同接口数的模拟信号接口。
- ETHERNET_TELECOM：包括 3 种以太网通信端口。
- HEADERS_TEST：包括各种类型的头文件测试端口。
- MFR_CUSTOM：包括各种型号的自定义多频接收机。

- POWER：包括各种型号的电池座和连接器。
- RECTANGULAR：包括各种型号的矩形插座。
- RF_COAXIAL：包括各种类型的同轴射频连接器。
- SIGNAL_IO：包括各种类型的信号输入输出插座。
- TERMINAL_BLOCKS：包括各种类型的末端模块。
- USB：包括各种类型的USB接口。

任务2.2 学习常用仪表的使用

本节中介绍一些电路仿真中常用的仪器仪表，如万用表、示波器、函数发生器等，下面我们将详细介绍这些仪器仪表的使用方法。

2.2.1 万用表

在Multisim软件中的万用表是一种可以用于测量交（直）流电压、交（直）流电流、电阻及电路中两点之间分贝电压消耗的一种仪表，它可以自动调整量程。万用表的图标和界面如图2-19所示，当万用表的正负端连接到电路中时将显示测量数据。万用表面板从上到下可分为以下几部分：

- 显示栏：显示测量数据。
- 测量类型选择栏：单击"A"按钮表示进行电流测量，单击"V"按钮表示进行电压测量，单击"Ω"按钮表示进行电阻测量，单击"dB"按钮将进行两点之间分贝电压损耗的测量。
- 信号模式选择栏：可选择测量交流信号或直流信号。
- 属性设置按钮：单击面板上的"Set"按钮将弹出图2-20所示的万用表参数设置对话框，在该对话框中可进行电流表内阻、电压表内阻、欧姆表电流和dB相关值所对应电压值的电子特性设置，也可进行电流表、电压表和欧姆表显示范围的设置。一般情况下，采用默认设置即可。

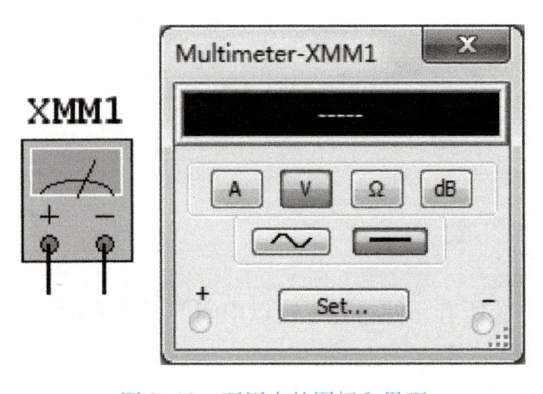

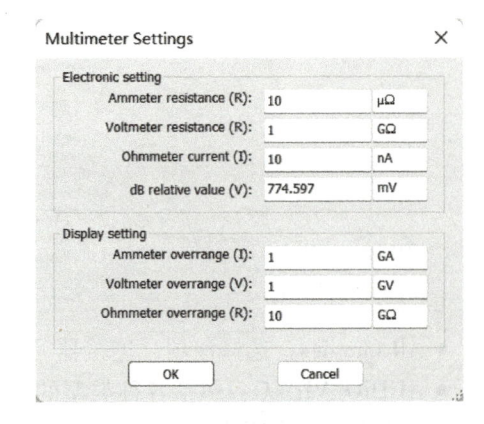

图2-19 万用表的图标和界面   图2-20 万用表参数设置对话框

◇ **应用举例**：图2-21为一阶无源低通滤波器电路，通带截止频率为$f_p = \dfrac{1}{2\pi RC} \approx 31.8\ \text{Hz}$，

输入信号为一交流电压源（5 V，1000 Hz），用万用表观察输出节点的交流电压，在万用表的面板上可以看到通过滤波器后的交流电压信号幅值衰减到了毫伏级。

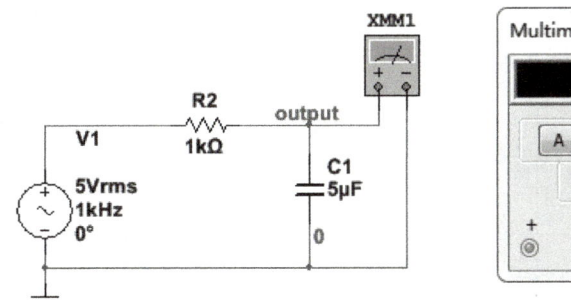

图 2-21　万用表的应用

2.2.2　函数信号发生器

函数信号发生器可提供正弦波、三角波和方波 3 种电压信号。函数信号发生器的图标和界面如图 2-22 所示，函数信号发生器除了正负电压输出端，还有公共接地端。下面将对函数信号发生器面板进行说明：

- Waveforms 栏：从左到右依次单击按钮可选择输出正弦波、三角波或方波信号。
- Frequency 栏：用于设置输出信号的频率。
- Duty cycle 栏：用于设置输出三角波信号和方波信号的占空比。
- Amplitude 栏：用于设置信号的幅值，即信号直流分量到峰值之间的电压值。
- Offset 栏：用于设置输出信号的直流偏置电压，默认值为 0 V。
- Set rise/Fall time 按钮：用于设置方波信号的上升和下降时间，单击该按钮可弹出图 2-23 所示的方波上升/下降时间设置对话框。

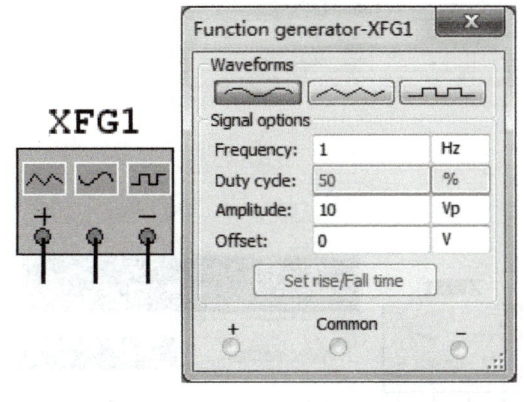

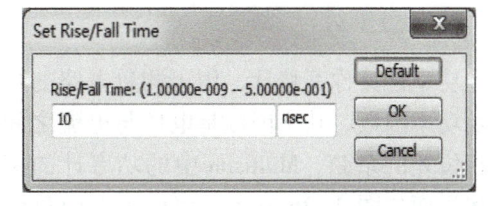

图 2-22　函数信号发生器图标和界面　　图 2-23　方波上升/下降时间设置对话框

◇ **应用举例**：仍以一阶无源低通滤波器电路为例，输入信号改为矩形波，如图 2-24 所示，其电压为 10 V，频率为 10 Hz，占空比为 50%，将上升和下降时间设为 1 ns。输入信号由函数信号发生器的正电压端引出，为便于连线，右键单击函数信号发生器，在输出的菜单中选择将函数信号发生器图标左右翻转。用示波器观察输出端波形，如图 2-25 所示，方波的频率较低，所以没有被滤波器滤除。由于方波设了上升/下降时间,所以电压突变有一个过渡的过程。

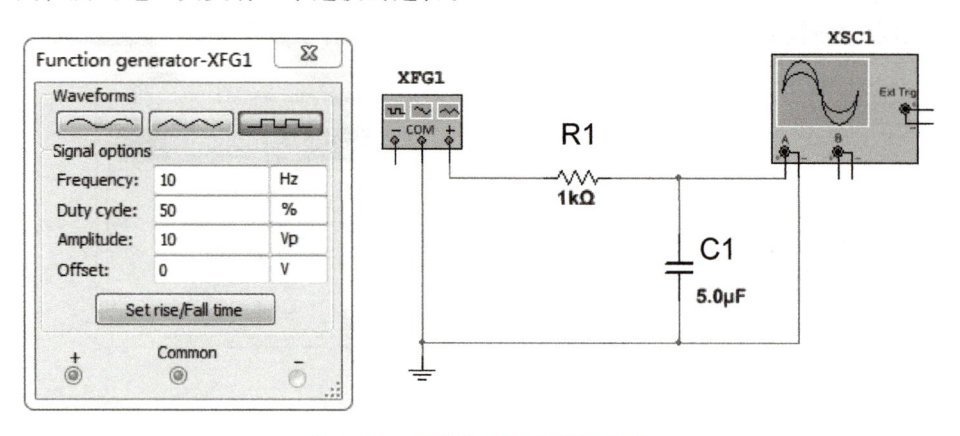

图 2-24 函数信号发生器的应用

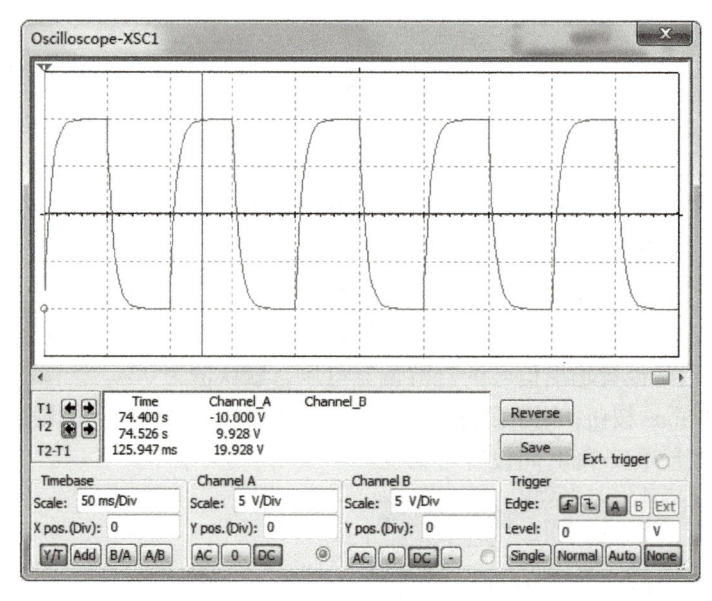

图 2-25 输出端波形

2.2.3 功率计

功率计又称瓦特计,用于测量电路的功率及功率因数。功率因数是电压与电流之间的相位差的余弦。Multisim 中的功率计的图标和界面如图 2-26 所示,面板中上面显示电路输出负载上的功率值,下面显示功率因数。连接功率计时,应使电压表与负载并联,电流表与负载串联。

◇ **应用举例**:图 2-27 中的电路为甲乙类功率放大电路,负载为内阻为 8Ω 的蜂鸣器,在输出端接功率计,可以看到输出功率为 45.416 W,功率因数为 1,即输出电压和电流没有相位差。

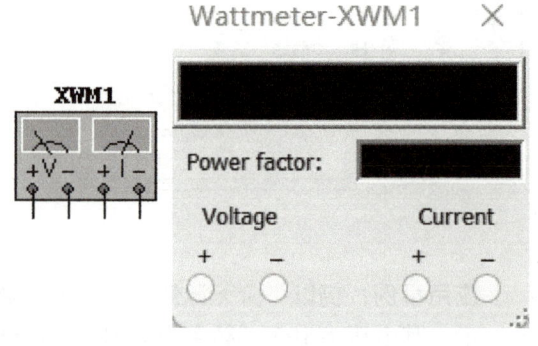

图 2-26 功率计图标和界面

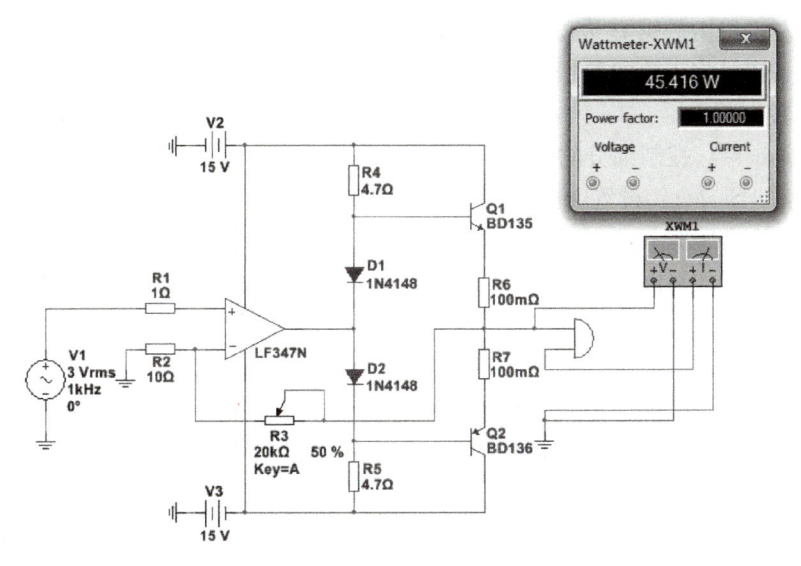

图 2-27 功率计的应用

2.2.4 双通道示波器

双通道示波器是用于观察电压信号波形的仪器,可同时观察两路波形。双通道示波器图标和界面如图 2-28 所示,示波器图标中的三组信号分别为 A、B 输入通道和外触发信号通道。双击图标打开面板后,其中主要按钮的作用调整及参数的设置和实际示波器相似,下面将示波器面板各部分功能进行说明:

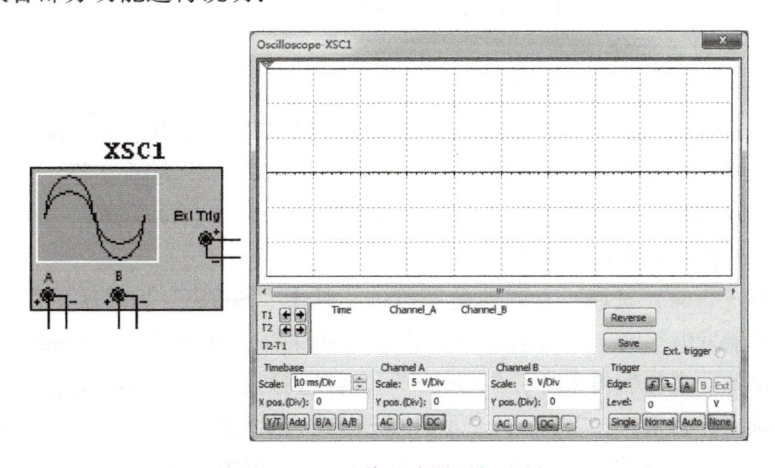

图 2-28 双通道示波器图标和界面

(1) 波形和数据显示部分

波形显示屏背景颜色默认为黑色,中间最粗的白线为基线。垂直于基线有两根游标,用于精确标定波形的读数,可手动拖动游标到某一位置。也可右键选择显示波形的标记,用以区分不同波形,或将游标确定在哪条波形上用以确定该波形的周期、幅值等。

波形显示屏下方的区域将显示游标所在位置的波形精确值。其中数据分为 3 行 3 列,3 列分别为时间值、通道 A 幅值和通道 B 幅值,3 行中 T1 为游标 1 所对应数值,T2 为游标 2 所对应数值,T2-T1 为游标 1 和 2 所对应数值之差。T1、T2 右边的箭头可以用来控制游标的移动。鼠标左键单击数据右边的"Reverse"按钮,可将波形显示屏背景颜色转为白色,单击"Save"按钮可将当前的数据以文本的形式保存。

(2) 时基控制部分

时基 (Timebase) 控制部分的各项说明如下:

- 时间尺度 (Scale): 设置 X 轴每个网格所对应的时间长度, 改变其参数可将波形在水平方向展宽或压缩。
- X 轴位置控制 (X position): 用于设置波形在 X 轴上的起始位置, 默认值为 0, 即波形从显示屏的左边缘开始。
- 显示方式选择: 示波器的显示方式有 4 种: Y/T 方式将在 X 轴显示时间, Y 轴显示电压值; Add 方式将在 X 轴显示时间, Y 轴显示 A 通道和 B 通道的输入电压之和; B/A 方式将在 X 轴显示 A 通道信号, Y 轴显示 B 通道信号; A/B 方式和 B/A 方式正好相反。

(3) 示波器通道设置部分

A、B 通道的各项设置相同,下面我们进行详细说明:

- Y 轴刻度选择 (Scale): 设置 Y 轴的每个网格所对应的幅值大小, 改变其参数可将波形在垂直方向展宽或压缩。
- Y 轴位置控制 (Y position): 用于设置波形 Y 轴零点值相对于示波器显示屏基线的位置, 默认值为 0, 即波形 Y 轴零点值在显示屏基线上。
- 信号输入方式: 用于设定信号输入的耦合方式。当用 AC 耦合时, 示波器显示信号的交流分量而把直流分量滤掉; 当用 DC 耦合时, 将显示信号的直流和交流分量; 当用 0 耦合时, 在 Y 轴的原点位置将显示一条水平直线。

(4) 触发参数设置部分

触发 (Trigger) 参数设置区的各项功能为:

- 触发沿 (Edge) 选择: 可选择输入信号或外触发信号的上升沿或下降沿触发采样。
- 触发源选择: 可选择 A、B 通道和外触发通道 (EXT) 作为触发源。当 A、B 通道信号作为触发源时, 当通道电压大于预设的触发电压时才启动采样。
- 触发电平选择: 用于设置触发电压的大小。
- 触发类型 (Type) 选择: 有四种类型可选, 其中"Single"为单次触发方式, 当触发信号大于触发电平时, 示波器采样一次后停止采样, 在此单击"Single"按钮, 可在下次触发脉冲来临后再采样; "Normal"为普通触发方式, 当触发电平被满足后, 示波器刷新, 开始采样; "Auto"表示计算机自动提供触发脉冲触发示波器, 而无须触发信号。示波器通常采用这种方式; "None"表示取消设置触发。
- ◇ 应用举例: 仍以一阶无源低通滤波器电路为例, 如图 2-29 所示, 输入信号为 5 V、50 Hz 的交流电压源, 示波器的 A 通道接到输入端, B 通道接到输出端, 对电路进行仿真, 双击打开示波器的前面板, 如图 2-30 所示。单击"Reverse"按钮将显示屏背景反白, 面板中各项的设置如图中所示。由于输入信号为 50 Hz, 所以信号的周期为 20 ms, 为了便于观察信号, 可将 X 轴的刻度设为 10 ms/格; 输入信号幅值为 5 V, 所以将 A、B 通道中的 Y 轴刻度都设为 5 V/格。可以看到, 50 Hz 的输入信号通过通带截止频率为 31.8 Hz 的一阶无源低通滤波器后有一定的衰减和相移。移动游标 1 和 2, 可以观察到输入、输出信号峰值的精确值。

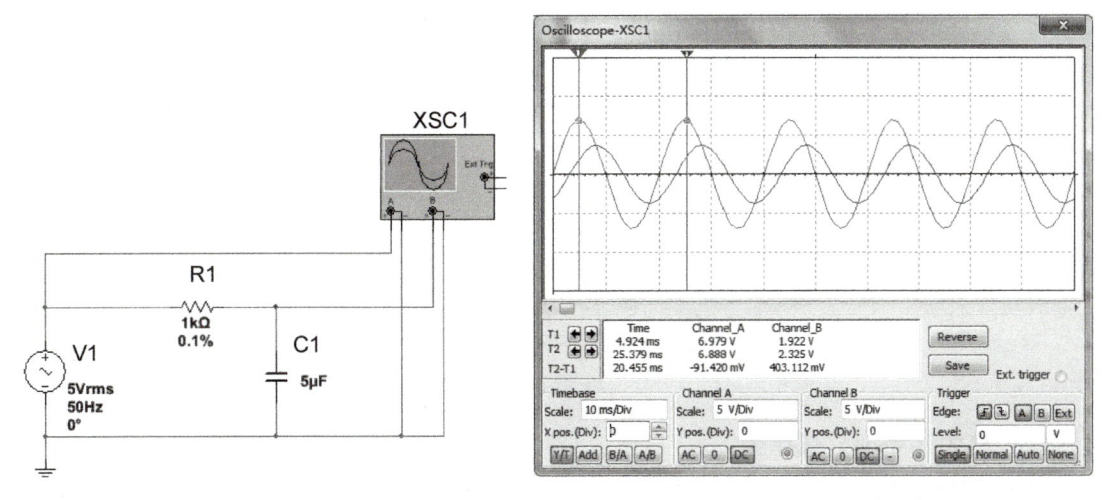

项目 2　熟悉 Multisim 元件库与仿真仪器

图 2-29　示波器的应用

图 2-30　A、B 通道的波形

2.2.5　四通道示波器

四通道示波器可以同时测量 4 个通道的信号，其他的功能几乎完全相同。在仪器栏中选择四通道示波器后，四通道示波器图标和界面如图 2-31 所示，示波器图标中的 A、B、C、D 引脚分别为四路信号输入端，T 为外触发信号通道，G 为公共接地端。双击图标打开面板，其中主要设置可参见双通道示波器，只是其 4 个通道的控制通过一个旋钮来实现，当单击某一方向上的旋钮，则可对该方向所对应通道的参数进行设置。

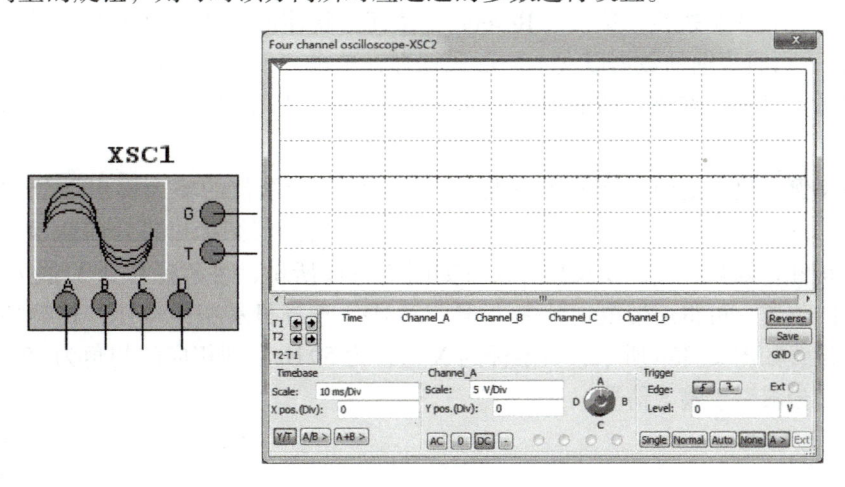

图 2-31　四通道示波器图标和界面

2.2.6　波特图仪

波特图仪可用来测量电路的幅频特性和相频特性。在使用波特图仪时，电路的输入端必须接入交流信号源。波特图仪图标和界面如图 2-32 所示，面板可分为以下几部分：

（1）数据显示区

数据显示区主要用于显示电路的幅频或相频特性曲线。波特图仪显示屏上也有一个游标，可以用来精确显示特性曲线上任意点的值（频率值显示在显示屏左下方，幅值或相位显示在显示屏的右下方），游标的操作和示波器中相同，不再赘述。

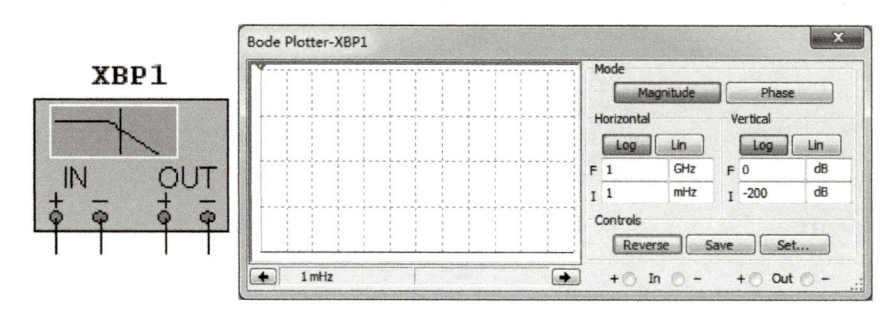

图 2-32　波特图仪图标和界面

（2）模式（Mode）选择区

单击"Magnitude"按钮，波特图仪将显示电路幅频特性；单击"Phase"按钮则显示相频特性。

（3）坐标设置区

在垂直（Vertical）坐标和水平（Horizontal）坐标设置部分，按下"Log"按钮，则坐标以底数为 10 的对数形式显示；按下"Lin"按钮，则坐标以线性形式显示。在显示相频特性时，纵坐标只能选择以线性的形式显示。

水平坐标刻度显示的总是频率值，在 F 栏下可设置终止频率，I 栏下可设置起始频率；垂直坐标刻度可显示幅值或相位，F 栏下可设置终值，I 栏下可设置起始值。

（4）控制（Controls）区

控制区内包含 3 个按钮，单击"Reverse"按钮，将使波特图仪显示屏背景反色，单击"Save"按钮，可将当前的数据以文本的形式保存，单击"Set"按钮，将弹出如图 2-33 所示的参数设置对话框，在该对话框的"Resolution points"栏下可设置分辨点数，数值越大分辨率越高。

◇ **应用举例**：仍以上面的低通滤波电路为例，将波特图仪的输入输出端分别与电路相连，如图 2-34 所示。对电路进行仿真，双击波特图仪图标可打开前面板，选择显示幅频特性，幅频特性曲线及相应设置如图 2-35a 所示，将游标移到 Y 值为 3 dB 时所对应的位置，可得通带截止频率为 31.755 Hz。选择显示相频特性，相频特性曲线及相应设置如图 2-35b 所示，将游标的 X 值设为 50 Hz，则相应的相角为 -57.517°，即输出信号滞后于输入信号。

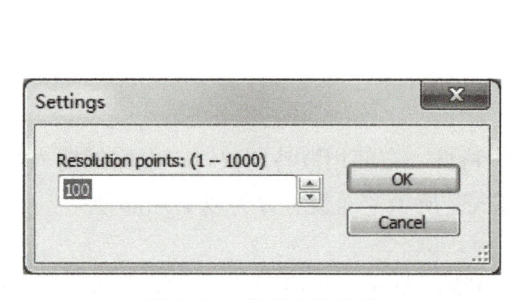

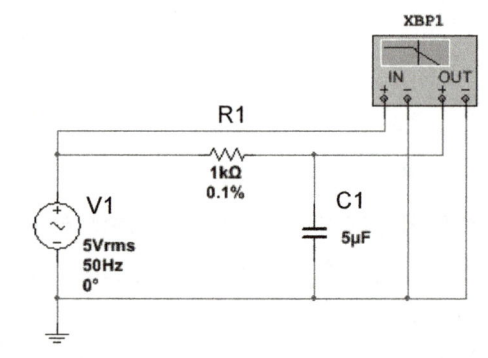

图 2-33　分辨点数设置　　　　　　图 2-34　波特图仪的应用

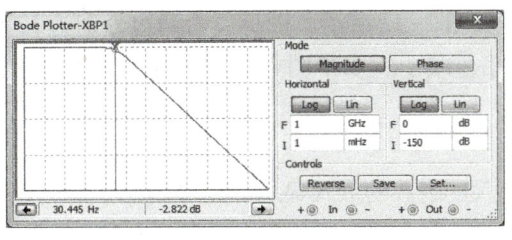

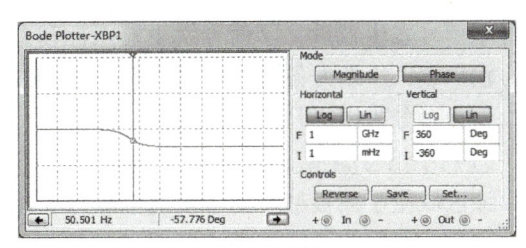

a) 幅频特性   b) 相频特性

图 2-35 显示结果

2.2.7 频率计数器

频率计数器可以测量电路中电路的频率、周期等。在仪器栏中选择频率计数器后，频率计数器图标和界面如图 2-36 所示，频率计数器只有一个端口，可以直接连接在需要测试的电路中。双击图标打开面板，Measurement 栏可以查看电路的频率、周期、正负脉冲所需时间和信号的上升下降时间；Coupling 栏可以选择信号输入的耦合方式，当用 AC 耦合时，输入信号只有交流分量而把直流分量滤掉，当用 DC 耦合时，将同时输入信号的直流和交流分量；Sensitivity(RMS)栏，可以设置灵敏电压，当大于电路中电压时，频率计数器将不工作；Trigger level 栏可以设置触发电压大小；选择 Slow change signal 复选框，可以显示电路的时时频率；Compression rate 可以设置波形周期的压缩比例。

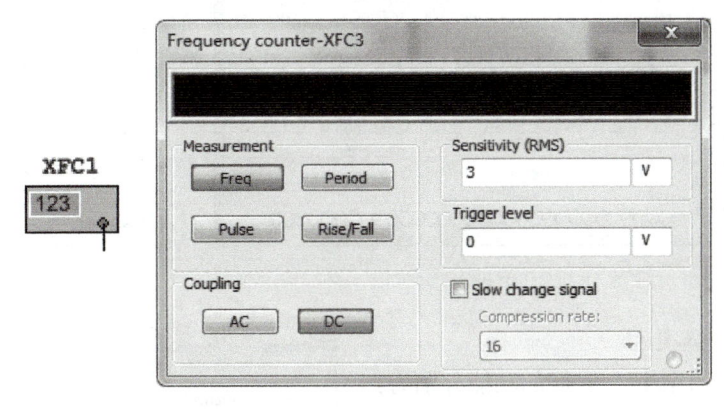

图 2-36 频率计数器图标和界面

直流或者交流只是其 4 个通道的控制通过一个旋钮来实现，当单击某一方向上的旋钮，则可对该方向所对应通道的参数进行设置。

任务 2.3 高级仿真分析仪器

上节中介绍了一些常用仪器的功能和使用方法，下面来介绍一些高级仪器的使用，这些仪器有的适用于模拟电路的分析，有些适用于数字电路的分析，有些适用于分析高频电路，下面分别对这些仪器进行介绍。

2.3.1 字信号发生器

字信号发生器能同时产生 32 路逻辑信号，用于对数字逻辑电路进行测试。在仪器栏中选择字信号发生器后，字信号发生器图标和界面如图 2-37 所示，图标左右两边分别为 32 路信号输出端，R 端为备用信号端，T 端为外触发信号端子。双击图标打开字信号发生器面板后，面板可分为以下几部分：

(1) 字信号编辑显示区

该区域位于面板最右侧，当前信号以 8 位十六进制数的形式显示，信号的显示形式还可以在"Display"区更改。所有信号的初始值都为 0，单击某一行信号可对其进行修改。鼠标右键单击某一行信号，可弹出图 2-38 所示的菜单，菜单中的命令从上到下功能分别为：

- 对该当前信号设置指针。
- 对该信号设置断点。
- 删除当前断点。
- 将当前信号设为信号循环的初始位置。
- 将当前信号设为信号循环的终止位置。
- 取消操作。

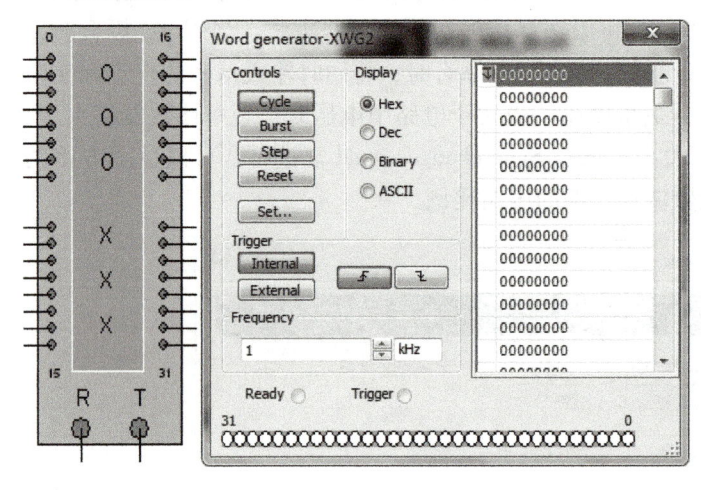

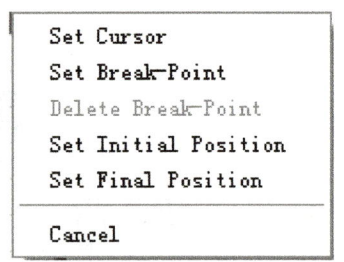

图 2-37 字信号发生器图标和界面

图 2-38 字信号设置菜单

(2) Controls 选项区

该区域包括 5 个按钮，它们的功能分别为：

- Cycle 按钮：设置所有字信号循环输出。
- Burst 按钮：每单击一次将输出从起始位置到终止位置的所有字信号。
- Step 按钮：每单击一次将顺序输出一条字信号。
- Reset 按钮：回到字信号的起始位置。
- Set 按钮：单击该按钮将弹出图 2-39 的参数设置对话框，该对话框中"Display type"区域将控制字信号地址的显示形式，可选十六进制（Hex）和十进制（Dec）；"Buffer size"栏用于设置字信号缓冲区的大小；"Output voltage level"栏用于设置输出电压的最大值和最小值；

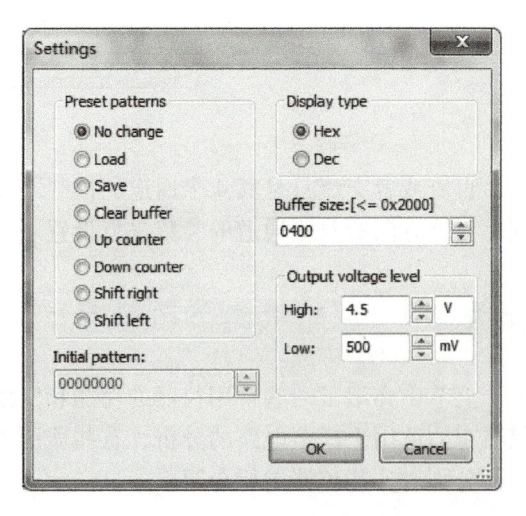

图 2-39 参数设置对话框

"Initial pattern"栏用于设置起始信号的模式;"Preset patterns"区域用于预先设置字信号发生器的模式,下面有 8 个选项,它们的功能分别为:

- No change 项:不对当前的字信号作任何改变。
- Load 项:调用已保存的字信号文件。
- Save 项:将当前的字信号文件存盘,扩展名为 .dp。
- Clear buffer 项:清除字信号缓冲区内的内容,自信号编辑区内的信号将全部清零。
- Up counter 项:字信号编辑区内的信号将从起始信号开始逐次加 1,起始信号的大小可在"Initial pattern"栏中设置。
- Down counter 项:字信号编辑区内的信号将从起始信号开始逐次减 1,起始信号的大小可在"Initial pattern"栏中设置。
- Shift right 项:字信号编辑区内的信号按右移的方式编码,起始信号的大小可在"Initial pattern"栏中设置。
- Shift left 项:字信号编辑区内的信号按左移的方式编码,起始信号的大小可在"Initial pattern"栏中设置。

(3) Display type 选项区

用来设置字信号的显示形式,包括十六进制(Hex)、十进制(Dec)、二进制(Binary)和 ASCII 码。

(4) Trigger 选项区

用于设置触发方式,可选内部(Internal)触发或外部(External)触发,触发方式可选上升沿触发或下降沿触发。

(5) Frequency 选项区

用于设置字信号发生器的时钟频率。

◇ **应用举例**:用数码管和逻辑分析仪观察产生的字信号,如图 2-40 所示。首先在字信号发生器面板中将缓冲区大小设为 5,预设字信号模式为"Up counter",起始字信号设为十六进制数 00000000,时钟信号选择 1 kHz 的内部时钟,则信号编辑区内的字信号如图 2-41 所示。在图 2-41 中单击一次"Step"按钮,字信号往下循环一个地址,如果按"Cycle"按钮。字信号编辑区中的所有字信号将循环显示。

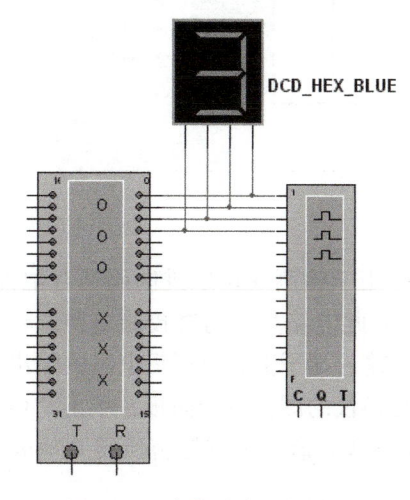

图 2-40 字信号发生器测试

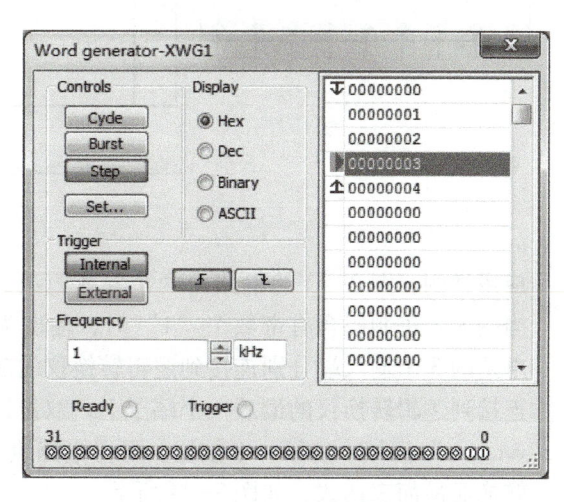

图 2-41 字信号发生器设置

2.3.2 逻辑转换仪

逻辑转换仪是 Multisim 特有的仪器，它能够完成真值表、逻辑表达式和逻辑电路三者之间的相互转换。在仪器栏中选择逻辑转换仪后，逻辑转换仪图标和界面如图 2-42 所示，图标共有 9 个接线端，左边的 8 个端子为输入端子，连接需要分析的逻辑电路的输入信号，最后一个端子是输出端子，连接逻辑电路的输出端。双击图标打开逻辑转换仪面板，面板最上面的 A 到 H 为输入端连接情况标识，如端子变为白色，则表示已连接上，反之表示未连接；面板中间为真值表，连接端子个数确定后，该栏中会自动列出前两栏的数值，输出的值可由分析结果给出或由用户定义；真值表下方的空白栏中可显示逻辑表达式。最右边的"Conversions"栏中有 6 个控制按钮，它们的功能分别为：

- ![按钮] 按钮：该按钮的功能是将已有逻辑电路转换成真值表。
- ![按钮] 按钮：该按钮是将真值表转换为逻辑表达式。当真值表是由逻辑电路转换出而得，可直接单击该按钮得出逻辑表达式；用户也可新建真值表来推导逻辑表达式，新建真值表的方法为单击选择面板上方的输入端子，使已选的端子反白，真值表中将自动列出已选输入信号的所有组合，输出端的状态初始值全部为未知（?），用户可以定义为 0、1 或 x（单击 1 次变为 0，单击 2 次变为 1，单击 3 次变为 x）。
- ![按钮] 按钮：该按钮的功能是将真值表转化为简化的逻辑表达式。
- ![按钮] 按钮：该按钮的功能是将逻辑表达式转换成真值表。
- ![按钮] 按钮：该按钮的功能是将逻辑表达式转换为由逻辑门组成的电路。
- ![按钮] 按钮：该按钮的功能是将逻辑表达式转换成由与非门组成的逻辑电路。

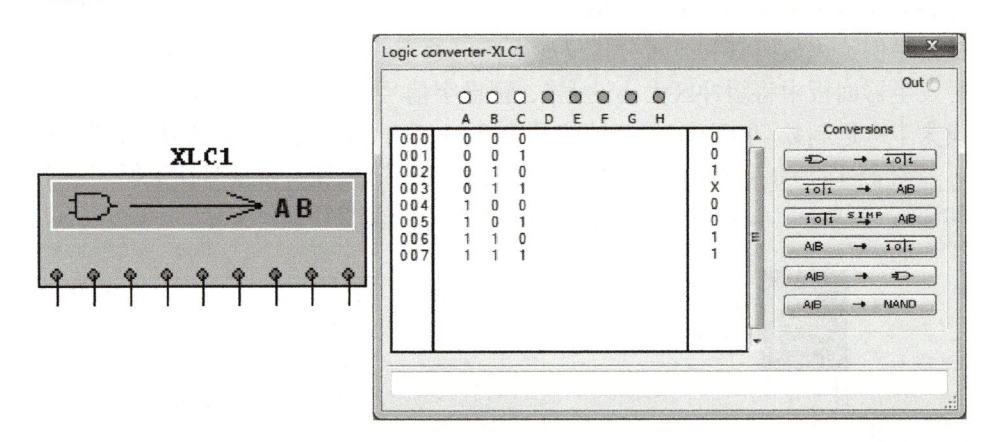

图 2-42 逻辑转换仪图标和界面

◇ **应用举例**：图 2-43 的电路由两个异或门组成，可用于检测 3 位二进制码的奇偶性，当输入二进制码含有奇数个"1"时，输出为 1，因此电路又称为奇校验电路。将该电路的 3 个输入端分别连接到逻辑转换仪的前 3 个输入端子上，将逻辑电路的输出端连接到逻辑转换仪的最后一个端子上，双击逻辑转换仪的图标打开面板，单击"Conversions"区域中的第一个按钮，可得电路真值表，单击第三个按钮将所得真值表再转换成最简表达式，如图 2-44 所示。

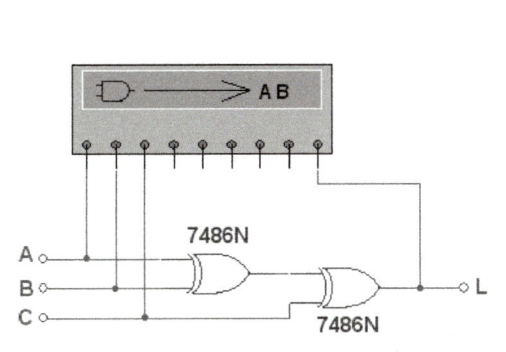

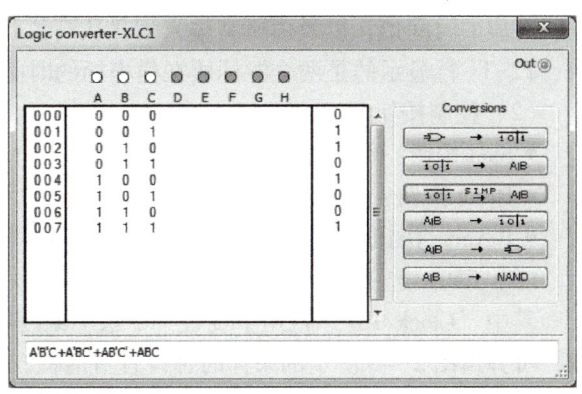

图 2-43　逻辑转换仪的应用　　　　图 2-44　由电路所得的真值表和最简逻辑表达式

2.3.3　逻辑分析仪

逻辑分析仪用来对数字逻辑电路的时序进行分析，可以同步显示 16 路数字信号。在仪器栏中选择逻辑分析仪后，逻辑分析仪图标和界面如图 2-45 所示，图标左边的 16 个引脚可连接 16 路数字信号，下面的 C 端用于外接时钟信号，Q 端为时钟控制端，T 端为外触发信号控制端。双击图标打开逻辑分析仪面板，面板可分为以下几部分：

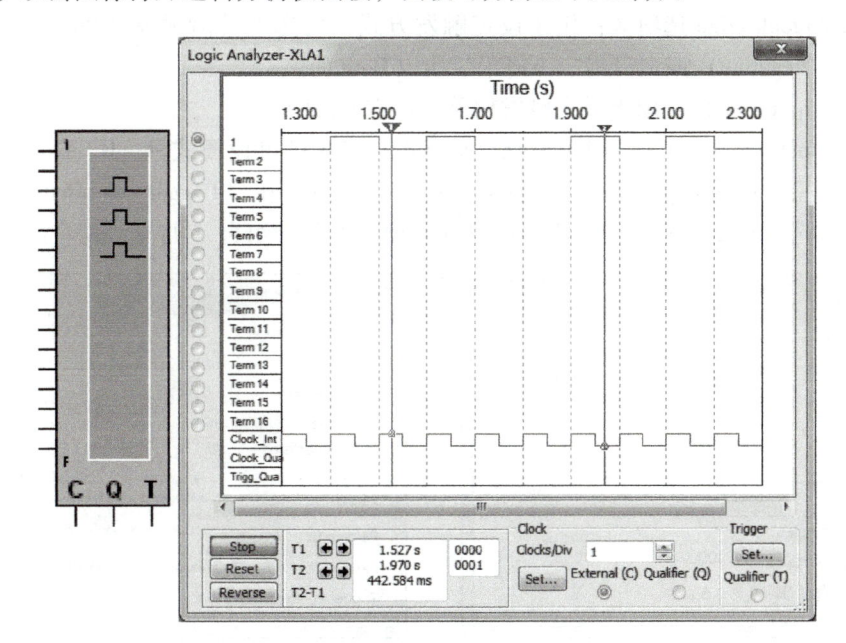

图 2-45　逻辑分析仪图标和界面

（1）波形及数据显示区

逻辑分析仪的显示屏用于显示各路数字信号的时序，顶端为时间坐标，左边前 16 行可显示 16 路信号，已连接输入信号的端点，其名称将变为连接导线的网点名称，下面的"Clock_Int"为标准参考时钟，"Clock_Qua"为时钟检验信号，"Trigg_Qua"为外触发信号检验信号。

两个游标用于精确显示波形的数据，波形显示屏下方 T1 和 T2 两行的数据分别为两个游标所对应的时间值，以及由所有输入信号从高位到低位所组成的二进制数所对应的十六进制数，T2-T1 行显示的是两个游标所在横坐标的时间差。

（2）控制按钮区
- Stop 按钮：停止仿真。
- Reset 按钮：重新进行仿真。
- Reverse 按钮：将波形显示屏的背景反色。

（3）Clock 选项区

其中"Clock/Div"栏用于设置一个水平刻度中显示脉冲的个数。单击下方的"Set"按钮，可弹出图 2-46 所示的采样时钟设置对话框，该对话框的各项设置为：
- Clock source 区域：用于设置时钟信号为外部（External）时钟或内部（Internal）时钟，当选择外部时钟后，"Clock qualifier"项可设，即可选时钟限制字为 1、0 或 x。
- Clock rate 区域：用于设置时钟信号频率。
- Sampling setting 区域：该区域用于设置采样方式，包含 3 个选项，其中"Pre-trigger samples"项用于设置触发信号到来之前的采样点数；"Post-trigger samples"项用于设定触发信号到来后的采样点数；"Threshold volt.（V）"项用于设定门限电压。

（4）Trigger 选项区

单击"Set"按钮，可打开图 2-47 所示的触发方式设置对话框，其中包括以下几部分：
- Trigger clock edge 选项区：用于设定触发方式，可选上升沿触发（Positive）、下降沿触发（Negative）或上升沿、下降沿皆可（Both）。
- Trigger qualifier 栏：用于设定触发检验，可选 0、1 或 x。
- Trigger patterns 选项区：用于选择触发模式，有 3 种可设模式 A、B、C，用户可以编辑每个模式中包含 16 位字，每位可选 0、1 或小 x，在"Trigger combinations"下拉菜单中可选定这 3 种模式中的 1 种或这 3 种模式的某种组合（如与、或等）。

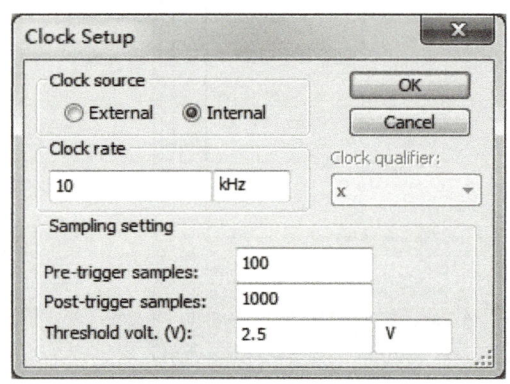

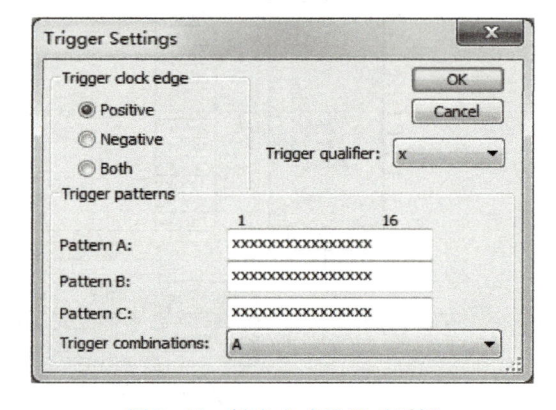

图 2-46 采样时钟设置对话框　　　　图 2-47 触发方式设置对话框

◇ **应用举例**：图 2-48 的电路为用 74161N 芯片设计的一个九进制计数器，输入时钟信号为 100 Hz 的脉冲信号，计数器 74161N 的输出端和逻辑分析仪信号输入端按信号的高低位依次连接，逻辑分析仪信号采用和计数器同一外部时钟，在时钟设置中将时钟改为外部时钟，频率改为 100 Hz，其他设置按默认的设置。对电路进行仿真，波形如图 2-49 所示，4 端信号为最低位的信号，可以看到电路实现了九进制计数，游标 1 对应了九进制的数 8，游标 2 对应了九进制的数 1。

图 2-48 逻辑分析仪的应用

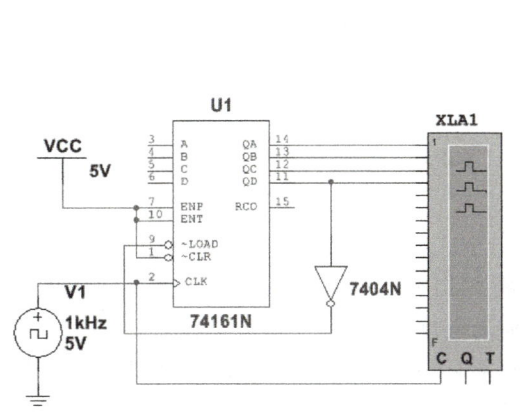

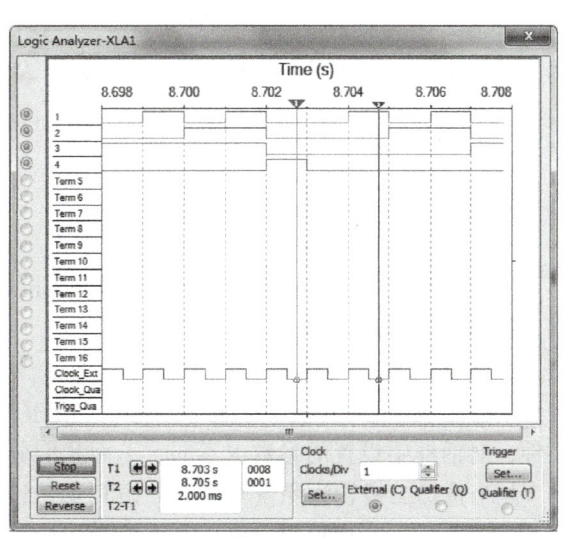

图 2-49 九进制计数器电路仿真时序

2.3.4 伏安特性分析仪

伏安特性分析仪可用于测量二极管、晶体管和 MOS 管的伏安特性曲线,被测元件应是在电路中无连接的单独元件,如需要测量电路中某一元件的伏安特性,需要先将连接断开。在仪器栏中选择伏安特性分析仪后,伏安特性分析仪图标如图 2-50 所示,双击打开伏安特性分析仪前面板,前面板可分为以下几部分:

图 2-50 伏安特性分析仪图标

(1) 被测元件类型选择

有 5 种元件的伏安特性可以被测量,它们为二极管(Diode)、PNP 型双极型晶体管(BJT PNP)、NPN 型双极型晶体管(BJT NPN)、P 沟道 MOS 管(PMOS)和 N 沟道 MOS 管(NMOS)。当选择不同类型的元件时,伏安特性分析仪面板下方的接口示意图将各不相同,如图 2-51 所示,示意图中 3 个端点的顺序对应了伏安特性分析仪图标中 3 个引脚的排列顺序。

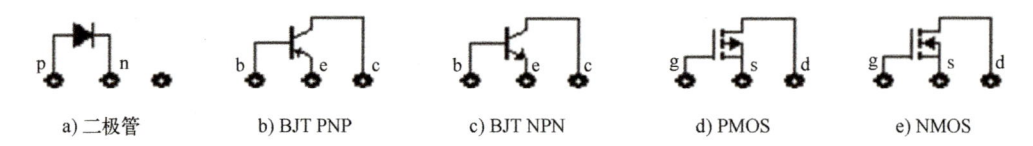

a) 二极管　　b) BJT PNP　　c) BJT NPN　　d) PMOS　　e) NMOS

图 2-51　不同类型元件连接示意图

（2）显示范围设置

可设置电流范围（Current range）和电压范围（Voltage range），具体设置和波特图仪相似，这里不再赘述。

（3）仿真参数设置

单击面板下方"Simulate parameters"按钮，将弹出参数设置对话框，对于不同的被测元件，对话框中设置的参数也不同，下面我们分别来进行介绍。

- 当选择二极管为测量元件时，仿真参数设置对话框如图 2-52 所示，只有 V_pn（PN 结电压）一栏可以设置，其中包括起始扫描电压、终止扫描电压和扫描增量。
- 当选择双极型晶体管为测量元件时，仿真参数设置对话框如图 2-53 所示，其中"V_ce"区域中可以设置晶体管 C、E 两极间的扫描起始电压、终止电压和扫描增量；"I_b"区域可以设置晶体管基极电流扫描的起始电流、终止电流和步长。选择"Normalize data"选项表示测量结果将以归一化方式显示。

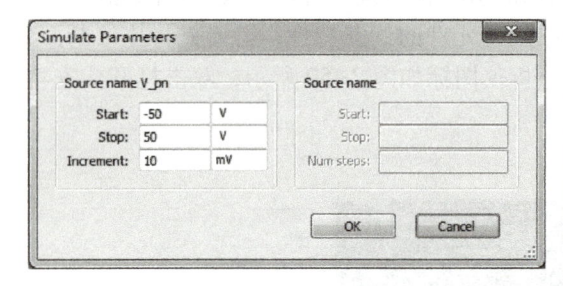

图 2-52　二极管仿真参数设置　　　　图 2-53　BJT 仿真参数设置

- 当选择 MOS 管作为测量元件时，仿真参数设置对话框如图 2-54 所示，其中"V_ds"区域中可以设置 MOS 管 D、S 两极间的扫描起始电压、终止电压和扫描增量；"V_gs"区域中可以设置 MOS 管 G、S 两极间的扫描起始电压、终止电压和步长。

（4）图形和数据显示区

该区域和其他仪表相似，游标用于精确测量波形数据，测得数据将在显示屏下方的读数栏中显示。

- ◇ **应用举例**：下面我们将测量 NPN 型晶体管 2N2222A 的伏安特性，按图 2-51c 的接线方式将晶体管接到伏安特性分析仪上，如图 2-55 所示。双击伏安特性分析仪图标打开仪器面板，选择元件类型为 BJT NPN，单击"Simulate parameters"按钮，按图 2-56 的参数进行设置，然后对电路进行仿真，软件将自动调节横纵坐标的显示范围，且横纵坐标均采用线性形式显示，仪器面板如图 2-56 所示。显示屏中横坐标的值为晶体管集电极与发射极之间的电压 Vce，纵坐标的值为集电极电流 Ic，图中 9 条曲线分别为 Ib 取 1~9 A 时的函数曲线，伏安特性曲线描述的即是当基极电流 Ib 为一常量时，Ic 与 Vce 之间的函数关系。在显示屏中的任意位置单击鼠标右键，可弹出图 2-57 的菜单，选择"Select a trace"命令将打开图 2-58 所示的对话框，在其中的下拉菜单下可选择不同 Ib 值的曲线。当选择了该曲线后，到游标移到这一组曲线上，读数栏中显示的数据将是被选中曲线上游标所对应点的值。在图 2-57 的菜单中选择"Show select marks on trace"命令，选中的曲线将以三角标记，如图 2-56 所示，要想消除标记，可再选择"Show select marks on trace"命令。

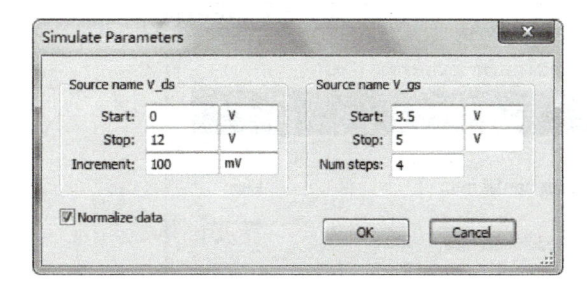

图 2-54　MOS 管仿真参数设置

图 2-55　2N2222A 伏安特性测量电路

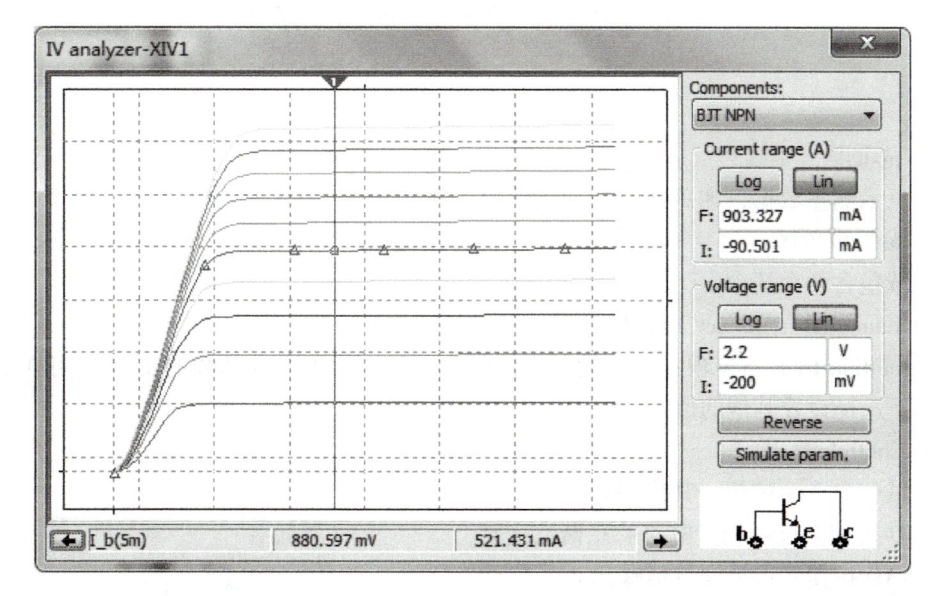

图 2-56　伏安特性分析仪测量结果

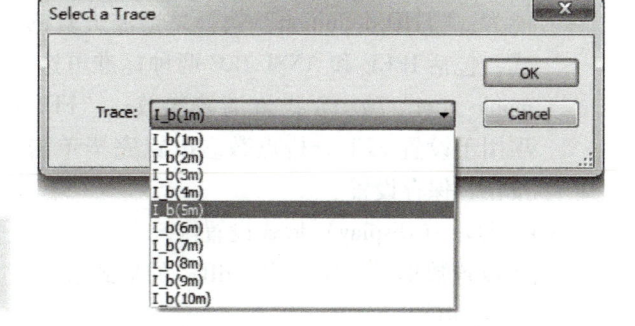

图 2-57　曲线操作菜单

图 2-58　曲线选择对话框

2.3.5 失真度分析仪

失真度分析仪可用来测量电路的总谐波失真和信噪比。在仪器栏中选择失真度分析仪后，失真度分析仪图标和界面如图 2-59 所示，双击打开失真度分析仪前面板，前面板可分为以下几部分：

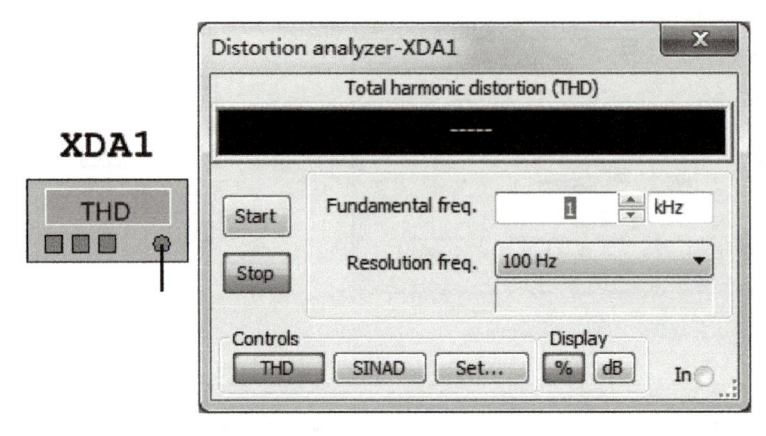

图 2-59 失真度分析仪图标和界面

（1）显示屏
用于显示测量数据，如总谐波失真或信噪比。
（2）参数设置区
该区域包含两个选项：
- Fundamental frequency 项：用于设置基频。
- Resolution frequency 项：用于设置分辨频率，最小值可设为基频的 1/10，可在下拉菜单下选择设置其他的值。

（3）Controls 区域
该区域包含 3 个按钮，其作用分别为：
- THD 按钮：选择测量电路的总谐波失真。
- SINAD 按钮：选择测量信噪比。
- Set 按钮：单击该按钮将弹出图 2-60 所示的对话框，用于设置测试参数。该对话框中各部分的功能为："THD definition"选择总谐波失真的定义方式，包括 IEEE 和 ANSI/IEC 两种标准可选；"Harmonic num"项用于设置谐波次数；"FFT points"项用于设置 FFT 分析点数。设置完毕单击"OK"按钮，保存设置。

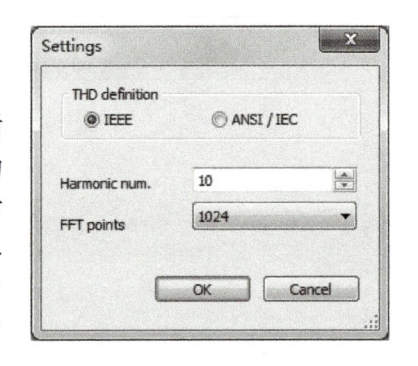

图 2-60 测试参数设置对话框

（4）显示（Display）形式设置区
用于设置数据以"%"或"dB"的形式表示。
（5）启动停止区域
仿真开始后，单击"Stop"按钮，停止测试；再单击"Start"按钮，重新开始测试。
◇ **应用举例**：下面我们以 50 Hz 陷波器电路为例，来说明失真分析仪的使用。直流稳压源输入供电电源为 220 V、50 Hz 的交流电,输出为正负 15 V 直流电压;陷波器电路部分如图 2-61 所示,在该电路的输出端连接失真分析仪,将基频设为 10 Hz,分辨频率取 1 Hz,选择显示总谐波失真 THD(%),其他设置用软件的默认设置,对电路进行仿真,稳定后的测试结果如图 2-62 所示。

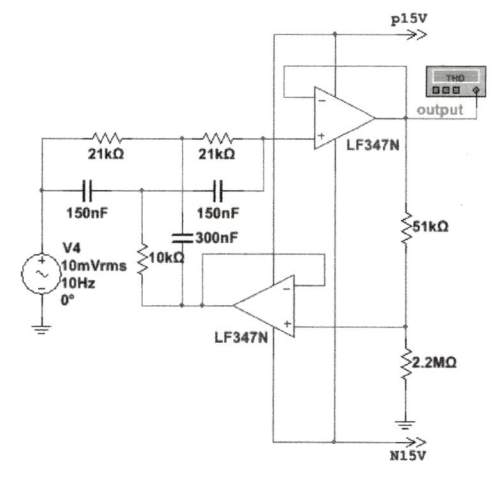

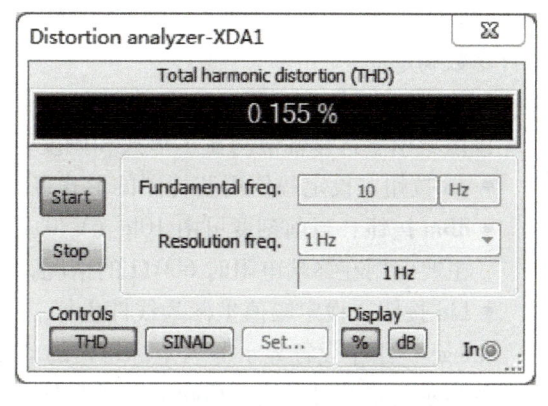

图 2-61　50 Hz 陷波器电路中失真分析仪的应用　　图 2-62　稳定后的测试结果

2.3.6　频谱分析仪

频谱分析仪可以用来分析信号在一系列频率下的功率谱,确定高频电路中各频率成分的存在性。在仪器栏中选择频谱分析仪后,频谱分析仪图标和界面如图 2-63 所示,其中 IN 为信号输入端子,T 为外触发信号端子。双击图标打开频谱分析仪面板,面板可分为以下几部分:

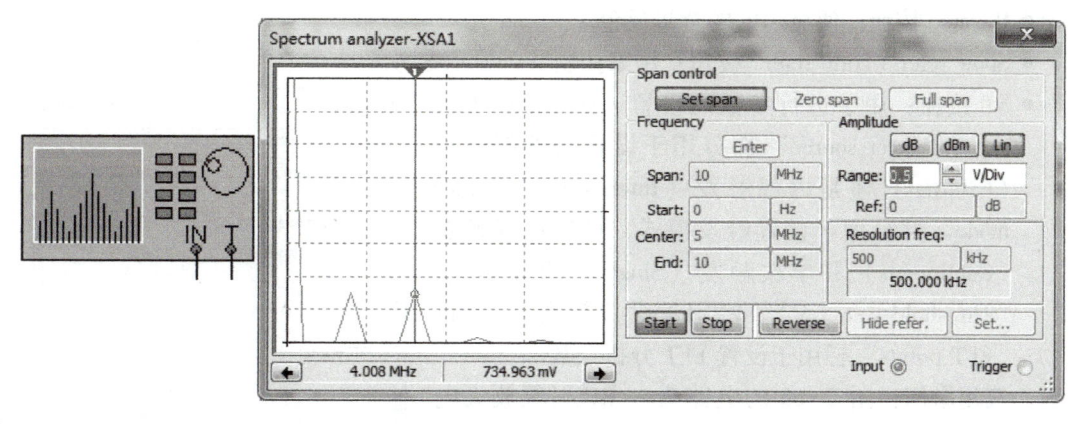

图 2-63　频谱分析仪图标和界面

(1) 频谱显示区

该显示区内横坐标表示频率值,纵坐标表示某频率处信号的幅值(在"Amplitude"区域中可选择"dB"、"dBm"和"Lin"3 种显示形式。)用游标可显示所对应波形的精确值。

(2) Span control 选项区

该区域包括 3 个按钮,用于设置频率范围的方式,3 个按钮的功能分别为:

- Set span 按钮：频率范围可在"Frequency"选项区设定。
- Zero span 按钮：仅显示以中心频率为中心的小范围内的权限，此时在"Frequency"选项区仅可设置中心频率值。
- Full span 按钮：频率范围自动设为 0~4 GHz。

（3）Frequency 选项区

该选项区包括四栏设置，其中"Span"栏中可设置频率范围；"Start"栏设置起始频率；"Center"栏设置中心频率；"End"栏设置终止频率。设置好后，单击〈Enter〉按钮，进行参数确定。

（4）Amplitude 选项区

该区域用于选择幅值的显示形式和刻度，其中 3 个按钮的作用为：
- dB 按钮：设定幅值用波特图的形式显示，即纵坐标刻度的单位为 dB。
- dBm 按钮：当前刻度可由 10lg（V/0.775）计算而得，刻度单位为 dBm。该显示形式主要应用在终端电阻时 600 Ω 的情况，可方便读数。
- Lin 按钮：设定幅值坐标为线性坐标。

Range 栏用于设置显示屏纵坐标每格的刻度值。"Ref"栏用于设置纵坐标的参考线，参考线的显示与隐藏可通过"Control"选项区的"Show refer"按钮控制，参考线的设置不适用于线性坐标的曲线。

（5）Resolution freq 选项区

用于设置频率分辨率，其数值越小，分辨率越高，但计算时间也会相应延长。

（6）控制按钮区

该区域包含 5 个按钮，下面我们分别介绍各按钮的功能：
- Start 按钮：启动分析。
- Stop 按钮：停止分析。
- Reverse 按钮：使显示区的背景反色。
- Show refer./Hide refer. 按钮：用来控制是否显示参考线。
- Set 按钮：用于进行参数的设置，如图 2-64 所示，"Trigger source"部分用于设置是外部触发（External）还是内部触发（Internal）；"Trigger mode"部分用于设置触发模式，可选连续触发（Continuous）和单次触发（Single）两种模式；"Threshold volt.（V）"栏用于设置门限电压值；"FFT points"栏用于设置 FFT 分析点数。
- ◇ 应用举例：图 2-65 的电路为一 RF 射频放大电路，输入信号包含两种频率的交流信号，用频率分析仪分析放大电路的输出点，设中心频率为 5 MHz，起始频率为 0 Hz，终止频率为 10 MHz，

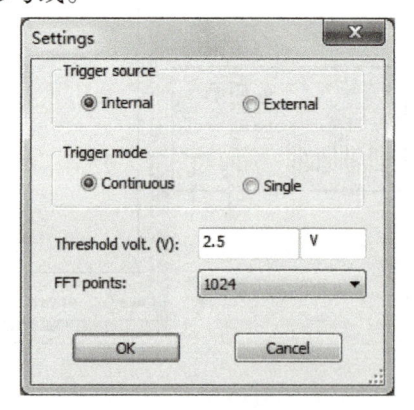

图 2-64　参数设置对话框

频带宽为 10 MHz，其他参数按默认设置，进行仿真分析可得图 2-63 所示的结果，输出信号除了 2 MHz 和 4 MHz 的频率成分外，还含有直流成分，其他谐波成分可忽略不计。将结果以波特图的形式显示，如图 2-66 所示，设参考线位于 0 dB 处，单击"Show refer."按钮，在显示屏偏上方 0 dB 处将出现一条实线。

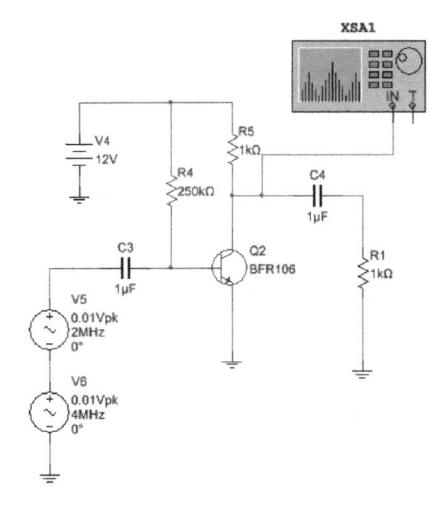

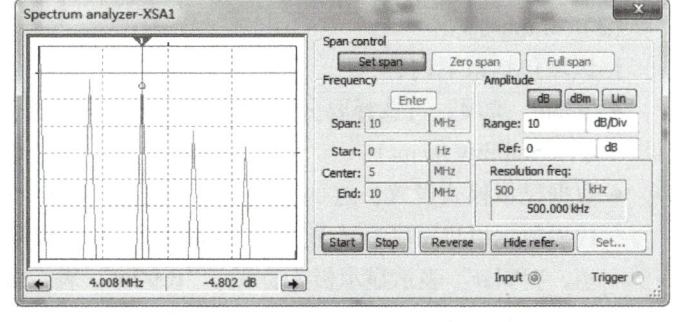

图 2-65 频谱分析仪的应用

图 2-66 波特图分析结果

2.3.7 网络分析仪

网络分析仪常用于分析高频电路散射参数（S 参数），这些 S 参数利用其他 Multisim 仿真来得到匹配单元，网络分析仪也可计算 H、Y、Z 参数。使用网络分析仪时，电路被理想化为一个双端的网络，电路输入输出端必须不能接信号源或负载，直接接到网络分析仪的两个输入端。

当开始仿真时，网络分析仪将自动执行两个交流分析，第一个交流分析用于在输入端计算前项参数 S11 和 S21，第二个交流分析用于在输出端计算反向参数 S22 和 S12。当 S 参数确定后，可在网络分析仪中以多种方式查看数据，并可基于这些数据进行进一步的分析。在仪器栏中选择网络分析仪后，网络分析仪图标和界面如图 2-67 所示，其中 P1 为输入端子，P2 为输出端子。双击图标打开频谱分析仪面板，面板可分为以下几部分：

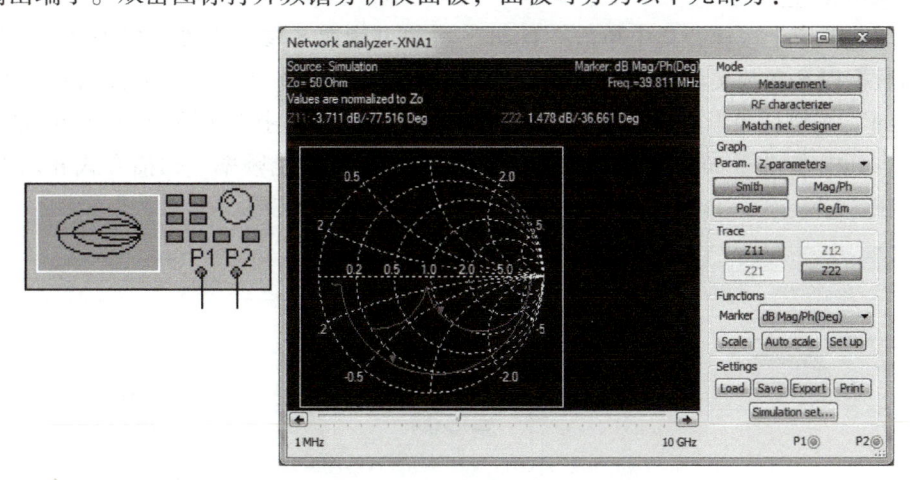

图 2-67 网络分析仪图标和界面

（1）数据显示区

数据显示区内除了图像曲线外，还包含显示模式、特性阻抗、标记点频率、标记点参数数值等信息。显示屏下方的左右箭头可控制图形中的箭头形游标移动到指定频率处，所对应参数值和参数曲线的颜色相同。

(2) Mode 选项区

用于选择 3 种不同的分析方式，单击"Measurement"按钮可选择测量模式；单击"RF characterizer"按钮射频电路特性分析模式；单击"Match net. designer"按钮，可选择网络匹配设计模式。

(3) Graph 选项区

该区域包括以下内容：

- Param. 选项：可选择要分析的参数，包括 S 参数、H 参数、Y 参数、Z 参数和稳定因子（Stability factor）。
- 数据显示模式设置：这部分包括 4 个按钮，每个按钮代表一种模式，其中"Smith"代表数据以史密斯模式显示，"Mag/Ph"表示数据分别以增益和相位的频率响应图显示，"Polar"表示显示极坐标图，"Re/Im"表示显示参数实部和虚部的频率响应图。

(4) Trace 选项区

该选项区用于设置所需显示的参数分量，这些分量和在"Graph"选项区中所选的参数项对应。

(5) Functions 选项区

该区域包含以下内容：

- Marker 栏：用于选择参数的显示形式，其中可选"Re/Im"、"Mag/Ph"（Degs）和"dB Mag/Ph"（Deg）3 种显示形式。
- Scale 按钮：用于手动设定刻度。
- Auto scale 按钮：由软件自动进行刻度调整。
- Set up 按钮：可弹出如图 2-68 所示的图形显示设置对话框，在"Trace"页中可设置各曲线的颜色、线条等，在"Grids"页中可设置网格和文本的颜色、样式等，在"Miscellaneous"页中用于设置图框的线宽、颜色及背景、绘图区、资料文字的颜色等。

(6) Settings 选项区

该区域包括 5 个按钮，其中单击"Load"按钮可读取 S 参数文件，单击"Load"按钮可将当前数据以 S 参数文件形式保存，单击"Export"按钮将当前数据值输出到文本文件，单击"Print"按钮打印当前图形数据，单击"Simulation set"按钮可弹出图 2-69 的仿真设置对话框，其中在"Stimulus"区域中可设置仿真的起始/终止频率、扫描方式和每 10 倍频的点数，在"Characteristic impedance"区域中可设置特性阻抗值。

图 2-68　图形显示设置对话框　　　　图 2-69　仿真设置对话框

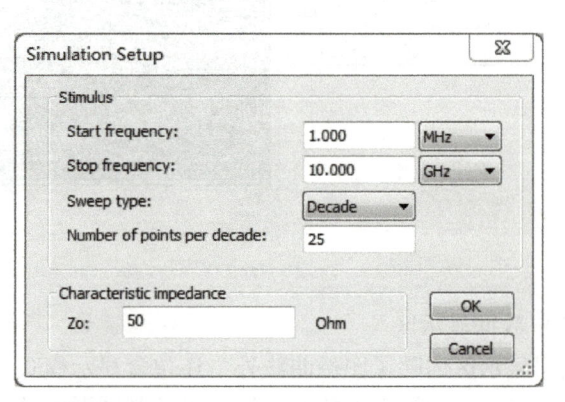

◇ **应用举例**：仍以上面的射频放大电路为例，输入输出端和网络分析仪的 P1、P2 端相连，如图 2-70 所示，选择测量模式，其他参数按默认设置，可看到 S 参数两个分量的 Smith 图如图 2-71 所示，单击"Auto Scale"按钮使刻度由软件自动调整。S 参数分量其他形式的图形分别如图 2-72 和图 2-73 所示。

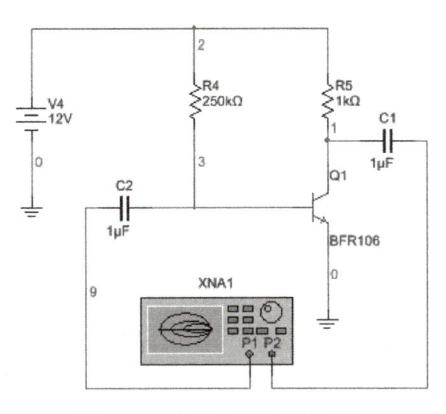

图 2-70　网络分析仪的应用

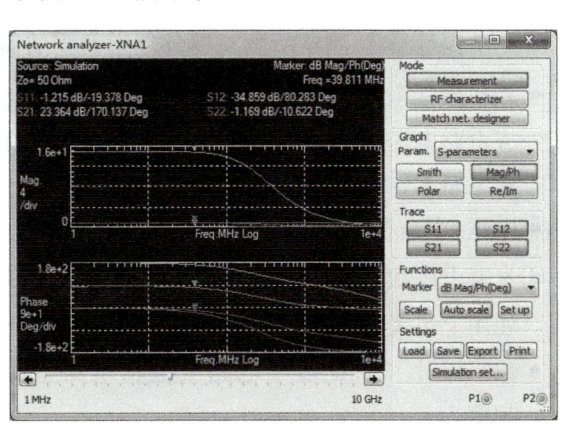

图 2-71　增益和相位的频率响应图

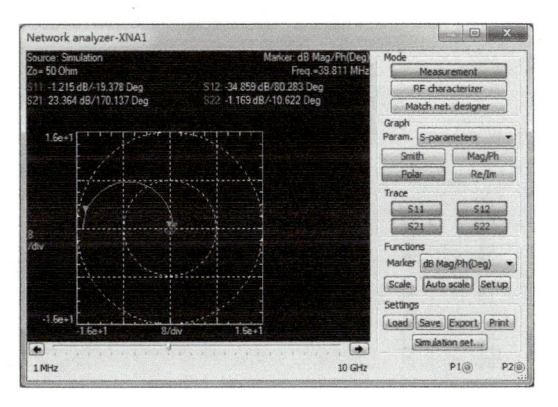

图 2-72　极坐标图

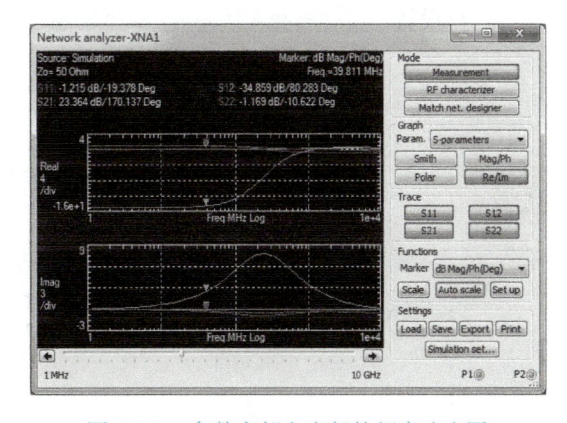

图 2-73　参数实部和虚部的频率响应图

任务 2.4　其他仪器

本节中我们将简单介绍一下 Multisim 中探针的应用和特定厂家生产的一些仪器，以及 LabVIEW 虚拟仪器。

2.4.1　测量探针

测量探针作为动态探针可在工作空间中方便快捷的测量电路中不同点处的电压、电流、功率和频率值等，在进行各种电路分析时，它又可作为静态探针，将该点的电压和电流值作为分析的变量。放置探针时，可选 View/Toolbars/Place Probe 显示探针工具栏，Multisim 提供了 7 种不同的探针供用户选择。

在探针工具栏选择相应的探针后，探针的图标会随着鼠标的拖动而移动，当探针的显示框高亮显示时，表示探针连接正确，电压、电流数字探针要放在导线上，功率探针要放在元器件上，如图 2-74 和图 2-75 所示，各探针的功能分别为：

- 电压探针 ⓥ：测量所在电路对地电压的当前值、峰-峰值、有效值、直流分量和频率。
- 电流探针 ⓐ：测量所在电路电流的当前值、峰-峰值、有效值、直流分量和频率。
- 功率探针 ⓦ：测量所测元器件功率的当前值、平均值。
- 差动探针 ⓥ：拥有两个探头，可以接在某个元器件或电路的两端，测量所在元器件或电路电压的当前值、峰-峰值、有效值、直流分量和频率。但两个探针必须同时接在电路上，否则无法工作。
- 电压-电流探针 ⓐ：可以同时实现单个电压、电流探针的功能。
- 参考电压探针 ⓥ：可以配合电压探针使用，实现差动探针的功能，但比差动探针在使用上更灵活。
- 数字探针 ⓓ：在数字电路或逻辑电路里使用，可以随时观察所在线路的逻辑值和频率。
- 设置按钮 ⚙：可以打开设置对话框，对所有探针的显示参数、外观和记录仪形式进行设置。

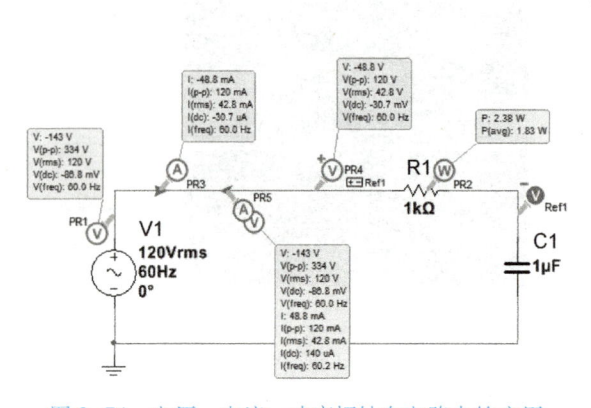

图 2-74　电压、电流、功率探针在电路中的应用 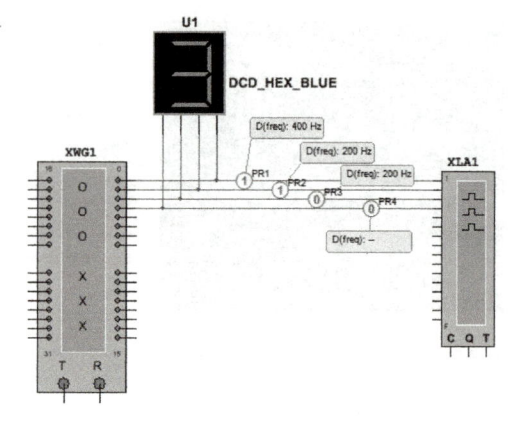　　图 2-75　数字探针在电路中的应用

2.4.2　电流探针

Multisim 中的电流探针仿效工业中的电流钳探针，该探针是将测量点处的电流转化为该点的电压值，然后通过电流探针的输出端接到示波器上以观察该点的电压值，如图 2-76 所示。实际电流可由探针的电压/电流比率决定，这个比率可通过双击电路中的电流探针打开图 2-77 所示的电流探针属性设置对话框修改。

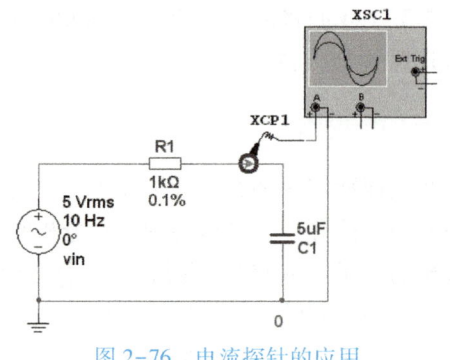

图 2-76　电流探针的应用

图 2-77　电流探针属性设置

2.4.3　安捷伦（Agilent）虚拟仪器

Multisim 中包含 3 种安捷伦虚拟仪器，它们分别为函数发生器 33120A、万用表 34401A 和示波器 54622D。上面我们对这 3 种类型的仪器有了初步的了解，下面将重点介绍安捷伦仪器的不同之处。

（1）安捷伦函数发生器（Agilent Function Generator）

安捷伦制造的 33120A 是一台高性能 15 MHz 综合函数发生器，内部可产生任意波形。安捷伦函数发生器除了可产生标准的波形，如正弦波、方波、三角波、斜坡波形、噪声和直流电压，还可产生任意的波形，如正的斜坡波形、指数上升波形、指数下降波形和心律（Cardiac）波形，用户可定义 8~256 点的任意波形，此外安捷伦函数发生器还可产生调制波形，如 AM、FM、FSK 和各种形状脉冲串（Burst）等。

在仪器栏中选择安捷伦函数发生器后，安捷伦函数发生器图标和界面如图 2-78 所示，其中上面的端子为同步方式输出端，下面的信号是普通输出端。双击图标打开安捷伦函数发生器面板。单击面板左边的"Power"按钮，仪器可开始工作，选择需要的波形，单击"Freq"和"Ampl"按钮，可选择进行频率和幅值的设置，调节右上方旋钮可调节频率和幅值数值的大小，也可配合下面的上下左右 4 个键进行数值的调整。更详细的使用说明请参见 Agilent33120A 的用户手册。

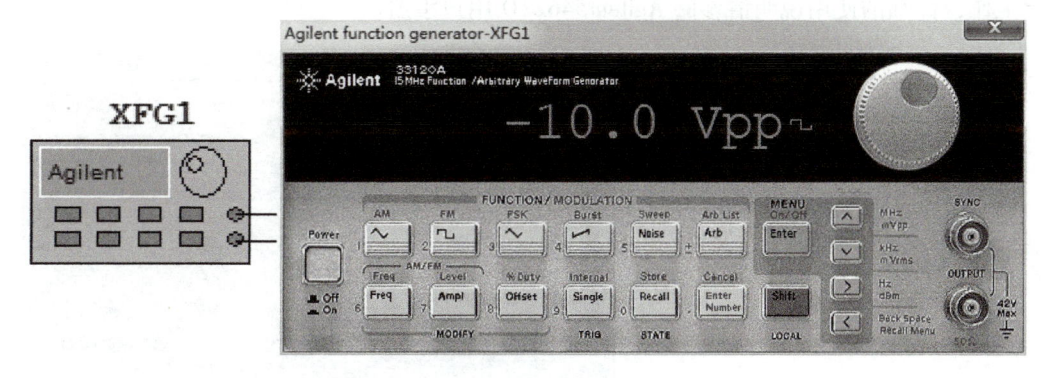

图 2-78　安捷伦函数发生器图标和界面

（2）安捷伦万用表（Agilent Multimeter）

Multisim 中的安捷伦万用表是根据实际的 Agilent34401A 型万用表设计的，它是高性能的数字万用表。该万用表可测量直流/交流电压、直流/交流电流、电阻、输入电压信号的频率（周期），还可进行二极管测试和比率测试。在测量功能方面，安捷伦万用表可实现相对测量（Null）、最小最大测量（Min-Max）、以对数形式显示电压（dB、dBm）和极限测试（Limit Test）。

在仪器栏中选择安捷伦万用表后,安捷伦万用表图标和界面如图 2-79 所示,图标上有 5 个测量端,其中 HI(1000 V Max)和 LO(1000 V Max)为最大可测量 1000 V 电压的测量端子,HI(200 V Max)和 LO(200 V Max)为最大可测量 200 V 电压的测量端子,HI 测量高电压,LO 为公共端,I 为电流测量端子。双击图标打开安捷伦万用表面板,在面板最右边的测量端子部分可以看到,各端子还可用于测量其他的值(如电阻值、二极管测试等),已连接的端子中心变白。单击面板左边的"Power"按钮,仪器可开始工作,选择所需的测量类型即可进行测量。面板上的按钮大多具有两种功能,可通过〈Shift〉按钮进行切换。详细的使用说明请参阅 Agilent34401A 用户手册。

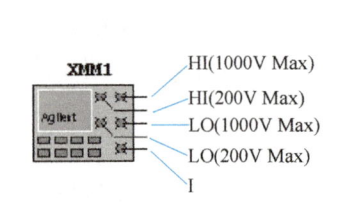

图 2-79 安捷伦万用表图标和界面

(3)安捷伦示波器(Agilent Oscilloscope)

Multisim 中的安捷伦示波器是根据实际的 Agilent54622D 型示波器设计的,它具有两路模拟通道和 16 路数字逻辑通道,带宽为 100 MHz。该示波器还可对波形进行 FFT、相乘、相减、积分和微分运算。

在仪器栏中选择安捷伦示波器后,安捷伦示波器的图标和界面如图 2-80 所示,各引脚的功能如图所示。双击图标打开安捷伦示波器面板,单击面板上的"Power"按钮,示波器开始工作,详细的使用说明请参阅 Agilent54622D 用户手册。

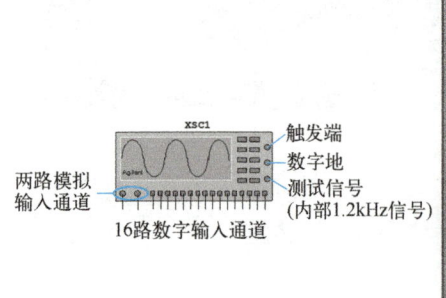

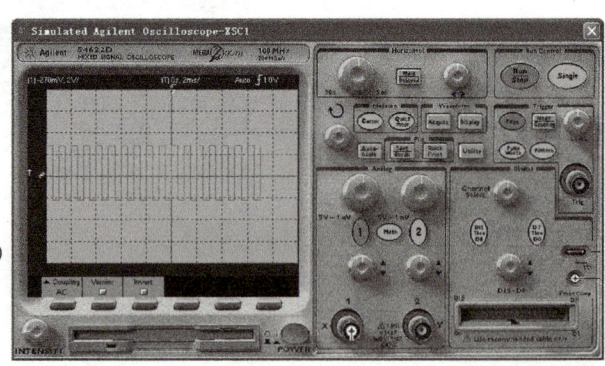

图 2-80 安捷伦示波器的图标和界面

2.4.4 泰克(Tektronix)虚拟示波器

Multisim 仪器库中仅有一种泰克虚拟仪器,即泰克示波器,它是模拟实际的泰克 TDS 2024 四通道、200 MHz 示波器设计而成的。该示波器可对波形进行 FFT 和加减运算。

在仪器栏中选择泰克示波器后,泰克示波器的图标和界面如图 2-81 所示,各引脚的功能如图所示。双击图标打开泰克示波器面板，单击面板上的"Power"按钮，示波器可开始工作，详细的使用说明请参阅泰克示波器用户手册。

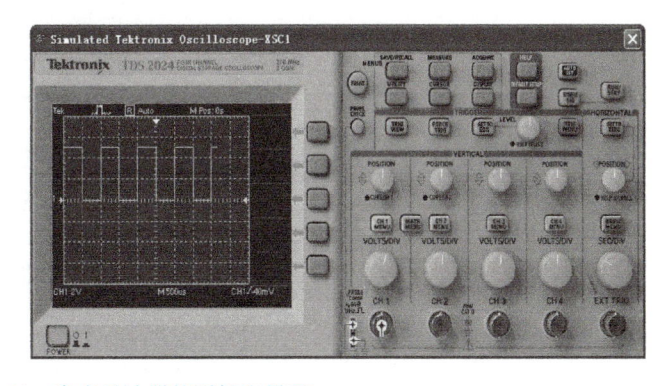

图 2-81 泰克示波器的图标和界面

2.4.5 LabVIEW 虚拟仪器

用户可将在 LabVIEW 图形开发环境中设计的仪器添加到 Multisim 的仪器栏中，所添加的 LabVIEW 虚拟仪器可具有 LabVIEW 开发系统的所有高级功能，如数据采集、仪器控制、数学分析等。例如，用户可以在 LabVIEW 中设计一个可通过数据采集硬件采集实际信号的仪器，将其导入 Multisim 中作为输入信号源使用；用户可以将所设计的 LabVIEW 仪器作为测量仪器，根据需要设计特定值的测量与分析功能。

当 LabVIEW 虚拟仪器作为信号源时是输出仪器，作为测量仪器时是输入仪器（相对于数据的流向来说）。当作为输入仪器时，仿真时可从 Multisim 连续接收仿真数据；当作为输出仪器时，仿真开始时将产生有限的数据到 Multisim，在 Multisim 中利用这些数据进行仿真，当仿真进行时，输入仪器不再产生连续的数据，要再产生新的数据，用户必须停止当前仿真，再重新开始仿真。

在仪器栏中选择 LabVIEW 虚拟仪器，在图标下方的箭头下包含了软件自带的 7 种 LabVIEW 虚拟仪器，它们分别为双极型晶体管分析仪、阻抗仪、麦克风、扬声器、信号分析仪、信号发生器和流信号发生器，下面我们对这些仪器进行简单的介绍。

（1）双极型晶体管分析仪（BJT Analyzer）

使用双极型晶体管分析仪可以测量双极型 NPN 型或 PNP 型晶体管的当前电压值特性，双极型晶体管分析仪图标和界面如图 2-82 所示，双击图标打开双极型晶体管分析仪前面板，在该面板中可以选择所测量设备的类型，测量集电极-发射极电压波形和基极电流波形，同时也可选择显示基极电流的线条样式和线条颜色。

（2）阻抗仪（Impedance Meter）

阻抗仪用来测量两个节点间的阻抗，其图标和界面如图 2-83 所示，双击图标

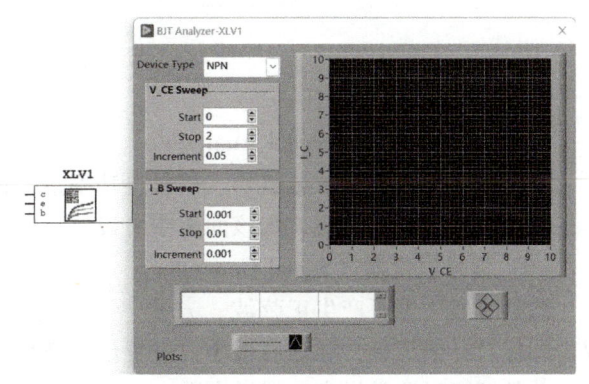

图 2-82 双极型晶体管分析仪图标和界面

打开前面板，在该面板中可以设置开始和停止频率、输出数量和模型类型。

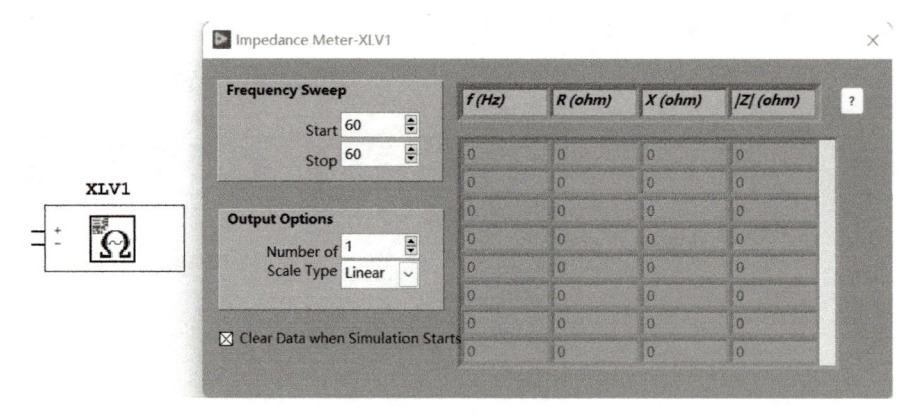

图 2-83　阻抗仪图标和界面

（3）麦克风（Microphone）

麦克风为输出仪器，其图标和界面如图 2-84 所示，双击图标打开前面板，在该面板中可设置用于录音的硬件、录音时间、采样率和是否重复输出所记录的声音。

（4）扬声器（Speaker）

扬声器为信号输入仪器，其图标和界面如图 2-85 所示，双击图标打开前面板，在该面板中可设置用于放音的硬件、放音时间和采样率。

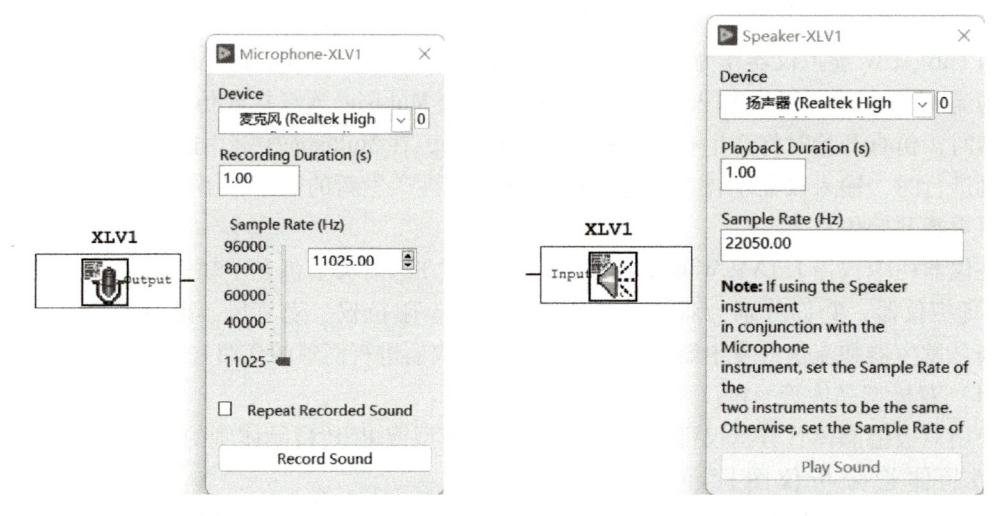

图 2-84　麦克风图标和界面　　　图 2-85　扬声器图标和界面

（5）信号分析仪（Signal Analyzer）

信号分析仪可显示时域信号、信号自功率谱和信号平均值，其图标和界面如图 2-86 所示，双击图标打开前面板，在该面板中可设置采样率和插值方法。

（6）信号发生器（Signal Generator）

此信号发生器可产生正弦波、方波、三角波和锯齿波，其图标和界面如图 2-87 所示，双击图标打开前面板，在该面板中可设置信号类型、频率、占空比、幅值、相位和电压偏移量，此外还可设置采样率和采样点数。

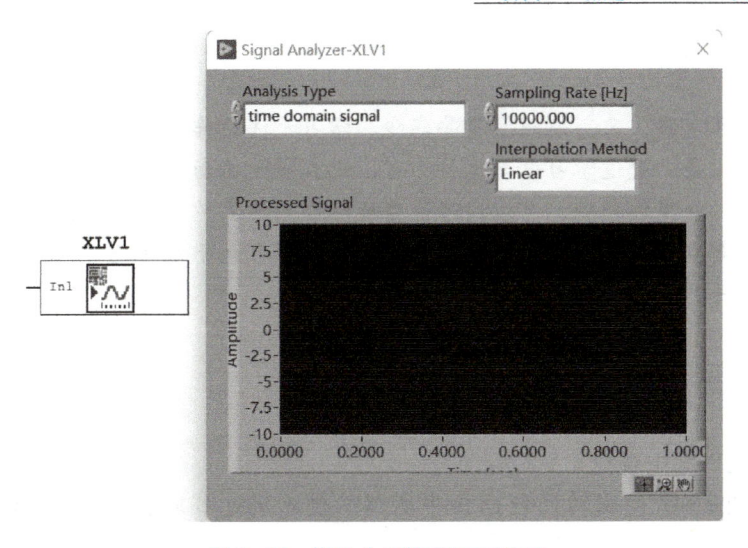

项目 2　熟悉 Multisim 元件库与仿真仪器

图 2-86　信号分析仪图标和界面

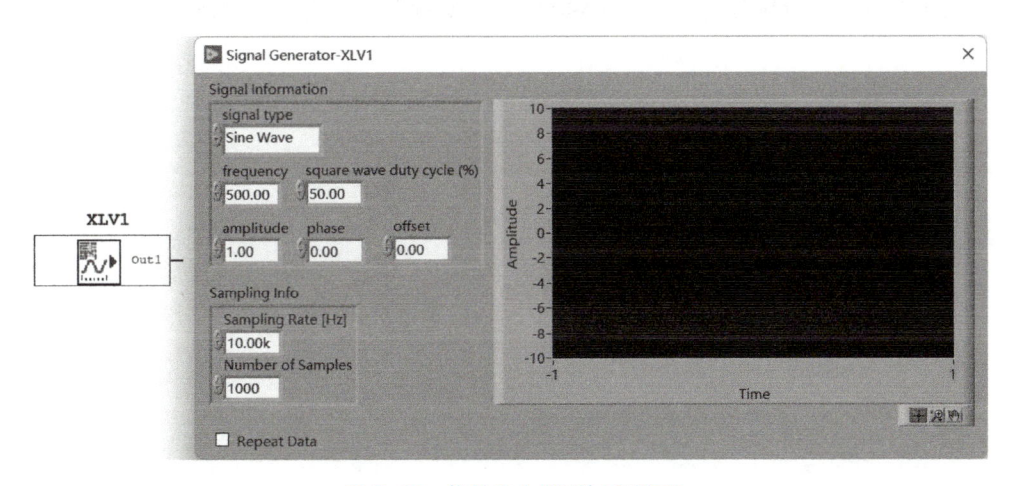

图 2-87　信号发生器图标和界面

（7）流信号发生器（Streaming Signal Generator）

此信号发生器作为 Multisim 中的信号源，是一个简单的 LabVIEW 仪器，可以生成数据并连续输出为，其图标和界面如图 2-88 所示，双击图标打开前面板，在该面板中可设置信号类型、频率、占空比、幅值、相位和电压偏移量，此外还可设置采样率。

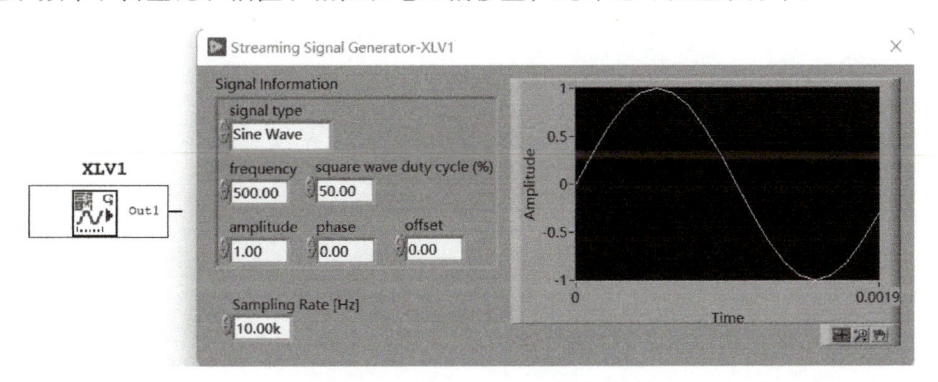

图 2-88　流信号发生器图标和界面

素养目标

理论既来源于实践，又可以用于指导实践。学习元件的作用和使用方法，有助于更好地使用和维护电气设备；通过学习电器元件，可以培养学生的动手能力和解决问题的能力，例如对于电气设备的故障和损坏，可以通过检查故障和更换更适合的元件；学习电气元件有助于学生更好地了解电子技术和电气工程领域的知识；学习电子元件还可以提高学生对科技发展的认知和理解能力。

习题与思考题

1. 练习在元件库中查找 1 A 的熔丝。
2. 练习将图 2-42 逻辑转换仪面板中所得的逻辑表达式转换成由与非门组成的逻辑电路。
3. 用伏安特性分析仪分析二极管 1N4001 的伏安特性，并说明所得图形的意义。

项目 3
学习电路特性的常用分析方法

项目描述

Multisim 14 软件本身提供了 20 种分析方法,该分析方法可以提高设计效率、降低设计成本、提高电路可靠性,并可模拟复杂电路进行教学和研究。本项目主要介绍 Multisim 14 常用仿真分析。

任务 3.1 电路的参数扫描分析

参数扫描分析是电路分析中的常用方法,包括直流工作点分析、直流扫描分析、参数扫描分析、温度扫描分析 4 种分析方法。为方便介绍 Multisim 14 分析方法,本项目以如图 3-1 所示的共射放大电路为例进行各种方法介绍,读者亦可拓展到其他电路中。

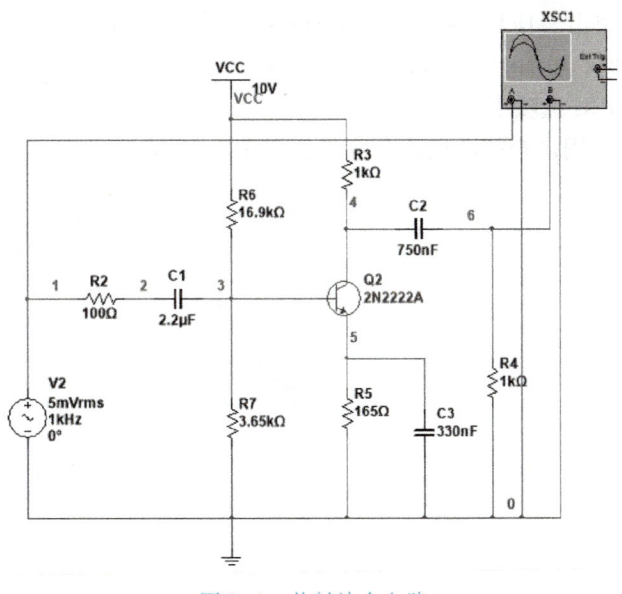

图 3-1 共射放大电路

3.1.1 直流工作点分析

直流工作点分析是最基本的电路分析方法,通常是为了计算一个电路的静态工作点。合适的静态工作点是电路正常工作的前提,如果设置的不合适,会导致电路的输出波形失真。直流分析的结果通常是后续分析的桥梁。例如,直流分析的结果决定了交流频率分析时任何非线性元件（如二极管和晶体管）的近似线性的小信号模型。在进行直流工作点分析时，电路中的交流信号将自动设为 0，电容视为开路，电感视为短路，数字元件被当成接地的一个大电阻来处理。

选择菜单栏 Simulate/Analyses and Simulation/DC Operating Point 命令，弹出如图 3-2 所示的对话框。该对话框包括 3 个选项卡：Output、Analysis options、Summary。下面分别介绍每个选项卡的功能与设置。

（1）Output 选项卡

- Variables in circuit 选项栏：用于列出电路中可供分析的节点或变量。在下拉列表中可选择变量类型，如电压和电流、元件/模型参数等，默认选项是列出所有变量。
- Selected variables for analysis 选项栏：用于显示已选择的待分析的节点或变量。通过下拉列表的选择，这部分也可对已选择变量的类型进行分类。
- Add 和 Remove 按钮：用于选择要分析的节点或变量。选中"Variables in circuit"选项栏中的一个或几个节点或变量，单击"Add"按钮，即可把待分析的节点或变量加到"Selected variables for analysis"选项栏内；同样选中该选项栏内一个或几个节点或变量，就能把不需要分析的节点或变量移回"Variables in circuit"选项栏。
- Filter unselected variables 按钮：单击该按钮后，通过勾选备选项，可在"Variables in circuit"选项栏中增加没有自动选择的一些变量，如内部节点、子模块和开路引脚。
- Add expression 和 Edit expression 按钮：用于增加或编辑表达式。表达式的功能是把一个或几个节点或变量的运算结果作为一个新增的输出节点来进行仿真。
- More options 选项区域：单击"Add device/model parameter"按钮可在变量中添加元件或模型参数。单击"Delete selected variables"按钮删除 Variables in circuit 下的某个变量，单击"Filter selected variables"过滤选择的变量。

（2）Analysis options 选项卡

分析选项用来设置用户希望的仿真参数，如图 3-3 所示。

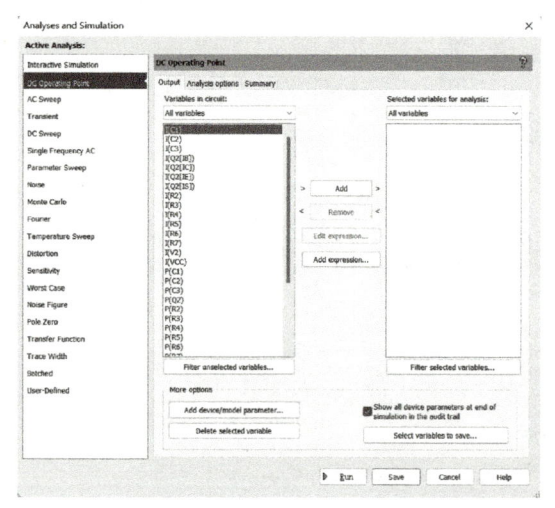

图 3-2　直流工作点分析对话框　　　　图 3-3　分析选项卡

- SPICE 选项：在这部分主要设置仿真具体的环境参数，有两个备选项，选择第一个表示采用 Multisim 的默认参数设置；而第二项为用户自定义设置，选中这一备选项后，

"Customize"可用,单击进入可进行仿真环境参数的高级的设置。
- 其他选项:如图3-3所示,勾选复选框表示在开始前进行连续检查;"Maximum number of points"用来设置最大取样数;"Title for analysis"用户可以自定义标题,默认的标题是"DC operating point"。

(3) Summary选项卡

用户可以在这里对以上的分析设置进行总结确认,如图3-4所示。如确认无误,单击"Run"按钮即可进行仿真分析。

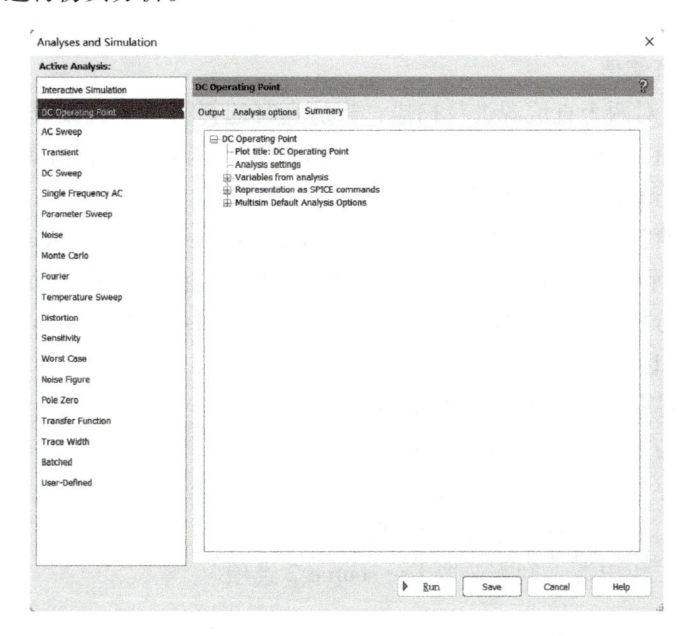

图3-4 Summary选项卡

以图3-1所示BJT共射放大电路为例,来对所有直流工作点仿真方法加以说明。选择3、4、5点为仿真节点来分析放大电路的静态工作点,单击"Run"按钮,得到分析结果如图3-5所示。由工作在静态工作区时晶体管基极、集电极和发射极需满足的电压关系可知,此放大电路可稳定工作。

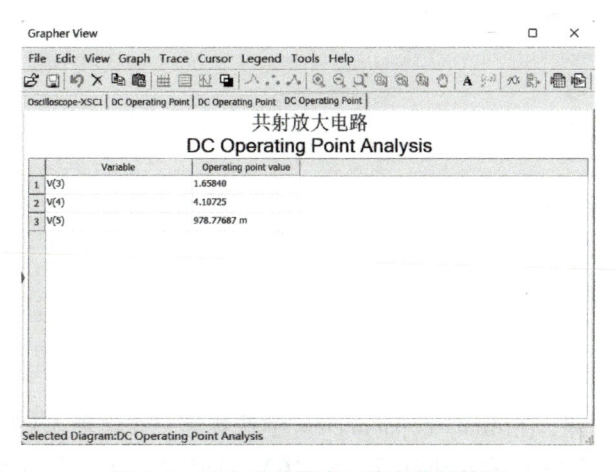

图3-5 放大电路静态工作点分析结果

3.1.2 直流扫描分析

在 Multisim 中进行直流扫描分析要进行以下过程：
1）得到直流工作点；
2）增加信号源的值，重新计算直流工作点。

这个过程允许对电路进行多次仿真，在预设的范围内扫描直流量。用户可以通过选择直流源范围的起始值、终止值和增量来控制电源值。对于扫描中的每个值，将计算电路的偏置点。为计算电路的直流响应，SPICE 中把所有电容看成开路，所有电感看成短路，并只利用电压源和电流源的直流值。

Multisim 可同时对两个直流源进行扫描，当仿真时选择第二个直流源时，扫描曲线的数量等于对第二个直流源的采样点数，其中每条曲线相当于当第二个直流源取某个电压值时，对第一个直流源进行直流扫描分析所得的曲线。

当我们要进行直流扫描分析时，可启动 Simulate/Analyses and Simulation/DC Sweep 命令，屏幕出现如图 3-6 所示的对话框：其中包括 4 页选项卡，除了 Analysis parameters 页外，其余皆与瞬态工作点分析的设定一样。而在 Analysis parameters 页包括"Source 1"与"Source 2"两个区块，每个区块各有下列项目：

- Source 下拉列表：指定所要扫描的电源。
- Start value 栏：设定开始扫描的电压值。
- Stop value 栏：设定终止扫描的电压值。
- Increment 栏：设定扫描的增量（或间距）。

如果要指定第二组电源，则需选取 Use source 2 选项。

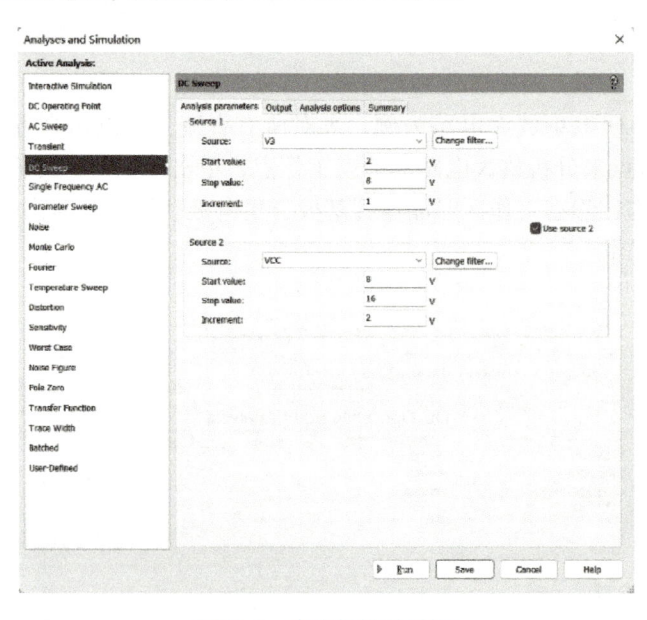

图 3-6 直流扫描对话框

对于图 3-7 所示电路，在 Analysis parameters 中选择第一个电源 V3 的变动范围是 2~8 V，增量是 1 V；第二个电源 VCC 的变动范围是 8~16 V，增量是 2 V；在 Output 中选取节点 4 为输出节点，仿真结果如图 3-8 所示。

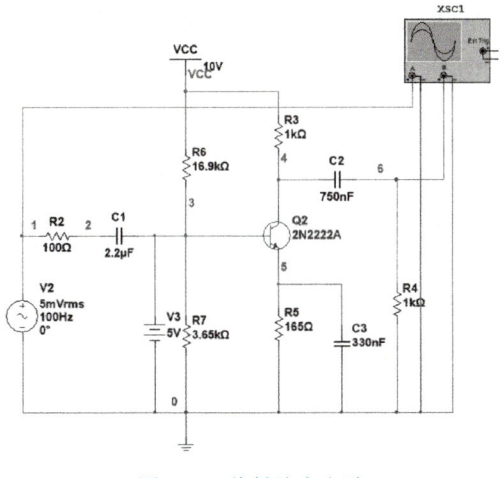

项目 3　学习电路特性的常用分析方法

图 3-7　共射放大电路

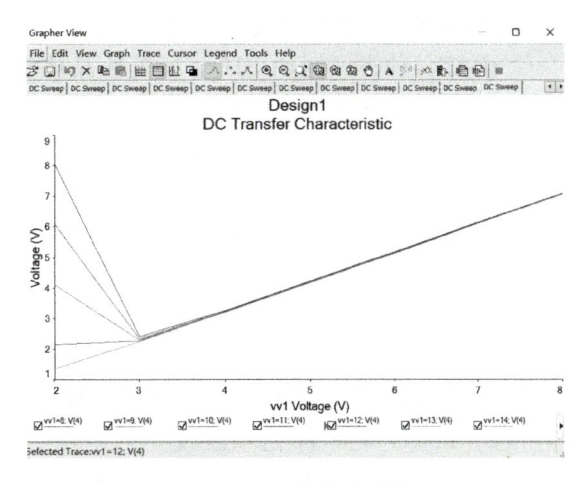

图 3-8　直流扫描分析结果

3.1.3　参数扫描分析

参数扫描分析是对电路里的零件，分别以不同的参数值进行分析。这样和对电路进行多次仿真，每次仿真一个参数值的效果相同。在 Multisim 里，进行参数扫描分析时，可设定为直流工作点分析、瞬态分析或交流分析。

可以看到一些元件的参数可能比其他元件的多，这是由元件的模型决定的。有源元件（如运放、晶体管、二极管等）比无源元件（如电阻、电感和电容）有更多参数可供扫描。

当我们要进行参数扫描分析时，可启动 Simulate/Analyses and Simulation/ Parameter Sweep 命令，屏幕出现如图 3-9 所示的对话框。其中包括 4 页选项卡，除了 Analysis parameters 页外，其余皆与瞬态工作点分析的设定一样。在 Analysis parameters 页里，各项说明如下：

（1）Sweep parameter 选项区域

"Sweep parameter" 下拉列表包括 3 个选项：元器件参数（Device parameter）、模型参数（Model parameter）和电路参数（Circuit parameter）。选择不同的扫描参数类型后，还有一些项目供进一步选择。

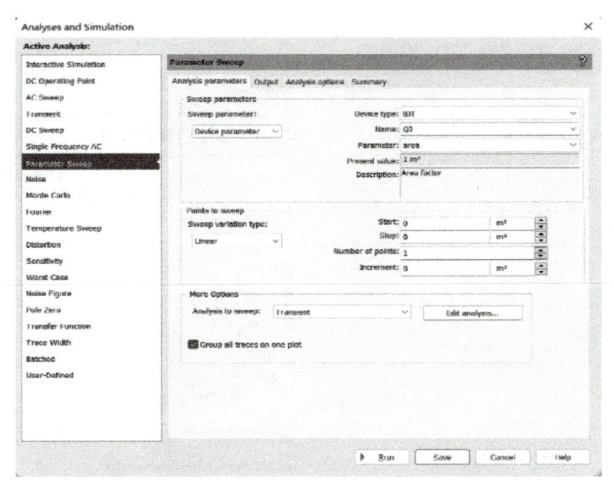

图 3-9　参数扫描分析对话框

63

- Device type 下拉列表：指定所要设定参数仿真的元件种类，其中包括电路图里所用到的零件种类，例如 BJT（双极性晶体管）、Capacitor（电容器）、Diode（二极管）、Resistor（电阻器）、Vsource（电压源）等。
- Name 下拉列表：指定所要仿真的元件名称，例如 Q1 晶体管，则指定为 qq1；C1 电容器，则指定为 cc1 等。
- Parameter 下拉列表：指定所要仿真的参数，当然，不同零件有不同的参数，以晶体管为例，则可指定为 off（不使用）、icvbe（即 ic、vbe）、icvce（即 ic、vce）、area（区间因素）、ic（即 ic）、sens_area（即灵敏度）、temp（温度）。
- Present value 栏：为目前该参数的设定值（不可更改）。
- Description 栏：为说明项（不可更改）。

（2）Points to sweep 选项区域

本区域的功能是设定扫描的方式。扫描变化类型（Sweep variation type）中包括 Decade（十倍刻度扫描）、Octave（八倍刻度扫描）、Linear（线性刻度扫描）及 List 等选项。

其中可在"Start"和"Stop"选项里指定开始和停止扫描的值；在"# of points"字段里指定扫描点数；在"Increment"字段里指定扫描的间距。如果选择 List 选项，则其右边将出现"Value List"区域，这时可在此区域中指定待扫描的数值，如果要指定多个不同的数值，则在数值之间应以空格、逗点或分号分隔。

（3）More Options 选项区域

- Analysis to sweep 下拉列表：本选项的功能是设定分析的种类，包括 DC Operating Point（直流工作点分析）、AC Sweep（交流扫描分析）、Single Frequency AC（单频交流分析）、Transient（瞬态分析）及 Nested Sweep（嵌套扫描）5 个选项。如果要设定所选择的分析，可在选取该分析后，再单击"Edit Analysis"按钮即可进入编辑该项分析。
- Group all traces on one plot 选项：选择本选项将把所有分析的曲线放置在同一个分析图里。

对于图 3-1 所示电路，删掉示波器后，Analysis parameters 标签设置如图 3-10 所示。选择节点 4 为输出节点。选择电阻 R6 为扫描元件，设置其扫描开始数值为 1 kΩ，扫描结束数值为 30 kΩ，扫描点为 3，扫描分析类型选择 Transient，设置瞬态分析结束时间为 0.02 s。单击 Run 按钮，开始扫描分析，扫描分析结果如图 3-11 所示。

图 3-10　Analysis parameters 标签设置对话框

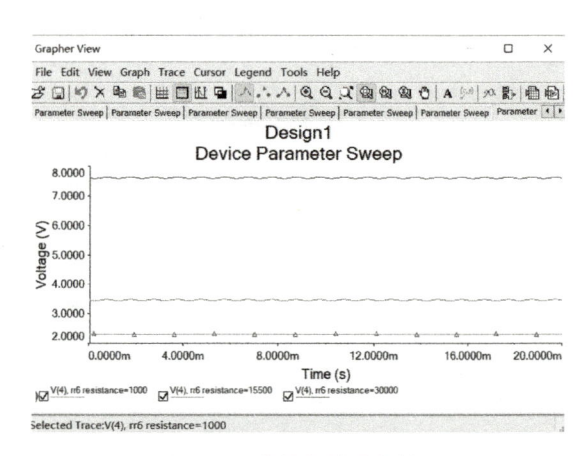

图 3-11　参数扫描分析结果

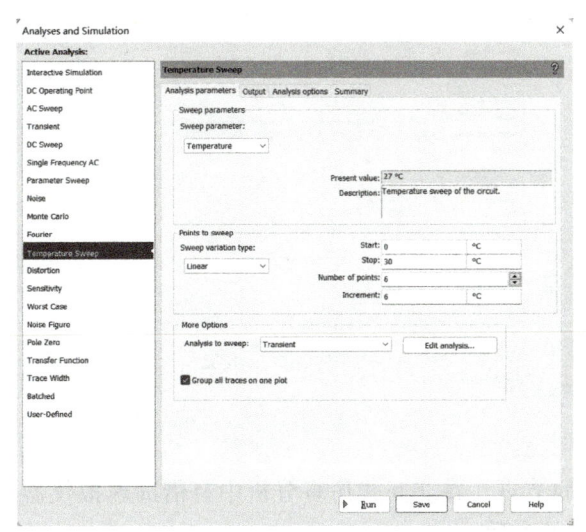

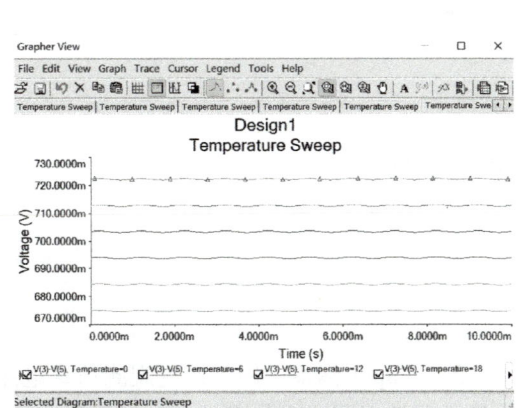

3.1.4 温度扫描分析

温度扫描分析可以通过在不同的温度下仿真电路来快速检验出电路的性能。其实温度扫描分析也是参数扫描的一种，同样可以执行直流工作点分析、瞬时分析及交流分析，不过，温度扫描分析并不是对所有零件都有作用，只有使用到模型中包括温度相关（temperature dependency）参数的零件才对温度分析有作用。

当我们要进行温度扫描分析时，可启动 Simulate/Analyses and Simulation/Temperature Sweep 命令，屏幕出现如图 3-12 所示的对话框。

图 3-12 温度扫描分析对话框

温度扫描与参数扫描的设定对话框基本一样，其设定方式也一样，可参照 3.1.3 节内容。

以图 3-1 的电路为例，Analysis parameters 标签中设置参数如图 3-13 所示，在 Output 标签中选择节点 V_{BE}（V(3)-V(5)）为输出节点，单击 Run 按钮，开始扫描分析，分析结果如图 3-14 所示。

图 3-13 温度扫描参数设置　　　　　　图 3-14 温度扫描分析结果

任务 3.2 电路的时域与频域特性分析

对仿真电路分析时除了要对电路的参数测试外，还要对电路的时域和频域及进行分析，这些分析如果用传统的实验方法将是一项很费事的工作。Multisim 14 提供的交互式分析、瞬态分析、交流分析等分析方法，能快捷、准确地完成电子产品设计的分析需求。

3.2.1 交互式分析

交互式仿真（Interactive Simulation）是对电路进行时域仿真，该方法也是 Multisim 14 默认的仿真方法。用户可以在仿真过程中改变电路参数，并且立即得到由此产生的结果，其仿真结果需要通过连接在电路中的虚拟仪器或显示器件等显示。

在 Multisim 14 界面中，对已创建的放大电路执行 Simulate/Analyses and Simulation 命令，弹出如图 3-15 所示的 Analyses and Simulation 对话框，在对话框的 Active Analysis 选项中选择 Interactive Simulation 分析方法，并在 Active Analysis 右侧出现如图 3-16 所示的 Interactive Simulation 对话框，该对话框中含有 3 个标签，即 Analysis parameters、Output 和 Analysis options，下面进行详细介绍：

1) Analysis parameters 标签：用于设置分析参数，包含 Initial conditions（初始条件）、End time（TSTOP）（分析终止时间）、Maximum time step（TMAX）（分析时间最大步长）、Initial time step（TSTEP）（初始分析时间步长）4 个选项。其中 Initial conditions 又包括 Set to zero（设置到0）、Use-defined（用户自定义）、Calculate DC operating point（计算直流工作点）、Determine automatically（自动确定）；End time 选项设置分析终止时间，默认值是 10^{30} s；Maximum time step 选项设置分析时间最大步长，用户可以设置较小的步长使得分析更精确，但是花费时间较多；Initial time step 选项用于设置仿真分析初始步长。

图 3-15　Analyses and Simulation 对话框　　图 3-16　Interactive Simulation 对话框

2) Output 标签：用于设置观测仿真电路的节点，在交互式仿真分析中有借助虚拟仪器或显示器件观测或在仿真结束时显示所有器件的参数。

3) Analysis options 标签：如图 3-17 所示，用于设置仿真器件模型、分析参数及图形记录仪数据格式。

① SPICE options 区：用来对非线性电路的 SPICE 模型进行设置，共有 Use Multisim defaults 和 Use custom settings 两个选项。

选择 Use custom settings 选项，单击 Customize 按钮弹出 Custom Analysis Options 对话框。在新弹出的对话框中通过 Global、DC、Transient、Device、Advanced 共 5 个标签，如图 3-18 所示，给出了对于某个仿真电路分析是否采用用户所设定的分析选项。

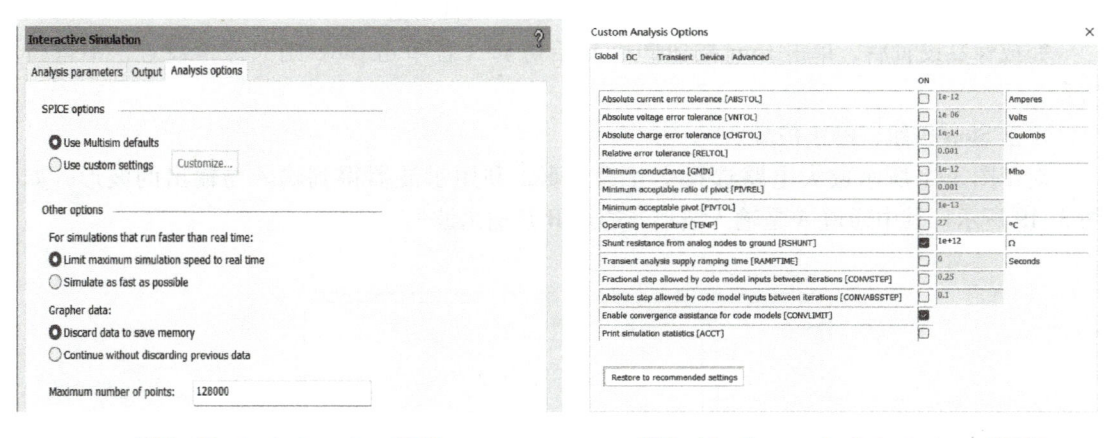

图 3-17　Analysis options 标签　　　　图 3-18　Custom Analysis Options 对话框

- Global 标签：包含了绝对误差容限（ABSTOL）、电压绝对误差容限（VNTOL）、电荷误差容限（CHGTOL）、相对误差容限（RELTOL）、最小电导（GMIN）、矩阵对角线绝对值比率最小值（PIVREL）、矩阵对角线绝对值最小值（PIVTOL）、工作温度（TEMP）、模拟节点至地的分流电阻（RSHUMT）、斜升时间（RAMPTIME）、相对收敛步长（CONVSTEP）、绝对收敛步长（CONVABSSTEP）、码型启用收敛（CONVLIMIT）、打印仿真统计数据（ACCT）等。
- DC 标签：包含了直流迭代极限（ITL1）、直流转移曲线迭代极限（ITL2）、源步进算法的步长（ITL6）、增益步长数（GMINSTEPS）、取消模拟/事件交替（NOOPALTER）等。
- Transient 标签：包含了瞬态迭代次数上限（ITL4）、最大积分阶数（MAXORD）、截断误差关键系数（TROL）、积分方式（METHOD）等。
- Device 标签：包含了标称温度（TNOM）、不变元器件的允许分流（BYPASS）、MOSFET 漏极扩散区面积（DEFAD）、MOSFET 源级扩散区面积（DEFAS）、MOSFET 沟道长度（DEFL）、MOSFET 沟道宽度（DEFW）、有损传输线压缩（TRYTOCOMPACT）、使用 SPICE2 MOSFET 限制（OLDLIMIT）等。
- Advanced 标签：包含了全部模型自动局部计算（AUTOPARTIAL）、使用旧 MOS3 模型（BADMOS3）、记录小信号分析工作点（KEEPOPINFO）、分析点处的事件最大迭代次数（MAXEVTITER）、直流工作点分析中模拟/事件交替的最大允许时间（MAXOPALTER）、断点间的最小时间（MINBREAK）、执行直接 GMIN 步进（NOOPITER）、数字器件显示延迟（INERTIALDELAY）、最大模数接口误差（ADERROR）等。

对于一般用户而言，上述对话框选择默认设置即可，如果想要修改某个选项，则先选中该选项后的复选框，其右边的条形框变为可用，在此条形框中设置该选项的数值。对于不甚熟悉选项功能的读者，不要随便改变选项的默认设置。

② Other option 区：用于仿真速度的设置。选择 Limit maximum simulation speed to real time 则最高仿真速度受实时限制，选择 Simulate as fast as possible 则无最高仿真速度限制。

③ Grapher data 区：用于仿真保持数据的设置。选择 Discard data to save memory 则为节省内存丢弃以前数据，选择 Continue without discarding previous data 则不丢弃以前数据继续保持。在 Maximum number of points 文本框中设置每个点的最大值；选择 Perform consistency check before starting analysis，则在分析开始前执行一致性检查。

完成标签设置后，单击 Run 按钮即可开始仿真（若单击 Save 则只保留设置，不进行仿真）。

单击 Stop 按钮，停止仿真。

对于图 3-1 所示放大电路选择交互式仿真，利用示波器得到输入与输出的波形，如图 3-19 所示。其中通道 A 是输入波形，通道 B 是输出波形。

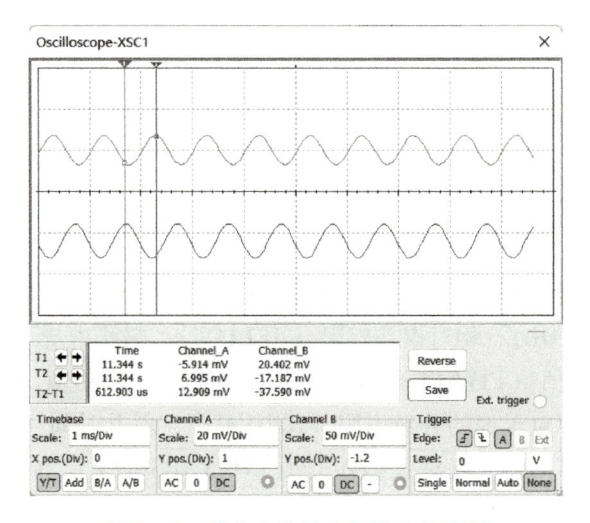

图 3-19 放大电路输入与输出的波形

3.2.2 瞬态分析

瞬态分析也称时域瞬态分析，相当于连续性的直流工作点分析，通常是为了找出电子电路的时间响应，功能类似于示波器。瞬态分析时，每个输入周期被等间隔划分，然后对这个周期中的每个时间点进行直流分析。一个节点的电压波形取决于一个完整周期各时间点的电压值。另外，瞬态分析时电容和电感会被等效为能量存储模型，用数值积分来计算一定时间间隔内能量传递的多少。

当进行瞬时分析时，可启动 Simulate/Analyses and Simulate/Transient 命令，弹出如图 3-20 所示的对话框；其中包括 4 页选项卡，除了 Analysis parameters 和 Analysis options 页外，其余皆与直流工作点分析的设定一样。

（1）Analysis parameters 选项卡
- Initial conditions 栏：可以设定初始条件，其中包括 "Set to zero"（将初始值设为 0）、"User defined"（由使用者定义初始值）、"Calculate DC operating point"（由直流工作点计算得到）、"Determine automatically"（由系统自动设置）。

图 3-20 瞬态分析对话框

- Start time（TSTART）栏：用来设定仿真的起始时间。
- End time（TSTOP）栏：用来设定仿真的终止时间。
- Maximum time step（TMAX）选项：勾选该项时可进行时间步长的设定，当步长较小时，可以提高精度，但响应时间也会增加。不选该项时，默认为按照系统自动设置。
- Initial time step（TSTEP）选项：勾选该项时可设定初始时间步长。不选该项时，默认为按照系统自动设置。
- Reset to default 按钮：本按钮是把所有设定恢复为程序默认值。

（2）Analysis options 选项卡

该选项卡中比直流分析选项多了 Digitization of analog signals in che digital graph 项，在该项中可以设定数字的高低阈值，即如果模拟信号高于/低于该值，则等效为数字化的高位/低位；如果模拟信号的值介于高低阈值之间，则等效为未知结果，默认值为 2.5。

以图 3-1 电路所示，设置初始条件为 Determine automatically，由程序自动设定初始值，然后将开始分析的时间设为 0、结束分析的时间设为 0.01 s，最大时间步长和初始时间步长为系统自动设置。另外，在 Output 页里，指定分析节点 1 和节点 6（即电路的输入端和输出端）；其他设置为默认，最后单击 Run 按钮进行分析，其结果如图 3-21 所示。

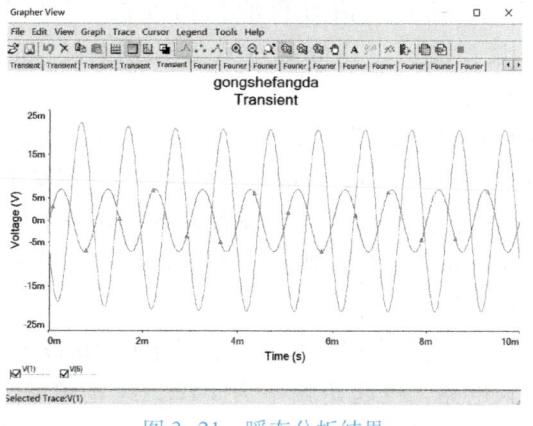

图 3-21 瞬态分析结果

3.2.3 交流分析

交流分析用来计算线性电路的频率响应。在交流扫描分析中首先通过直流工作点分析计算所有非线性元件的线性、小信号模型。然后建立一个包含实际和理想元件的复矩阵，建立复矩阵时，直流源设为0，交流源、电容和电感用它们的交流模型来表示，非线性元件用计算出的线性交流小信号模型来表示。所有的输入源信号都将用设定频率的正弦信号代替，即如果信号发生器设置的波形是矩形波或三角波，分析时实际波形将自动转换成正弦波。在小信号的模拟电路中，数字元件通常等效为接地的大电阻。在进行交流分析时，电路信号源的属性设置中必须设置交流分析的幅值和相角，否则电路将会提示出错。

选择菜单栏 Simulate/Analyses and Simulation/AC Sweep 选项，弹出如图 3-22 所示的对话框。该对话框包括 4 个选项卡："Frequency parameters""Output""Analysis options""Summary"。后 3 个选项卡的设置和直流工作点分析中的选项卡相同，这里就不再介绍。下面来介绍"Frequency parameters"选项卡的功能与设置。

图 3-22 交流分析对话框

- Start frequence 栏：设置交流分析的起始频率。
- Stop frequence 栏：设置交流分析的截止频率。
- Sweep type 下拉列表：选择交流分析的扫描方式，下拉列表中有 3 个备选项："Decade"（十倍刻度扫描）、"Octave"（八倍刻度扫描）和"Linear"（线性扫描）。通常选择默认的十倍刻度扫描。
- Number of points per decade 栏：设置交流分析中要计算的点数。如对于线性扫描类型，在扫描开始和结束将用到这个点数。取样点数越多分析越精确，但仿真速度会变慢。
- Vertical scale 下拉列表：垂直刻度类型设置。下拉列表中包括以下选项："Linear"（线性刻度）、"Logarithmic"（对数刻度）、"Decibel"（分贝刻度）或"Octave"（八倍刻度）。默认选择对数刻度。
- Reset to default 按钮：单击此按钮使所有设置恢复为默认设置。

对于图 3-1 所示放大电路，设起始频率为 1 Hz，终止频率为 10 GHz，扫描方式为 Decade，采样值设为 10，纵坐标为 Logarithmic。另外，在 Output 标签中，选定节点 6（输出电压）作为仿真分析变量，其他参数采用系统默认。单击 Run 按钮，弹出 Grapher View 显示框，如图 3-23 所示。

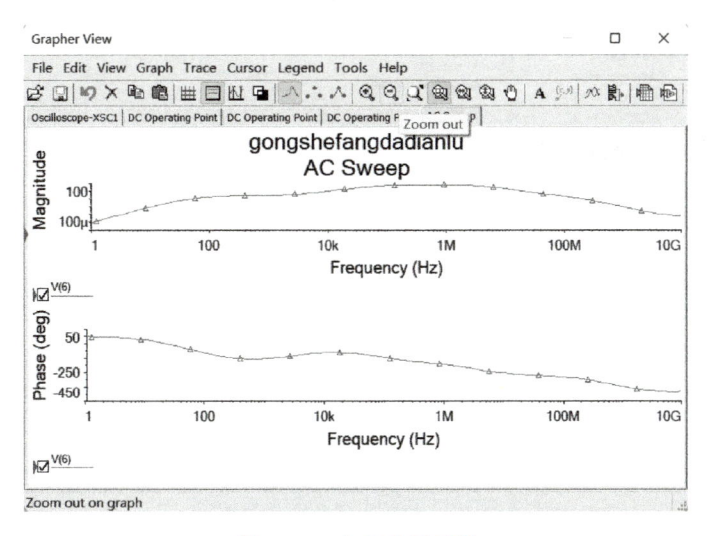

图 3-23　交流分析结果

任务 3.3　其他仿真分析

对仿真电路分析时除了要对电路的参数和时域、频域测试外，还需要对电路的噪声等其他影响因素进行分析，NI Multisim 14 提供的傅里叶分析、单频交流分析、噪声分析、噪声因数分析、失真分析、灵敏度分析等都对电路的仿真和设计提供了便利。

3.3.1　傅里叶分析

傅里叶分析是一种在频域（Frequency Domain）中分析复周期信号的方法，可用于电路的进一步分析，还可观察在原信号中叠加其他信号的效果。

傅里叶分析产生的每个频率成分都是由周期性波形的相应谐波产生的。把每个频率成分（每一项）理解为一个独立的信号源，根据叠加原理，总的响应将等于每一项所产生的响应和。我们注意到，当信号谐波的阶次增加时，相应的谐波幅值逐渐减小。这表明用信号的前几个频率成分的叠加来代替原信号是对信号的一个很好的近似。

当用 Multisim 进行离散傅里叶变换时，只使用电路输出端时域或瞬态响应基波成分的第二个周期来进行计算，第一周期认为是置位时间而丢弃。每一谐波的系数由时域中从周期的开始到时间 t 这段时间内采集到的数据计算而来，一般来说是自动设定的，且是一个基本频率的函数。傅里叶分析需要设定一个基本频率，使它与交流源的频率相匹配，或者是多个交流源频率的最小公因数。

当我们要进行傅里叶分析时，可启动 Simulate/Analyses and Simulation/Fourier 命令，将弹出如图 3-24 所示的对话框：其中包括四页，除了 Analysis parameters 页外，其余皆与直流工作点分别的设定一样。而 Analysis parameters 页包括以下项目：

（1）Sampling options 选项区域

这部分用来设定与采样有关的参数。包括以下内容：

图 3-24　傅里叶分析设置对话框

- Frequency resolution（Fundamental frequency）栏：用于设定基本频率，如果电路之中有多个交流信号源，则取各信号源频率之最小公因数。如果不知道如何设定时，也可以按"Estimate"按钮，由程序帮我们预估。
- Number of harmonics 栏：设定用于计算的基本频率的谐波次数。
- Stopping time for sampling（TSTOP）栏：本选项的功能是设定停止取样的时间。如果不知道如何设定，也可以按"Estimate"按钮，由程序帮我们预估。
- Edit transient analysis 按钮：本按钮的功能是设定相关瞬时分析的选项。此对话框里的各项，都与时域的瞬时分析一样。

（2）Results 选项区域

该区域用于设置结果的显示方式，具体选项的功能如下：

- Display phase 选项：本选项设定结果连相位图一并显示。
- Display as bar graph 选项：本选项设定结果以条形图显示，如果不选此项，则结果以线性图表示。
- Normalize graphs 选项：本选项设定将输出结果的幅值归一化，归一化相对于基波而言。
- Display 选项：本选项设定所要显示的项目，其中包括 3 个选项：Chart（表）、Graph（图）及 Chart and Graph（图与表）。
- Vertical scale：本字段设定垂直刻度，其中包括 Decibel（分贝刻度）、Octave（八倍刻度）、Linear（线性刻度）及 Logarithmic（对数刻度）。

（3）More options 选项区域

- Degree of polynomial for interpolation 选项：本选项的功能是设定仿真中用于点间插值的多项式的次数，选取本选项后，即可在其右边方框中指定多项式次数。
- Sampling frequency 栏：指定采样率。

对于图 3-1 所示放大电路，输入信号设置成幅度和初相位相同，频率分别为 100 Hz、300 Hz、500 Hz（可任意选择多个其他频率，使得仿真结果更均匀）的 3 个信号源的串联。

基频设置为 100 Hz，谐波的次数取 22，TSTOP 区选择 Estimate，Results 区和 More Options 区选默认值。同时在 Output 标签中，选定节点 6（输出信号）作为仿真分析变量。其他参数采用系统默认。设置完成后，单击 Run 按钮，就会显示该电路的输出信号幅度频谱图，如图 3-25 所示。图 3-26 所示的是节点 1（输入信号）傅里叶分析的幅度频谱图。

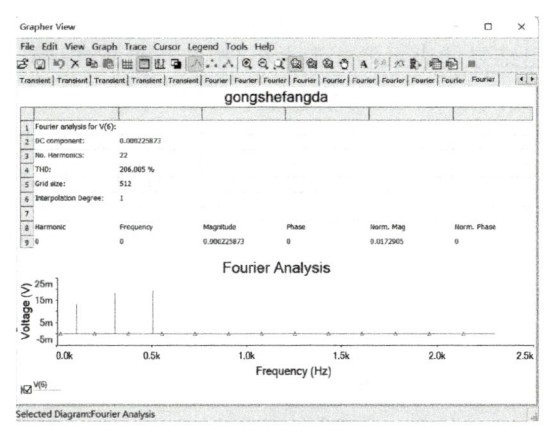

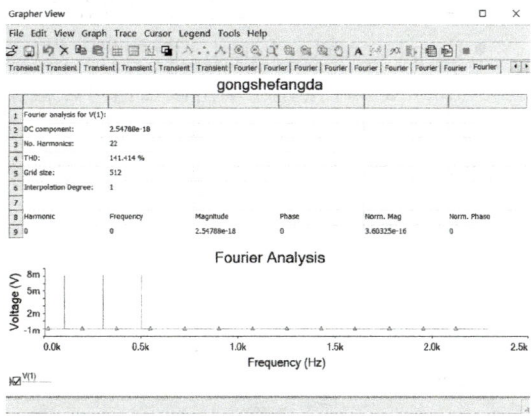

图 3-25　节点 6 傅里叶幅度频谱图　　　　图 3-26　节点 1 傅里叶幅度频谱图

比较图 3-25 和图 3-26 所示的幅度频谱图可知，节点 1 含 3 个不同频率的信号幅度一致，而节点 6 幅度频谱图表明 3 个不同频率的输入信号经过放大器后，低频信号幅度衰减多，高频幅度信号幅度衰减少。由此可见耦合电容的高通特性。若结果选择显示相位图，显示方式为线形图，并对图形归一化，以图和表的形式显示；纵坐标选择线性坐标。单击仿真按钮，可得图 3-27 的仿真结果。

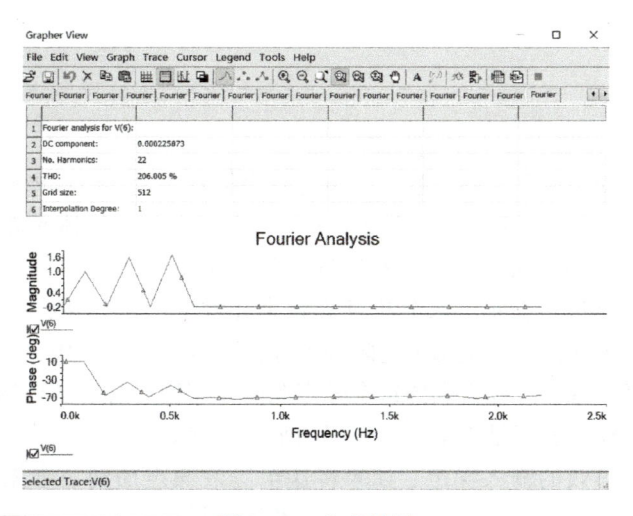

图 3-27　仿真结果

3.3.2　单频交流分析

单频交流分析工作原理类似于交流分析，但是只用于测量某个频率下的相应值。可以选择输出结果的表示形式：大小/相位或实部/虚部。

当我们要进行直流扫描分析时，可启动 Simulate/Analyses and Simulation/ Single Frequency

AC 命令，屏幕出现如图 3-28 所示的对话框：其中包括四页选项卡，除了"Frequency parameters"页外，其余皆与直流工作点分析的设定一样。在 Frequency parameters 页包括有下列项目：

- Frequency：选择所要测量的频率值。
- Frequency column 复选框：可以在最后测量结果中显示所测量的频率。
- Complex number format 下拉列表：设定输出结果的表示形式为大小/相位或实部/虚部。
- Auto-detect 按钮：单击该按钮可以根据电路图自动检测评估电路中的频率。

利用图 3-1 的电路进行仿真参数设置，频率选择 600 Hz，选择频率输出复选，输出形式选择实部/虚部，输出节点选择 6，进行仿真得到图 3-29，可以看到频率在 600 Hz 时，该节点电压的实部和虚部。

图 3-28　单频交流分析对话框

图 3-29　单频交流分析结果

3.3.3　噪声分析

噪声分析是分析噪声对电路的影响。噪声是减小信号质量的电或电磁的能量，它影响数字电路、模拟电路和所有的通信系统。Multisim 用每个电阻和半导体元件的噪声模型（而非交流模型）建立一个电路的噪声模型，然后进行类似于交流分析的仿真分析。通过在设定好的频率范围内对电路进行扫描，来分析计算每个元件的噪声作用，并汇总到电路的输出端。噪声分析计算特定输出节点上每个电阻和半导体元件的噪声作用，这里的电阻和半导体元件被等效为一个噪声源。计算得到的每个噪声源的作用通过合适的传递函数传到电路的输出。输出节点的总的输出噪声是单个噪声作用的平方根之和。然后，将结果除以从输入级到输出级的增益，得到等效的输入噪声。如果将这个等效噪声加到一个无噪声电路的输入源中，则在输出端将产生先前计算的输出噪声。总的输出噪声既可参考于地，也可参考于电路中的其他节点。

在进行仿真之前，首先要观察电路选择输入噪声参考源、输出节点和参考点。当我们要进行噪声分析时，启动 Simulate/Analyses and Simulation/Noise 命令，屏幕出现如图 3-30 所示的对话框。其中包括五个选项卡，除了 Analysis parameters、Frequency parameters 页外，其余皆与直流操作点分别的设定一样。

（1）Analysis parameters 选项卡

- Input noise reference source 下拉列表：指定输入噪声的参考电压源，这个输入源应为交流源。
- Output node 下拉列表：指定噪声的输出节点，在此节点将所有噪声贡献求和。
- Reference node 下拉列表：设定参考电压的节点，通常取 0（接地）。
- More options：选择分析计算内容，如下所示。
  - Calculate spectral density curves：当勾选该选项时仿真将产生一条已选元件的噪声功率谱密度曲线，就可以在 Point per summary 选项中设定每个汇总的取样点数，其值越大表示频率的步进数越大，输出结果的分辨率越低，该值一般设为 1。
  - Calculate total noise values：选择该选项后，再在 Output 选项卡中选择输出项，仿真后将输出所选择对象的总噪声值。
  - Units：可以选择输出值的单位。

（2）Frequency parameters 选项卡

如图 3-31 所示，它包含以下内容：

- Start frequency（FSTART）栏：设定扫描的起始频率。
- Stop frequency（FSTOP）栏：设定扫描的终止频率。
- Sweep type 下拉列表：设定扫描方式，其中包括 Decade（十倍刻度扫描）、Octave（八倍刻度扫描）及 Linear（线性刻度扫描）。
- Number of points per decade 栏：设定每十倍频率的取样点数，点数越多，图的精度越高。
- Vertical scale 下拉列表：设定垂直刻度，其中包括 Decibel（分贝刻度）、Octave（八倍刻度）、Linear（线性刻度）及 Logarithmic（对数刻度），通常是采用 Logarithmic（对数刻度）或 Decibel（分贝刻度）选项。
- Reset to default 按钮：本按钮是把所有设定恢复为程序预置值。
- Reset to main AC values 按钮：本按钮是把所有设定恢复为与交流分析一样的设定值，因为噪声分析也是通过执行交流分析，而取得噪声的放大与分布。

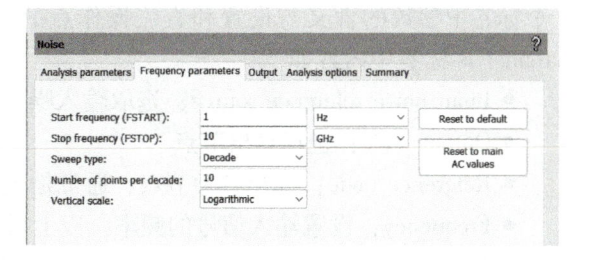

图 3-30　噪声分析对话框　　　图 3-31　Frequency parameters 选项卡

对于图 3-1 所示的共射放大电路，在 Analysis parameters 标签中选 V2 为输入噪声的参考电源；选择节点 6 为输出节点，选择接地 0 为参考电压节点；Output 标签中选 onoise_total_ qq2（晶体管 Q2）和 onoise_total_rr6（电阻 R6）两个变量作为仿真分析变量，其他参数采用系统默认。单击 Run 按钮，弹出 Grapher View 显示框显示分析结果，如图 3-32 所示。

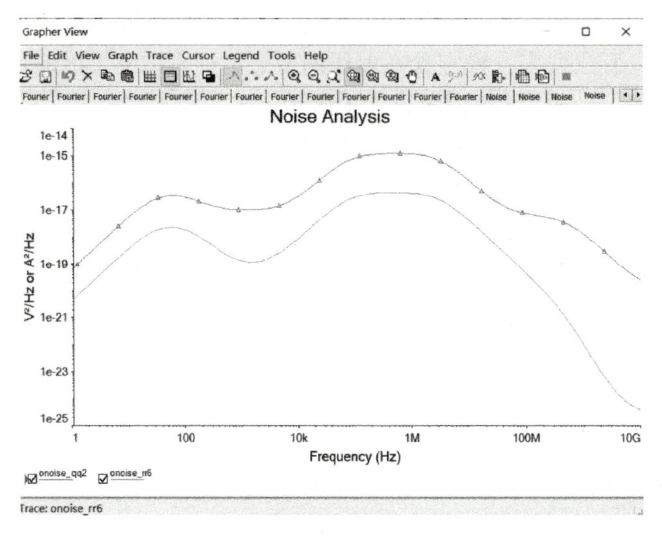

图 3-32　噪声分析结果

图 3-29 中上面的曲线是晶体管 Q2 对输出节点噪声贡献的谱密度曲线，下面的曲线是电阻 R6 对输出节点噪声贡献的谱密度曲线。

3.3.4　噪声因数分析

噪声因数分析（Noise Figure）主要是研究元器件模型中的噪声参数对电路的影响，用于衡量电路输入输出信噪比的变化程度。在二端口网络（如放大器或衰减器）的输入端不仅有信号，还会伴随噪声，同时电路中的无源器件（如电阻）会增加热噪声（Johnson noise），有源器件则增加散粒噪声（shot noise）和闪烁噪声（flicker noise）。无论何种噪声，经过电路放大后，将全部汇总到输出端，对输出信号产生影响。信噪比是衡量一个信号质量好坏的重要参数，而噪声系数（F）则是衡量二端口网络性能的重要参数，其定义为：网络的输入信噪比除以输出信噪比。

在 Multisim 14 界面中，对已创建的共射放大电路执行 Simulate/Analyses and Simulation/Noise Figure 命令，屏幕出现如图 3-33 所示的对话框。该对话框中含有 3 个标签，即 Analysis parameters、Analysis options 和 Summary。其中对话框中的 Analysis options 和 Summary 2 个标签中参数的含义与设置和直流操作点的设置一样，Noise Figure 对话框中的 Analysis parameters 标签中内容如下：

- Input noise reference source：选取输入噪声的信号源。
- Output node：选择输出节点。
- Reference node：选择参考节点，通常是地。
- Frequency：设置输入信号的频率。以上设置均与噪声分析相同。
- Temperature：设置输入温度，单位是摄氏度。

对于图 3-1 所示的共射放大电路，在 Analysis parameters 标签中选 V2 为输入噪声的参考电源；选择节点 6 为输出节点，选择接地 0 为参考电压节点；其他参数采用系统默认。单击 Run 按钮，弹出 Grapher View 显示框，如图 3-34 所示。

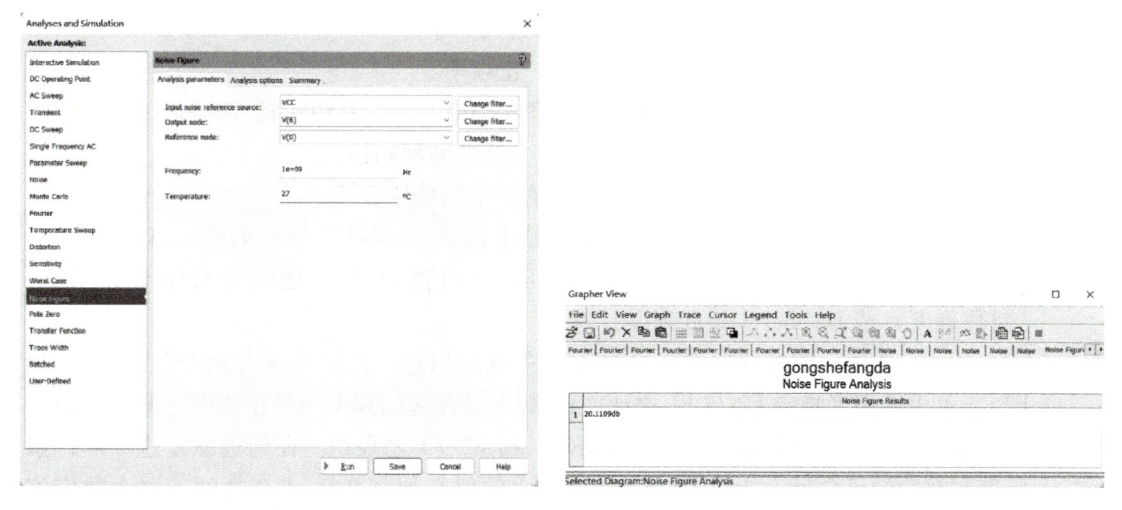

图 3-33　噪声因数分析对话框　　　　　　　　图 3-34　噪声因数分析结果

3.3.5　失真分析

在进行失真分析之前，必须决定要用什么电源，每个电源失真分析参数的设定都是独立的。可按以下步骤设定交流源的参数，要进行谐波分析，按步骤 1）和 2）进行；要进行互调失真分析，则要把以下三步全部执行：

1）双击信号源；

2）在 Value 栏下选择"失真频率 1 幅值（Distortion Frequency 1 Magnitude）"，设定输入幅值与相位；

3）在 Value 栏下选择"失真频率 2 幅值（Distortion Frequency 2 Magnitude）"，设定输入幅值与相位（仅互调失真设定该步）。

当我们要进行失真分析时，可启动 Simulate/Analyses and Simulation/Distortion 命令，屏幕出现如图 3-35 所示的对话框，其中包括 4 页选项卡，除了 Analysis parameters 页外，其余皆与直流分析点一样。而在 Analysis parameters 页包括下列条目：

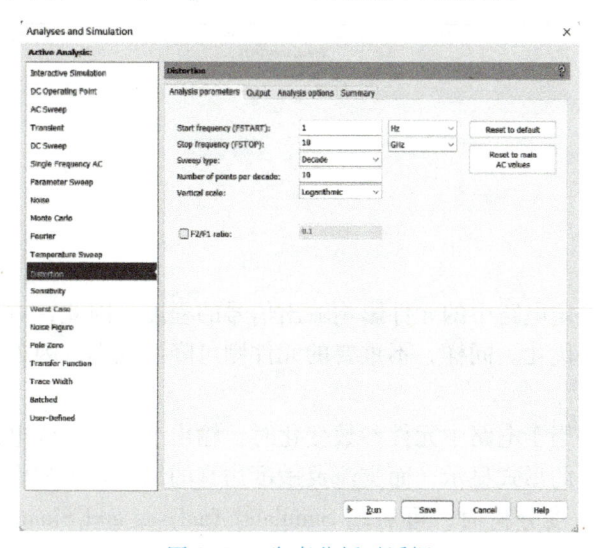

图 3-35　失真分析对话框

- Start frequency（FSTART）栏：设定扫描的起始频率。
- Stop frequency（FSTOP）栏：设定扫描的终止频率。
- Sweep type 下拉列表：设定交流分析中频率的扫描方式，其中包括 Decade（十倍刻度扫描）、Octave（八倍刻度扫描）及 Linear（线性刻度扫描）。
- Number of points per decade 栏：设定每十倍频率的采样点数。
- Vertical scale 下拉列表：设定垂直刻度，其中包括 Decibel（分贝刻度）、Octave（八倍刻度）、Linear（线性刻度）及 Logarithmic（对数刻度），通常是采用 Logarithmic（对数刻度）或 Decibel（分贝刻度）选项。
- F2/F1 ratio 选项：该复选项仅当进行互调失真时勾选。若信号含有两个频率（F1 和 F2），可由使用者指定 F2 与 F1 之比，F1 频率是在起始频率与终止频率之间扫描的频率，而 F2 频率为 F1 的起始值（FSTART）与 F2/F1 之乘积。在勾选该复选项后，紧接着在右边的反白处，指定 F2/F1 之比，它的值必须在 0.0~1.0 之间。这个数应该是无理数，但计算机的计算精度是有限的，所以应取一个多位数的浮点数来代替。
- Reset to default 按钮：本按钮是把所有设定恢复为程序预置值。
- Reset to main AC values 按钮：本按钮是把所有设定恢复为与交流分析一样的设定值。

对于图 3-1 所示电路，在 Analysis parameters 标签中全部选默认值，在 Output 标签中选节点 6 作为输出节点。失真分析的结果如图 3-36 所示。

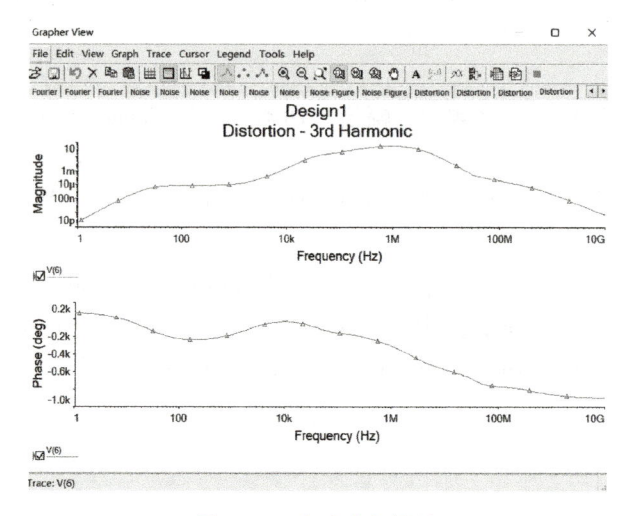

图 3-36　失真分析结果

3.3.6　灵敏度分析

灵敏度分析可以确定电路中的元件影响输出信号的程度。因此，对于重要的元件可以分配更大的容差，并易于优化。同样，不重要的元件则可降低成本，因为它们的精确度对于设计性能影响不大。

灵敏度分析计算相当于电路中元件参数变化时，输出节点电压或电流的灵敏度。直流灵敏度的仿真结果以数表的形式显示，而交流灵敏度仿真的结果则为相应的曲线。

当我们要进行灵敏度分析时，可启动 Simulate/Analyses and Simulation/Sensitivity 命令，屏幕出现如图 3-37 所示的对话框。

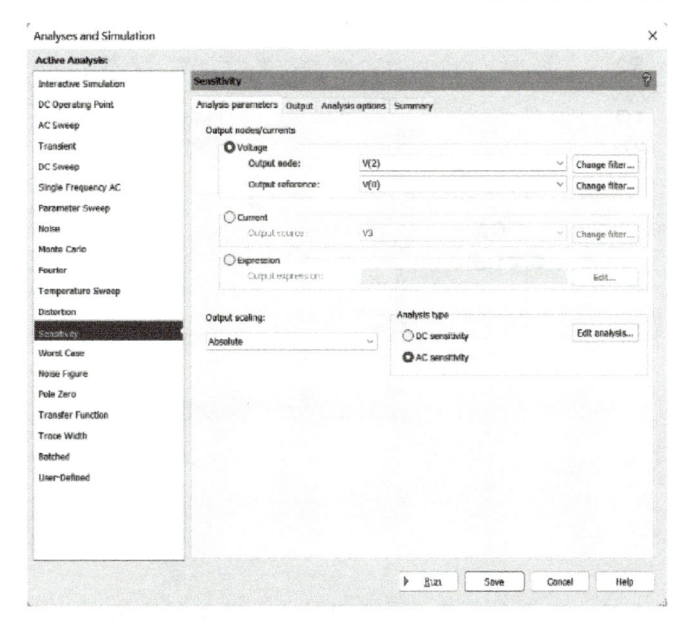

图 3-37　灵敏度分析对话框

其中包括 4 页选项卡，除了 Analysis parameters 页外，其余皆与直流工作点分析的设定一样。在 Analysis parameters 页里，各项说明如下：

(1) Output nodes/currents 选项区域

- 选中"Voltage"单选项可进行电压灵敏度分析，而选取本选项后，即可在其下的 Output node 下拉列表中指定所要分析的输出节点、在 Output reference 下拉列表中指定输出端的参考节点。
- 选中"Current"单选项可进行电流灵敏度分析，而选取本选项后，即可在其下的 Output source 下拉列表中指定所要分析的信号源。
- 选中"Expression"单选项可自定义分析的输出表达式，用户可在空白处自行编辑，或单击"Edit"进入分析表达式编辑对话框进行编辑。
- 在"Output scaling"的下拉列表下可选择灵敏度的输出格式，包括 Absolute（绝对的）、Relative（相对的）两个选项。

(2) Analysis type 选项区域

- DC Sensitivity 选项：设定进行直流灵敏度分析，分析结果将产生一个表格。
- AC Sensitivity 选项：设定进行交流灵敏度分析，分析结果将产生一个分析图。当勾选交流灵敏度分析时，"Edit analysis"按钮可用，它的设置和失真分析的设置相似，不再重复。

以图 3-38 的 RC 低通滤波器电路进行交流灵敏度分析，仿真设置中选择电压灵敏度分析，输出节点选择 2，输出参考节点为 0，灵敏度输出格式为绝对值（Absolute），分析类型为交流灵敏度分析，并单击后面的"Edit analysis"按钮，设置扫描频率为 1 Hz 到 10 GHz，扫描类型为 Decade，垂直刻度为线性，然后在"Output"选项卡下设置仿真元件为电阻 R2，单击仿真按钮，可得图 3-39 的仿真结果。仿真曲线反映了当频率变化时输出的变化。

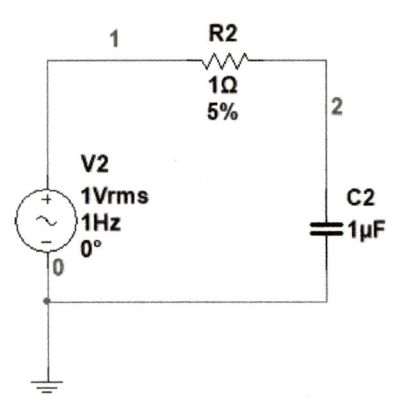

图 3-38　RC 低通滤波器电路 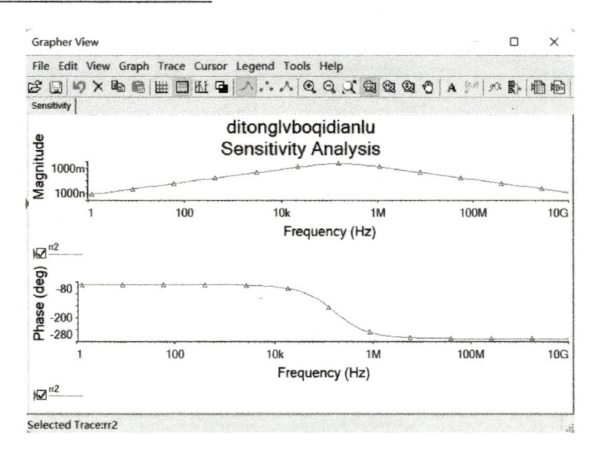　　　　　图 3-39　交流灵敏度分析结果

素养目标

学生不仅要进行学习，还要会学习，会学习的人，要能够运用恰当的学习方法，自觉主动地学习，学会从有限的课堂跳脱出来，接触到更加丰富的资源信息；善于运用学习工具，获取更多的学习信息，开阔视野；运用所学内容应对复杂的项目设计，学会将复杂的问题拆解化。

习题与思考题

1. 傅里叶分析可分析电路的什么特性？
2. 失真分析可分析哪两种失真？它们产生的原因是什么？
3. 电路中的噪声主要有哪几种？产生的原因分别是什么？

项目 4
学习模拟电路的基本放大单元电路的仿真

项目描述

模拟电子线路是研究半导体器件性能、电路及应用的一门专业基础课。本项目内容主要包括共射极放大电路的仿真、多级放大电路的仿真、差分放大电路的仿真、放大电路中的负反馈和功率放大电路的仿真。

任务 4.1 共射极放大电路的仿真

4.1.1 晶体管特性分析

晶体管是在一块半导体基片上制作两个距离很近的 PN 结,两个 PN 结把整块半导体分成三部分,中间部分是基区,两侧部分是发射区和集电区,晶体管的排列方式有 PNP 和 NPN 两种。

晶体管从三个区引出相应的电极,分别为基极 B(Base)、发射极 E(Emitter)和集电极 C(Collector)。

发射区和基区之间的 PN 结叫发射结,集电区和基区之间的 PN 结叫集电结。基区很薄,而发射区较厚,杂质浓度大,PNP 型晶体管发射区"发射"的是空穴,其移动方向与电流方向一致,故发射极箭头向里;NPN 型晶体管发射区"发射"的是自由电子,其移动方向与电流方向相反,故发射极箭头向外。发射极箭头指向也是 PN 结在正向电压下的导通方向。硅晶体管和锗晶体管都有 PNP 型和 NPN 型两种类型。

(1)工作状态

晶体管有 3 种工作状态,分别是放大状态、饱和状态、截止状态。

放大状态:在放大状态下,晶体管的基极和发射极之间的电压高于截止状态的阈值,但又低于饱和状态所需的电压。在这种状态下,基极和发射极之间形成正向偏置二极管,电流开始流动。此时,晶体管可以对输入信号进行放大,并控制从集电极到发射极的电流。在放大状态下,即有:发射结正偏,集电结反偏,$I_C = \beta I_B$,$I_E = (1+\beta) I_B$。

饱和状态:在饱和状态下,晶体管的基极和发射极之间的电压高于放大状态所需的电压,使得集电极和发射极之间也形成正向偏置二极管,电流达到最大值,即有:发射结正偏,集电结正偏。在这种状态下,晶体管无法再对输入信号进行有效放大,因为它已经尽可能地导通了,饱和状态通常用于将晶体管用作开关。

截止状态:在截止状态下,晶体管的基极和发射极之间的电压低于某个阈值,导致基极-发射极之间的二极管处于反向偏置状态，电流几乎不流动；集电极和发射极之间的电流极小，可以忽略不计。即 $I_B=0$，$I_C=I_{CE}\approx 0$。在这种状态下，晶体管不对信号进行放大或控制。

（2）伏安特性曲线

IV 特性曲线：伏安特性曲线图常用纵坐标表示电流 I、横坐标表示电压 U，以此画出的 I–U 图像称为导体的伏安特性曲线图。伏安特性曲线是针对导体的，也就是耗电元件，图像常被用来研究导体电阻的变化规律，是物理学中常用的图像法之一。

电源伏安特性曲线图线面积的意义：在电源的伏安特性曲线上取一点，则该点的横坐标表示干路中的电流，纵坐标表示电源的路端电压；由该点分别向两坐标轴作垂线，则此垂线与两坐标轴所围的面积表示电源的输出功率。

电源伏安特性曲线与电阻伏安特性曲线交点的意义：对于某一定值电阻 R，其电压与电流成正比，即 $U=IR$，在 U–I 直角坐标系中，其伏安特性曲线为一条过原点的直线，此直线与电源伏安特性曲线的交点表示了闭合电路的工作状态。

IV 法测晶体管伏安特性的原理图如图 4-1 所示。

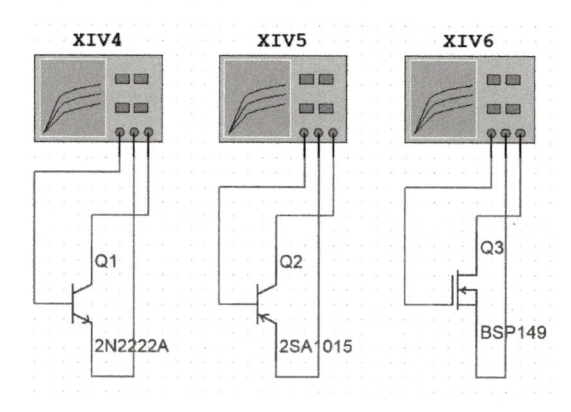

图 4-1 IV 法测晶体管伏安特性的原理图

IV（电流/电压）分析仪用来分析二极管、PNP 和 NPN 晶体管、PMOS 和 NMOS 的 IV 特性。注意：IV 分析仪只能够测量未连接到电路中的元器件。

IV 分析仪相当于实验室的晶体管图示仪，需要将晶体管与连接电路完全断开，才能进行 IV 分析仪的连接和测试。IV 分析仪有三个连接点，实现与晶体管的连接。

单击仿真按钮所得到不同晶体管的仿真结果如图 4-2、图 4-3、图 4-4 所示。

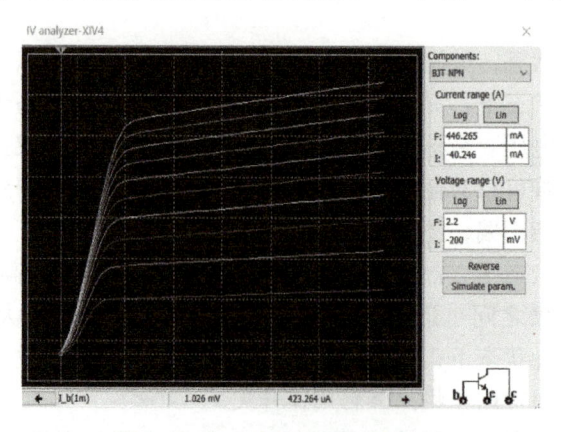

图 4-2 IV 分析仪 4 的仿真结果

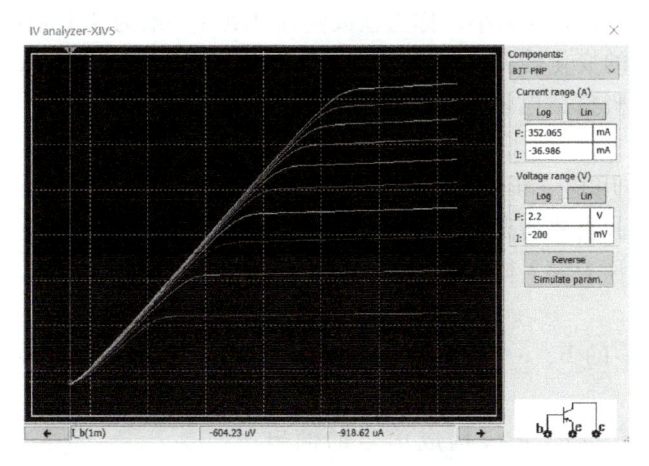

图 4-3　IV 分析仪 5 的仿真结果

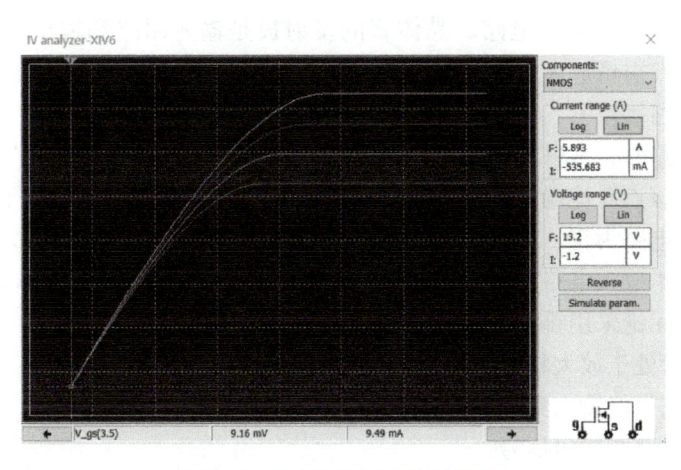

图 4-4　IV 分析仪 6 的仿真结果

4.1.2　放大电路的组成及原理分析

本节以 NPN 型晶体管组成的共射极放大电路为例，阐明放大电路的组成原则及电路中各元件的作用，共射极放大电路原理图如图 4-5 所示。

利用放大器件工作在放大区时所具有的电流（或电压）控制特性，可以实现放大作用，因此，放大器件是放大电路中必不可少的。为了保证器件工作在放大区，必须通过直流电源给器件提供适当的偏置电压或电流，这就需要有能够提供偏置的电路和电源；为了确保信号能有效地输入和输出，还必须设置合理的输入电路和输出电路。可见，放大电路应由放大器件、直流电源和偏置电路、输入电路和输出电路等几部分组成。

图 4-6 所示为共射极放大电路的电子电路画法。图中 NPN 型晶体管 V 是整个电路的核心，它担负着放大的任务。

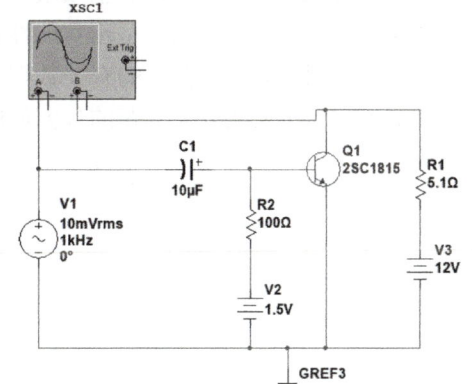

图 4-5　共射极放大电路原理图

R_b 决定基极偏置电流 I_B 的大小，称为基极偏置电阻（一般为几十 kΩ 至几百 kΩ）。

R_c 将集电极电流的变化转换为电压的变化，提供给负载，称为集电极负载电阻（一般为几 kΩ 至几十 kΩ）。

电容 C_1、C_2 的作用是隔断放大电路与信号源、放大电路与负载之间的直流通路，仅让交流信号通过，即隔直通交。C_1 称为输入耦合电容，C_2 称为输出耦合电容。

C_1、R_b、U_E 及 V 的 b、e 极构成信号的输入电路。

C_2、R_c、U_E 及 V 的 c、e 极构成信号的输出电路。

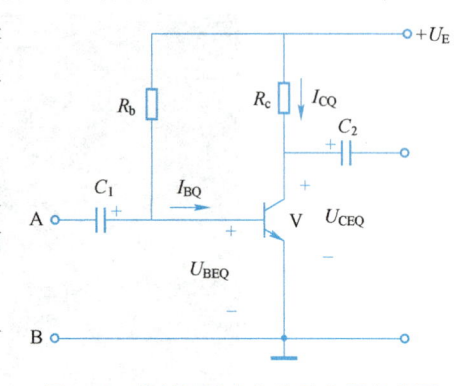

图 4-6 共射极放大电路的电子电路图

R_b、U_E 构成晶体管的偏置电路。晶体管的发射极是输入回路和输出回路的公共端，所以称这种电路为共发射极放大电路。与晶体管的三个电极相对应，还可构成共基极放大电路和共集电极放大电路。

在分析放大电路时，常以公共端作为电路的零电位参考点，称之为"地"端。电路中各点的电压都是指该点对地端的电位差。电压参考正方向规定为上"+"下"−"电流参考正方向规定为流入电路为正，流出电路为负。

综上所述，基本放大电路有四个组成部分，三种基本电路形式（或称为组态），在构成具体放大电路时，无论采用哪一种组态，都应遵从下列原则。

1) 保证晶体管处于放大状态，即发射结正向偏置，集电结反向偏置。
2) 保证输入信号能输入到晶体管输入端。
3) 保证放大电路能输出信号。

4.1.3 放大电路的性能指标

图 4-7 所示为放大电路的示意图。对于信号而言，任何一个放大电路均可看成一个两端口网络：左边为输入端口，当内阻为 R_s 的正弦波信号源 U_s 作用时，放大电路得到输入电压 U_i，产生输入电流 I_i；右边为输出端口，输出电压为 U_o，输出电流为 I_o，R_L 为负载电阻。放大电路放大信号性能的优劣是用它的性能指标来衡量的。性能指标是指在规定条件下，按照规定程序和测试方法所获得的有关数据。放大电路性能指标很多，且因电路用途不同而有不同的侧重，为了反映放大电路的各方面的性能，引出如下主要指标。

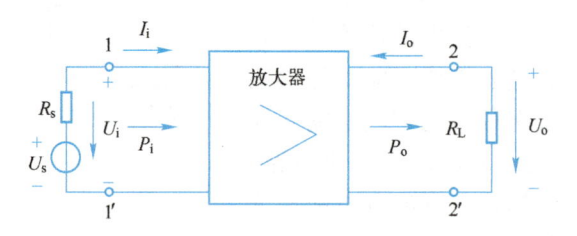

图 4-7 放大电路示意图

（1）放大倍数

放大倍数表征放大电路对微弱信号的放大能力，它是输出信号（U_o、I_o、P_o）与输入信号（U_i、I_i、P_i）之比，表明输出信号相对输入信号增大的倍数，又称增益或放大系数。

① 电压放大倍数

放大电路的电压放大倍数定义为输出电压有效值（或幅值）与输入电压有效值（或幅值）之比，即

$$A_v = \frac{U_o}{U_i}$$

它表示放大电路放大电压信号的能力。

② 电流放大倍数

放大电路的电流放大倍数定义为输出电流有效值（或幅值）与输入电流有效值（或幅值）之比，即

$$A_i = \frac{I_o}{I_i}$$

它表示放大电路放大电流信号的能力。

（2）输入电阻

当输入信号源加进放大电路时，放大电路对信号源所呈现的负载效应用输入电阻 r_i 来衡量，它相当于从放大电路的输入端看进去的等效电阻。这个电阻值的大小等于放大电路输入电压与输入电流的有效值之比，即

$$r_i = \frac{U_i}{I_i} \bigg| I_o = 0(输出端断开)$$

放大电路的输入电阻反映了它对信号源的衰减程度。r_i 越大，放大电路从信号源索取的电流越小，加到输入端的信号 U_i 越接近信号源电压 U_s。

（3）输出电阻

当放大电路将信号放大后输出给负载时，对负载 R_L 而言，放大电路可视为具有内阻的信号源，该信号源的内阻即称为放大电路的输出电阻。它也相当于从放大电路输出端看进去的等效电阻。输出电阻的测量方法之一是：将输入信号电源短路（若是电流源则断开），保留其内阻，在输出端将负载 R_L 去掉，且加一测试电压 U_o，测出它所产生的电流 I_o，则输出电阻的大小为

$$r_o = \frac{U_o}{I_o} \bigg| U_i = 0(输入端短接)$$

放大电路输出电阻的大小反映了它带负载能力的强弱。r_o 越小，带负载能力越强。

（4）失真

失真是指放大器输出信号与输入信号之间的非线性差异。常见的失真类型包括谐波失真、交调失真等，它们会改变信号的波形和频谱特性。

（5）功率效率

功率效率是指放大器将输入功率转换为输出功率的效率。一个高效率的放大器会最大程度地减少功率损耗，并将大部分输入功率转化为有用的输出信号。

4.1.4 静态工作点的稳定及其偏置电路

1. 温度变化对静态工作点的影响

晶体管是一个温度敏感器件，当温度变化时，其特性参数（β、I_{CBO}、U_{BE}）的变化比较

显著。实验表明，温度每升高 1℃，β 约增大 0.1%，U_{BE} 减小（2~2.5）mV；温度每升高 10℃，I_{CBO} 约增加一倍。晶体管参数随温度的变化，必然导致放大电路静态工作点发生漂移，这种漂移称为温漂。

静态工作点的移动将影响放大电路的放大性能，为此，要设法稳定静态工作点。常用的稳定静态工作点的方法主要有负反馈和参数补偿两种。

2. 静态工作点分析

三种基本放大电路分析分为静态分析和动态分析，也称为直流分析和交流分析。在没有信号输入时，放大电路中各电流电压都是保持不变的直流量，称为静态，对静态的分析称为静态分析；当有交流信号输入时，输入的交流信号会叠加在直流量上在放大电路中进行放大和传输，这时电路中的电压和电流处于变化的状态，称为动态，对动态的分析称为动态分析。在进行静态分析时，首先要画出放大电路的直流通路，然后通过解析法或图解法求静态工作点，即求 I_{BQ}、I_{CQ}、U_{CEQ}，设置静态工作点的目的是为了防止信号在放大的过程中产生失真。在进行动态分析时，首先要画出放大电路的交流通路和微变等效电路，然后在放大电路的微变等效电路中求电压放大倍数 A_u、输入电阻 r_i 和输出电阻 r_o。

本仿真是基本共射放大电路，电路原理图如图 4-8 所示，晶体管是起放大作用的核心元件，输入信号是正弦波电压。

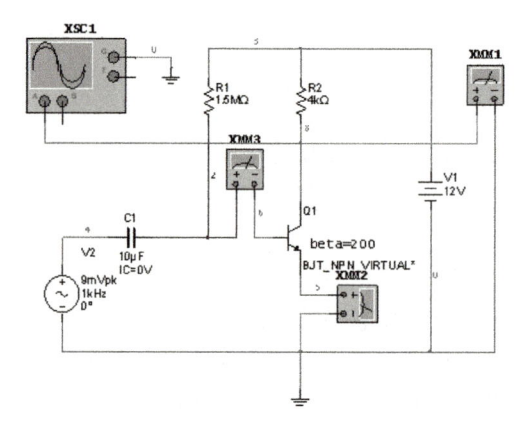

图 4-8 基本共射放大电路原理图

设置静态工作点的目的是要保证在被放大的交流信号加入电路时，不论是正半周还是负半周都能满足发射结正向偏置，集电结反向偏置的晶体管放大状态。

首先要计算出静态工作点，C_1 用于连接信号源与放大电路，在电子电路中起连接作用的电容称为耦合电容，利用电容连接电路称为阻容耦合。耦合电容的作用是"隔离直流，通过交流"。令输入端断路，可求出静态工作点。

静态工作点的表达式：

$$\begin{cases} I_{BQ} = \dfrac{V_1 - U_{BEQ}}{R_1} = \dfrac{12 - 0.7}{1.5 \times 10^6} \text{A} = 7.533 \times 10^{-6} \text{A} = 7.533 \text{μA} \\ I_{CQ} = \overline{\beta} I_{BQ} = \beta I_{BQ} = 1.506 \times 10^{-3} \text{A} = 1.503 \text{mA} \\ U_{CEQ} = V_1 - I_{CQ} R_2 = 12 - 1.503 \times 10^{-3} \times 4 \times 10^3 \text{V} = 5.988 \text{V} \end{cases}$$

最基本的共射放大电路，双电源供电，集电极电流由基极电源和偏置电阻确定。将电流表电压表分别置于 I_{BQ}、I_{EQ}（$I_{EQ} \approx I_{CQ}$）、U_{CEQ} 上时，可以看到，仿真结果与理论计算结果相似，仿真结果如图4-9所示。所以该电路可以起到放大作用，在基极加上电容可以"通交阻直"，再接上交流电流源即可实现放大功能。

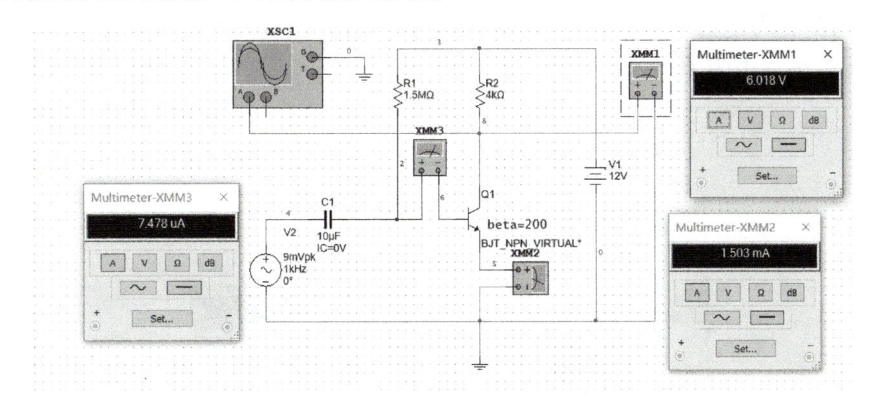

图4-9 仿真结果

任务4.2 多级放大电路的仿真

在实际工作中，单极放大电路的放大倍数有时不能满足需要。如为了放大非常微弱的信号时，需要把若干个基本放大电路连接起来，组成多级放大电路，以获得更高的放大倍数和功率输出。多级放大电路结构如图4-10所示。

图4-10 多级放大电路结构

其中，输入级与中间级的主要作用是实现电压放大，输出级的主要作用是实现功率放大，以推动负载工作。在计算多级放大电路交流参数时常采用两种方法：一是画出多级放大电路的微变等效电路，然后用电路方面的知识直接求出 U_o 和 U_i 之比，即整个多级放大电路的总电压放大倍数，以及输入电阻和输出电阻；二是先求出每级电压放大倍数（利用基本放大电路的一些公式），然后相乘得到总电压放大倍数。但在求单级放大电路的放大倍数时，它后面一级放大电路的输入电阻应看作为它的负载电阻，而它前面一级放大电路的输出电阻应看作是信号源的内阻。在求多级放大电路输入电阻和输出电阻时也应考虑前后级的影响。

4.2.1 多级放大电路的耦合方式

多级放大电路内部各级之间的连接称为级间耦合。级间耦合时，一方面要确保各级放大器有合适的直流工作点；另一方面，应使前级输出信号尽可能不衰减地加到后级输入。常用的耦合方式有三种，即直接耦合方式、阻容耦合方式和变压器耦合方式。

1. 直接耦合方式

将前一级的输出端直接连接到后一级的输入端，称为直接耦合，如图4-11所示，图中所示电路省去了第二级的基极电阻，而使 R_3 既作为第一级的集电极电阻，又作为第二级的基极电阻，只要 R_3 取值合适，就可以为 Q2 管提供合适的基极电流。

若没有发射极电阻 R_5，则 Q1 管的静态工作点靠近饱和区，在动态信号作用时容易引起饱和失真，因此，为使第一级有合适的静态工作点，就要抬高 Q2 管的基极电位，为此，可在 Q2 管的发射极加电阻 R_5。

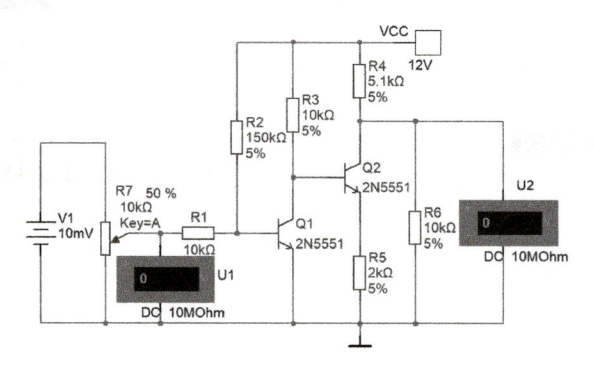

图 4-11　直接耦合放大电路原理图

这种直接耦合放大电路，其特点是为保证有合适的直流工作点，第 2 级发射极加一电阻，因而不仅放大倍数会受影响，当级数增多后会使输出电压大大抬高。仿真结果如图 4-12 所示。

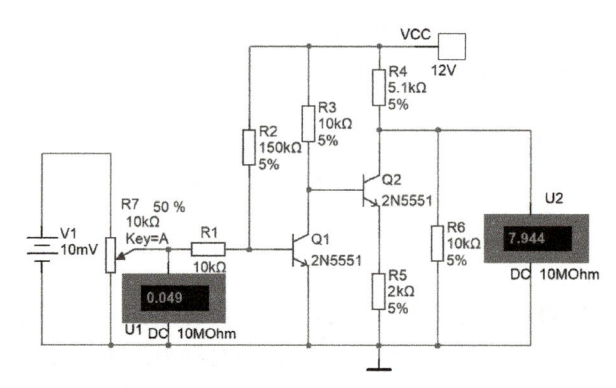

图 4-12　直接耦合放大电路仿真结果

2. 阻容耦合方式

将放大器的前级输出端通过电容接到后级输入端，称为阻容耦合方式。如图 4-13 所示为两级阻容耦合放大电路，第一级为共射放大电路，第二级为共集放大电路。

由于电容对直流量的电抗为无穷大，因而阻容耦合放大电路各级之间的直流通路各不相同，各级的静态工作点相互独立，在求解或实际调试 Q 点时可按单级处理，所以电路的分析、设计和调试简单易行。而且，只要输入信号的频率较高，耦合电容容量较大，前级的输出信号就可以几乎没有衰减地传递到后级的输入端，因此，

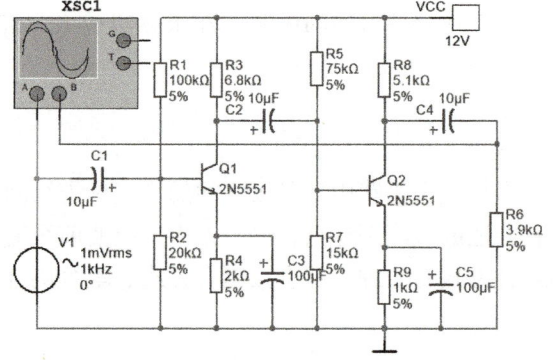

图 4-13　两级阻容耦合放大电路原理图

在分立元件电路中阻容耦合方式得到了非常广泛的应用。

阻容耦合放大电路的低频特性很差，不能放大变化缓慢的信号。这是因为电容对这类信号会呈现出很大的容抗，信号的一部分甚至全部都衰减在耦合电容上，而根本不向后级传递。

阻容耦合两级放大电路，两级之间用电容隔开，直流工作点互不影响，交流信号又能顺利传输，缺点是不能放大直流信号。示波器调节：X 轴扫描为 500 μs/Div，A 通道 Y 轴幅度为 1 mV/Div，B 通道 Y 轴幅度为 5 V/Div。仿真结果如图 4-14 所示，由仿真结果可知输出存在失真现象。

在多级放大电路中，随着级数的增多，信号幅度越来越大，因晶体管特性曲线的非线性引起的失真也就越来越严重，通常引入负反馈来减小失真，如图 4-15 所示，R_{11} 为负反馈电阻。

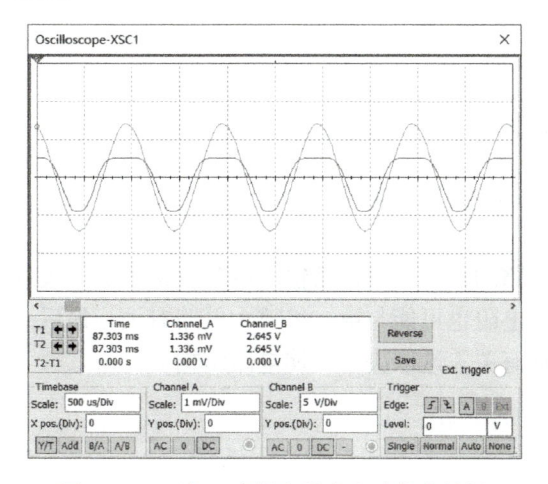

图 4-14　两级阻容耦合放大电路仿真结果

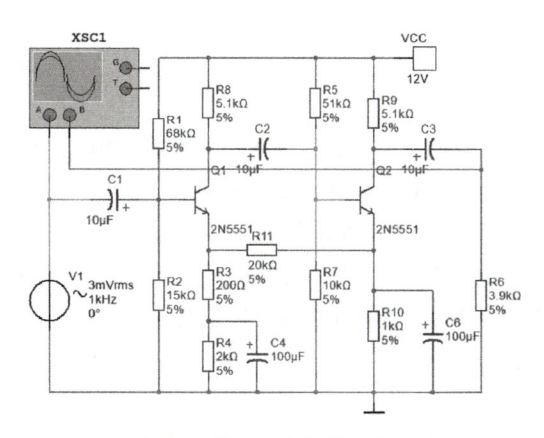

图 4-15　加负反馈的阻容耦合放大电路原理图

示波器调节：X 轴扫描为 500 μs/Div，A 通道 Y 轴幅度为 2 mV/Div，B 通道 Y 轴幅度为 2 V/Div。由仿真结果如图 4-16 可知，输出的失真得到改善。

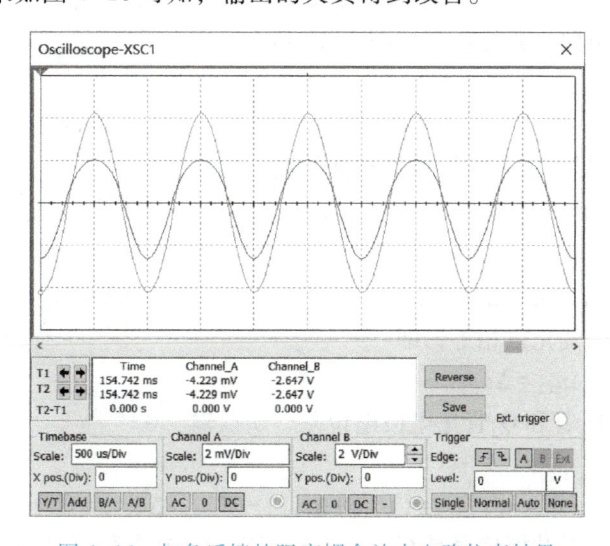

图 4-16　加负反馈的阻容耦合放大电路仿真结果

3. 变压器耦合方式

将放大电路前级的输出端通过变压器接到后级的输入端或负载电阻上，这种方式称为变压器耦合方式。

变压器耦合方式主要用于功率放大电路，它的优点是：可变化电压和实现阻抗变换，静态工作点相对独立；可以通过改变变压器的变比，使前后级之间获得最佳的匹配而得到最大的功率传输。它的缺点是：体积大，工艺复杂，不利于电路集成化；频率特性差；不能传输直流信号。这种方式一般应用于高频电路中。

4.2.2 多级放大电路的分析方式

分析多级放大电路的基本方法是：化多级电路为单极，然后再逐级求解。化解多级电路时要注意，后一级电路的输入电阻 $r_{i(n+1)}$ 作为前一级电路的负载电阻 R_{Ln}；或者将前一级输出电阻 $r_{o(n-1)}$ 作为后一级电路的信号源内阻 R_{Sn}。

（1）电压放大倍数

$$A_v = \frac{U_o}{U_i} = \frac{U_{o1}}{U_i} \cdot \frac{U_{o2}}{U_{o1}} \cdots \frac{U_o}{U_{o(n-1)}} = A_{v1} A_{v2} \cdots A_{vn}$$

式中：$A_{v1}, A_{v2}, \cdots, A_{vn}$ 分别为多级放大电路中各级的电压放大倍数。

（2）输入电阻和输出电阻

多级放大电路的输入电阻就是第一级放大电路的输入电阻，其输出电阻就是最后一级放大电路的输出电阻。有时第一级放大电路的输入电阻也可能与第二级放大电路有关，最后一级放大电路的输出电阻也可能与前一级放大电路有关，这取决于具体电路结构。

任务 4.3　差分放大电路的仿真

差分放大电路是一种常见的电路拓扑，用于放大两个输入信号之间的差异。差分放大电路是一种非常实用的放大电路，电路通常由两个输入端和一个输出端组成，同时该电路也是构成多级直接耦合放大电路的基本单元电路。其原理图如图 4-17 所示。

4.3.1 差模和共模信号

当 V_1 和 V_2 所加信号为大小相等极性相同的输入信号（称为共模信号）时，由于电路参数对称，Q_1 管和 Q_2 管所产生的电流变化相等，即

$$\Delta i_{B1} = \Delta i_{B2}, \quad \Delta i_{C1} = \Delta i_{C2}$$

因此集电极电位的变化也相等，即

$$\Delta u_{C1} = \Delta u_{C2}$$

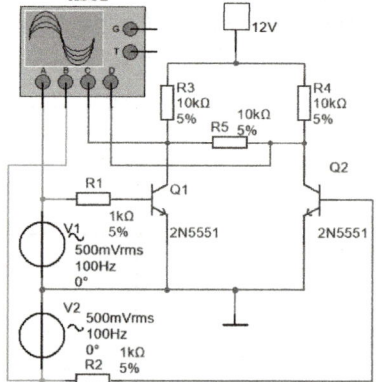

图 4-17　差分放大电路原理图

因为输出电压是 Q_1 管和 Q_2 管集电极电位差，所以输出电压

$$u_o = u_{C1} - u_{C2} = (U_{CQ1} + \Delta u_{C1}) - (U_{CQ2} + \Delta u_{C2}) = 0$$

说明差分放大电路对共模信号具有很强的抑制作用，在参数完全对称的情况下，共模输出为 0。

当 V_1 和 V_2 所加信号为大小相等极性相同的输入信号（称为差模信号）时，由于
$$\Delta V_1 = -\Delta V_2$$
又由于参数对称，Q_1 管和 Q_2 管所产生的电流的变化大小相等，而变化方向相反，即
$$\Delta i_{B1} = -\Delta i_{B2}, \quad \Delta i_{C1} = -\Delta i_{C2}$$
因此集电极电位的变化也是大小相等变化方向相反，这样得到的输出电压
$$\Delta u_o = \Delta u_{C1} - \Delta u_{C2} = 2\Delta u_{C1}$$
从而可以实现电压放大。

差分式放大电路是基本的直接耦合放大电路。双击示波器图标，调节 X 轴扫描为 2 ms/Div，A 通道 Y 轴幅度 2 V/Div，偏置 2；B 通道 Y 轴幅度 2 V/Div，偏置 1；C 通道 AC，Y 轴幅度 10 V/Div，偏置 -1；D 通道 AC，Y 轴幅度 10V/Div，偏置 -2。打开电源开关，即可以观察到两个输入信号和两个输出信号的波形。容易看出，由于偏置太小，输出波形有明显的失真。仿真结果如图 4-18 所示。

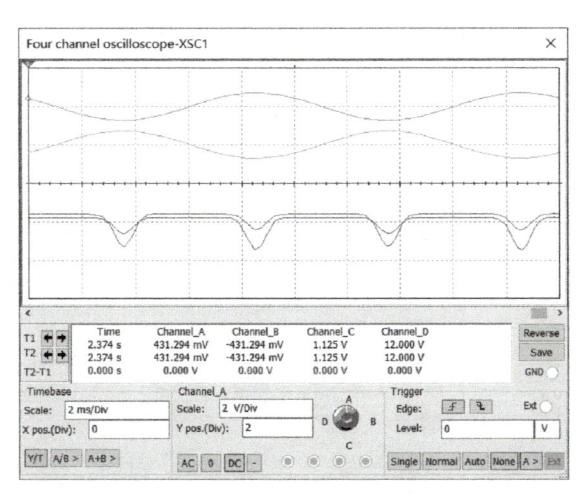

图 4-18 仿真结果

4.3.2 长尾式差分放大电路

长尾式差分放大电路原理图如图 4-19 所示。

如图所示为典型的差分放大电路，由于 R_e 接负电源 $-V_{EE}$，像拖了一个尾巴，故称为长尾式电路，电路参数理想对称，$R_1 = R_2 = R_b$；$R_3 = R_4 = R_c$；Q_1 管和 Q_2 管的特性相同，$\beta = \beta_1 = \beta_2$，$r_{be1} = r_{be2} = r_{be}$；$R_6$ 为公共的发射极电阻。

当电路输入共模信号时，基极电流和集电极电流的变化量相等，即
$$\Delta i_{B1} = \Delta i_{B2}, \quad \Delta i_{C1} = \Delta i_{C2}$$
因此，集电极电位的变化也相等，即
$$\Delta u_{C1} = \Delta u_{C2}$$
从而使得输出电压 $u_0 = 0$。由于电路参数的理想对

图 4-19 长尾式差分放大电路原理图

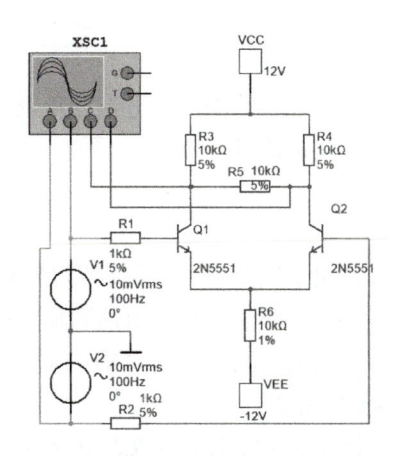

称，温度变化时管子的电流变化完全相同，故可以将温度漂移等效成共模信号，差分放大电路对共模信号有很强的抑制作用。

实际上，差分放大电路对共模信号的抑制，不但利用了电路参数对称性所起的补偿作用，使两只晶体管的集电极电位变化相等；而且还利用了射极电阻 R_e 对共模信号的负反馈作用，抑制了每只晶体管集电极电流的变化，从而抑制集电极电位的变化。

当电路输入差模信号，由于参数对称，Q_1 管和 Q_2 管所产生的电流的变化大小相等，而变化方向相反，因此集电极电位的变化也是大小相等变化方向相反，这样得到输出电压

$$\Delta u_0 = \Delta u_{C1} - \Delta u_{C2} = 2\Delta u_{C1}$$

从而可以实现电压放大。

长尾式差分放大电路在不减小差模放大倍数的前提下，大幅度提高共模抑制比。是高性能的直接耦合放大电路。双击示波器图标，调节 X 轴扫描为 5 ms/Div，A、B 通道 Y 轴幅度 50 mV/Div，偏置分别为 2、1；C、D 通道为 AC 模式，Y 轴幅度为 2 V/Div，偏置分别为 -1、-2。容易看出，输出已无明显的失真。仿真结果如图 4-20 所示。

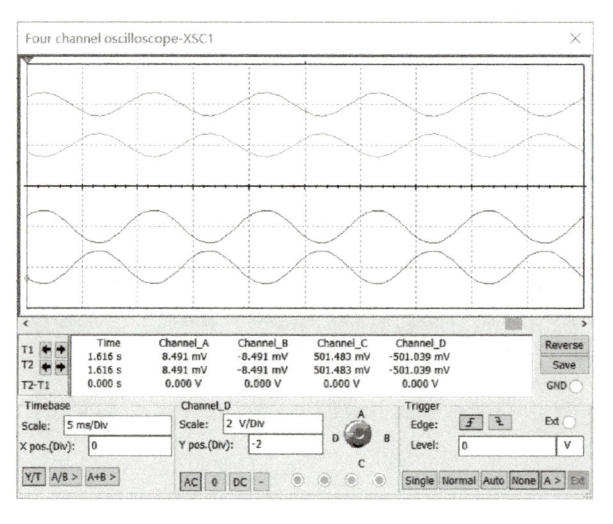

图 4-20 仿真结果

任务 4.4 放大电路中的负反馈

在放大电路中引入适当的负反馈，可以改善放大电路的一些重要性能参数，使其能更好地满足实际需求。

4.4.1 负反馈的基本概念

在电子线路中，所谓反馈是指将放大电路输出信号（电压或电流）的一部分或全部，通过某种电路上的联系引回到输入端，与原有的输入信号进行叠加，形成新的输入信号，进而改变放大电路输出信号的过程。反馈体现了输出信号对输入信号的一种作用，其结构如图 4-21 所示。

图中：A 代表基本放大电路的放大倍数；F 代表能够把输出信号（部分或全部）送回到输入端的电路的放大倍数，通常称为反馈网络的反馈系数；符号 $\otimes$ 表示信号的叠加，"+"

图 4-21 反馈放大电路结构

"-"号表示输入量进入求和环节前各自的极性；箭头表示信号的传输方向。

对于反馈放大电路，定义 x_i 是反馈放大电路的输入信号，x_o 是反馈放大电路的输出信号，x_f 是反馈信号。输入信号 x_i 与反馈信号 x_f 进行比较得到的信号定义为净输入信号，用 x_{id} 表示，$x_{id} = x_i + x_f$。

为了便于分析，特别定义了三个比例系数：输出信号与净输入信号的比值定义为放大电路的开环放大倍数，也称开环增益，用 A 表示；反馈信号与输出信号的比值定义为放大电路的反馈系数，用 F 表示；净输入信号与输入信号的比值定义为放大电路的闭环放大倍数，也称闭环增益，用 A_f 表示。当图 4-21 所示的放大电路为负反馈放大电路时，基本放大电路的开环倍数为

$$A = \frac{x_o}{x_{id}} \tag{4-1}$$

反馈网络的反馈系数为

$$F = \frac{x_f}{x_o} \tag{4-2}$$

负反馈放大电路的闭环放大倍数为

$$A_f = \frac{x_o}{x_i} \tag{4-3}$$

将 x_{id}、式（4-1）、式（4-2）代入式（4-3）中，可得负反馈放大电路放大倍数的一般表达式为

$$A_f = \frac{x_o}{x_i} = \frac{x_o}{x_{id} + x_f} = \frac{Ax_{id}}{x_{id} + AFx_{id}} = \frac{A}{1 + AF} \tag{4-4}$$

式中：$1+AF$ 定义为反馈深度，是衡量反馈程度的一个重要指标。

4.4.2 负反馈的组态及其对放大电路的影响

从反馈放大电路的功能划分和信号流程框图可以看出，反馈通道与正向传输通道存在两个连接点：一个位于信号输出端，用于提取输出信号，也称取样端；另一个位于信号输入端，用来对输入信号和反馈信号进行比较，也称比较端。考虑到在电子放大电路中，信号有两种类型，即电压信号和电流信号，则在取样端也存在两种类型，即电压取样和电流取样。同样地，在比较端也存在两种比较类型，即电压比较和电流比较。而这几种类型的反馈对于放大电路的动态性能，其影响是不同的。

对于交流负反馈放大电路而言，其反馈网络在输出回路有电压和电流两种取样方式，在输入回路有串联和并联两种连接方式。因此，负反馈放大电路可以划分为四种基本类型，通常称为四种基本组态，即电压串联、电压并联、电流串联和电流并联。

1. 电压串联负反馈电路

电压串联负反馈电路原理图如图 4-22 所示。

若从输出电压取样，通过反馈网络得到反馈电压，然后与输入电压相比较，则称电路中引入了电压串联负反馈。

如图 4-22 所示为典型的电压串联负反馈电路，图中 R_1、R_2 构成反馈网络，采用电阻分压的方式将输出电压的一部分作为反馈电压，反馈电压为

$$u_F = \frac{R_1}{R_1 + R_2} \cdot u_o$$

若输入电压 u_i 对 R_1 和 R_2 所组成的反馈网络的作用忽略不计，即可认为 R_1 上的电压 $u_{R1} \approx u_F$；并且，由于集成运放开环差模增益 A_{od} 很大，因而其净输入电压 u_D 也可忽略不计，则

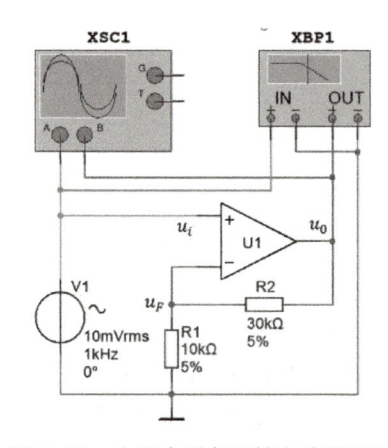

$$u_i = u_D + u_{R1} \approx u_D + u_F \approx u_F$$

所以输出电压

$$u_o \approx \left(1 + \frac{R_2}{R_1}\right) \cdot u_i$$

式子表明，电路引入电压串联负反馈后，一旦 R_1 和 R_2 的取值确定，u_o 就仅取决于 u_i。

应当指出，上述结论是有条件的。只有认为集成运放同相输入端和反相输入端的电流 i_P、i_N 趋于零（称为"虚断路"）才能忽略 u_i 对反馈网络的作用；只有认为集成运放同相输入端和反向输入端的电位近似相等（称为"虚短路"），才能忽略净输入电压，使 $u_i \approx u_F$。

由集成运放组成的电压串联负反馈电路。打开电源开关，双击示波器图标可以观察输出、输入信号的波形对比，可以测量其放大倍数及输入电阻和输出电阻；双击波特图仪图标，可以观察其频率响应曲线，测量其增益和频带。示波器调整：X 轴扫描为 500 μs/Div，A 通道 Y 轴幅度为 10 mV/Div，B 通道选 AC 模式，Y 轴幅度为 50 mV/Div。波特图仪调整为：Mode 区选择 Magnitude；Horizontal 区选择 Log，F 值为 100 MHz，I 值为 1 mHz；Vertical 区选择 Log，F 值为 20 dB，I 值为 -20 dB。仿真结果如图 4-23 所示，输入输出同相位。

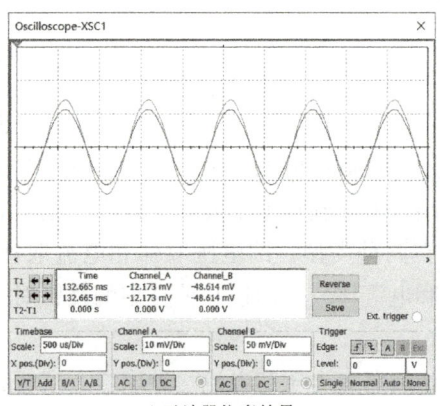

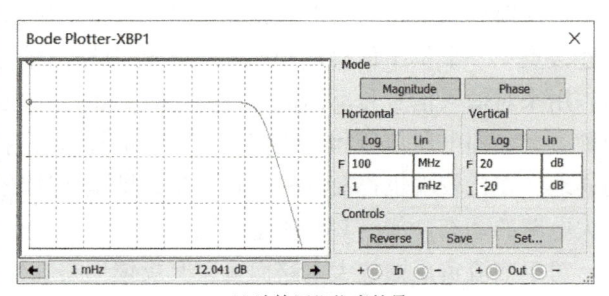

图 4-22 电压串联负反馈电路原理图

a) 示波器仿真结果   b) 波特图仪仿真结果

图 4-23 电压串联负反馈电路仿真结果

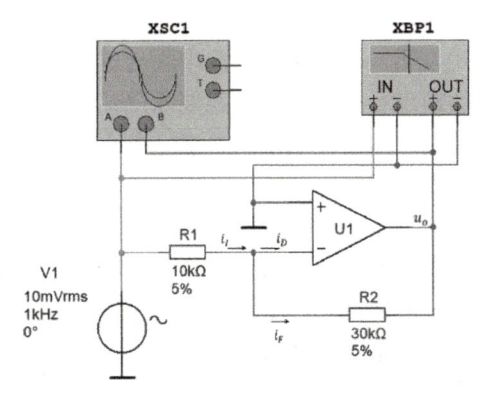

2. 电压并联负反馈电路

电压并联负反馈电路原理图如图 4-24 所示。

在放大电路中,当输入信号为恒流源或近似恒流源时,若反馈信号取自输出电压 u_o,并转换成反馈电流 i_F,与输入电流 i_I 求差后放大,则可得到电压并联负反馈电路。

若集成运放的 A_{od} 与 r_{id} 趋于无穷大,则其净输入电压和输入电流均可忽略不计,由此可得

$$i_D \approx 0, \quad i_F \approx -\frac{u_o}{R_2}, \quad i_I \approx i_F$$

所以,$u_o \approx -i_I R_2$

上式表明,一旦 R_2 的值确定,u_o 就仅决定于 i_I,故可将电路的输出看成为由电流 i_I 控制的电压源 u_o。在 i_I 一定的情况下,当 R_2 变化时,u_o 基本不变,近似为恒压源,因而放大电路的输出电阻趋于零。

图 4-24 电压并联负反馈电路原理图

由集成运放组成的电联负反馈电路。示波器调整:X 轴扫描均为 500 μs/Div,A 通道 Y 轴幅度为 10 mV/Div,B 通道 Y 轴幅度为 50 mV/Div。波特图仪调整为:Mode 区选择 Magnitude;Horizontal 区选择 Log,F 值为 100 MHz,I 值为 1 mHz;Vertical 区选择 Log,F 值为 20 dB,I 值为 -20 dB。仿真结果如图 4-25 所示,因为是从反向端输入,所以输入、输出不同相。

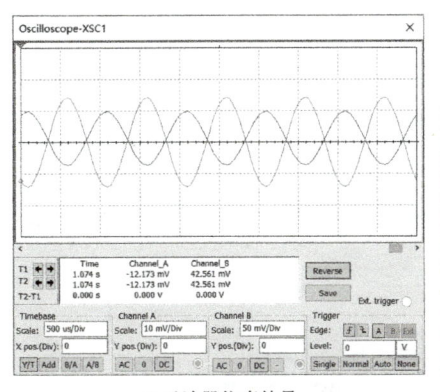

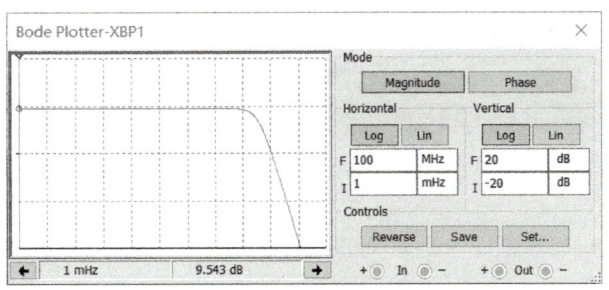

a) 示波器仿真结果

b) 波特图仪仿真结果

图 4-25 电压并联负反馈电路仿真结果

3. 电流串联负反馈电路

电流串联负反馈电路原理图如图 4-26 所示。

图 4-26 所示的电路,电路中相关电位瞬时极性和电流流向如图所标注,若将图中的 i_{R1} 用输出电流 i_o 取代,则

$$u_F = i_o R_1$$

上式表明,反馈电压 u_F 取自输出电流 i_o,u_I 与 u_F 求差后放大,因此图 4-26 所示电路中引入的

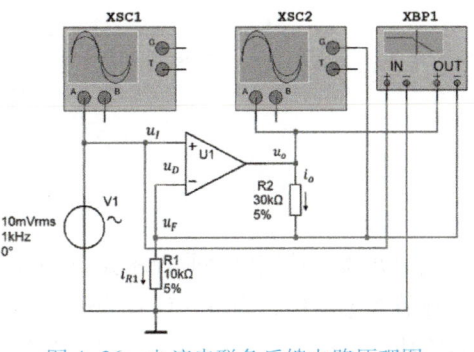

图 4-26 电流串联负反馈电路原理图

是电流串联负反馈电路。

由于 $u_F \approx u_I$，所以

$$i_o \approx \frac{1}{R_1} \cdot u_1$$

上式表明，电路引入电流串联负反馈后，一旦 R_1 取值确定，i_o 就仅决定于 u_1。因此，可将电路的输出看成为电压 u_1 控制的电流源 i_o。在 u_1 不变的情况下，当 R_2 变化时，i_o 基本不变，说明放大电路的输出电阻趋于无穷大。

当某种原因使输出电流 i_o 增大时，必然产生如下过程：

$i_o \uparrow \to u_F \uparrow \to u_D \downarrow \to$ 集成运放输出端对地电位 $u_o \downarrow \to i_o \downarrow$

当 i_o 因某种原因减小时，各物理量的变化均与上述过程相反。

示波器调整：X 轴扫描均为 500 μs/Div，A 通道 Y 轴幅度第一台为 10 mV/Div，第二台为 20 mV/Div。特图仪调整为：Mode 区选择 Magnitude；Horizontal 区选择 Log，F 值为 100 MHz，I 值为 1 mHz；Vertical 区选择 Log，F 值为 20 dB，I 值为 -20 dB。仿真结果如图 4-27 所示。

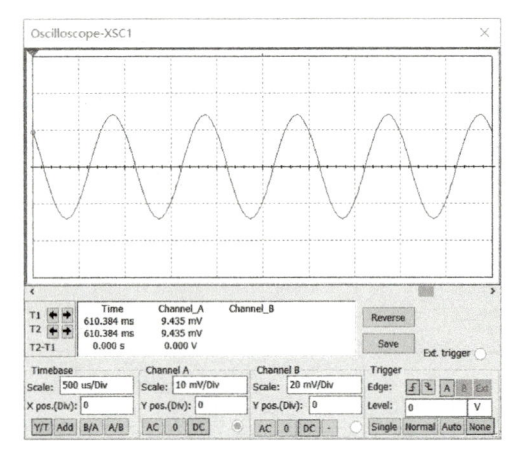

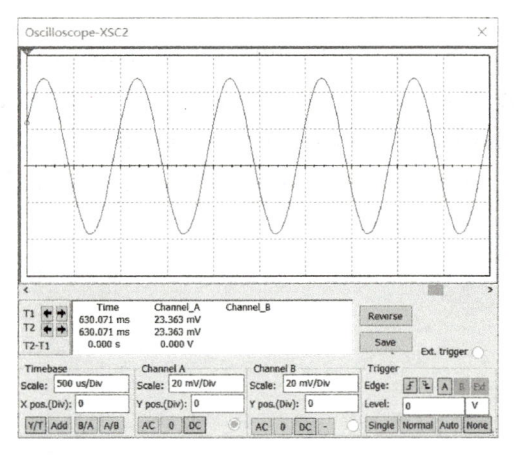

a) 示波器仿真结果

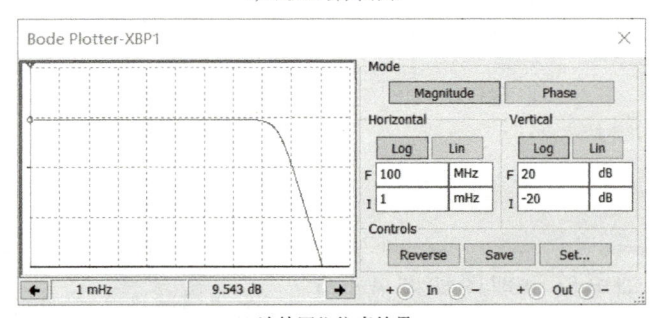

b) 波特图仪仿真结果

图 4-27　电流串联负反馈电路仿真结果

4. 电流并联负反馈电路

电流并联负反馈电路原理图如图 4-28 所示。

在放大电路中，当输入信号为恒流源或近似恒流源时，若反馈信号取自从输出电流 i_o，并转换成反馈电流 i_F，与输入电流 i_1 求差后放大，则得到电流并联负反馈电路，如图 4-28

所示，各支路电流的瞬时极性如图中所标注。若集成运放的 A_{od} 与 r_{id} 趋于无穷，则

$$u_N \approx u_P = 0$$

$$i_1 \approx i_F = -\frac{R_4}{R_2+R_4} \cdot i_o$$

输出电流规定方向应与输出电压的规定方向一致，而由于图中 i_o 的方向与规定方向相反，故式中出现负号，故

$$i_o \approx -\left(1+\frac{R_2}{R_4}\right) \cdot i_1$$

上式表明，当 R_2 和 R_4 取值确定时，i_o 仅仅决定于 i_1，故可将电路的输出看成为电流 i_1 控制的电流源 i_o。在 i_1 一定的情况下，当 R_3 变化时，i_o 基本不变，近似为恒流源，因而放大电路的输出电阻趋于无穷大。

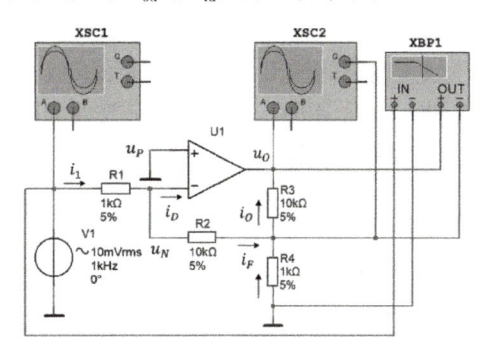

图 4-28 电流并联负反馈电路原理图

由晶体管放大器组成的电流串联负反馈电路，同样可以用上述方法进行各种观察和测量。示波器调整：X 轴扫描均为 500 μs/Div，第一台 A 通道 Y 轴幅度为 10 mV/Div，第二台 A 通道 Y 轴幅度为 1V/Div。波特图仪调整为：Mode 区选择 Magnitude；Horizontal 区选择 Log，F 值为 100 MHz，I 值为 1 mHz；Vertical 区选择 Log，F 值为 60 dB，I 值为 -20 dB。仿真结果如图 4-29 所示。

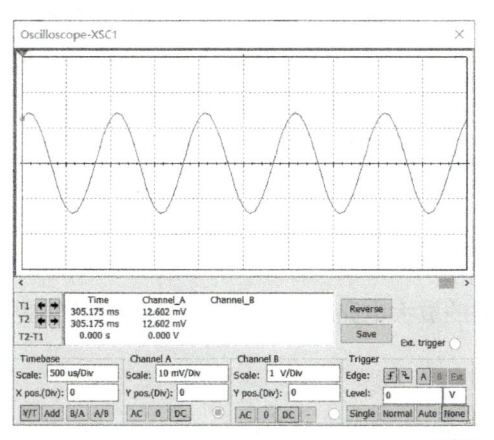

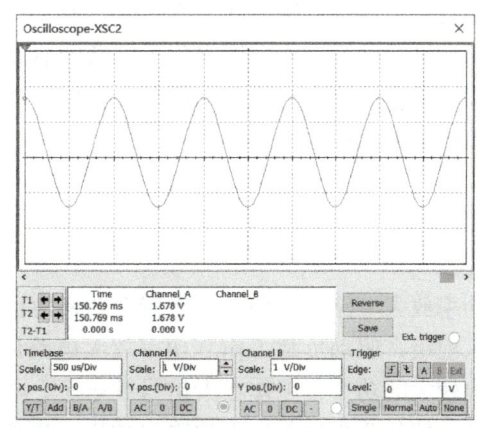

a) 示波器仿真结果

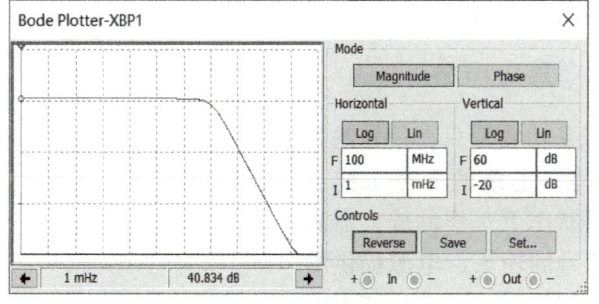

b) 波特图仪仿真结果

图 4-29 电流并联负反馈电路仿真结果

5. 负反馈放大电路性能的影响

当电子放大电路中引入交流负反馈后,在输入信号不变的情况下,由于净输入信号的减小,放大电路的输出会减小,导致其放大倍数下降,即闭环放大倍数小于开环放大倍数。除此之外,负反馈的引入还会影响放大电路的其他许多性能。包括提高放大倍数的稳定性、改善输入和输出电阻、展宽通频带、减小非线性失真等。

4.4.3 负反馈放大电路的计算

要想具体分析负反馈对于放大电路的影响,就必须掌握负反馈放大电路性能指标的计算方法。负反馈放大电路的计算方法分为三种:等效电路法、拆环分析法和深度负反馈估算法。

等效电路法是将整个负反馈放大电路作为一个整体电路,该方法适用于结构较为简单的单级负反馈电路,如带有射极反馈电阻 R_e 的单管共射极放大电路。

拆环分析法也称方框图法,即先将负反馈电路分解为基本放大电路和反馈网络两部分,进而分别求出开环放大倍数 A 和反馈系数 F,最后利用 $A_f = 1/(1+AF)$ 计算出闭环放大倍数。该方法的特点是计算结果较为准确,适用于较为复杂的多级负反馈电路及由集成运放组成的负反馈电路。但将反馈放大电路拆解为基本放大电路和反馈网络,并不是简单地断开反馈网络就能完成的,而是既要除去反馈,又要考虑反馈网络对基本放大电路的负载作用,其过程比较复杂。

深度负反馈估算法是从工程实际出发,在深度反馈条件下,利用一定的近似条件对闭环放大倍数进行估算。该方法避免了繁杂的运算,是解决复杂反馈电路的有效途径。一般情况下,大多数反馈放大电路,特别是由集成运放组成的放大电路都能满足深度负反馈的条件,因此该方法的应用很广泛。

任务 4.5 功率放大电路的仿真

功率放大电路是一种以输出较大功率为目的的放大电路,它一般作为多级放大电路的末级或末前级,驱动负载工作。功率放大电路用于输出较大的功率,工作在大信号状态下,主要任务是使负载得到不失真的输出功率,主要参数有功率、效率、非线性失真等。

4.5.1 乙类互补功率放大电路

乙类放大器的特点是功放管只在信号的半个周期内处于导通状态,电路的静态工作点 I_{CQ} 等于 0。工作在乙类状态下工作的放大器静态功耗等于 0,随着信号的输入,电源提供的功率、放大器的输出功率和转换效率也随着发生变化。静态工作点位于如图 4-30 所示位置的 Q 点放大器称为乙类放大器。

工作在乙类状态下的放大电路,虽然管子

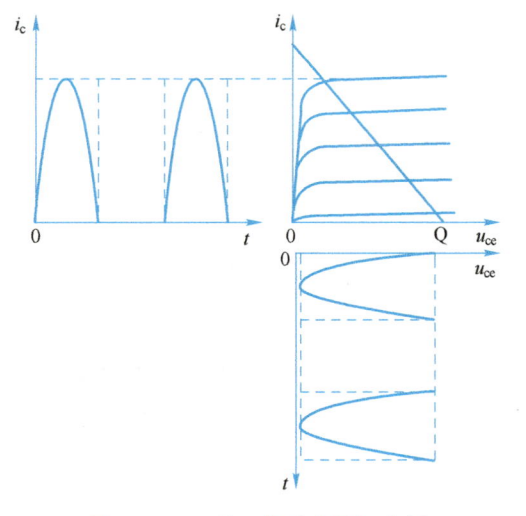

图 4-30 乙类工作状态图解分析

功耗低，效率高，但输入信号的半个波形被削掉了，产生了严重的失真现象。解决失真的办法是：用两个工作在乙类状态下的放大器，分别放大输入的正、负半周信号，并同时采取措施，使放大后的正、负半周信号能加到负载上面，在负载上获得完整的波形。把能够以这种方式工作的功放电路称为乙类互补对称电路，也称为推挽功率放大电路。

若忽略功放管的饱和压降，在理想情况下，乙类放大器输出信号的最大值为 V_{CC}，输出信号功率的最大值为：

$$P_{OMAX} = \frac{V_{CC}^2}{2R_L} \tag{4-5}$$

因为乙类放大器只在信号的半个周期内有功率输出，所以电源消耗的功率为电源电压和半波电流的平均值的乘积，即

$$P_E = I_{AV} V_{CC} = \frac{2V_{CC}}{\pi R_L} \cdot V_{CC} = \frac{2V_{CC}^2}{\pi R_L} \tag{4-6}$$

所以在理想情况下，乙类放大器的转换效率为

$$\eta = \frac{P_O}{P_E} = \frac{\pi}{4} = 78.5\% \tag{4-7}$$

如图 4-31 所示为典型的乙类互补功率放大电路。为了使负载上能够获得正弦波，需要采用两只特性对称的管子，静态时两只管子均截止，输出电压为零。当输入电压大于零时，Q_1 导通，Q_2 截止，正电源供电；当输入电压小于零时，Q_2 导通，Q_1 截止，负电源供电。

如图 4-32 所示，双击示波器图标，调节 X 轴扫描为 200 μs/Div，A、B 通道幅度为 2 V/Div。仿真开始，即可对比观察到输出、输入信号的波形和相位。关闭仿真，仔细观察输出信号波形在过零处是不连续的，这就是交越失真。

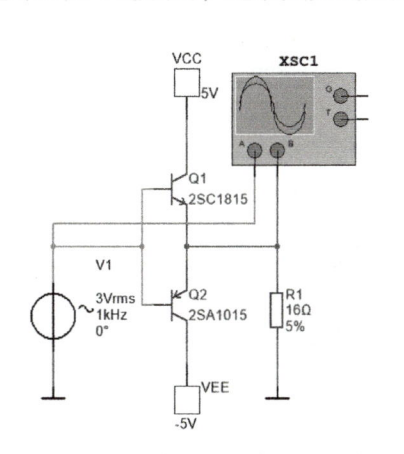

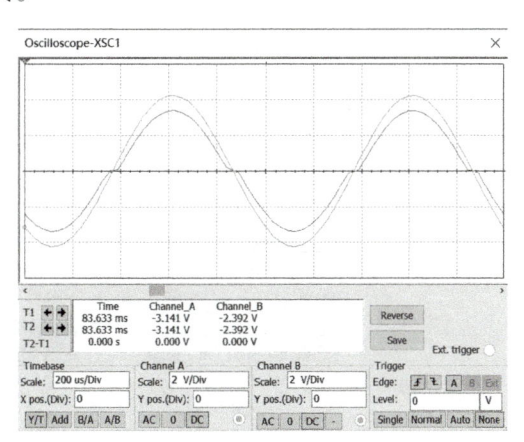

图 4-31　乙类互补功率放大电路　　图 4-32　输入输出信号的仿真结果

4.5.2　甲乙类互补功率放大电路

甲乙类功率放大器的静态工作点如图 4-33 所示，该电路在静态时静态偏流较小，它的波形失真和效率介于甲类和乙类之间。由于二极管 D_1、D_2 的动态电阻很小，因而可以认为 Q_1、Q_2 基极电位近似相等，可以认为两管基极之间的电位差基本是一恒定值。当输入电压大于零且逐渐增大时，U_{BE1} 增大，Q_1 基极电流增大，发射极电流随之增大，负载电阻 R_1 上得到正方向的电流，Q_2 截止；当输入电压小于零且逐渐减小时，U_{BE2} 增大，Q_2 基极电流增

大，发射极电流随之增大，负载电阻 R_1 上得到负方向的电流，Q_1 截止。这样即使输入电流很小，也总能保证一只晶体管导通，因而消除了交越失真。

图 4-34 为典型的甲乙类互补功率放大电路。

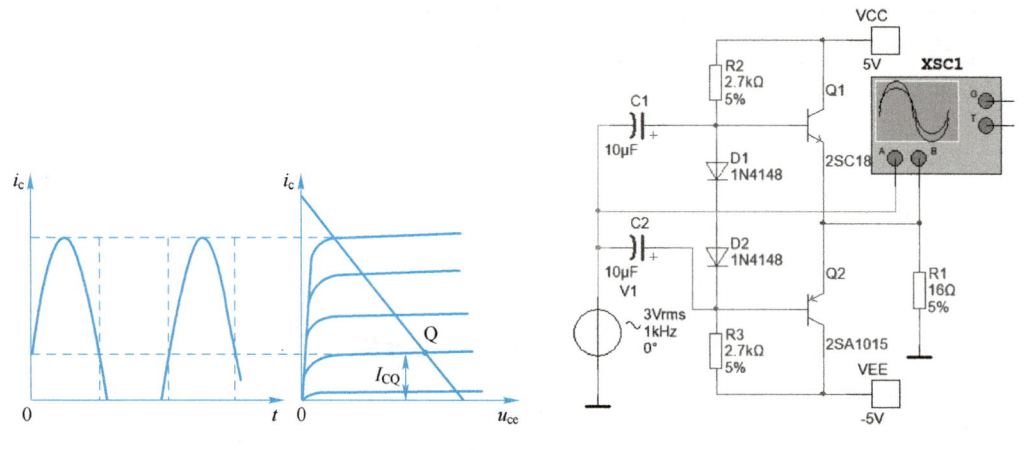

图 4-33　甲乙类工作状态图解分析

图 4-34　甲乙类互补功率放大电路

双击示波器图标，调节 X 轴扫描为 200 μs/Div，A、B 通道幅度为 2 V/Div。打开电源开关，即可对比观察到输出、输入信号的波形和相位，如图 4-35 所示。关闭电源，可仔细观察输出信号波形在过零处已非常平滑，已基本消除了交越失真。

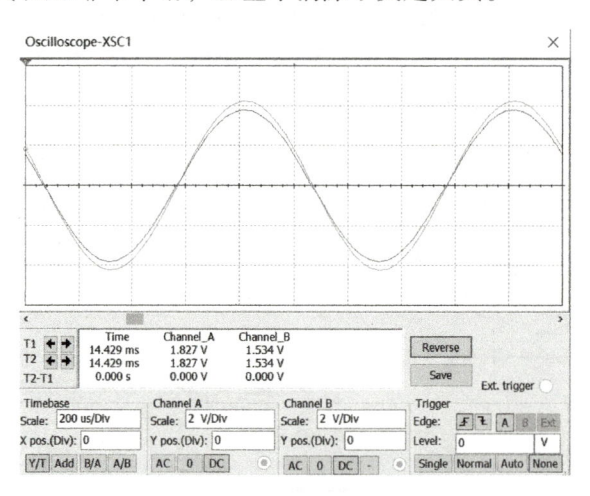

图 4-35　输入输出信号的仿真结果

素养目标

任何一个电子设备都离不开复杂的放大电路，而复杂的放大电路都是由基本单元电路组成的。只要熟练掌握基本单元电路，复杂电路也就不难掌握。如同一栋房子的地基，只有地基牢固了，才能建成宏大的建筑；学习模拟电路不仅涉及理论知识，还包括工程思想的应用和实践。

习题与思考题

1. 甲乙类功率放大电路有什么优点？
2. 长尾式差动放大电路中，R_e 的作用是什么？它对共模输入信号和差模输入信号有何影响？
3. 什么是电压反馈、电流反馈、串联反馈和并联反馈？如何进行判断？它们在放大电路中的作用是什么？
4. 负反馈的四种组态类型的放大倍数和反馈系数各是什么量纲？

项目 5
学习模拟电路的集成运算放大电路的仿真

项目描述

集成电路是利用一定的制作工艺,将二极管、晶体管、各种有源或无源等器件及其电路集中制作在同一小块半导体基片上,从而构成一个具有一定功能的完整电路、功能模块或系统。本项目将重点介绍集成运算放大器的结构特点、典型应用电路及其应用实例。

任务 5.1 认识集成运算放大器

集成电路按所处理信号的类型可分为模拟集成电路和数字集成电路两大类。集成电路运算放大器(以下简称集成运放或运算放大器)作为模拟集成电路中的一种,最早应用于信号的基本运算,如加、减、乘、除等。发展到现在,集成运放的用途早已不限于运算,但其名称仍一直沿用。由于集成运放工作在线性放大区时,其输出信号与输入信号呈线性关系,所以又称线性集成电路。目前,集成运放已经成为电子系统的基本功能单元,其应用已经渗透到电子技术的各个领域。与分立元件放大电路相比,集成工艺的特性决定了集成运放具有以下结构特点。

1)集成工艺不宜制造大电容和电感,因此集成运放中的多级放大电路之间都采用直接耦合方式。

2)由于同处于一块基片,且在同一工艺条件下制造,集成运放中同类型元器件之间性能参数及变化规律一致,如相同的偏差和温度特性等,特别适宜设计具有对称结构的电路。

3)集成运放中的电阻元件,多是利用硅半导体材料的体电阻制成,阻值一般在几十欧姆到几十千欧姆之间。

4)有源元件(晶体管、场效应晶体管等)的制造比大电阻的制造占用的面积更小,且工艺上也不会增加难度,所以在集成电路中阻值太大的电阻通常由有源负载代替。

5)在集成电路中,为了不使工艺复杂,尽量采用单一类型的元件,元件种类也要少。所以,二极管常用晶体管的发射结来代替。

6)在集成电路中,常采用复合管的方式来改进单管的性能。

正确使用集成运放的关键是搞清集成运放的主要参数的意义。集成运放的主要参数包括以下几个。

(1)开环差模电压放大倍数 A_{od}

开环差模电压放大倍数 A_{od} 是指运放在没有外接反馈电路时本身的差模电压放大倍数,即

$$A_{od} = \frac{\Delta U_O}{\Delta(u_+ - u_-)}$$

对于放大电路而言，希望 A_{od} 大且保持稳定。

(2) 最大输出电压 U_{p-p}（输出峰-峰电压）

最大输出电压是指在特定电源电压和负载条件下，集成运放输出不失真时的最大输出电压值。该值通常与电源的大小有关。

(3) 差模输入电阻 R_{id}

差模输入电阻是指输入差模电压信号时运放的输入电阻。R_{id} 越大，对信号源的影响就越小。

(4) 共模抑制比 CMR

集成运放开环差模电压放大倍数与开环共模电压放大倍数之比就是集成运放的共模抑制比 CMR。在手册中，CMR 的单位为分贝。不同功能的运放，CMR 也不相同，有的在 60~70dB 之间，有的高达 180dB。CMR 越大，对共模干扰抑制能力越强。

(5) 输入失调电压 U_{io}（输入补偿电压）

一个理想的集成运放，当输入电压为零时，输出电压也应该等于零。由于实际的差动输入电路不可能做到完全的对称，所以，在输入电压为零时，集成运放的输出会存在一个微小的电压值。该电压值反映了集成运放差动输入电路的不对称程度。在输入端加补偿电压，可消除这个微小的输出电压，这个补偿电压就称为输入失调电压。

(6) 输入失调电流 I_{io} 和输入偏置电流 I_{ib}

集成运放在输入电压为零时，流入放大器两个输入端的静态基极电流之差称为输入失调电流 I_{io}，即 $I_{io} = |I_{b1} - I_{b2}|$。输入失调电流反映了输入级差动电路的不对称程度。当 I_{io} 流过信号源内阻时，电阻两端会产生压降，这相当于在集成运放的两个输入端之间引入了一定的输入电压，将使放大器的输出电压偏离零值。

集成运放在输入电压为零时，两个输入端静态电流的平均值称为运放的输入偏置电流 I_{ib}，即 $I_{ib} = (I_{b1} + I_{b2})/2$。输入偏置电流反映了输入级差动电路输入电流的大小。

(7) 最大共模输入电压 U_{icmax}

由于运放在工作时，输入信号可分解为差模信号和共模信号。运放对差模信号有放大作用，对共模信号有抑制作用，但这种抑制作用有一定的范围。最大共模输入电压 U_{icmax} 是指在正常工作条件下，集成运放所能承受的最大共模输入电压。当共模输入信号的幅值超出此范围，集成运放输入级差分放大电路中的晶体管的工作点会进入非线性区，使放大器失去共模抑制能力，导致共模抑制比显著下降，甚至造成器件损坏。以上所介绍的仅是集成运放的主要参数。

5.1.1 认识理想运放"虚短"和"虚断"

利用集成运放，正确接入电源及外围电路，就可以构成具有不同功能的实用电路。在分析各种实用电路时，由于集成运放开环放大倍数很大，输入电阻很高，输出电阻很小，所以在分析时常将其性能指标理想化，称其为理想运放。即

1) 开环差模增益（放大倍数）$A_{od} = \infty$。
2) 差模输入电阻 $R_{id} = \infty$。
3) 输出电阻 $R_o = 0$。

4）共模抑制比 CMR = ∞。

5）不考虑失调电压、失调电流、温漂、带宽等参数。

集成运算放大器实际上是一个对输入端之间差值信号进行放大的电子元件，所以我们关注的是输出电压与输入端差值电压（即差模输入电压）的对应关系，这种关系称之为电压传输特性。图 5-1 所示即为集成运算放大器的电压传输特性曲线。图中，横坐标为差模输入电压 u_{id}（$u_{id} = u_+ - u_-$），纵坐标为输出电压。

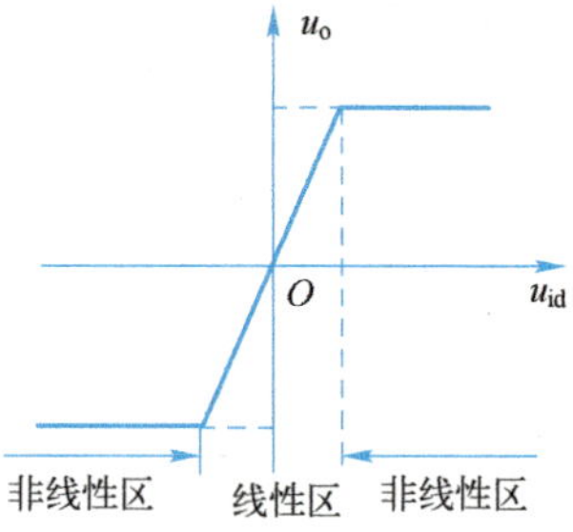

可以看出，传输特性曲线可明显地分为两个区域，即中部的斜线区和两侧的水平线区。斜线区的斜线表明该区域内输出电压与差模输入电压呈线性关系，即 $u_o = A_{od} u_{id}$，A_{od} 为开环差模电压放大倍数，所以，该区域称为线性工作区。

从该输出传输特性曲线还可以看出集成运放的线性工作区非常窄，这是因为开环差模电压放大倍数非常高，而最大输出电压只在 V 级左右。

图 5-1 集成运算放大器电压传输特性曲线

尽管集成运放的应用电路多种多样，但就其工作区域来说却只有线性区和非线性区两个。

设集成运放同相输入端和反相输入端的电压分别为 u_p 和 u_n，电流分别为 i_p 和 i_n，当集成运放工作在线性区时，输出电压与输入差模电压呈线性关系，即

$$U_o = A_{od} U_{id} = A_{od}(u_+ - u_-)$$

由于 u_o 为有限值，对于理想运放 $A_{od} = \infty$，因而净输入电压 $u_+ - u_- = 0$，即

$$u_+ = u_-$$

上式说明，运放的两个输入端没有短路，却具有与短路相同的特征，这种情况称为两个输入端"虚短路"，简称"虚短"。

要注意的是，"虚短"与短路是不同的两个概念。"虚短"只是两点的电位近似相等，为计算方便而将两者视作相等。这只是一种计算上的简化处理。而短路是物理意义上的直接连接，两点电位实际上相等。所以，这两者之间不能互相替代。

因为理想运放的输入电阻为无穷大，所以流入两个输入端的输入电流 i_+ 和 i_- 也为零，即

$$i_+ = i_- = 0$$

上式说明集成运放的两个输入端虽然没有断路，却具有与断路相同的特征，这种情况称为两个输入端"虚断路"，简称"虚断"。

同样要注意的是，"虚断"与断路也是不同的两个概念，"虚断"只是两点之间的电流近似为零，为计算方便而两点视作断开，这也是一种计算上的简化处理。而断路是物理意义上的分开，两点之间没有任何电气联系，电流实际为零。所以，这两者之间也不能互相替代。

5.1.2 理想运放的特点

1. 理想运放在线性工作区的特点

对于工作在线性区的集成运放，"虚短"和"虚断"是非常重要的两个概念，是分析集成运放电路输入信号和输出信号关系的两个基本关系式。

由于集成运放的线性工作区非常窄，在开环状态下只有微伏量级左右。这么小的线性范

围显然无法满足绝大多数情况下的线性放大任务。因此，必须引入深度负反馈，将放大电路的放大倍数从非常大的开环放大倍数转为较低的闭环放大倍数，从而扩大集成运放的线性放大范围，实现对实际输入信号的线性放大。

由此可得集成运放工作在线性区的特征是：在电路中引入负反馈。该特征也是判断集成运放是否工作在线性区的重要依据。

2. 理想运放在非线性工作区的特点

在理想运放组成的电路中，若理想运放工作在开环状态（即没有引入反馈）或正反馈的状态下，因 A_{od} 为无穷大，所以，只要当两个输入端之间存在输入电压时，根据电压放大倍数的定义，理想运放的输出电压 u_o 也将是无穷大。无穷大的电压值超出了运放输出的线性范围，集成运放进入饱和状态，即非线性工作区。

工作在非线性工作区的集成运放，输出电压只有两种值，即正向最大输出电压 $U_{op\text{-}p}$，或负向最大电压 $-U_{op\text{-}p}$。理想运放的电压传输特性曲线如图5-2所示。

$u_+ > u_-$ 时，$u_o = U_{op\text{-}p}$（$U_{op\text{-}p}$ 为正向最大输出电压）；

$u_- > u_+$ 时，$u_o = -U_{op\text{-}p}$（$-U_{op\text{-}p}$ 为负向最大输出电压）；

$u_- = u_+$ 时，状态不定，跳变点。

由上面的分析可得理想运放工作在非线性区的特点如下。

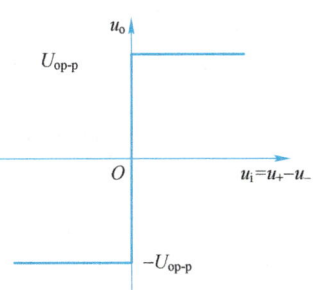

图 5-2 理想运放的电压传输特性曲线

1）输出电压 u_o 只有两个值。当 $u_+ > u_-$ 时，u_o 为 $+U_{op\text{-}p}$；当 $u_+ < u_-$ 时，u_o 为 $-U_{op\text{-}p}$。

2）由于理想运放的差模输入电阻为无穷大，故净输入电流为零，即 $i_+ = i_- = 0$。由此可见，理想运放仍具有"虚断"的特点。但是其净输入电压不再始终为零，而是取决于电路的输入信号。

对于工作在非线性区的集成运放应用电路，上述两个特点是分析其输入信号和输出信号关系的基本出发点。

任务 5.2 集成运放的典型应用电路

集成运算放大器最早应用于信号的运算，随着集成电路技术的发展，运算放大器的各项技术参数不断完善，目前集成运算放大器的应用几乎渗透到电子技术的各个领域，除运算外，还可用来产生各种信号及对信号进行处理、变换等。因此，集成运算放大器已成为电子技术的基本单元电路。

本节在分析集成运算放大器应用电路时，都是将电路中的运算放大器看作理想运算放大器，这有利于简化分析过程，而由此带来的误差在工程上是可以接受的。

5.2.1 基本运算电路

集成运放的主要应用就是实现各种数学运算。这些数学运算包括比例、加、减、乘、除、积分、微分、对数和指数等。实现这些运算的电路简称为运算电路。在运算电路中，输入电压作为自变量，输出电压作为函数，输出电压反映了对输入电压进行某种运算的结果。因此，对运算电路的分析就是要推导出输出电压和输入电压之间的运算关系，即函数关系式。本节将介绍比例、加法、减法、积分和微分等基本运算电路。

要注意的是，在各种运算电路中，集成运放都工作其传输特性的线性区。因此，对于此类电路的分析要点归纳如下。

1）设定各支路中电流的流经方向（即参考正向），并在电路图中标出。

2）运用"虚短"与"虚断"概念和相关电路理论，利用节点法计算各点电位之间的关系。

虚短：运放两输入端电位相等，即

$$u_+ = u_-$$

虚断：流入运放两输入端的电流为零。

节点电流方程（基尔霍夫电流定律）：流入节点的电流与流出节点的电流代数和为零。

3）根据电位关系，推导出输出电压与输入电压的函数关系式。

1. 反相比例运算电路

反向比例运算电路原理图如图 5-3 所示。

如图 5-3 所示为反相比例运算电路。输入电压 u_1 通过电阻 R_2 作用于集成运放的反相输入端，故输出电压 u_o 与 u_1 反相，同相输入端通过电阻 R_3 接地，R_3 为补偿电阻，以保证集成运放输入级差分放大电路外接电阻的对称性；其值为 $u_1 = 0$（将输入端接地）时反相输入端的总等效电阻，即各支路电阻的并联，因此 $R_3 = R_2 // R_1$。电路中通过 R_1 引入负反馈，故

$$u_N = u_P = 0$$

为"虚地"；"虚"即"假"，表明电位为零，但又不真正接地。

$$i_P = i_N = 0$$

节点 N 的电流方程为

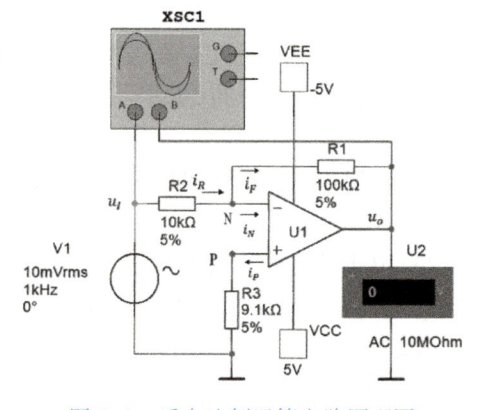

图 5-3 反向比例运算电路原理图

$$\frac{u_1 - u_N}{R_2} = \frac{u_N - u_o}{R_1}$$

由于 N 点为虚地，整理得出

$$u_o = -\frac{R_1}{R_2} u_1$$

u_o 与 u_1 成比例关系，比例系数为 $-\frac{R_1}{R_2}$，负号表示 u_o 与 u_1 与反相。比例系数可以是大于、等于和小于 1 的任何值。

双击示波器图标，调节 X 轴扫描为 200 μs/Div，A 通道幅度为 10 mV/Div；B 通道幅度为 100 mV/Div。打开电源开关，即可观察到输出、输入信号的反相关系，同时从波形幅度及通道增益还可以看出其倍数关系。放大倍数还可用交流电压表进行测量。仿真结果如图 5-4 所示。

2. 同相比例运算电路

同相比例运算电路原理图如图 5-5 所示。

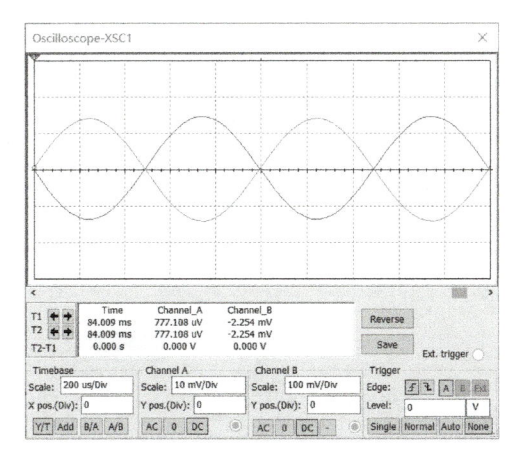

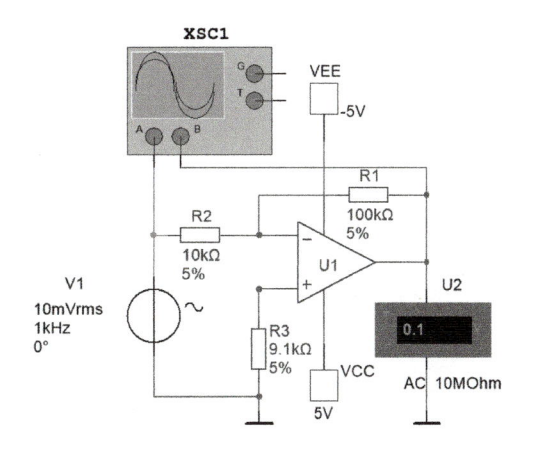

图 5-4　仿真结果

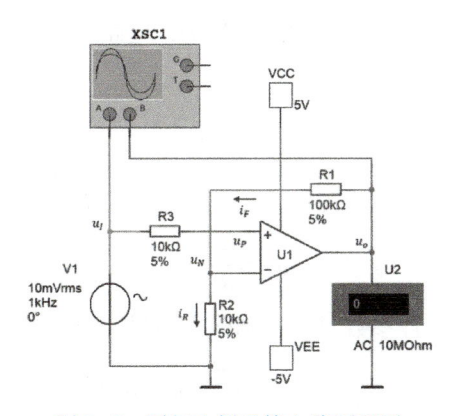

图 5-5　同相比例运算电路原理图

根据"虚短"和"虚断"的概念,集成运放的净输入电压为零,即
$$u_\mathrm{p}=u_\mathrm{N}=u_\mathrm{I}$$
说明集成运放有共模输入电压。

净输入电流为零,因而 $i_\mathrm{R}=i_\mathrm{F}$,即
$$\frac{u_\mathrm{N}-0}{R_2}=\frac{u_\mathrm{o}-u_\mathrm{N}}{R_1}$$
$$u_\mathrm{o}=\left(1+\frac{R_1}{R_2}\right)u_\mathrm{N}=\left(1+\frac{R_1}{R_2}\right)u_\mathrm{p}$$

结合以上各式得
$$u_\mathrm{o}=\left(1+\frac{R_1}{R_2}\right)u_\mathrm{I}$$

上式表明 u_o 与 u_I 同相且 u_o 大于 u_I。

应当指出,虽然同相比例运算电路具有高输入电阻、低输出电阻的优点,但因为集成运放有共模输入,所以为了提高精度,应当选用高共模抑制比的集成运放。

双击示波器图标,调节 X 轴扫描为 200 μs/Div,A 通道幅度为 10 mV/Div;B 通道幅度为 100 mV/Div。打开电源开关,即可观察到输出、输入信号同相。仿真结果如图 5-6 所示。

3. 差分比例运算电路

差分比例运算电路原理图如图 5-7 所示。

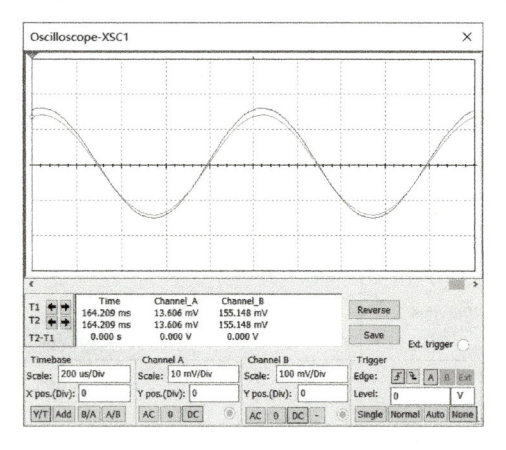

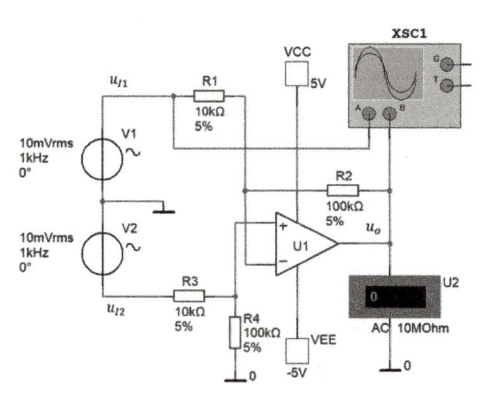

图 5-6　仿真结果　　　　　　　　　图 5-7　差分比例运算电路原理图

差分比例运算电路是加减运算电路的构成特例，电路结构如图 5-7 所示。
电路同相求和运算时，输出电压为

$$u_{o1} = -\frac{R_2}{R_1}u_{I1}$$

电路反相求和运算时，输出电压为

$$u_{o2} = \frac{R_2}{R_3}u_{I2}$$

因为电路只有两个输入，且参数对称，则输入信号同时作用的输出电压为

$$u_o = u_{o1} + u_{o2} = \frac{R_2}{R_1}(u_{I2} - u_{I1})$$

电路实现了对输入差模信号的比例运算。

双击示波器图标，调节 X 轴扫描为 200 μs/Div，A 通道幅度为 10 mV/Div；B 通道幅度为 100 mV/Div。打开电源开关，即可观察到输出、输入信号同相。仿真结果如图 5-8 所示。

4. 反向求和运算电路

反相求和运算电路原理图如图 5-9 所示。

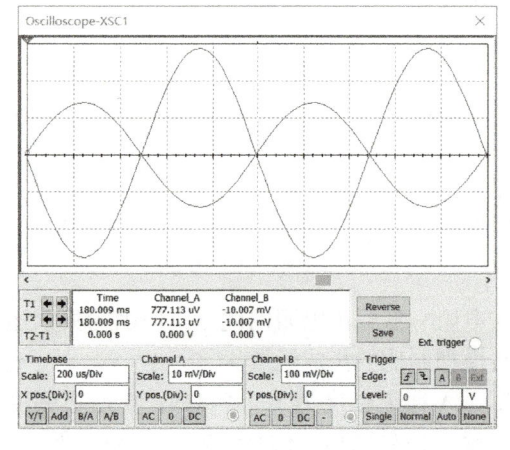

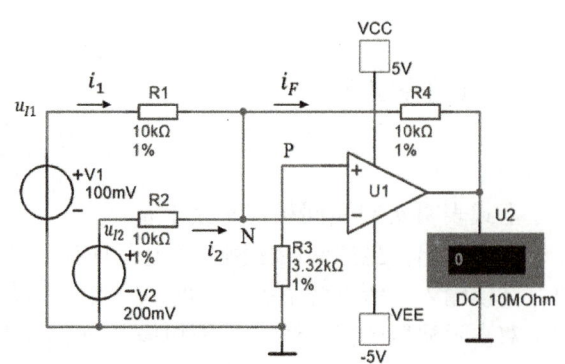

图 5-8　仿真结果　　　　　　　　　图 5-9　反相求和运算电路原理图

反相求和运算电路的多个输入信号均作用于集成运放的反相输入端,如图 5-9 所示。根据"虚短"和"虚断"的原则,$u_N = u_P = 0$,节点 N 的电流方程为

$$i_1 + i_2 = i_F$$

$$\frac{u_{I1}}{R_1} + \frac{u_{I2}}{R_2} = -\frac{u_o}{R_4}$$

所以 u_o 的表达式为

$$u_o = -R_4 \left(\frac{u_{I1}}{R_1} + \frac{u_{I2}}{R_2} \right)$$

对于多输入的电路除了用上述节点电流法求解运算关系外,还可利用叠加原理,首先分别求出各输入电压单独作用时的输出电压,然后将它们相加,便得到所有信号共同作用时输出电压与输入电压的运算关系。

设 u_{I1} 单独作用,此时应将 u_{I2} 接地,由于电阻 R_2 的一端是"地",一端是"虚地",故它们的电流为零

$$u_{o1} = -\frac{R_4}{R_1} u_{I1}$$

利用同样的方法可求出 u_{o2} 作用时的输出

$$u_{o2} = -\frac{R_4}{R_2} u_{I2}$$

当 u_{o1} 和 u_{o2} 同时作用时,则有

$$u_o = u_{o1} + u_{o2} = -\frac{R_4}{R_1} u_{I1} - \frac{R_4}{R_2} u_{I2}$$

打开电源开关,输出端电压表的读数约为输入端电压之和,但相位相反。仿真结果如图 5-10 所示。

5. 同相求和运算电路

同相求和运算电路原理图如图 5-11 所示。

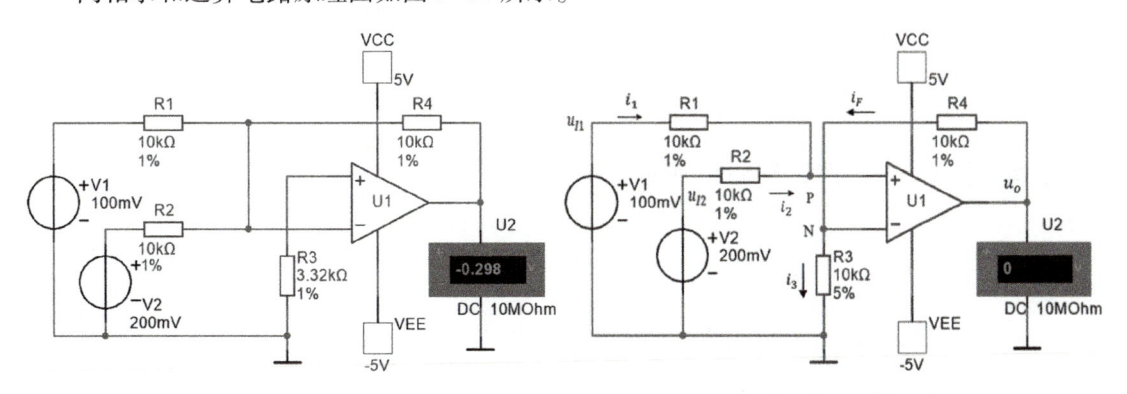

图 5-10 仿真结果   图 5-11 同相求和运算电路原理图

当多个输入信号同时作用于集成运放的同相输入端时,就构成同相求和运算电路。根据"虚断路"的原则,$i_3 = i_F$,即

$$\frac{u_N - 0}{R_3} = \frac{u_o - u_N}{R_4}$$

整理得

$$u_N = \frac{R_3}{R_3+R_4}u_o$$

根据"虚断路"的原则，$i_1+i_2=0$，即

$$\frac{u_{I1}-u_F}{R_1} = \frac{u_{I2}-u_F}{R_2} = 0$$

整理得

$$u_F = (R_1 // R_2)\left(\frac{u_{I1}}{R_1} + \frac{u_{I2}}{R_2}\right)$$

根据"虚短路"原则，$u_p = u_N$，结合以上两式得

$$(R_1 // R_2)\left(\frac{u_{I1}}{R_1} + \frac{u_{I2}}{R_2}\right) = \frac{R_3}{R_3+R_4}u_o$$

从而

$$u_o = \frac{R_3+R_4}{R_3}(R_1 // R_2)\left(\frac{u_{I1}}{R_1} + \frac{u_{I2}}{R_2}\right)$$

若 $R_1 = R_2 = R_3 = R_4$，则 $u_o = u_{I1} + u_{I2}$。

打开电源开关，输出端电压表的读数约为输入端电压之和。仿真结果如图 5-12 所示。

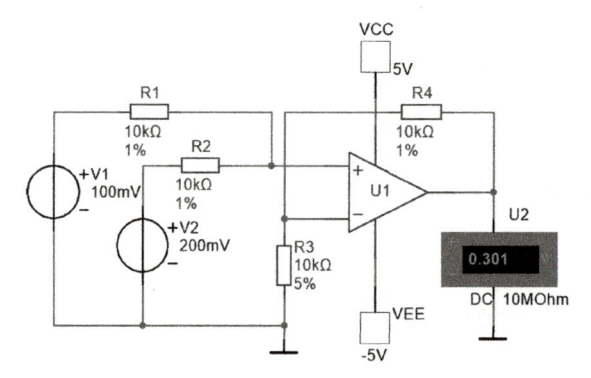

图 5-12 仿真结果

6. 加减运算电路

加减运算电路原理图如图 5-13 所示。

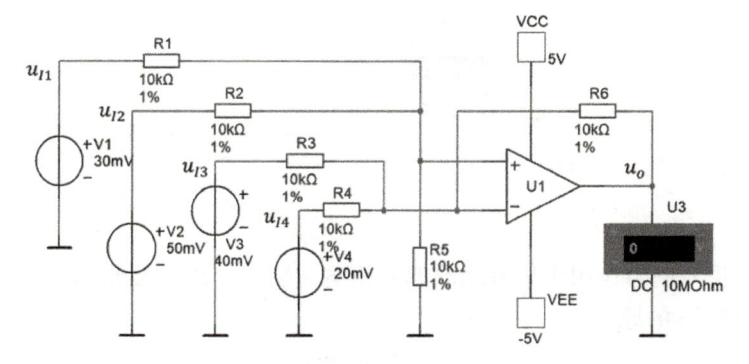

图 5-13 加减运算电路原理图

由比例运算电路、求和运算电路的分析可知，输出电压与同相输入端信号电压极性相同，与反相输入端信号电压极性相反，因而如果多个信号同时作用于两个输入端时，那么必然可以实现加减运算。

电路反相求和运算时，输出电压为

$$u_{o1} = -R_6\left(\frac{u_{I1}}{R_1} + \frac{u_{I2}}{R_2}\right)$$

电路同相求和运算时，输出电压为

$$u_{o2} = R_6\left(\frac{u_{I3}}{R_3} + \frac{u_{I4}}{R_4}\right)$$

因此，所有输入信号同时作用时的输出电压为

$$u_o = u_{o1} + u_{o2} = R_6\left(\frac{u_{I3}}{R_3} + \frac{u_{I4}}{R_4} - \frac{u_{I1}}{R_1} - \frac{u_{I2}}{R_2}\right)$$

打开电源开关，输出端电压表的读数约为各输入端电压之代数和。仿真结果如图 5-14 所示。

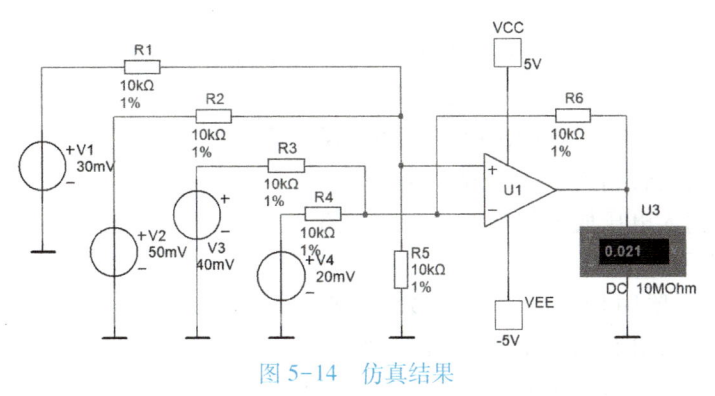

图 5-14　仿真结果

7. 积分电路

积分电路原理图如图 5-15 所示。

如图 5-15 所示的积分运算电路中，由于集成运放的同相输入端通过 R_2 接地，$u_P = u_N = 0$，为"虚地"。

电路中，电容 C 中电流等于电阻 R_1 中电流

$$i_C = i_{R1} = \frac{u_I}{R_1}$$

输出电压与电容上电压的关系为

$$u_o = -u_C$$

而电容上电压等于其电流的积分，故

$$u_o = -\frac{1}{C}\int i_C dt = -\frac{1}{RC}\int u_I dt$$

在实际电路中，为了防止低频信号增益过大，常在电容上并联一个电阻加以限制。

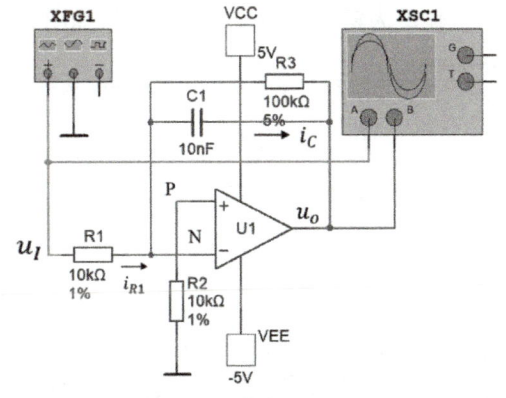

图 5-15　积分电路原理图

双击信号发生器图标，选定正弦波信号，频率 1 kHz，幅度 5 V；双击示波器图标，调节 X 轴扫描为 500 μs/Div。打开电源开关，可以观察到输出信号波形的相位比输入信号超前

90°。将输入信号换为矩形波，关闭电源再重新开启，则输出波形变成了三角波。从而证明了输出信号为输入信号的积分。仿真电路结果如图 5-16 所示。

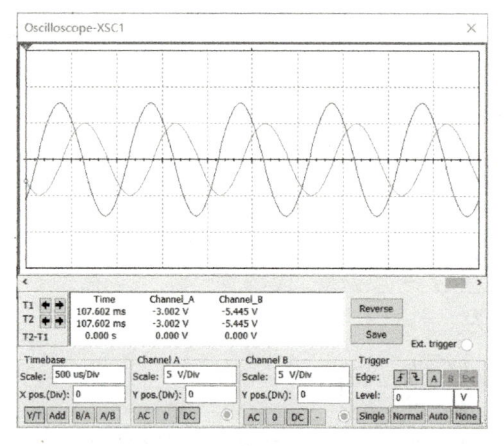

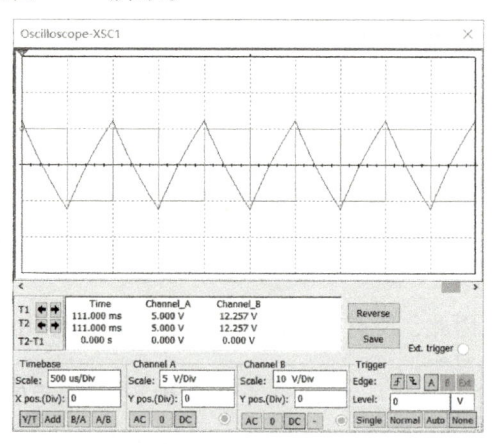

图 5-16　仿真结果

8. 微分电路

将积分电路中反相输入端的电阻和电容位置互换，则得到基本微分电路。可以在其反相输入端串联一个电阻，限制输入电流；在反馈电阻上并联稳压二极管，以限制输出电压幅值，保证集成运放中的放大管始终工作在放大区。该电路的输出电压与输入电压成近似微分关系。电路原理图如图 5-17 所示。

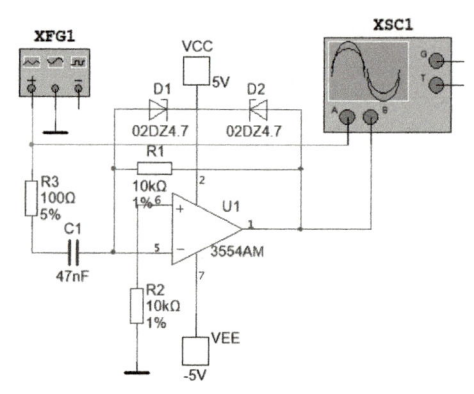

双击信号发生器图标，选定正弦波，频率 1 kHz，幅度 5 V；打开仿真，双击示波器图标，可以观察到输出信号波形的相位比输入信号滞后 90°（稳压二极管需断开）。关掉仿真，将输入信号换为矩形波，将稳压二极管并接于电路，重新打开仿真，则输出波形变成了双向尖峰波。从而证明了输出为输入的微分。仿真结果如图 5-18 所示。

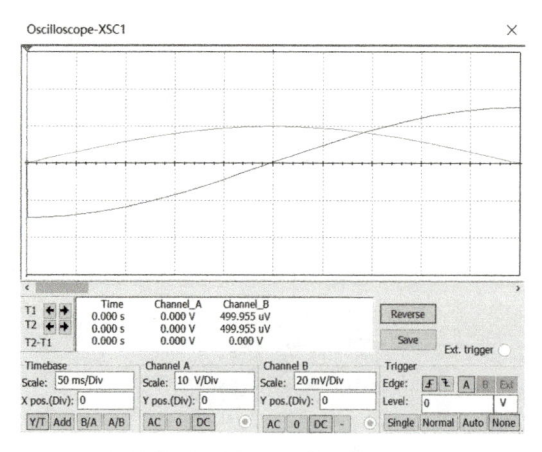

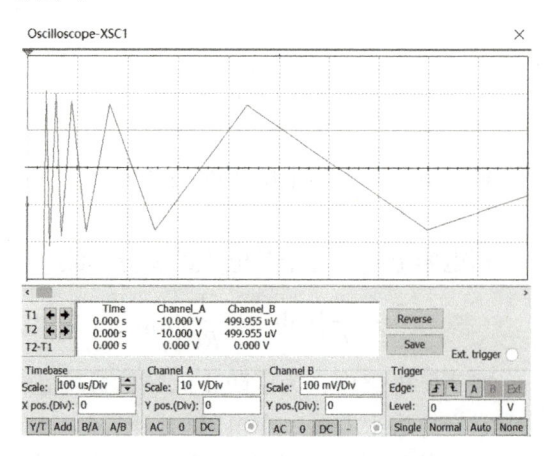

图 5-17　基本微分电路原理图

a) 输入信号为正弦波　　　　　　　　b) 输入信号为矩形波

图 5-18　仿真结果

9. 对数运算电路

由于集成运放的反相输入端为虚地，而且在忽略晶体管基区体电阻压降且认为晶体管的共基极电路放大系数为1的情况下，输出电压与输入电压对数关系。

$$u_\text{o} = -u_\text{BE} = -U_\text{T} \ln \frac{u_1}{I_\text{S} R_1}$$

对数运算电路原理图如图 5-19 所示。

双击信号发生器图标，选定矩形波，频率 1 kHz，幅度 1 mV。双击示波器图标，调节 X 轴扫描为 200 ms/Div，A 通道幅度 1 mV/Div，B 通道幅度 50 V/Div。打开仿真，可以观察到输出波形变成了锯齿波。输出波形如图 5-20 所示。

图 5-19 对数运算电路原理图

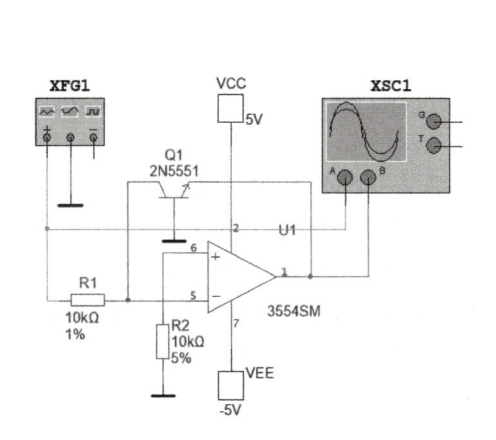

图 5-20 输出波形

10. 指数运算电路

将对数运算电路中的电阻和晶体管互换，便可得到指数运算电路。由于集成运放反相输入端为虚地，所以输出电压

$$u_\text{o} = -i_{R1} R_1 = -I_\text{S} e^{\frac{u_1}{U_\text{T}}} R_1$$

指数运算电路原理图如图 5-21 所示。

双击信号发生器图标，选定三角波，频率 1 kHz，幅度 500 mV；双击示波器图标，调节 X 轴扫描为 200 μs/Div，A 通道幅度 500 mV/Div，B 通道幅度 5 mV/Div。打开仿真开关，可以观察到输入信号为三角波，但输出波形变成了负向对称尖峰波。输出波形如图 5-22 所示。

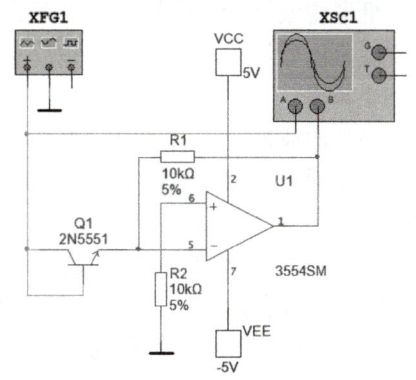

图 5-21 指数运算电路原理图

5.2.2 滤波电路

能够真实反映待测物理量取值随时间变化的信号是一种有用信号，但该信号在其产生、转换、传输的每一个环节中都有可能受到干扰的影响。这种由干扰所引起的取值变化称之为干扰信号，它会降低测量精度甚至导致错误，因此是一种无用信号。实际输入信号中通常同时包含有这两种信号，在严重情况下，无用信号的变化强度甚至还大于有用信号。因此，为

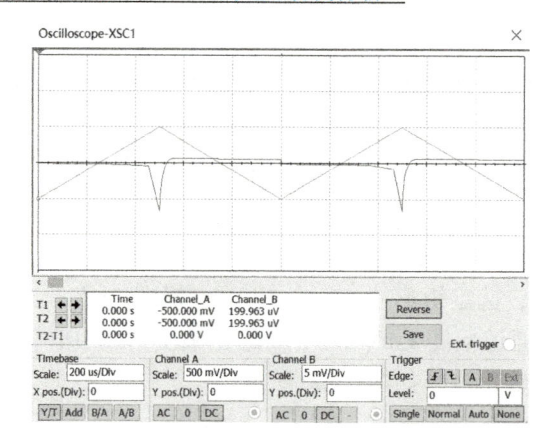

图 5-22　输出波形

了获取待测物理量的真实变化信息，就必须对信号进行过滤，即去伪存真。滤波实际上就是一个滤除无用信号并获取有用信号的过程。

滤波器实质上是一个具有选频功能的放大电路，即某一部分频率的信号（有用信号）可以顺利通过，而另外一部分频率的信号（无用信号）则受到较强的抑制。在滤波器设计分析中，把信号能够通过的频率范围称为通频带或通带；反之，信号受到很大衰减或完全被抑制的频率范围称为阻带；通带和阻带之间的分界频率称为截止频率。理想滤波器对通带内的信号，其电压放大倍数比较大且保持为常数；而对阻带内的信号，其电压放大倍数为零。

根据通带和阻带所处的频率范围不同，滤波器可分为低通、高通、带通和带阻滤波器四种。这四种滤波器的功能可以通过各自的幅频特性曲线说明，如图 5-23 所示。

低通滤波器允许信号中的频率低于 ω_{C2} 的低频或直流分量通过，抑制高频分量。ω_{C2} 称为截止频率。

高通滤波器允许信号中的频率高于 ω_{C1} 的高频分量通过，抑制低频或直流分量。ω_{C1} 称为截止频率。

带通滤波器允许一定频段内（即 ω_{C1} 和 ω_{C2} 之间）的信号通过，抑制低于或高于该频段的信号。ω_{C1} 和 ω_{C2} 分别称为下限截止频率和上限截止频率。

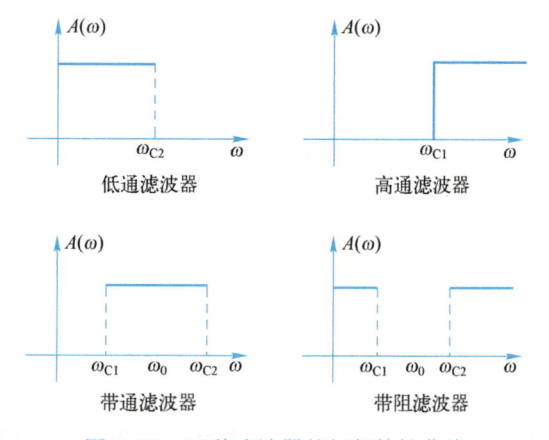

图 5-23　四种滤波器的幅频特性曲线

带阻滤波器抑制一定频段内（即 ω_{C1} 和 ω_{C2} 之间）的信号，允许该频段以外的信号通过。ω_{C1} 和 ω_{C2} 分别称为下限截止频率和上限截止频率。

按照所采用的元器件的不同，滤波器又可分为无源和有源滤波器两种。

1）无源滤波器。仅由无源元件（电阻 R、电容 C 和电感 L）组成的滤波器。它是利用电容和电感等的电抗随频率的变化而变化的原理构成的。这类滤波器的优点是：电路比较简单，不需要直流电源供电，可靠性高。缺点是：通带内的信号有能量损耗，负载效应比较明显；使用电感元件时容易引起电磁干扰，当电感 L 较大时滤波器的体积和质量都比较大；在低频域不适用。

2) 有源滤波器。由无源元件和有源器件（一般为集成运算放大器）组合而成。这类滤波器的优点是：通带内的信号不仅没有能量损耗，而且还可以放大，负载效应不明显；多级相连时相互影响很小，利用级连的简单方法很容易构成高阶滤波器；不使用电感元件，滤波器的体积小、重量轻，不需要磁屏蔽。缺点是：通带范围受有源器件（如集成运算放大器）的带宽限制，需要直流电源供电；可靠性不如无源滤波器高，在高压、大电流、高频、大功率等场合不适用。

对滤波器电路的分析就是分析其频率特性，也就是滤波器的电压放大倍数与频率的关系。在频率分析中，这种关系常用传递函数来表示。在有源滤波器中，运算放大器都工作在线性区，因此其分析要点与 5.2.1 节基本运算电路的内容相同，都是利用"虚短"和"虚断"概念求解输入与输出电压的关系。

1. 无源低通滤波电路

无源低通滤波器仅由电容和电阻无源元件组成，通常称为 RC 低通滤波器，当信号频率趋于 0 时电容的容抗趋于无穷大。电压源有效值为 120 mV，频率为 60 Hz。无源低通滤波电路原理图如图 5-24 所示。

双击波特图仪图标，波特图仪调整：Mode 区选择 Magnitude；Horizontal 区选择 Log，F 值为 1 MHz，I 值为 1 mHz；Vertical 区选择 Log，F 值为 10 dB，I 值为 -20 dB。打开仿真开关，可观察其幅频特性曲线，拖动读数指针，可以测量截止频率。截止频率如图 5-25 所示。

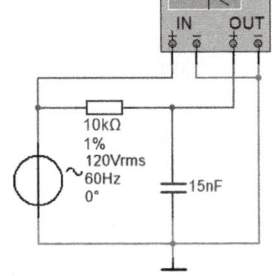

图 5-24　无源低通滤波电路原理图

图 5-25　无源低通滤波截止频率

2. 一阶低通滤波电路

在无源滤波电路与负载之间加一个高输入电阻、低输出电阻的隔离电路，可以用电压跟随器，这样就构成了有源滤波电路。电压源有效值为 120 mV，频率为 60 Hz。一阶低通滤波电路原理图如图 5-26 所示。

双击波特图仪图标，波特图仪调整：Mode 区选择 Magnitude；Horizontal 区选择 Log，F 值为 1 MHz，I 值为 1 mHz；Vertical 区选择 Log，F 值为 10 dB，I 值为 -20 dB。打开仿真开关，可观察其幅频特性曲线，拖

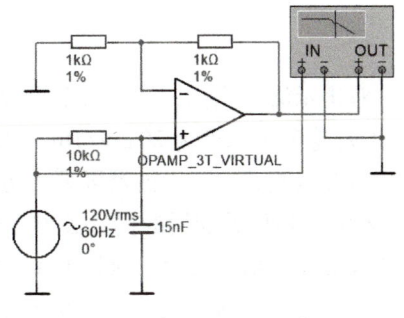

图 5-26　一阶低通滤波电路原理图

动读数指针,可以测量截止频率。截止频率如图 5-27 所示。

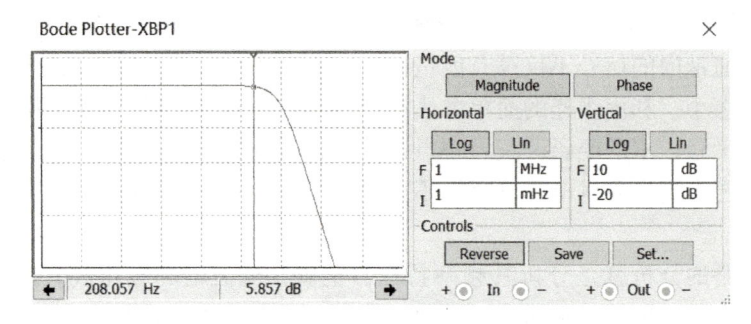

图 5-27 一阶低通滤波截止频率

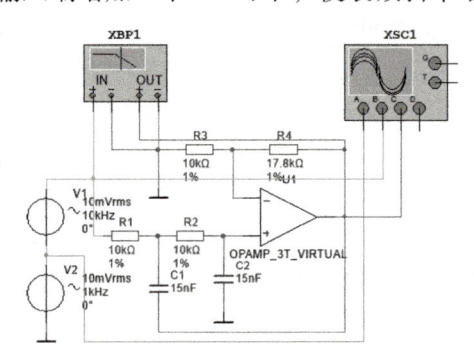

3. 二阶低通滤波电路

二阶低通滤波电路是在一阶低通滤波电路正相输入端增加一个 RC 环节,使衰减斜率增大,过渡带变窄。将 C_1 的接地端改接到集成运放的输出端,得到了压控二阶低通滤波电路。输入信号有效值为 10 mV,频率为 60 Hz 的交流电压和有效值为 10 mV,频率为 1 kHz 的交流电压叠加而成的。二阶低通滤波电路原理图如图 5-28 所示。

双击波特图仪图标,波特图仪调整:Mode 区选择 Magnitude;Horizontal 区选择 Log,F 值为 1 MHz,I 值为 1 mHz;Vertical 区选择 Log,F 值为 30 dB,I 值为 -20 dB。打开仿真开关,可观察其幅频特性曲线,拖动读数指针,可以测量截止频率。截止频率如图 5-29 所示。

图 5-28 二阶低通滤波电路原理图

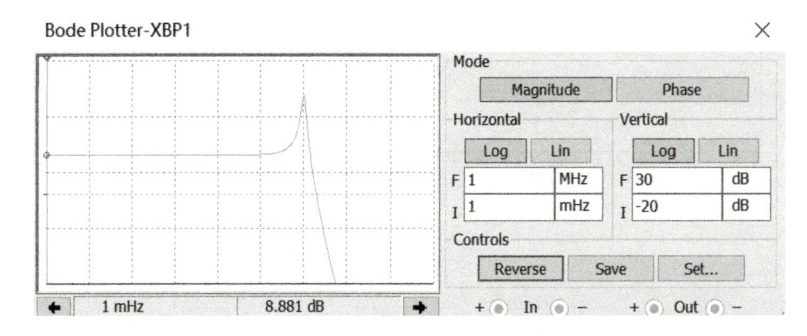

图 5-29 二阶低通滤波截止频率

双击示波器图标,调节 X 轴扫描为 500 μs/Div,A 通道 Y 轴幅度为 20 mV/Div,偏值为 2;B 通道 Y 轴幅度为 20 mV/Div,偏值为 0;C 通道 Y 轴幅度为 500 mV/Div。

打开仿真开关,示波器屏幕上方绿线为 A 通道的 1 kHz 信号波形;中间蓝线为 B 通道的 1 kHz 与 10 kHz 叠加后的信号波形,也就是低通滤波器的输入信号;下方紫线为 C 通道的低通滤波器输出信号波形。对比 C 信号和 A 信号除幅度和相位略有差异外,它们的频率是完全一样的,即低通滤波器从 B 信号中滤去了高频信号,或者说仅让 B 信号中的低频信号通过。波形如图 5-30 所示。

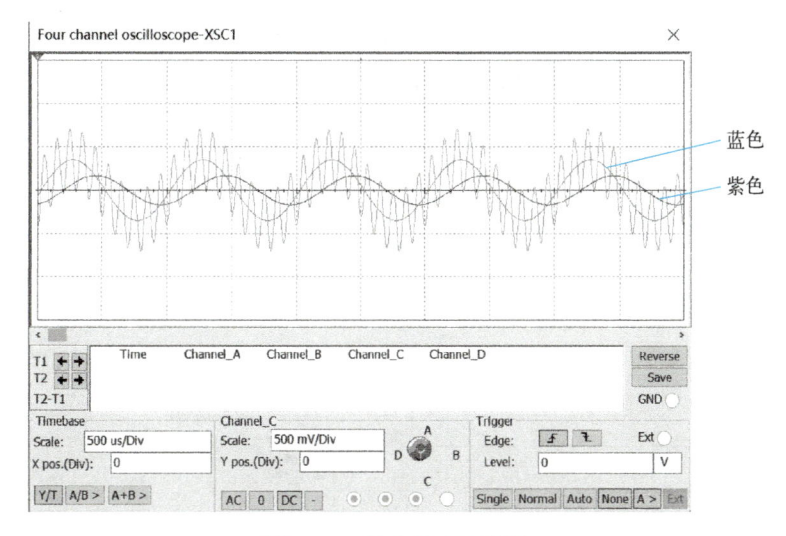

图 5-30　输入输出波形图

4. 二阶高通滤波电路

高通滤波电路与低通滤波电路具有对偶性，将无源低通滤波电路中的电容电阻位置互换就可得到无源高通滤波电路，在此基础上加入隔离电路和一个 RC 环节就得到了二阶高通滤波电路。将 R_1 的接地端改接到集成运放的输出端，得到了压控二阶高通滤波电路。输入信号为有效值为 10 mV，频率为 1 kHz、有效值为 100 mV，频率为 100 Hz 的交流电压叠加而成的。二阶高通滤波电路原理图如图 5-31 所示。

双击波特图仪图标，波特图仪调整：Mode 区选择 Magnitude；Horizontal 区选择 Log，F 值为 1 MHz，I 值为 1 mHz；Vertical 区选择 Log，F 值为 30 dB，I 值为 -20 dB。打开仿真开关，可观察其幅频特性曲线，拖动读数指针，可以测量截止频率。截止频率如图 5-32 所示。

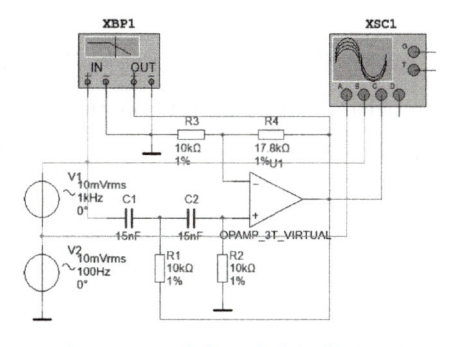

图 5-31　二阶高通滤波电路原理图

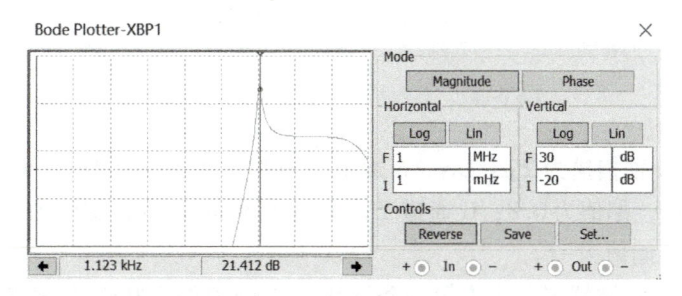

图 5-32　二阶高通滤波截止频率

双击示波器图标，调节 X 轴扫描为 500 μs/Div，A 通道 Y 轴幅度为 20 mV/Div，偏值为 2；B 通道 Y 轴幅度为 20 mV/Div，偏值为 0；C 通道 Y 轴幅度为 500 mV/Div。

打开仿真开关，示波器屏幕上方绿线为 A 通道的 100 Hz 信号波形；中间蓝线为 B 通道的 100 Hz 与 1 kHz 叠加后的信号波形，也就是高通滤波器的输入信号；下方紫色线为 C 通道的高通滤波器输出信号波形。可以看出这是从 B 信号中滤去了低频信号，或者说仅让 B 信号中的高频信号通过而形成的。波形如图 5-33 所示。

5. 二阶带通滤波电路

将低通滤波器和高通滤波器串联就可得到带通滤波器。实用电路中采用压控电压源二阶带通滤波电路。输入信号为有效值为 10 mV，频率为 10 kHz、有效值为 100 mV，频率为 1 kHz 和有效值为 10 mV，频率为 100 Hz 的交流电压叠加而成的。二阶带通滤波电路原理图如图 5-34 所示。

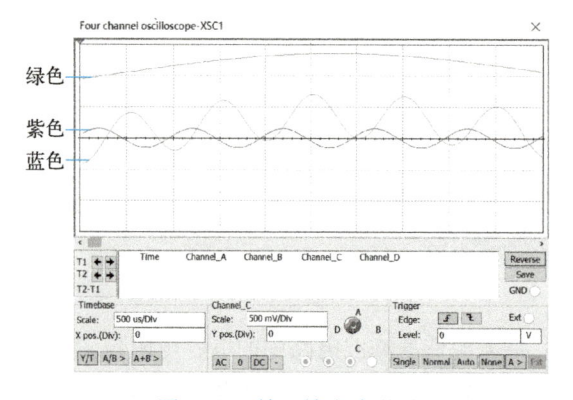

图 5-33 输入输出波形图　　　　图 5-34 二阶带通滤波电路原理图

双击波特图仪图标，波特图仪调整：Mode 区选择 Magnitude；Horizontal 区选择 Log，F 值为 1 MHz，I 值为 1 mHz；Vertical 区选择 Log，F 值为 30 dB，I 值为 -20 dB。电路幅频特性如图 5-35 所示。

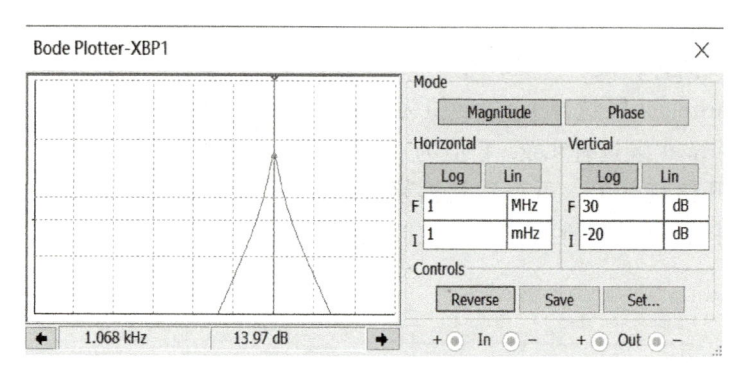

图 5-35 二阶带通滤波电路幅频特性

示波器调节：X 轴扫描为 2 μs/Div，A 通道 Y 轴幅度为 50 mV/Div，偏值为 2；B 通道 Y 轴幅度为 50 mV/Div，偏值为 0.8；C 通道 Y 轴幅度为 50 mV/Div，偏值为 -0.8，D 通道 Y 轴幅度为 50 mV/Div，偏值为 -2。

打开仿真开关，示波器屏幕上方第一条绿线为 A 通道的 100 Hz 信号波形，第二条蓝线为 B 通道的 100 Hz 与 1 kHz 叠加后的信号波形，第三条黄线为 C 通道的 100 Hz、1 kHz、10 kHz 三信号叠加后的信号波形，第四条紫线为 D 通道的带通滤波器输出的信号波形。可以看出这是从 C 信号中滤去了低频和高频成分，仅选出其中的 1 kHz 中频信号而形成的。波形如图 5-36 所示。

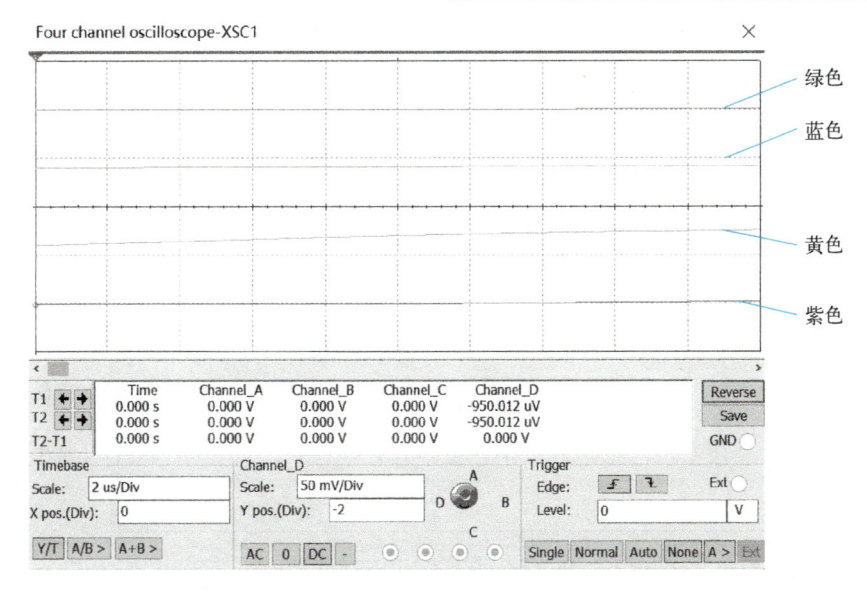

图 5-36 输入输出波形图

6. 二阶带阻滤波电路

将输入电压同时作用于低通滤波器和高通滤波器,再将两个电路的输出电压求和,就可以得到带阻滤波器。输入信号为有效值为 10 mV,频率为 10 kHz、有效值为 10 mV,频率为 1 kHz 和有效值为 10 mV,频率为 100 Hz 的交流电压叠加而成的。二阶带阻滤波电路原理图如图 5-37 所示。

双击波特图仪图标,波特图仪调整:Mode 区选择 Magnitude;Horizontal 区选择 Log,F 值为 1 MHz,I 值为 1 mHz;Vertical 区选择 Log,F 值为 30 dB,I 值为 −20 dB。电路幅频特性如图 5-38 所示。

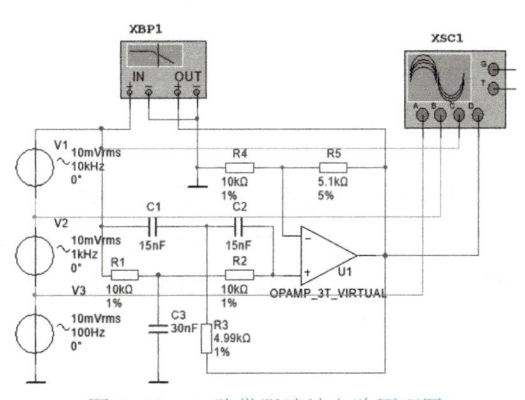

图 5-37 二阶带阻滤波电路原理图

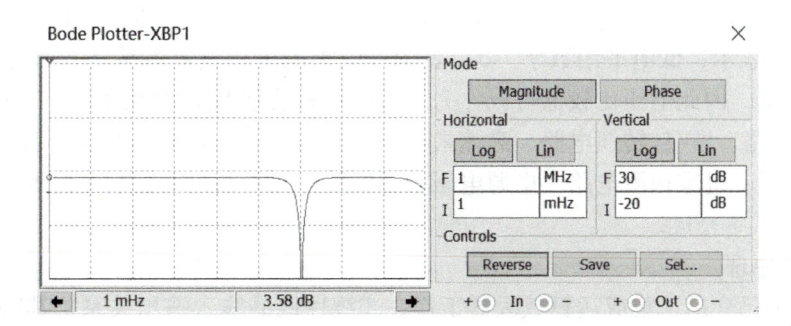

图 5-38 二阶带阻滤波电路幅频特性

示波器调节:X 轴扫描为 2 μs/Div,A 通道 Y 轴幅度为 50 mV/Div,偏值为 2;B 通道 Y 轴幅度为 50 mV/Div,偏值为 0.8;C 通道 Y 轴幅度为 50 mV/Div,偏值为 −0.8,D 通道 Y 轴幅度为 200 mV/Div,偏值为 −2。打开电源开关,示波器屏幕上方第一条绿线为 A 通道的 100 Hz

信号波形，第二条蓝线 B 为通道的 100 Hz 与 1 kHz 叠加后的信号波形，第三条黄线为 C 通道的 100 Hz、1 kHz、10 kHz 三信号叠加后的信号波形，第四条紫线为 D 通道的带阻滤波器输出的信号波形。可以看出这是将 C 信号中保留了低频和高频成分，仅滤去了 1 kHz 中频信号而形成的。波形如图 5-39 所示。

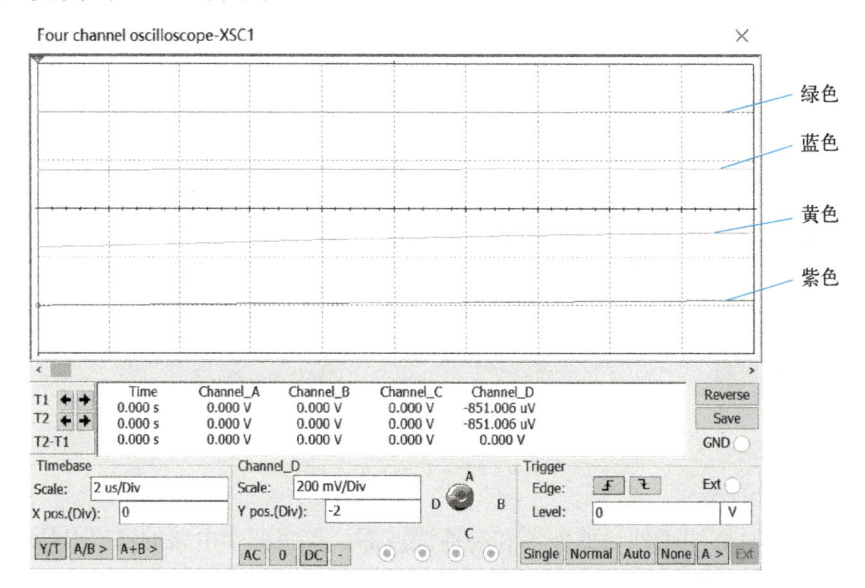

图 5-39 输入输出波形图

5.2.3 电压比较器

电压比较器是用来对两个输入电压进行幅值比较的电子电路。在实际应用中，通常是将一个随时间变化的电压与一个固定不变的电压进行幅值比较。其中，时变的电压称为输入信号或输入电压（用 u_i 表示），而不变的电压称为参考信号或参考电压，用 U_R 表示。至于两个输入电压比较的结果，电压比较器通过其输出电压幅值的高低来表示。其中，高幅值的输出电压称为高电平，低幅值的电压称为低电平。

由于两个电压的大小比较只有两种结果，所以电压比较器的输出也只有两种电平。这种非高即低的输出结果使得电压比较器的输出信号具有了数字量的性质。在数字电路中，高电平用数字"1"表示，低电平用数字"0"表示。由于电压比较器的输入可以是模拟量，而输出的是数字量，因此电压比较器可以作为模拟电路和数字电路之间的接口，广泛应用于电压/频率变换电路、模/数转换电路、高速采样电路、各种非正弦波形的发生和变换电路，也可用于报警电路、过零检测电路、电源电压监测电路、测量和自动控制电路等。

1. 电压比较器基础

（1）工作原理

5.1.2 节中已介绍了集成运算放大器工作在非线性区的输入输出关系，其特性曲线及工作特点如下。

$u_+ > u_-$ 时，$u_o = U_{op-p}$（U_{op-p} 为正向最大输出电压）；

$u_- > u_+$ 时，$u_o = -U_{op-p}$（$-U_{op-p}$ 为负向最大输出电压）；

$u_- = u_+$ 时，状态不定，跳变点。

从中可以看出，该特性与电压比较器的输入输出关系基本一致。所以，现在电压比较器的实现都利用了集成运放在非线性区的这种工作特性,既可以由通用型集成运算放大器组成,也有专用的集成电压比较器产品(如LM339)可直接使用。为了使集成运放更好地工作在非线性区,电压比较器中的集成运放都工作在开环状态,甚至还引入了正反馈,这样可以减少线性工作区的范围,缩短高低电平之间的跳变时间,获得更为理想的比较特性。

(2)工作特性

电压比较器的输入电压 u_i 和输出电压 u_o 之间的对应关系称为传输特性。图5-40所示为典型的电压比较器传输特性曲线。

电压比较器的输出只有两种状态,即高电平和低电平。其中,高电平输出时的电压值记作 U_{oh},低电平输出时的电压值记作 u_{ol}。输出电压出现跳变时所对应的输入电压值称为阈值电压或门限电压,用 u_{th} 表示。

(3)分析要点

阈值电压是电压比较器两种输出状态出现跳变或转换的转折点,所以阈值电压分析也是电压比较器分析中的关键点。

根据理想运算放大器在非线性区的工作特性及阈值电压定义可以知道,当运算放大器两个输入端电压相等(即 $u_+ = u_-$)

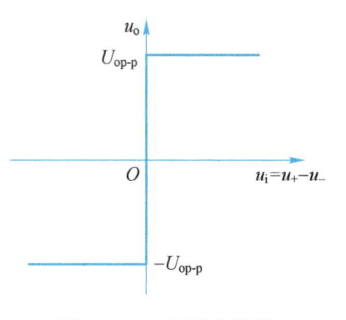

图5-40 电压比较器传输特性曲线

时,所对应的时刻即为跳变点,所对应的输入电压值即为阈值电压。要特别指出的是,这与运算放大器工作在线性区的"虚短"是不同的。当运算放大器工作在线性区时,在任一时刻其两个输入端的电压都近似相等,$u_+ = u_-$ 成立,即虚短;而工作在非线性区时,在绝大多数时刻,两个输入端的电压并不相等,虚短关系并不成立。只有在输入电压等于阈值电压的时刻,$u_+ = u_-$ 才成立,这也是进行阈值电压分析的理论基础。

阈值电压分析的要点即是着重分析比较器的输出发生跳变的临界条件(即 $u_+ = u_-$),并据此计算出阈值电压。其分析步骤归纳如下:

1)利用节点法和虚断概念(由于电压比较器所用运算放大器仍可视作理想运放,其输入电阻为无穷大,因此"虚断"仍然成立),分别列出同相输入端和反相输入端的电位,即 u_+ 和 u_-。

2)根据跳变条件,令 $u_+ = u_-$,求解输入电压与参考电压之间的等式关系,此时得到的电压值即是阈值电压。

3)假定输入电压经历从低到高或从高到低的连续变化,得出与之对应的输出电压,画出其传输特性曲线。

2. 过零比较器

过零比较器原理图如图5-41所示。

过零比较器,顾名思义,其阈值电压为0V,集成运放工作在开环状态,输出电压为 $+U_{OM}$ 或 $-U_{OM}$。当输入电压 $U_I < 0$ 时,$U_O = +U_{OM}$;当 $U_I > 0$ 时,$U_O = -U_{OM}$。

使用电压交流电源可以比较直观的感受,集成运放输出与输入的关系。

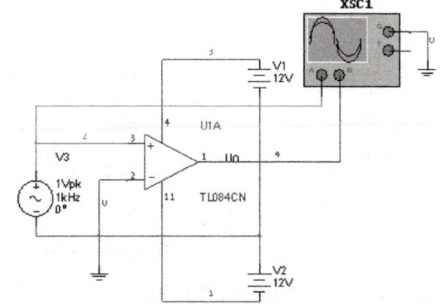

图5-41 过零比较器原理图

输出大于0V时,集成运放输出高电平,输出小于0V时,集成运放输出低电平。仿真结果如图 5-42 所示。

3. 反相过零比较器

反相过零比较器原理图如图 5-43 所示。

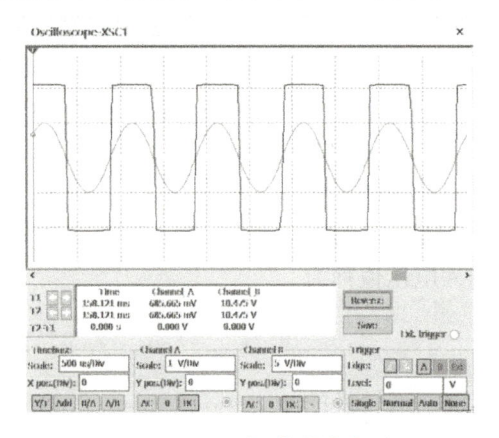

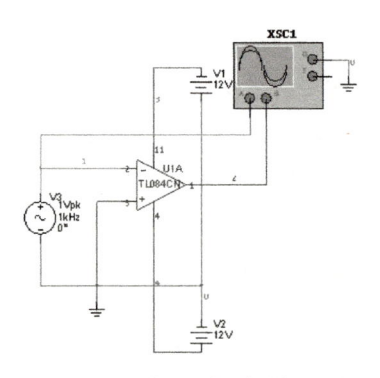

图 5-42　过零比较器仿真图　　　　图 5-43　反相过零比较器原理图

反相过零比较器与过零比较器原理相同，输出大于 0 V 时，集成运放输出低电平，输出小于 0 V 时，集成运放输出高电平。与过零比较器实验结果相反。仿真电路图如图 5-44 所示。

4. 回差比较器

回差比较器原理图如图 5-45 所示。

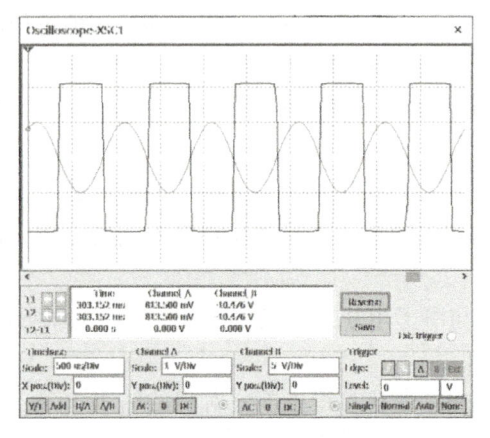

图 5-44　反相过零比较器仿真电路图　　　　图 5-45　回差比较器原理图

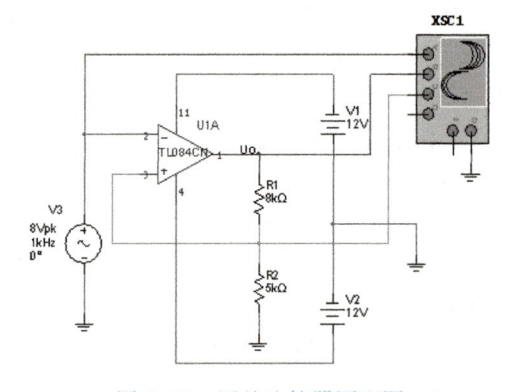

回差比较器又称施密特触发器，迟滞比较器。这种比较器的特点是当输入信号 u_i 逐渐增大或逐渐减小时，它有两个阈值，且不相等，其传输特性具有"滞回"曲线的形状。

回差比较器也有反相输入和同相输入两种方式。

回差比较器有两个稳定状态，但与一般触发器不同的是，回差比较器采用电位触发方式，其状态由输入信号电位维持；对于负向递减和正向递增两种不同变化方向的输入信号，回差比较器有不同的阈值电压。

对于标准回差比较器，当输入电压高于正向阈值电压，输出为高；当输入电压低于负向阈值电压，输出为低；当输入在正负向阈值电压之间，输出不改变，也就是说输出由高电位翻转为低电位,或是由低电位翻转为高电位时所对应的阈值电压是不同的。只有当输入电压发生足够的变化时,输出才会变化,因此将这种元件命名为触发器。这种双阈值动作被称为迟滞现象,表明回差比较器有记忆性。从本质上来说,回差比较器是一种双稳态多谐振荡器。

回差比较器可作为波形整形电路,能将模拟信号波形整形为数字电路能够处理的方波波形,而且由于回差比较器具有滞回特性,所以可用于抗干扰,其应用包括在开回路配置中用于抗扰,以及在闭回路正回授/负回授配置中用于实现多谐振荡器。

门电路有一个阈值电压,当输入电压从低电平上升到阈值电压或从高电平下降到阈值电压时电路的状态将发生变化。回差比较器是一种特殊的门电路,与普通的门电路不同,回差比较器有两个阈值电压,分别称为正向阈值电压和负向阈值电压。在输入信号从低电平上升到高电平的过程中使电路状态发生变化的输入电压称为正向阈值电压,在输入信号从高电平下降到低电平的过程中使电路状态发生变化的输入电压称为负向阈值电压。正向阈值电压与负向阈值电压之差称为回差电压。它是一种阈值开关电路,具有突变输入——输出特性。这种电路被设计成阻止输入电压出现微小变化(低于某一阈值)而引起的输出电压的改变。

利用回差比较器状态转换过程中的正反馈作用,可以把边沿变化缓慢的周期性信号变换为边沿很陡的矩形脉冲信号。输入的信号只要幅度大于 v_{t+},即可在回差比较器的输出端得到同等频率的矩形脉冲信号。

当输入电压由低向高增加,到达 V_+ 时,输出电压发生突变,而输入电压 u_i 由高变低,到达 V_-,输出电压发生突变,因而出现输出电压变化滞后的现象,可以看出对于要求一定延迟启动的电路,它是特别适用的。

从传感器得到的矩形脉冲经传输后往往发生波形畸变。当传输线上的电容较大时,波形的上升沿将明显变缓;当传输线较长,而且接收端的阻抗与传输线的阻抗不匹配时,在波形的上升沿和下降沿将产生振荡现象;当其他脉冲信号通过导线间的分布电容或公共电源线叠加到矩形脉冲信号时,信号上将出现附加的噪声。无论出现上述的哪一种情况,都可以通过用反向回差比较器整形而得到比较理想的矩形脉冲波形。只要回差比较器的 v_{t+} 和 v_{t-} 设置得合适,均能收到满意的整形效果。

根据图 5-46 仿真结果可以看出,回差比较器有两个不相等的阈值,在输入信号 u_i 逐渐增大或逐渐减小时,其输出有"滞回"的特性。

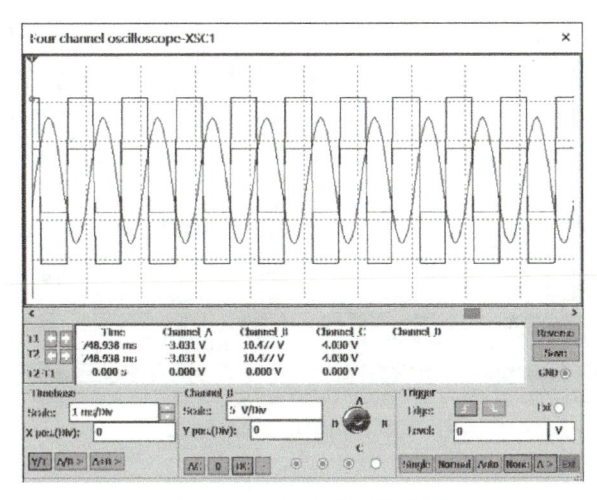

图 5-46 回差比较器仿真图

5. 门限比较器

门限比较器原理图如图 5-47 所示。

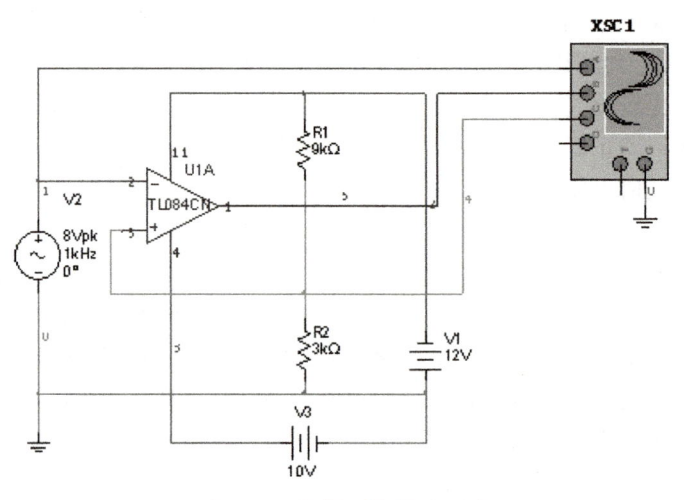

图 5-47 门限比较器原理图

电压比较器的工作原理很简单：正相输入端的电位高于反相输入端，输出高电平；反相输入端的电位高于正相输入端，输出低电平。

当反向输入端电位为固定值，正向输入端为比较端；正向输入端为固定值时，反向输入端就是比较端了。比较器的输出电平，符合上述规律。本实验属于正向输入端为固定值。

根据原理图可知，基准电压为：

$$U_T = -\frac{R_1}{R_2}V_1$$

由仿真图 5-48 知，正向基准电为-3 V，反向输入端接正弦电压，由图可知，当电压低于-3 V 时，输出低电平，当电压高于-3 V 时输出高电平。

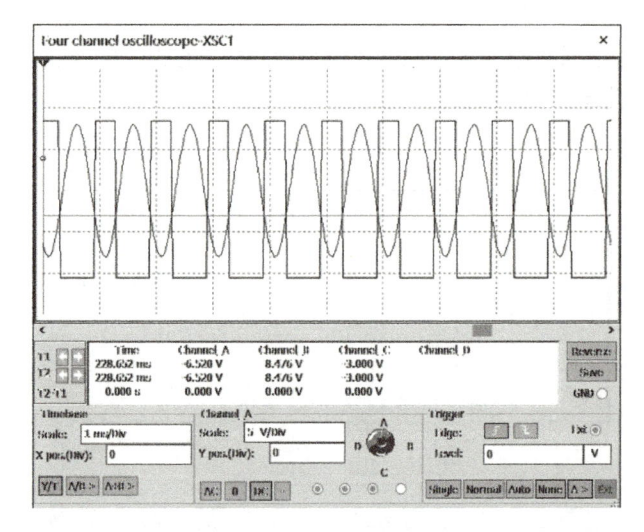

图 5-48 门限比较器仿真图

任务 5.3　音频功率放大器设计实例

音频功率放大器是音响系统中的关键部分，其作用是将传声器件获得的微弱信号放大到足够的强度去推动放声系统中的扬声器或其他电声器件，使原声响重现。

一个音频放大器一般包括两部分，如图 5-49 所示：

由于信号源输出电压的幅度往往很小，不足以激励功率放大器输出额定功率，因此常在信号功率放大器前插入一个前置放大器将信号源输出电压信号加以放大，同时对信号进行适当的音色处理。而功率放大器不仅放大电压，而且对电流进行放大，从而提高整体的输出功率。

图 5-49　音响系统结构图

总体设计要求：

（1）放大通道满足条件

在放大通道的正弦信号输入电压幅度应大于 5 mV 小于 100 mV，等效负载电阻 R_L 为 8 Ω，下放大通道应满足：

1）额定输出功率 POR≥2 W；
2）带宽 BW≥(50~10000) Hz；
3）音调控制范围：低音 100 Hz±12 dB；高音 10 Hz±12 dB；
4）在 POR 下和 BW 内的非线性失真系数 γ≤3%；
5）在 POR 下的效率≥55%；
6）当前置放大级输入端交流短接到地时，R_L = 8 Ω 上的交流噪声功率≤10 mW。

下面是音频功放的扩展性设计要求。

（2）直流稳定电源设计要求

稳压电源在输入电压 220 V、50 Hz，电压变化范围+15%~-20%条件下：

1）输出电压为±15 V；
2）最大输出电流为 0.1 A；
3）电压调整率≤0.2%；
4）负载调整率≤2%；
5）纹波电压（峰-峰值）≤5 mV；
6）具有过流及短路保护功能。

5.3.1　晶体管音频功率放大器的设计

下面我们先介绍一下分立元件音频功率放大器的设计方法。虽然目前采用分立元件设计的方案已逐渐趋于淘汰，但由于分立元件设计方案可对每级的工作状态和性能分别进行调整，故具有很大的灵活性，所以这种方法比较容易满足给定的设计要求。对于模拟电路的学习，这是一个很好的事例。晶体管音频功率放大器主要由三部分组成，即前置级、音调控制电路和 OCL 功率放大器。

（1）前置级

前置级主要是同信号源阻抗匹配并有一定的电压增益。一般要求输入阻抗提高，输出阻抗低，为后级提供一定信噪比的信号电压。

（2）音调控制电路

音调控制电路主要是实现高、低音的提升和衰减。

（3）OCL 功率放大器

将电压信号进行功率放大，保证在扬声器上得到不失真的额定功率。

下面介绍一下各级电压增益的分配：

根据额定输出功率 P_O 和 R_L，求出输出电压为：$V_O = \sqrt{P_O R_L}$，（V_O 为有效值）

∴ 整机中频电压增益为：$A_{Vm} = \dfrac{V_O}{V_i} = \dfrac{\sqrt{P_O R_L}}{V_i}$

∵ 前置级对输出的噪声电压影响最大，一般增益不宜太高，通常选该级增益为：$A_{Vm1} = 5 \sim 10$（A_{Vm1} 为前置级增益）

对音调控制电路无中频增益要求，一般选 $A_{Vm2} = 1$（A_{Vm2} 为音频控制电路增益）。

功率输出级电压增益由可控总增益来确定，若其中频电压增益为 A_{Vm3}，则要求：

$$A_{Vm1} \times A_{Vm2} \times A_{Vm3} \geq A_{Vm}$$

下面分别介绍一下各电路的原理以及电路参数确定的方法，最后对电路进行仿真分析。

1. OCL 功率放大电路

（1）原理介绍

本文选择甲乙类 OCL（Output Capacitor Less，无输出电容）电路作为输出功率放大器。选择 OCL 电路的原因是这类电路由双电源供电，输出端不用接大电容。如果选择 OTL（Output Transformer Less，无输出变压器）电路，由于此类电路单电源供电，所以输出端必须接一个电容，才能为 PNP 管供电。即此电容兼具供电和输出耦合的功能。当最低频率为 50Hz 时，对 50Hz 的低频响应要求输出的耦合电容足够大，即：

$$C_L \gg \dfrac{1}{\omega R_L} = \dfrac{1}{2\pi \times 50 \times 8} = 397.89 \ \mu F$$

若取 C_L 为计算出的 397.89 μF 的 50 倍，即 $C_L = 19894.5$ μF，这样的电容太大，所以在满足双电源供电的情况下，选择 OCL 电路更合适。由于设计要求功放的效率大于 55%，且为了保证输出信号不失真，所以选择甲乙类的电路形式。功率放大器的工作状态在项目 4 中的任务 4.5 中已有讲解，此处不再一一赘述。

（2）OCL 放大器的设计方法

OCL 功率电路通常可分成：功率输出级、推动级（激励级）和输入级三部分。

下面以一个典型的 OCL 电路图 5-50 为例，详细说明设计中应考虑的问题和一般步骤。由于各种 OCL 电路基本类似。所以本例中所用的设计方法和原则经过变通，同样适用于其他种类的 OCL 电路。

1）电源电压的计算。

为了保证电路安全可靠，通常使电路最大输出功率 P_{Om} 比额定输出功率 P_O 要大一些。一般取 $P_{Om} = (1.5 \sim 2) P_O$。要求 $P_O > 2\,W$，所以取 $P_{Om} = 8\,W$

∴ 最大输出电压应根据 P_{Om} 来计算：$V_{Om} = \sqrt{2 P_{Om} R_L}$

因为考虑管子饱和压降等因素，放大器 V_{Om} 总是小于电源电压。

令：$\eta = \dfrac{V_{Om}}{E_C}$ 称为电源电压利用率，一般为 0.6~0.8

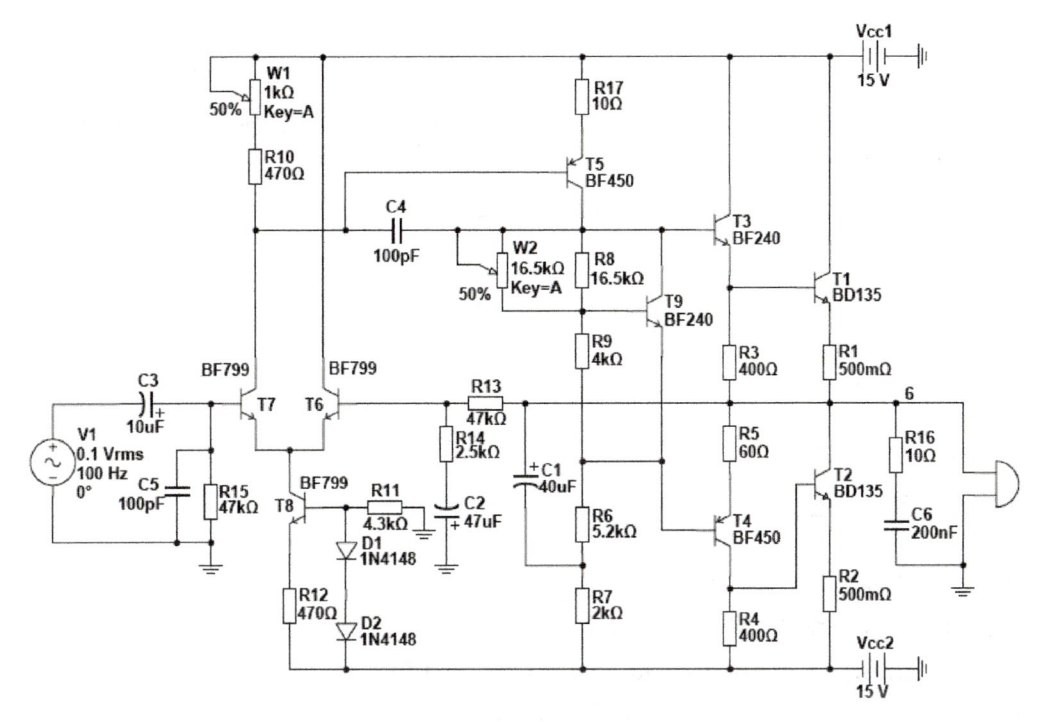

图 5-50 典型的 OCL 电路

因此，$E_C = \frac{1}{\eta}V_{Om} = \frac{1}{\eta}\sqrt{2P_{Om}R_L}$，（取 $\eta = 0.8$），则 $E_C \approx 14\,\text{V}$，选定电源电压为 ±15 V。

2）输出功率管的选择。

在 OCL 功率放大电路中，晶体管的选择有一定的要求。首先，NPN 和 PNP 的特性应对称。其次，还应考虑晶体管所承受的最大管压降、集电极最大电流和最大功耗。

- 最大管压降

从 OCL 电路工作原理可知，两只晶体管中处于截止状态的管子将承受较大的管压降。设输入电压为正半周，T1 导通，T2 截止，当输入电压从 0 增大到峰值时，T1 和 T2 管的发射结电位 u_E 从 0 增大到 $V_{CC} - U_{CES1}$，因此 T2 管的管压降 $u_{EC2} = u_E - (-V_{CC}) = u_E + V_{CC}$ 将从 V_{CC} 增大到最大值：

$$u_{EC2max} = V_{CC} - U_{CES1} + V_{CC} = 2V_{CC} - U_{CES1} \tag{5-1}$$

用同样的方法可以得到 T1 管最大管压降和 T2 管相同。所以，考虑一定余量，管子承受的最大管压降为

$$u_{ECmax} = 2V_{CC} \tag{5-2}$$

- 集电极最大电流

从电路最大输出功率的分析可知，晶体管的发射极电流等于负载电流，负载上的最大压降为 $V_{CC} - U_{CES1}$，故集电极电流的最大值

$$I_{Cmax} \approx I_{Emax} = \frac{V_{CC} - U_{CES1}}{R_L} \tag{5-3}$$

考虑一定的余量

$$I_{Cmax} = \frac{V_{CC}}{R_L} \tag{5-4}$$

- 集电极最大功耗

在功率放大电路中，电源提供的功率除了转换成输出功率外，其余部分主要消耗在晶体管上。当输入电压为0，即输出功率最小时，由于集电极电流很小，使管子的损耗很小；当输入电压最大，即输出功率最大时，由于管压降很小，管子的损耗也很小；可以计算出，晶体管上功耗最大时，输出电压峰值约为 $0.6V_{CC}$，此时最大功耗

$$P_{Tmax} = \frac{V_{CC}^2}{\pi^2 R_L} \tag{5-5}$$

将式 $P_{Omax} = \frac{V_{CC}^2}{2R_L}$ 代入 P_{Tmax}，可得

$$P_{Tmax} = \frac{2}{\pi^2} P_{Omax} \approx 0.2 P_{Omax} \tag{5-6}$$

再加上电路的静态损耗，则集电极最大功耗 P_{CM} 约为：

$$P_{CM} \approx 0.2 P_{Omax} + I_0 V_{CC} \tag{5-7}$$

其中，I_0 为静态电流，而 $I_0 V_{CC}$ 则表示静态损耗。

综上所述，在选择晶体管时，应使晶体管的参数大于以上指标。T_1、T_2 管射极电阻为 R_1 和 R_2，一般取 $R_1 = R_2 = (0.05 \sim 1) R_L$。当取 $I_0 = 20\,\text{mA}$ 时，则：

$$\begin{cases} U_{CEO} > 2V_{CC} = 30\,\text{A} \\ I_{CM} > \dfrac{V_{CC}}{R_L} \approx 1.88\,\text{A} \\ P_{CM} > 0.2 P_{Omax} + I_0 V_{CC} = 1.9\,\text{W} \end{cases}$$

根据以上分析，T_1 和 T_2 可选用 BD135，它的最大管压降为45 V，集电极最大电流为3 A，集电极最大功耗为12.5 W，并测得 $\beta_1 = \beta_2 \approx 120$。

3）互补管 T_3 和 T_4 的选择，计算 R_3、R_4 和 R_5。

由于 T_3 和 T_4 分别与 T_1 和 T_2 复合，其承受的最大反相电压均为 $2E_C$，最大集电极电流比 T1、T2 的最大集电极电流小 β 倍（$\beta_1 = \beta_2$）。考虑到 T_3 和 T_4 的静态电流及 R_3、R_4 引起损耗和饱和压降的影响，T_3 和 T_4 的极限参数应满足条件：

$$\begin{cases} U_{CEO} > 2V_{CC} \\ I_{CM} > (1.1 \sim 1.5) \dfrac{V_{CC}}{R_L \cdot \beta_1} \\ P_{CM} > (1.1 \sim 1.5) \dfrac{0.2 P_{Omax} + I_0 V_{CC}}{\beta_1} \end{cases} \tag{5-8}$$

考虑最坏情况应保证：

$$\begin{cases} U_{CEO} > 30\,\text{A} \\ I_{CM} > 23\,\text{mA} \\ P_{CM} > 24\,\text{mW} \end{cases}$$

T_3 和 T_4 可分别选用 BF240 和 BF450。测得 $\beta_3 = \beta_4 \approx 110$。

∵ T_1 和 T_2 的输入电阻为 $r_{i1} = r_{be1} + (1+\beta_1)R_1$，$r_{i2} = r_{be2} + (1+\beta_2)R_2$，大功率管 r_{be1}、r_{be2} 一般为 $10\,\Omega$ 左右，根据让 T_3 射极电流大部分注入 T_1 基极的原则考虑，则 $R_3 = (5 \sim 10) r_{i1} = R_4$。

选 R_1、R_2 为 $0.5\,\Omega$ 电阻（电阻丝烧制，功率>1 W），则

$r_{i1} = r_{i2} = r_{be1} + (1+\beta_1)R_1 \approx 10\,\Omega$,$R_3 = R_4 = 5r_{i1} = 350\,\Omega$（取 R_3、R_4 为 $400\,\Omega$）。

∵ T_3 和 T_4 分别为 NPN 和 PNP 管，电路接法又不一样，所以两管输入阻抗不相等，会使加在两管基极的输入信号不对称，为此，需加平衡电阻 R_5 以尽量保证复合管输入电阻相等。要求：$R_5 = R_3 // r_{i1} = 60\,\Omega$。

4) 偏置电路计算。

∵ $V_{B3} - V_{B4} = V_{BE3} + V_{BE1} + |V_{BE4}|$

设 $V_{BE3} = V_{BE1} = |V_{BE4}| = 0.7\,V$

∴ $V_{B3} - V_{B4} \approx 2.1\,V$

又因 $V_{CE9} = V_{B3} - V_{B4} \approx V_{BE9} \cdot \dfrac{R_8 + R_9}{R_9}$ （设 $V_{BE9} = 0.7\,V$）

∴ $\dfrac{R_8 + R_9}{R_9} = 3$，$R_8 = 2R_9$

为保证 T_9 基极电压稳定，取 $I_{R8} = (5 \sim 10)\dfrac{I_{CQ9}}{\beta_9}$，若忽略 I_{R8} 和 I_{B3} 的分流作用，则 $I_{CQ9} \approx I_{CQ5}$（I_{CQ5} 的计算见后面），$R_9 \approx \dfrac{V_{BE9}}{I_{R8}}$，$R_8 = 2\dfrac{V_{BE9}}{I_{R8}}$。

为了调节偏置电压的数值，R_8 可改用一固定电阻和可调电阻关联，使其并联值等于 R_8。T_9 管因为最大电流和耐压要求不高，可选 BF240 型晶体管。

5) 推动级的设计。

I_{CQ5} 的确定：

推动级为一甲类小信号放大器，为保证信号不失真要求：$I_{CQ5} \geq (3 \sim 5)\dfrac{I_{C3max}}{\beta_3}$，因为 $I_{C3max} \approx 1.5\dfrac{I_{C1max}}{\beta_1} = 1.5\dfrac{V_{CC}}{R_L \beta_1} = 23\,mA$，一般 $I_{CQ5} \approx (2 \sim 10)\,mA$，所以取 $I_{CQ5} = 2\,mA$。

$I_{CQ9} \approx I_{CQ5} = 2\,mA$，所以 $I_{R8} = 10\dfrac{I_{CQ9}}{\beta_9} \approx 0.18\,mA$，$R_9 \approx \dfrac{V_{BE9}}{I_{R8}} \approx 3.9\,k\Omega$，（取 R_9 为 $4\,k\Omega$），$R_8 // W_2 \approx 2R_9 \approx 8\,k\Omega$（取 R_8 为 $16.5\,k\Omega$ 的电阻，W_2 为 $16.5\,k\Omega$ 的电位器）。

- 计算 R_6 和 R_7

∵ T_9 偏置电路输出电阻很小，T_5 的直流负载主要是（$R_6 + R_7$）

又∵ $V_{B4} \approx -0.7\,V$

∴ $R_6 + R_7 = \dfrac{V_{CC} - |V_{B4}|}{I_{CQ5}} \approx 7.2\,k\Omega$

从交流通道来看，R_7 实际与 R_L 是相并联的。其值太小会损耗信号输出功率，太大则使 R_6 减小，R_6 为该电路的有效负载。R_6 太小会使推动级的增益下降。一般取 $\dfrac{1}{3}(R_6 + R_7) > R_7 > 20R_L$，确定 R_7 后则可以确定 R_6。则取 $R_7 = 2\,k\Omega$，$R_6 = 5.2\,k\Omega$。

- 自举电容 C_1 的确定

自举电容的取值是依据在 f_L 时，$X_{C1} \ll R_7$，一般取：

$C_1 = 10 \cdot \dfrac{1}{2\pi f_L R_7} = \dfrac{10}{2\pi \times 20 \times 2000} \approx 40\,\mu F$。

- T_5 管的选择

T_5 管要求满足：

$$\begin{cases} V_{\text{CEO}} > V_{\text{CE5max}} = 2V_{\text{CC}} \\ P_{\text{CM}} \gg V_{\text{CC}} \cdot I_{\text{CQ5}} \end{cases} \tag{5-9}$$

即 $V_{\text{CEO}} > 30$，$P_{\text{CM}} > 5 \cdot V_{\text{CC}} \cdot I_{\text{CQ5}} = 150\,\text{mW}$。选择 BF450 可满足要求。

6) 输入级电路的设计。

- 差分管工作电流的确定

输入级为一差分放大器，差分管 T_6、T_7 集电极电流若太大，会增加管耗，并使失调电压和漂移增大；若太小又会降低电路的开环增益，一般选取 $I_{C6} = I_{C7} \approx (0.5 \sim 2)\,\text{mA}$，$I_{C8} = I_{C6} + I_{C7}$，$T_6$、$T_7$ 的 β 宜高一些，参数应尽量一致。

最后选择 $I_{C6} = I_{C7} = 0.8\,\text{mA}$，$I_{C8} = 1.6\,\text{mA}$。

- T_6、T_7 和 T_8 管的选择

T_6、T_7 的选择需满足 $V_{\text{CEO}} > 1.2V_{\text{CC}} = 18\,\text{V}$，$P_{\text{CM}} > 5P_C = 5(I_{C6}V_{\text{CC}}) = 60\,\text{mW}$，$\beta_6 = \beta_7$，其反向电流越小越好。最后 T_6 和 T_7 可以选择 BF799，T_8 亦可选用同类型管。

- R_{10}、W_1、R_{11} 和 R_{12} 的计算

$R_{10} + W_1 = \dfrac{V_{\text{BE5}}}{I_{C7}} \approx 900\,\Omega$（$V_{\text{BE5}} \approx 0.7\,\text{V}$）。若 R_{10} 为 470 Ω 电阻，W_1 可用 1 kΩ 可调电位器。调节时，应使 W_1 由小向大。为了防止在调节 W_1 时，T_5 电流过大烧毁晶体管，可以在 T_5 射极串接一电阻 R_{17}，此时推动级稳定性提高了，但增益会有下降。接入 R_{17} 后，计算 R_{10}、W_1 应用下式：

$$R_{10} + W_1 = \frac{|V_{\text{BE5}}| + I_{E5} \cdot R_{17}}{I_{C7}}$$

为使恒流源 T_8 的工作点稳定，应使流过 D_1、D_2 的电流 $I_D \gg I_{B8}$，$I_{B8} = \dfrac{I_{C8}}{\beta_8}$，一般取 $I_D \geqslant 30\,\text{mA}$，则 $R_{11} = \dfrac{V_{\text{CC}} - (V_{D1} + V_{D2})}{I_D} \approx 4.5\,\text{k}\Omega$（取 4.3 kΩ），其中 $V_{D1} = V_{D2} = 0.7\,\text{V}$，$R_{12} \approx \dfrac{V_{D1} + V_{D2} - V_{\text{BE8}}}{I_{C8}} \approx 440\,\Omega$（取 470 Ω）。

7) 反馈支路计算。

差分电路引入电压串联负反馈，使其输入电阻提高。因此，基极电阻 R_{15} 对该级输入电阻影响很大。一般取 $R_{15} = (15 \sim 47)\,\text{k}\Omega$ 之间（电路中取 47 kΩ）。

另外，要使电路对称，要求 $R_{13} = R_{15} = 47\,\text{k}\Omega$。

$\because$ 闭环增益 $A_{Vf} \approx 1 + \dfrac{R_{13}}{R_{14}}$，取大约 20 倍，则 $R_{14} \approx \dfrac{R_{13}}{A_{Vf} - 1} \approx 2.5\,\text{k}\Omega$。

反馈电容 C_2 应保证在 f_L 时，其容抗 $X_{C2} \ll R_{14}$，一般取 $C_2 \geqslant \dfrac{10}{2\pi f_L R_{14}} \approx 32\,\mu\text{F}$（电路中可以取 47 μF）。耦合电容 C_3 一般取 $C_3 \geqslant \dfrac{10}{2\pi f_L R_{15}} \approx 1.7\,\mu\text{F}$（电路中可以取 10 μF）。

8) 补偿元件的选取。

为使负载在高频时仍为纯电阻，需加补偿电阻 R_{16} 和补偿电容 C_6，一般取 $R_{16} \approx R_L =$

$10\,\Omega$,$C_6 \geqslant \dfrac{1}{2\pi f_H R_{16}} \approx 0.8\,\mu\text{F}$(电路中去 $0.2\,\mu\text{F}$ 即可)

为消除电路高频自激,通常在 T_5 的 b、c 极之间,R_{15} 两端加消振电容,电容数值一般由实验确定,一般取 $100\sim200\,\text{pF}$。

(3) Multisim 电路仿真调整

根据以上计算所得的参数建立电路,给电路输入正弦波小信号,然后对电路先进行瞬态分析,观察电路性能。瞬态分析的结果如图 5-51 所示。可以看到,输出的放大信号基本不失真,但波形中含有直流分量。再分析电路的输出端的直流工作点特性,可得静态时电路输出为 $-186.18\,\text{mV}$,所以需要调整电路参数,使静态时电路输出为零。

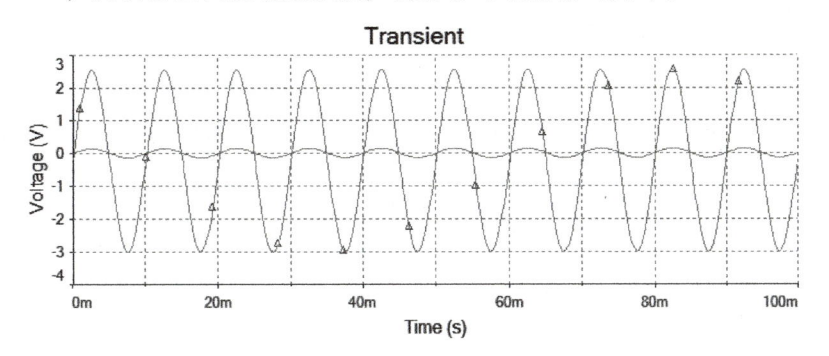

图 5-51 初始瞬态分析

通过上面的原理介绍,我们知道调节 W_1 或者改变电阻 R_{12} 的值可以在静态时对输出端调零。下面我们只对 W_1 进行举例。把 W_1 和 R_{10} 用一个电阻统一代替,然后对这个电阻进行参数扫描分析,观察电阻取值对输出端直流工作点的影响,分析结果如图 5-52a 所示,可见当阻值在 $1400\,\Omega$ 到 $1500\,\Omega$ 之间时,静态输出可能为零,在这个区间再对该电阻进行参数扫描,选择扫描直流工作点,得图 5-52b 的结果,当电阻在 $1410\,\Omega$ 左右,输出可实现调零。此时,取 R_{10} 为 $510\,\Omega$ 电阻,W_1 可用 $1\,\text{k}\Omega$ 可调电位器,调节 W_1 直到静态时输出为零,此时 T_7 管集电极电流大于 $0.5\,\text{mA}$。

a)

b)

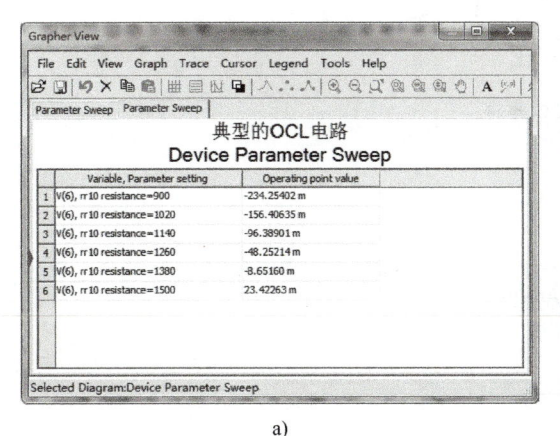

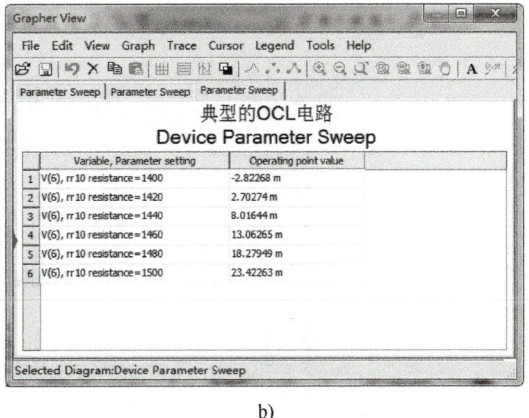

图 5-52 输出端调零扫描

调好电路参数后,对电路输出端进行瞬态分析,可得图 5-53 的分析结果,可见输出波形基本正常。

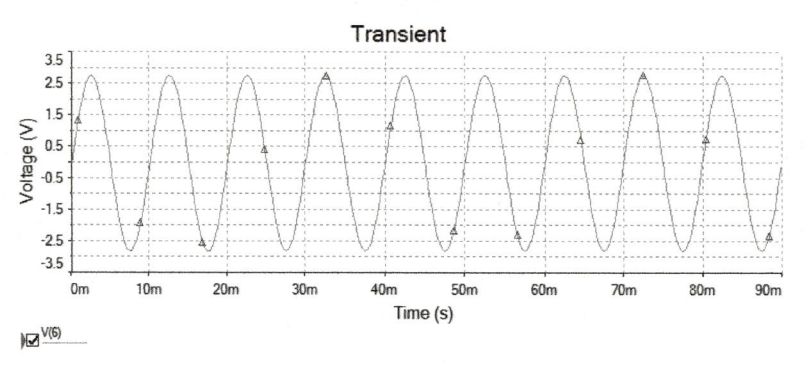

图 5-53　OCL 功放电路瞬态分析

再分析电路的交流特性，如图 5-54 所示，此功放电路的频率特性远大于设计要求。

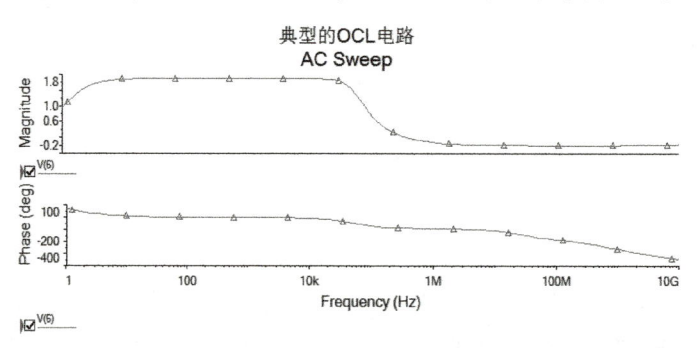

图 5-54　OCL 功放电路交流分析

对电路进行傅里叶分析，从图 5-55 的分析结果可以看到，电路的总谐波失真 THD 非常小，即电路的非线性失真很小，输出波形中各次谐波的幅值很小，可以忽略。THD 的定义式为：

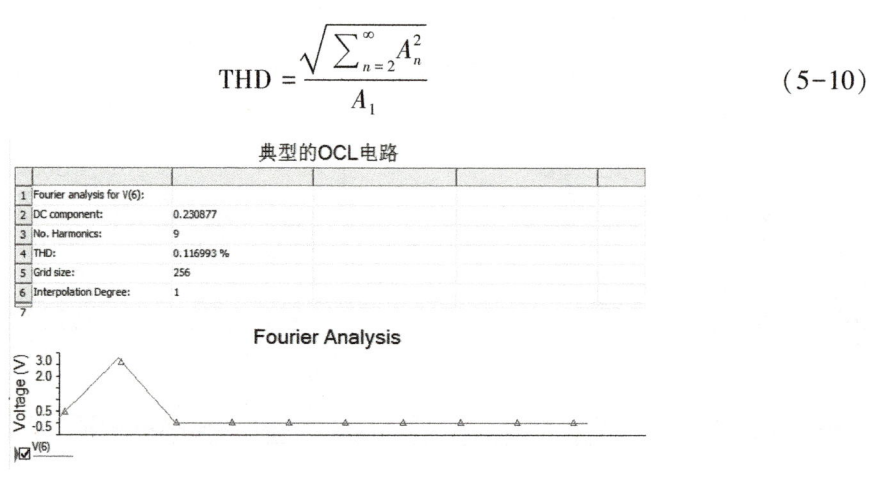

$$\text{THD} = \frac{\sqrt{\sum_{n=2}^{\infty} A_n^2}}{A_1} \tag{5-10}$$

图 5-55　OCL 功放电路傅里叶分析

其中，A_1 为基波幅值；

$A_n (n=2,3,\cdots,\infty)$ 为 n 次谐波的幅值。

对电路进行噪声分析，由图 5-56 可知，电路中各元器件在电路输出端总的噪声和等效到输入端的噪声的数量级都很小，对应不同频段，又有微小变化。低频时，输入输出噪声都稍高；通带区域噪声基本不变；高频区，电路对信号和噪声的放大能力都减小了。具体的噪声类型分析，可以参考本书项目 3 的内容。

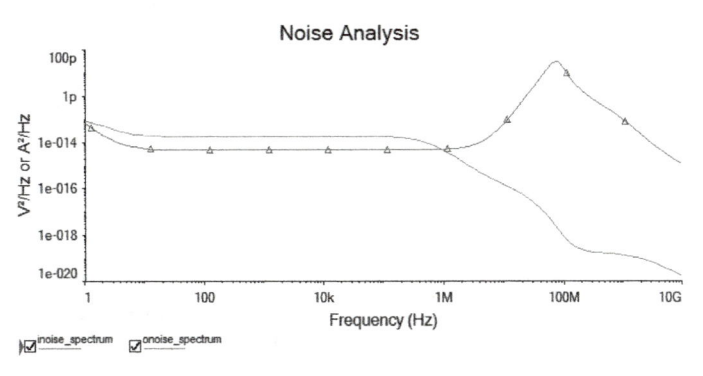

图 5-56 噪声分析

以上我们对电路使用了参数计算和仿真分析相结合的方法进行设计，电路最终很好地满足了设计要求。在晶体管的选择上，可以根据计算出的要求选择其他类型的晶体管，但电路中其他元器件参数也应做相应调整。

2. 音调控制电路设计

（1）电路形式及工作原理

常用的音调控制电路有三种，一是 RC 衰减式音调控制电路，其调节范围较宽，但容易产生失真；另一种是反馈型音调控制电路，非线性失真小，调节范围小一些，用得比较多；第三种是混合式音调控制电路，其电路复杂，多用于高级收录机中。从经济效益来看，负反馈型电路简单，失真小，多选用负反馈型。负反馈型音调控制电路如图 5-57 所示。Z_1、Z_f 是由 RC 组成的网络，放大电路为集成运放（例 LF347N）。

$$A_{Vf} = \frac{V_o}{V_i} \approx -\frac{Z_f}{Z_1}$$

当信号频率不同时，Z_1 和 Z_f 的阻值也不同，所以 A_{Vf} 随着频率的改变而变化。

图 5-57 负反馈型音调控制电路

假设 Z_1 和 Z_f 包含的 RC 元件不同，可以组成四种不同形式的电路，如图 5-58 所示。

例如图 5-58a：若 C_1 取值较大，只在频率很低时起作用。则当信号频率在低频区 $f_L \downarrow$ 时，则 $|Z_f| = \left| R_2 + \dfrac{1}{j\omega C_1} \right| \uparrow$，$\therefore |A_{Vf}| = \left| \dfrac{Z_f}{R_1} \right| \uparrow$，因此低音可以得到提升。

再如图 5-58b：若 C_1 较小，只在高频时起作用。当信号频率在高频区，$f_H \uparrow$ 时，$|Z_1| = \left| R_1 /\!/ \dfrac{1}{j\omega C_3} \right| \downarrow$，$\therefore |A_{Vf}| = \left| \dfrac{R_1}{Z_1} \right| \uparrow$，因此高音可得到提升。

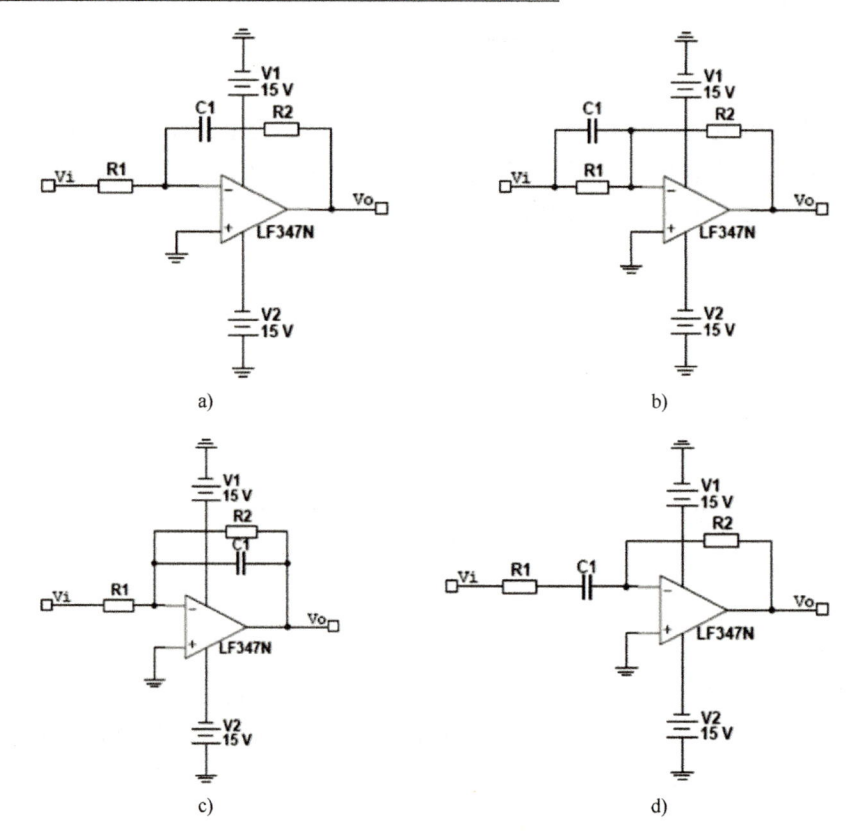

图 5-58 四种负反馈型音调控制电路

同理，图 5-58c、图 5-58d 分别可得到高、低音衰减。

如果将四种形式的电路组合起来，即可得到反馈型音调控制电路，如图 5-59 所示。

为了分析方便，先假设 $R_1=R_2=R_3=R$，$W_1=W_2=9R$，$C_1=C_2 \gg C_3$。

① 信号在低频区

∵ C_3 很小，C_3、R_4 支路可视为开路。反馈网络主要由上半边起作用。

又∵ LF347N 开环增益很高，放大器输入阻抗又很高。

∴ $V_E \approx V_{E'} \approx 0$（虚地）。因此 R_3 的影响可以忽略。

当电位器 W_2 的滑动端移到 A 点时，C_1 被短路，其等效电路如图 5-60 所示。它和图 5-58a 相似，可以得到低频提升。

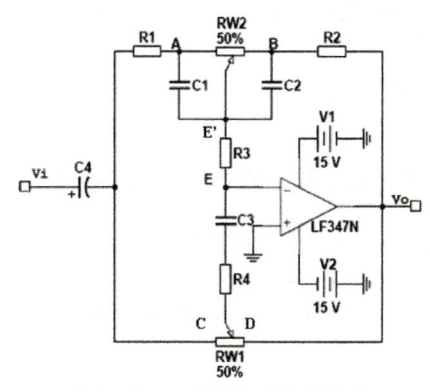

图 5-59 反馈型音调控制电路   图 5-60 低频提升等效电路

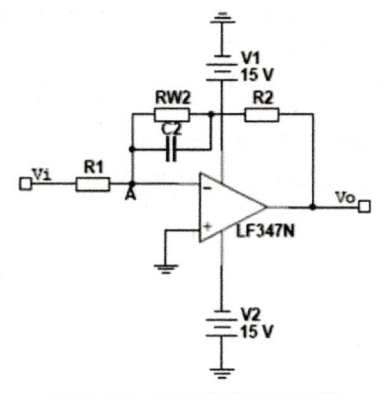

现在来分析该电路的幅频特性：

$\because Z_1 = R_1$，$Z_f = R_2 + \left(R_{W2} // \dfrac{1}{j\omega C_2} \right)$

$\therefore A_{Vf} = -\dfrac{Z_f}{Z_1} = -\dfrac{R_2 + R_{W2}}{R_1} \cdot \dfrac{1 + j\omega \dfrac{R_2 R_{W2} C_2}{R_2 + R_{W2}}}{1 + j\omega R_{W2} C_2}$

令：

$$W_{L1} = 2\pi f_{L1} = \dfrac{1}{R_{W2} C_2} \qquad (5-11)$$

$$W_{L2} = 2\pi f_{L2} = \dfrac{R_2 + R_{W2}}{R_2 R_{W2} C_2} \qquad (5-12)$$

则：$A_{Vf} = -\dfrac{R_2 + R_{W2}}{R_1} \cdot \dfrac{1 + j\dfrac{\omega}{W_{L2}}}{1 + j\dfrac{\omega}{W_{L1}}}$，$|A_{Vf}| \approx \dfrac{R_2 + R_{W2}}{R_1} \cdot \sqrt{\dfrac{1 + \dfrac{\omega^2}{W_{L2}}}{1 + \dfrac{\omega^2}{W_{L1}}}}$

根据前边假设条件，$\dfrac{R_2 + R_{W2}}{R_1} = 10$，$W_{L2} = 10 W_{L1}$。当 $\omega \gg W_{L2}$，即信号接近中频时，

$|A_{Vf}| \approx \dfrac{R_2 + R_{W2}}{R_1} \cdot \dfrac{W_{L1}}{W_{L2}} = 10 \times \dfrac{1}{10} = 1 (10\lg|A_{Vf}| = 0 \text{ dB})$。

当 $\omega = W_{L2}$，$|A_{Vf}| \approx \dfrac{R_2 + R_{W2}}{R_1} \cdot \sqrt{\dfrac{1 + 1}{1 + \left(\dfrac{W_{L2}}{W_{L1}} \right)^2}} \approx \sqrt{2}\ (20\lg|A_{Vf}| = 3 \text{ dB})$。

当 $\omega = W_{L1}$，$|A_{Vf}| \approx 7.07 (20\lg|A_{Vf}| = 17 \text{ dB})$。

当 $\omega \ll W_{L1}$，$|A_{Vf}| \approx 10 (20\lg|A_{Vf}| = 20 \text{ dB})$。

综上所述，可以画出图 5-61 所示的幅频特性。在 $f = f_{L2}$ 和 $f = f_{L1}$ 时，（提升量为 3 dB、17 dB）曲线变化较大。我们称 f_{L1} 和 f_{L2} 为转折频率。在两转折频率之间曲线斜率为 -6 dB 倍频程。若用折线（图中线所示）近似表示曲线。则 f_{L1} 和 f_{L2} 为折线的拐点。此时，低音最大提升量为 203 dB。表示为

$$A_{VB} = \dfrac{R_2 + R_{W2}}{R_1} = 10 (20 \text{ dB})$$

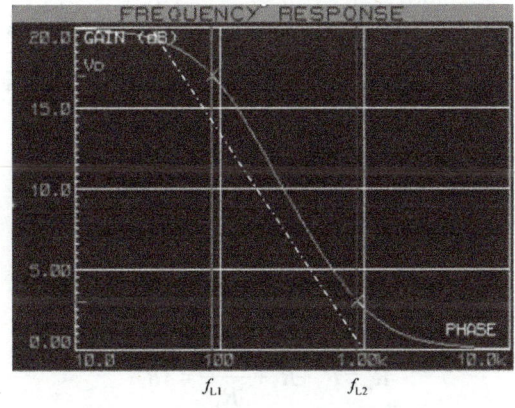

图 5-61　低频提升幅频特性曲线

使用同样分析方法可知，在 R_{W2} 滑动端至 B 点时，可得到图 5-62 所示低频衰减曲线。

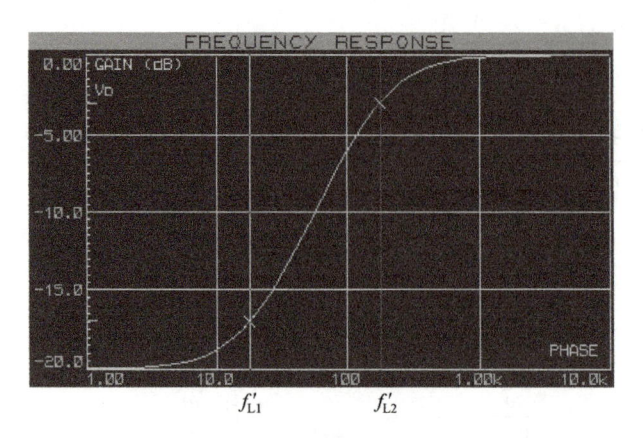

图 5-62 低频衰减幅频特性曲线

转折频率为：$f'_{L1} = \dfrac{1}{2\pi C_1 R_{W2}} = f_{L1}$，$f'_{L2} = \dfrac{R_1 + R_{W2}}{2\pi C_1 R_{W2} R_1} = f_{L2}$

最大衰减量：

$$A_{VC} = \dfrac{R_2}{R_1 + R_{W2}} = \dfrac{1}{10}(-20\,\text{dB})$$

② 信号在高频区

C_1 和 C_2 对高频可视为短路。此时 C_3 和 R_4 支路已起着作用，等效电路如图 5-63a 所示。为分析方便将电路中Y型接法的 R_1、R_2 和 R_3，变换成△型接法的 R_a、R_b 和 R_c，如图 5-63b 所示。

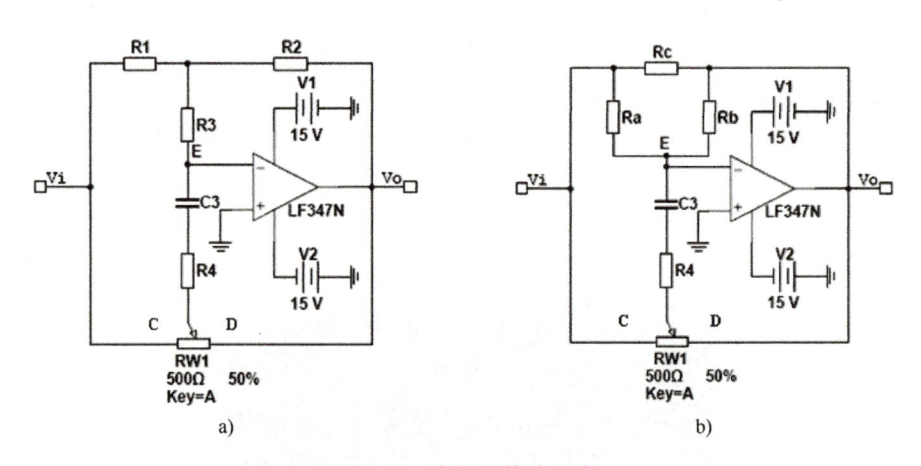

图 5-63 高频区等效电路

其中：

$$R_a = R_1 + R_3 + \dfrac{R_1 R_3}{R_2} = 3R \quad (R_1 = R_2 = R_3 = R)$$

$$R_b = R_2 + R_3 + \dfrac{R_2 R_3}{R_1} = 3R$$

$$R_c = R_1 + R_2 + \frac{R_1 R_2}{R_3} = 3R$$

∵ 前级输出电阻很小（<500 Ω），输出信号 V_o 通过 RC 反馈到输入端的信号被前级输出电阻所旁路。

∴ RC 的影响可以忽略，视为开路。当 R_{W1} 滑动端至 C 和 D 点时，等效电路可以画成图 5-64a、b 形式（∵ R_{W1} 数值很大，亦可以视为开路）。

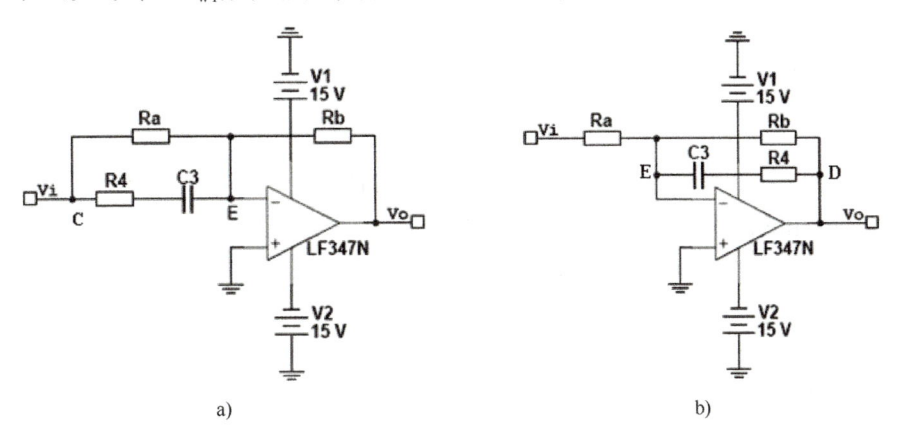

图 5-64 高频区化简等效电路

通过幅频特性的分析，可以提到高频最大提升量为：

$$A_{VT} = \frac{R_b}{R_a // R_4} = \frac{R_4 + 3R}{R_4} \tag{5-13}$$

高音最大衰减量为：

$$A_{VTC} = \frac{R_b // R_4}{R_a} = \frac{R_4}{R_4 + 3R} \tag{5-14}$$

高频转折频率为：

$$f_{H1} = \frac{1}{2\pi C_3 (R_a + R_4)} \tag{5-15}$$

$$f_{H2} = \frac{1}{2\pi C_3 R_4} \tag{5-16}$$

若将音调控制电路高、低音提升和衰减曲线画在一起，可以得到图 5-65 所示的衰减曲线。

∵ 在 $f_{L1} \sim f_{L2}$ 和 $f_{H1} \sim f_{H2}$ 之间，曲线按 ±6 dB/倍频程的斜率变化。假设给出低频 f_{LX} 处和高频 f_{HX} 处的提升量，又知 $f_{L1} \leq f_{LX} \leq f_{L2}$；$f_{H1} \leq f_{HX} \leq f_{H2}$，则

$$f_{L2} = f_{LX} \cdot 2^{\frac{\text{提升量(dB)}}{6\text{dB}}} \tag{5-17}$$

$$f_{H1} = f_{HX} / 2^{\frac{\text{提升量(dB)}}{6\text{dB}}} \tag{5-18}$$

可见，当某一频率的提升量或衰减量已知时，由式（5-17）、式（5-18）可以求出所需的

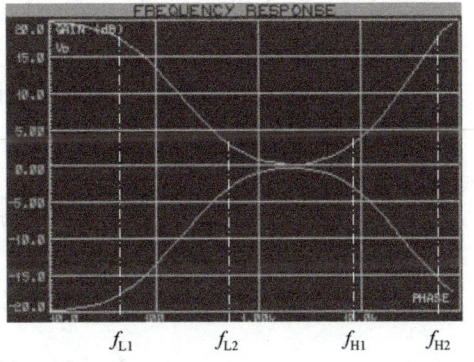

图 5-65 全频带高低音提升衰减曲线

转折频率，再利用式（5-11）~式（5-16）求出相应元件参数和最大提升衰减量。

（2）音频控制电路的设计方法

已知：低音 $f_{LX} = 100\,\text{Hz}$ 时，±12 dB；

高音 $f_{HX} = 10\,\text{kHz}$ 时，±12 dB；

频率响应：$f_{L1} = 50\,\text{Hz}$，$f_{H2} = 20\,\text{kHz}$。

① 确定转折频率

∵ 已知电路的转折频率 f_{L1} 和 f_{H2}，又知 f_{LX} 和 f_{HX} 处的提升衰减量，根据式（5-17）、式（5-18）可求出

$$f_{L2} = f_{LX} \cdot 2^{\frac{12}{6}} = 400\,\text{Hz}$$

$$f_{H1} = f_{HX} / 2^{\frac{12}{6}} = 2.5\,\text{kHz}$$

② 确定 R_{W1} 和 R_{W2} 的数值

∵ LF347N 输入阻抗很高，一般 $R_{id} > 500\,\text{k}\Omega$，

∴ 取 W_1 和 W_2 为 150 kΩ 的线性电位器。

③ 计算各元件参数

从式（5-11）和式（5-12）可得：

$$C_1 = \frac{1}{2\pi R_{W2} f_{L1}} \approx 0.021\,\mu\text{F}\,(\text{取}\,C_1 = C_1 = 0.022\,\mu\text{F})$$

$$R_2 = \frac{R_{W2}}{\dfrac{f_{L2}}{f_{L1}} - 1} = 21\,\text{k}\Omega\,(\text{取}\,R_1 = R_2 = R_3 = 20\,\text{k}\Omega)$$

从式（5-15）和式（5-16）可得：

$$R_4 = \frac{R_a}{\dfrac{f_{H2}}{f_{L1}} - 1} = 8.5\,\text{k}\Omega\,(R_a = 3R_1)\,(\text{取}\,R_4 = 8.2\,\text{k}\Omega)$$

$$C_3 = \frac{1}{2\pi R_4 f_{H2}} \approx 970\,\mu\text{F}\,(\text{取}\,C_3\,\text{为}\,1000\,\text{pF})$$

④ 计算耦合电容

∵ 在低频时音调控制电路输入阻抗近似为 $R_1 = 20\,\text{k}\Omega$，

∴ 要求：$C_3 \geq \dfrac{10}{2\pi R_1 f_H} \approx 4\,\mu\text{F}$（取 $C_4 = 10\,\mu\text{F}$）（f_L 为低频截止频率）。

（3）设计电路校验

先进行设计校验，即通过计算验证设计指标。

① 转折频率

$$f_{L1} = \frac{1}{2\pi R_{W4} C_2} \approx 48\,\text{Hz}$$

$$f_{L2} = \frac{1}{2\pi C_2 R_{W4} R_2} \approx 410\,\text{Hz}$$

$$f_{H1} = \frac{1}{2\pi C_3 (R_a + 3R_4)} \approx 2.3\,\text{kHz}$$

$$f_{H2} = \frac{1}{2\pi C_3 R_4} \approx 19\,\text{kHz}$$

② 提升量

低频最大提升量：$A_{VB} = \dfrac{R_2 + R_{W2}}{R_1} = 8.5(18.6\,\text{dB})$

低频最大衰减量：$A_{VC} = \dfrac{R_2}{R_1 + R_{W2}} = 0.118(-18.6\,\text{dB})$

高频最大提升量：$A_{VT} = \dfrac{R_4 + 3R}{R_4} = 8.3(18.4\,\text{dB})$

高频最大衰减量：$A_{VTC} = \dfrac{R_4}{R_4 + 3R} = 0.12(-18.4\,\text{dB})$

（4）Multisim 电路仿真

下面对图 5-59 所示的音调控制电路用 Multisim 进行仿真。

① 反向放大器

R_{W1} 和 R_{W2} 中心抽头放在中间位置，对电路进行瞬态分析如图 5-66 所示。可以看到输出波形与输入波形幅值相等、相位相反，所以此时的电路为反向放大电路，放大倍数为 1。

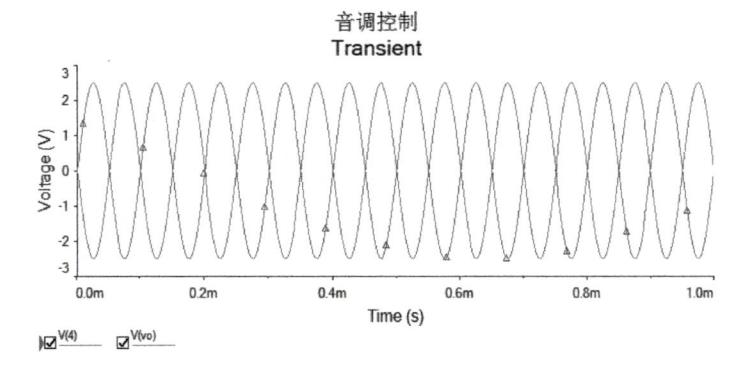

图 5-66　瞬态分析结果

对电路进行交流分析，得图 5-67，电路的带宽约 1 M。

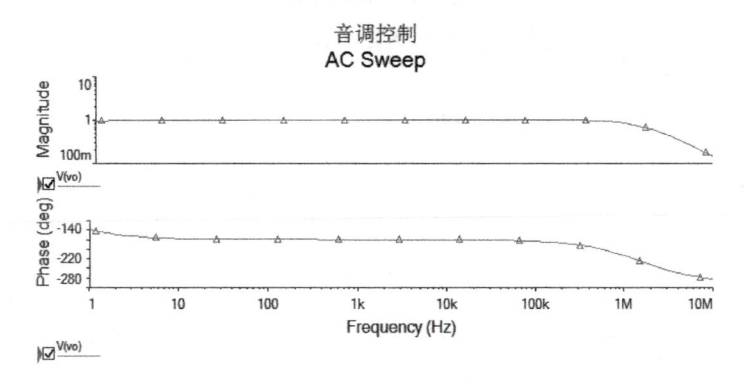

图 5-67　交流分析结果

② 低频提升电路

当把 R_{W1} 保持在中间位置，R_{W2} 滑到 B 端，电路变成低频提升电路。把信号源频率改成低频，此时电路的瞬态响应如图 5-68 所示。电路对输出信号进行了放大，而且相位发生了一定程度的偏移。

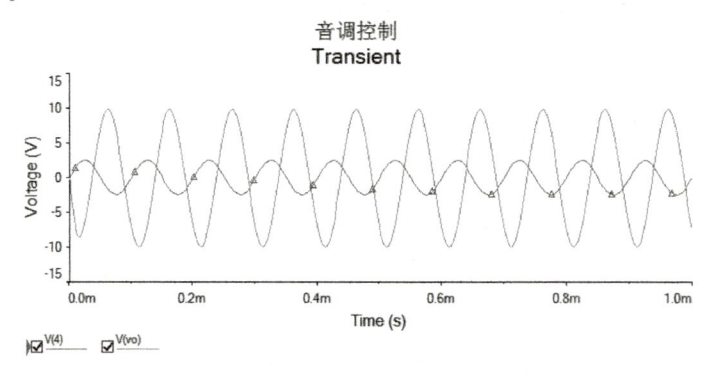

图 5-68　低频提升电路瞬态响应

对电路进行交流分析，如图 5-69 的结果所示。游标 1 对应的是 A_f 最大的点。

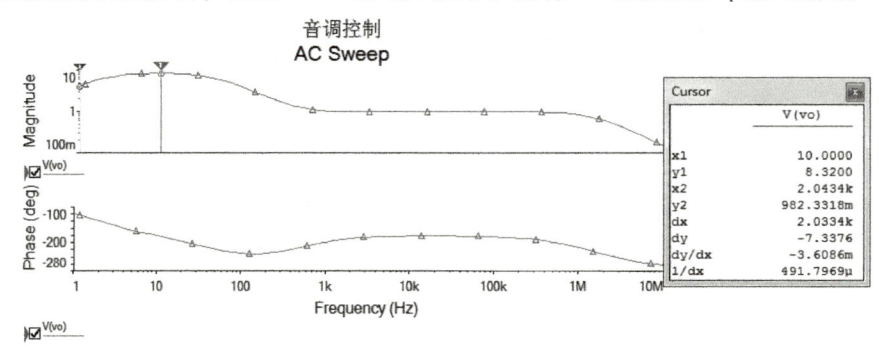

图 5-69　低频提升电路交流分析

我们知道，通带截止频率是最大放大倍数的 0.707 倍对应的频率，即通带截止频率对应的幅值放大倍数为图 5-69 中对应的 8.3198×0.707 = 5.882。下面来求阻带下限频率对应的放大倍数。由图 5-70 可知，在 f_{L2} 处，设放大倍数为 A_{L2}，则

$$20\lg A_{L2} - 0 = 3 \text{ dB}$$

所以 $A_{L2} = 1.413$。因此，$f_{L1} = 49.5 \text{ Hz}$，$f_{L2} = 369.4 \text{ Hz}$。

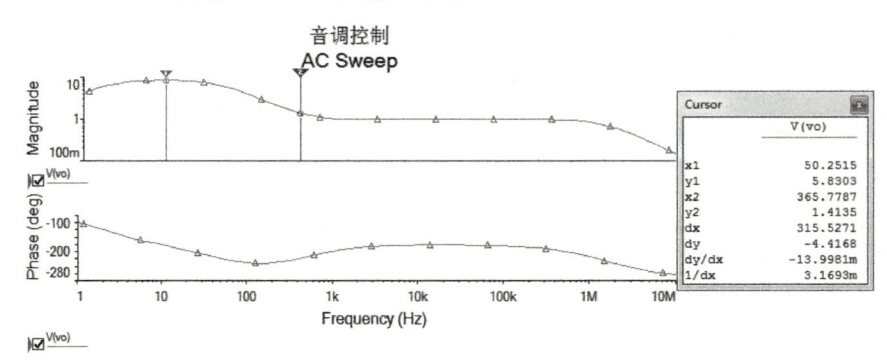

图 5-70　标定交流分析图

③ 低频衰减电路

当把 R_{W1} 保持在中间位置，R_{W2} 滑到 A 端，电路变成低频衰减电路。此时电路的瞬态响应如图 5-71 所示。输出信号电压幅值减小，而且相位发生了一定程度的偏移。

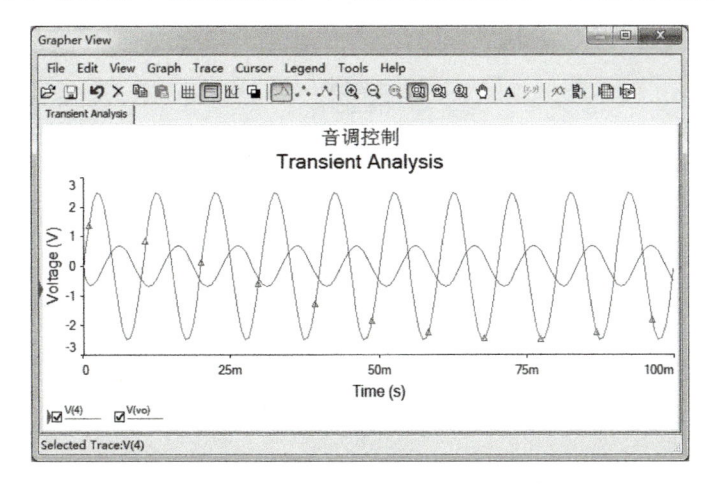

图 5-71　低频衰减电路瞬态响应

对电路进行交流分析，结果如图 5-72 所示。低频最低衰减量为 0.118，即 -18.6 dB。中频放大倍数约为 1 倍。所以通带截止频率 f_{L2} 对应的电压放大倍数约为 0.707。而 -15.6 dB 对应的阻带上限截止频率 f_{L1} 可通过计算相应的电压放大倍数，然后在交流特性曲线上标定得到。如图 5-73 所示。

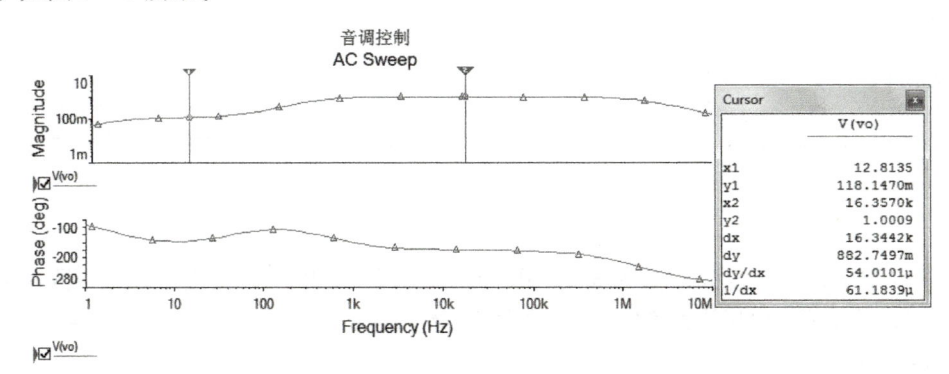

图 5-72　低频衰减电路交流分析

-15.6 dB 对应的电压放大倍数为 0.166。因此对应的 f_{L1} = 46.5 Hz，f_{L2} = 366.9 Hz。

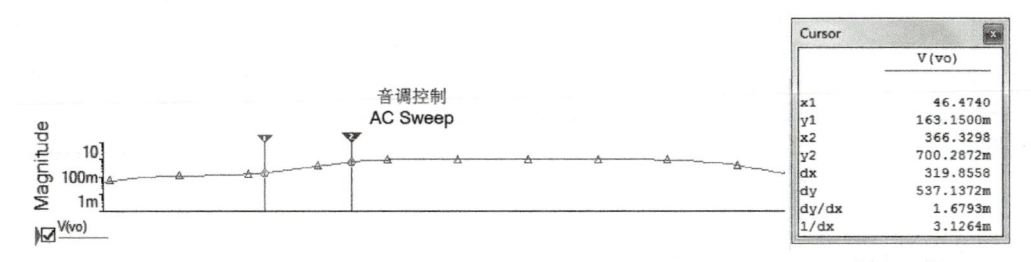

图 5-73　交流特性曲线标定

④ 高频提升电路

当把 R_{W2} 保持在中间位置，把 R_{W1} 滑到 D 端，电路变成高频提升电路。把信号源频率改成高频（10 kHz），此时电路的瞬态响应如图 5-74 所示。电路对输入信号进行了放大，而且相位发生了一定程度的偏移。

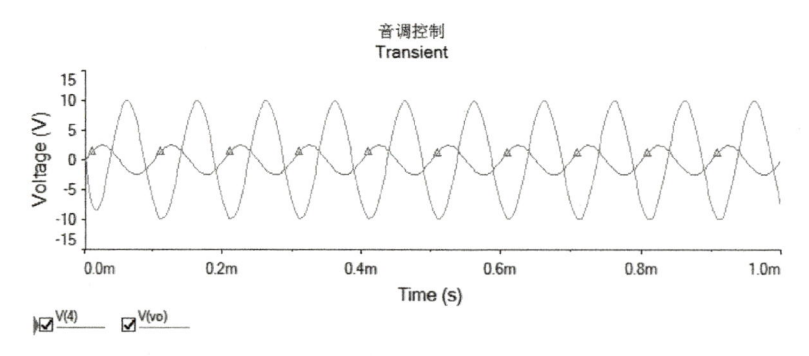

图 5-74　高频提升电路瞬态响应

对电路进行交流分析，得图 5-75 所示的分析结果。高频最大提升量为 8.21，低频放大倍数为 1.024。在低频时，电压没有进行缩放，而高频时的电压才进行放大。

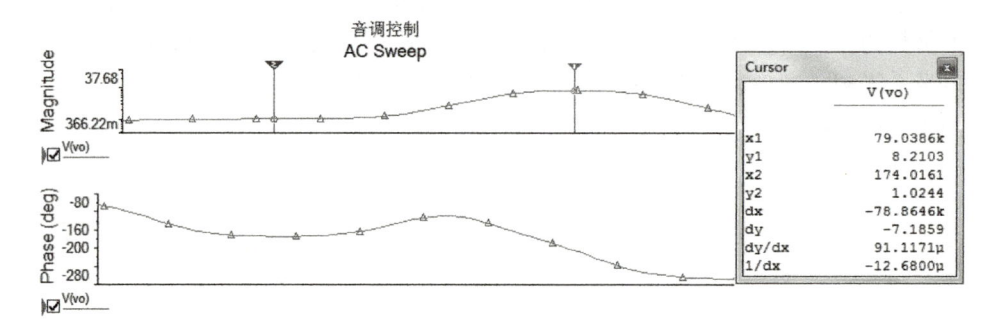

图 5-75　高频提升电路交流分析

频率 f_{H2} 对应的电压放大倍数为 $8.21\times0.707=6.322$，3 dB 对应的电压放大倍数为 1.413，在交流特性曲线上标定电压放大倍数的值，如图 5-76 所示，可得 $f_{H1}=2.24\,\text{kHz}$，$f_{H2}=21.32\,\text{kHz}$，和计算结果基本相符。

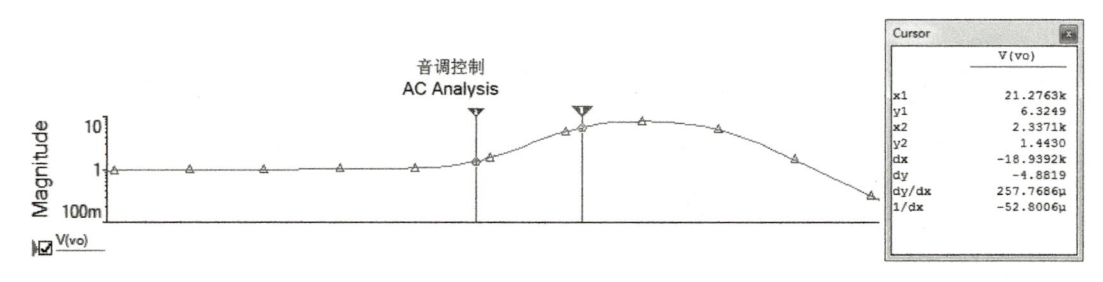

图 5-76　交流特性曲线标定

⑤ 高频衰减电路

当把 R_{W2} 保持在中间位置，把 R_{W1} 滑到 C 端，电路变成高频衰减电路。把信号源频率改成高频（10 kHz），此时电路的瞬态响应如图 5-77 所示。输出信号幅度衰减，而且相位发生了一定程度的偏移。

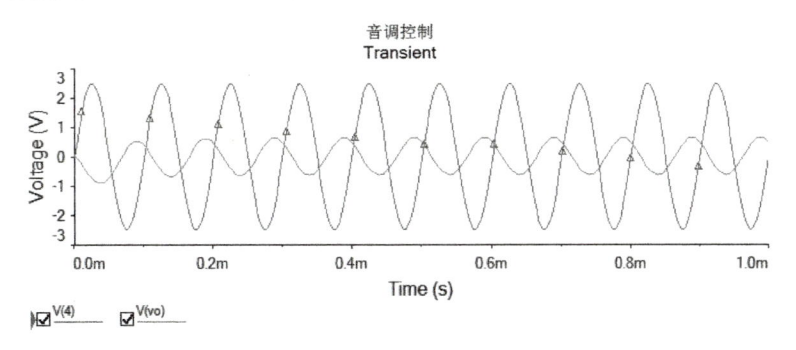

图 5-77　高频衰减电路瞬态响应

对电路进行交流分析，结果如图 5-78 所示，低频放大倍数约为 1，高频衰减到 0.122，和计算值相符。

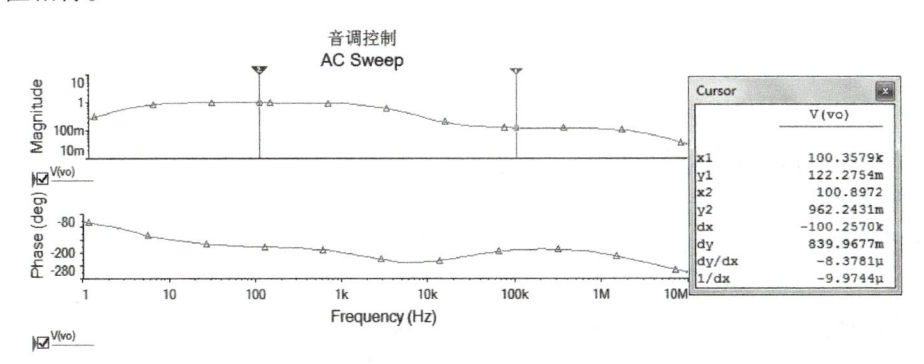

图 5-78　高频衰减电路交流分析

由前面的分析可知，f_{H1} 对应的电压放大倍数约为 0.707。对应波特图 f_{H2} 处的增益为 $-18.4\,dB+3\,dB=-15.4\,dB$，所以对应的增益为 0.17。将这两个增益值在图 5-79 的交流特性图中标定，可以得到 $f_{H1}=2.3\,kHz$，$f_{H2}=19.3\,kHz$，和计算结果基本相符。

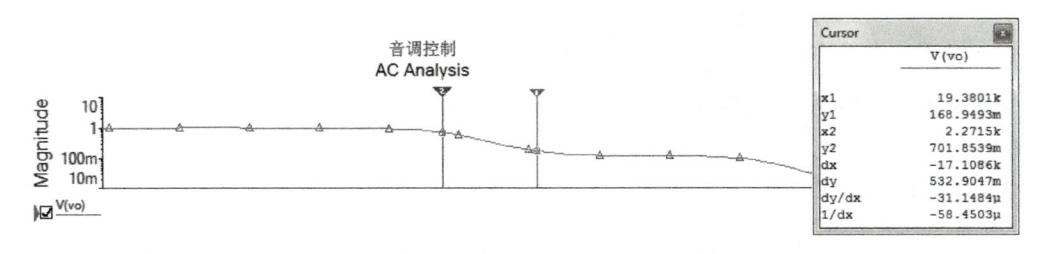

图 5-79　交流特性图的标定

以上分别介绍了低频提升、衰减电路和高频提升、衰减电路。在实际应用中可以根据需要将上面的电路组合以实现不同的音效。同时提升和衰减的幅度大小都可以通过调整 R_{W1} 和 R_{W2} 来控制。

3. 前置级的设计

（1）电路选择

根据总体指标要求，前置级输入阻抗应该比较高，输出阻抗应当低，以便不影响音调控制网络正常工作。同时要求噪声系数 NF 尽可能小。为此，本级选用场效应晶体管共源放大器和场效应晶体管源极跟随器组成,如图 5-80a 所示。该电路输入阻抗高,$r_{i1}=R_1$,并引入电流串联负反馈,提高了电路的稳定性。适当选取 R_3、R_4,可得到满意的增益。第二级源极跟随器,可以得到较小的输出阻抗,同时其输入阻抗高,对前级影响很小。为了节省场效应晶体管,第二级也可用晶体管射极跟随器,如图 5-80b 所画电路,此电路亦可满足指标要求。

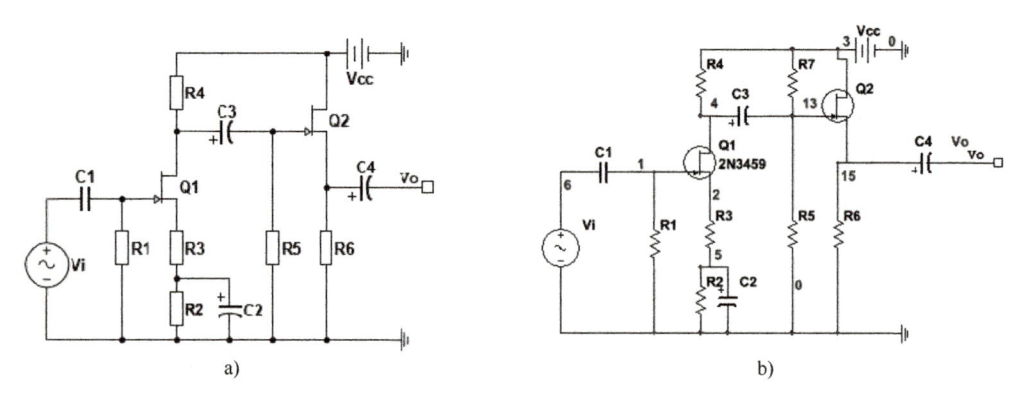

图 5-80 前置级电路

(2) 场效应管共源放大器的设计

1) 选择静态工作点

为了既降低噪声系数 NF,又保证足够的动态范围,要求管子的参数 I_{DSS}、V_p 和 g_m 不能太小。一般要求:$I_{DSS}>1\,mA$,$|V_p|>1\,V$,$g_m>0.2\,mA/V$。因此普通结型场效应晶体管如 2N3459 即可满足指标要求,它相应的参数为 $I_{DSS}=4\,mA$,$V_p=-3.4\,V$,$g_m\approx 1.5\,mA/V$。

因为 $V_i\leqslant 100\,mV$,为了减小 NF,工作点选低一些,应适当选取 V_{DS},使 I_{DQ} 小一些,如图 5-81 所示。

取 $V_S=-V_{GS}=2.8\,V$

根据公式:$I_{DQ}=I_{DSS}\left(1-\dfrac{V_{GS}}{V_p}\right)^2\approx 0.12\,mA$

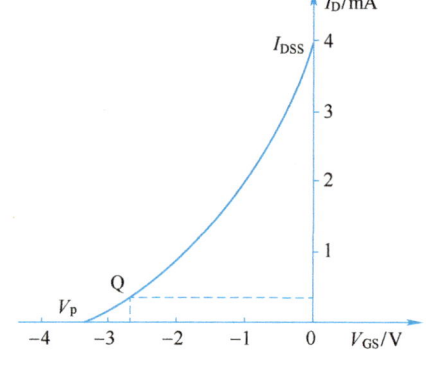

通常:$V_{DS}=(1\sim 2)V_S$(取 $V_{DS}=3.2\,V$,$V_D=V_{DS}+V_S=6\,V$)。

图 5-81 场效应晶体管转移特性

2) 求电阻 R_4、R_3、R_2 和 R_1

$$R_4=\dfrac{V_{CC}-V_D}{I_{DQ}}\approx 33\,k\Omega\,(V_{CC}\text{选}10\,V),\quad R_S=R_2+R_3=\dfrac{V_S}{I_{DQ}}\approx\dfrac{|V_{GS}|}{I_{DQ}}\approx 23\,k\Omega$$

∵ $R_L=r_{i2}\approx R_5$(r_{i2} 为次级输入电阻,选 $R_5=1\,M\Omega$)

∴ $R'_D=R_4//R_L\approx R_4$

场效应晶体管共源放大器中频电压增益为:$A_{Vm1}=-\dfrac{g_m}{1+g_mR_3}\cdot R'_D\approx -\dfrac{g_mR_4}{1+g_mR_3}$

当 $g_mR_3\gg 1$ 时,$A_{Vm1}\approx -\dfrac{R_4}{R_3}$

$\therefore R_3 = \dfrac{R_4}{|A_{\text{Vm1}}|} = 3.3\,\text{k}\Omega$（取 $A_{\text{Vm1}} = 10$），$R_2 = R_\text{S} - R_3 \approx 19.7\,\text{k}\Omega$

为了保证输入电阻 $>500\,\text{k}\Omega$，选取 $R_1 = 1\,\text{M}\Omega$。

3）计算电容 C_1 和 C_2

C_1 和 C_2 主要影响低频响应，要求 $C_1 \geqslant \dfrac{10}{2\pi f_\text{L} R_1} = 0.08\,\mu\text{F}$（取 $C_1 = 1\,\mu\text{F}$），$C_2 \geqslant \dfrac{1+g_\text{m} R_2}{2\pi f_\text{L} R_2} \approx 12\,\mu\text{F}$（取 $C_2 = 47\,\mu\text{F}$），$C_3 \geqslant \dfrac{10}{2\pi f_\text{L} R_5} \approx 0.08\,\mu\text{F}$（取 $C_3 = 10\,\mu\text{F}$）。

（3）源极跟随器的设计

仍然选取 2N3459 管，为了得到较大的动态范围，一般把静态工作点选在转移特性的中点，如图 5-82 所示。

则 $V_\text{GS} = \dfrac{V_\text{P}}{2} = -1.7\,\text{V}$，$I_\text{DQ} = I_\text{DSS}\left(1 - \dfrac{V_\text{GS}}{V_\text{P}}\right)^2 = 1\,\text{mA}$，

$V_\text{S} = -V_\text{GS} = 1.7\,\text{V}$，$R_\text{S} = \dfrac{V_\text{S}}{I_\text{DQ}} = 1.7\,\text{k}\Omega$，即 $R_6 = 1.7\,\text{k}\Omega$。

源极跟随器传输特性为：$A_{\text{Vm2}} = -\dfrac{R'_\text{S}}{\dfrac{1}{g_\text{m}} + R'_\text{S}}$，其中：$R'_\text{S} = R_\text{S} /\!/ R_\text{L}$，$A_{\text{Vm2}}$ 为传输系数。因为音频控制电路作为源极跟随器的下级，其输入阻抗约为 $20\,\text{k}\Omega$，所以 $R_\text{L} = 20\,\text{k}\Omega$，$R'_\text{S} \approx 1.6\,\text{k}\Omega$，$A_{\text{Vm2}} \approx 0.7$。又 $A_{\text{Vm1}} = 10$，所以前置级的整体放大倍数约为 7 倍。

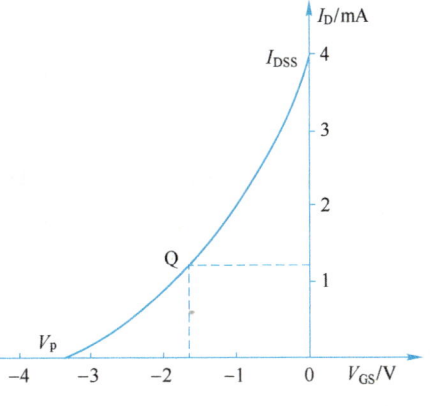

输入阻抗：$r_{i2} \approx R_5 = 1\,\text{M}\Omega$

输出阻抗：$r_\text{o} = R_6 /\!/ \dfrac{1}{g_\text{m}} \approx 479\,\Omega$

图 5-82　场效应晶体管转移特性曲线
（静态工作点的选取）

（4）晶体管射极跟随器的设计

选晶体管为 BF240，测得 $\beta_2 = 110$。

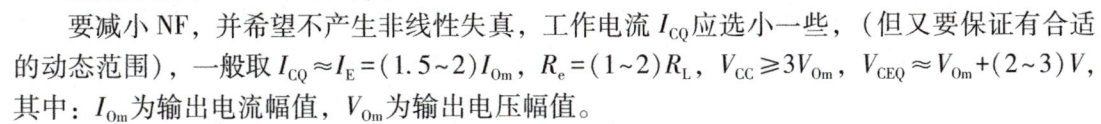

要减小 NF，并希望不产生非线性失真，工作电流 I_CQ 应选小一些，（但又要保证有合适的动态范围），一般取 $I_\text{CQ} \approx I_\text{E} = (1.5 \sim 2)I_{\text{Om}}$，$R_\text{e} = (1 \sim 2)R_\text{L}$，$V_\text{CC} \geqslant 3V_{\text{Om}}$，$V_\text{CEQ} \approx V_{\text{Om}} + (2 \sim 3)\,\text{V}$，其中：$I_{\text{Om}}$ 为输出电流幅值，V_{Om} 为输出电压幅值。

根据指标可知输入电压 $V_\text{i} \leqslant 100\,\text{mV}$，前级已求出电压放大倍数 $A_{\text{Vm1}} = 10$。

$\therefore$ 本级输入电压幅值为：$V_{i2m} = \sqrt{2} \cdot V_\text{i} A_{\text{Vm1}} = 1.4\,\text{V}$。

又 $\because$ 射极跟随器电压传输系数近似为 1，本级输出电压：$V_{\text{O2m}} = \sqrt{2} \cdot V_\text{i} A_{\text{Vm1}} = 1.4\,\text{V}$，所以可以选 $V_\text{CC} = 10\,\text{V}$。

设后级输入电阻（本级负载）$R_\text{L} = 20\,\text{k}\Omega$，则可求出：$I_{\text{O2m}} = \dfrac{V_{\text{O2m}}}{R_\text{L}} = 0.07\,\text{mA} \approx 0.1\,\text{mA}$。

由上经验公式确定，射极跟随器静态工作点取：$I_\text{CQ} = 2I_{\text{O2m}} = 0.2\,\text{mA}$，$I_\text{BQ} = \dfrac{I_\text{CQ}}{\beta_2} \approx 0.002\,\text{mA}$。取：$V_\text{EQ} = 5\,\text{V}$，$R_6 = R_\text{e} = \dfrac{V_\text{EQ}}{I_\text{CQ}} = 25\,\text{k}\Omega$。

为提高本级输入阻抗，I_R 可选小一些，但太小又影响偏置电路的稳定性，一般取 $I_R = 10I_{BQ} \approx 0.02 \text{ mA}$。所以 $R_5 = \dfrac{V_B}{I_B} = \dfrac{V_{EQ}+V_{BE}}{I_B} = 285 \text{ k}\Omega$（取 280 kΩ），$R_7 = \dfrac{V_{CC}-V_B}{V_B} \cdot R_5 = \dfrac{V_{CC}-V_{EQ}-V_{BE}}{V_{EQ}+V_{BE}} \cdot R_5 \approx 211 \text{ k}\Omega$（取 210 kΩ）。

输出阻抗：$r_o = R_e // \dfrac{R_S'+r_{be}}{1+\beta} \approx 423 \text{ }\Omega < 1 \text{ k}\Omega$，其中 $R_e = R_6 = 25 \text{ k}\Omega$，$R_S' = R_4 // R_5 // R_7 \approx 30 \text{ k}\Omega$，$r_{be} \approx r_{bb'}+(1+\beta)\dfrac{U_T}{I_{EQ}} \approx 300+(1+110)\dfrac{26}{0.2} \approx 14.7 \text{ k}\Omega$。

（5）Multisim 电路仿真

1）输出级为源极跟随器的前置级仿真

按以上的计算配置电路的参数，对电路进行瞬态分析，观察输入信号、共源放大电路和源极跟随器的输出信号，如图 5-83 所示。从图中游标 1 所对应的各曲线数值我们可以看到，一级为反向放大，放大倍数约为 6.1 倍，二级放大倍数约为 0.73 倍。电路总的放大倍数为 4.5 倍。

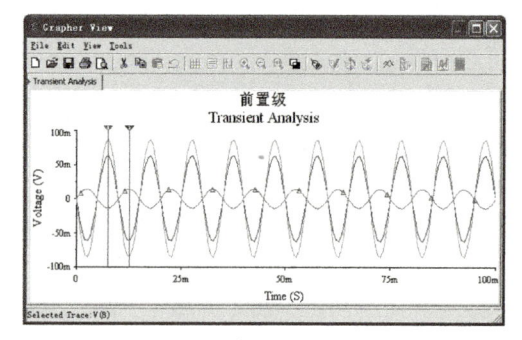

a）输出信号　　　　　　　　b）放大倍数

图 5-83　瞬态分析

由于理论计算参数不一定精确，会造成实际电路仿真结果和预期结果的差别。改变电阻 R_3 可以改变共源放大器的放大倍数。对 R_3 进行参数扫描分析，观察其阻值变化对输出端瞬态响应的影响，如图 5-84 所示，减小 R_3 的阻值可以增大放大倍数。

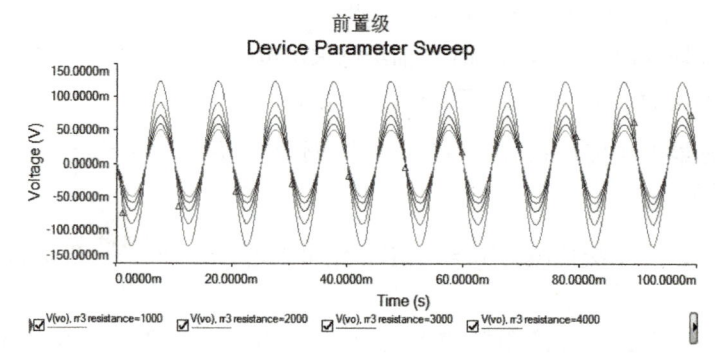

图 5-84　参数扫描分析

对电路进行交流分析，一级电路输出端和电路总输出端的幅频特性，如图 5-85 所示，电路的通频带接近 1 MHz，满足设计要求。

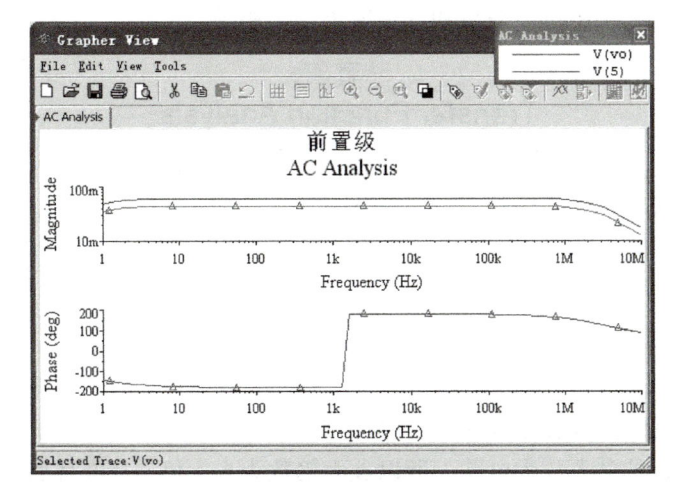

图 5-85　交流特性分析

对电路进行傅里叶分析，从图 5-86 的仿真结果可以看到电路的谐波失真很小，信号中的直流成分也很小。

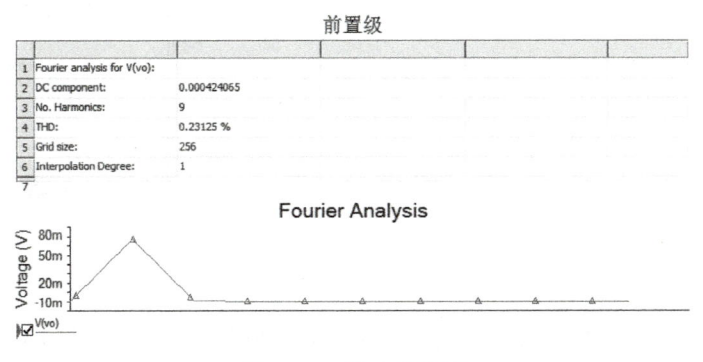

图 5-86　傅里叶分析

对电路进行温度扫描分析，结果如图 5-87 所示，温度大于 150℃ 时，电路性能发生变化。

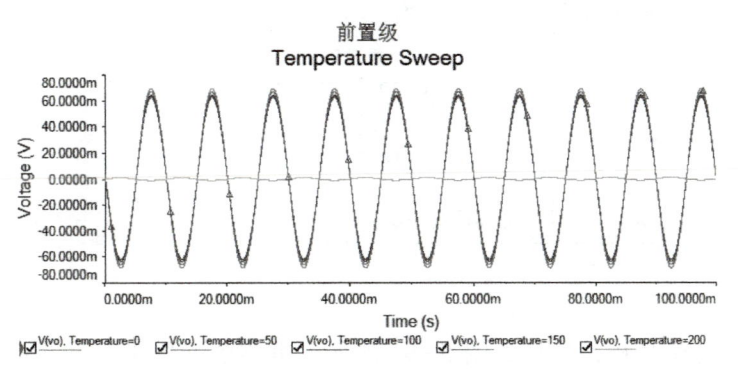

图 5-87　温度扫描分析

对电路进行传递函数分析，得到图 5-88 的传递函数分析结果。传递函数为 0 是因为软件设置此分析只针对直流小信号模型，而本电路为交流通路，且存在耦合电容，对直流信号起了割断作用。输入输出阻抗的分析和计算所得结果相近。

前置级
Transfer Function Analysis

	Analysis outputs	Value
1	Transfer function	0.00000e+000
2	vvi#Input impedance	1.00000 T
3	Output impedance at V(V(15),V(0))	827.61152

图 5-88　传递函数分析

2）输出级为晶体管射极跟随器的前置级仿真

输入级仍为上面的共源放大电路，所以放大倍数为 6.1 倍。接晶体管射极跟随器后，电路的输出如图 5-89 所示，此时射极跟随器的放大倍数不到 1，调节 R_5 和 R_7 的值可以改变电路的放大倍数。

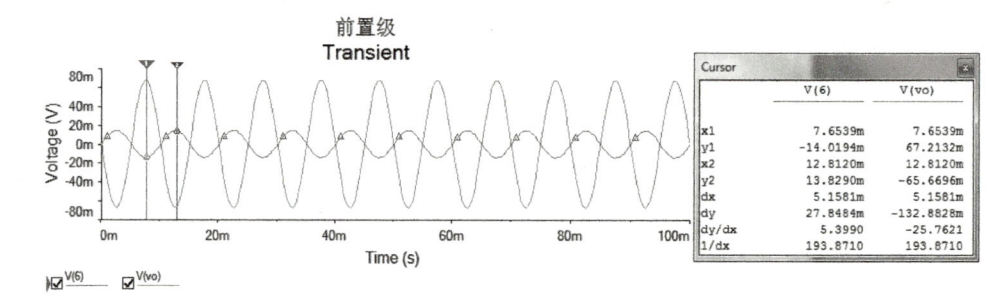

图 5-89　瞬态分析

分析晶体管基极和发射极的静态电压，如图 5-90 所示，可以看到 $V_E \approx 5\text{ V}$，且 $V_B \approx V_E + 0.7$。

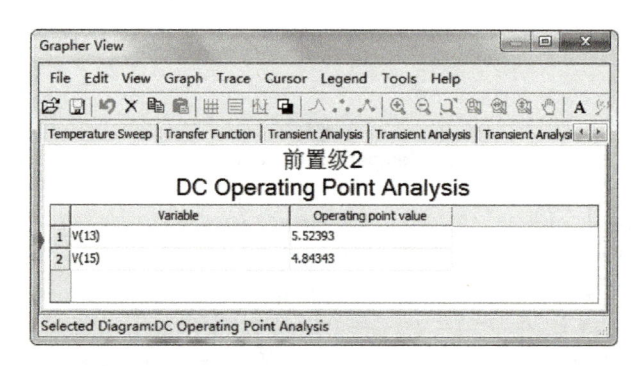

图 5-90　静态工作点分析

对电路进行交流分析，结果如图 5-91 所示，电路的通频带很宽，可以满足系统的要求。

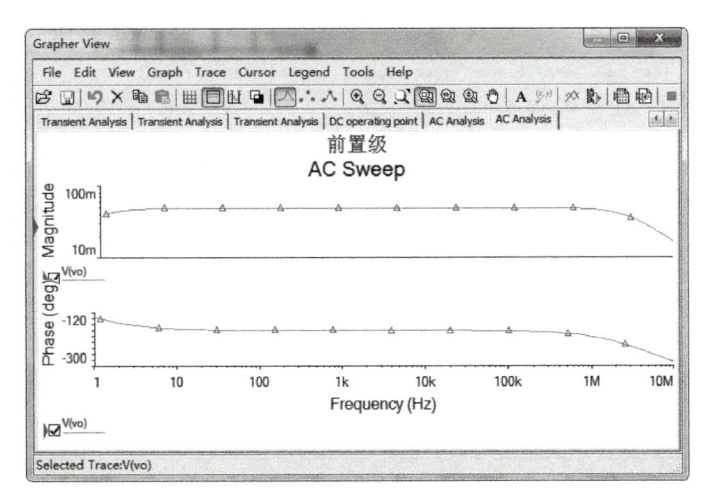

图 5-91 交流分析

当输入为标准正弦波信号时,对电路进行傅里叶分析,分析结果如图 5-92 所示。此电路的总谐波失真 THD 比输出极为源极跟随器的电路要大。

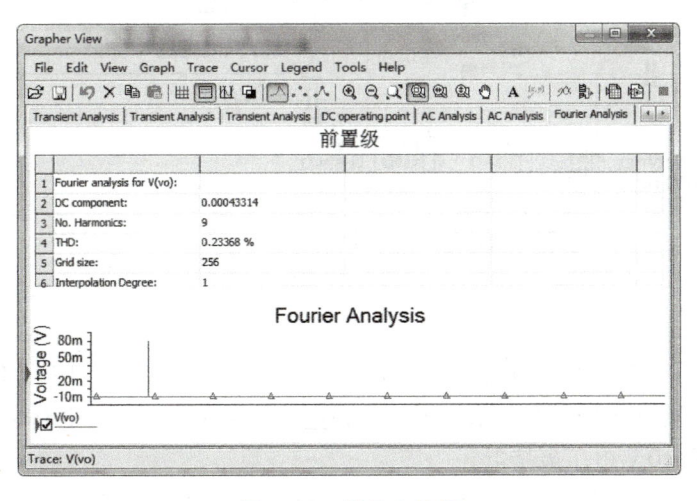

图 5-92 傅里叶分析

按上节的方法对电路进行传递函数分析,从图 5-93 的分析结果可以看到电路的输入输出阻抗。输出阻抗的大小和计算偏差较大,减小 R_5 和 R_7 的值可以减小输出阻抗,但这样也会使电压放大倍数减小。而更换放大倍数小的晶体管后,电路的性能仍不能达到要求,所以采用射极跟随器的电路性能不如采用源极跟随器的前置级电路性能好,故我们在后面的总电路设计中将采用源极跟随器作为前置级的输出级。

3)稳压源分压电路仿真

功放电路和音调调整电路的供电电源都为 15 V,而本级需要提供 10 V 的供电电压。所以需要在电源输出端加一分压电路,如图 5-94 所示。D1 为 10 V 的稳压二极管。C_5 可作为滤波电容滤除电网中的高频干扰。为了克服高频时大电解电容的电感效应,可在电路中并联一个 100 nF 的小电容。

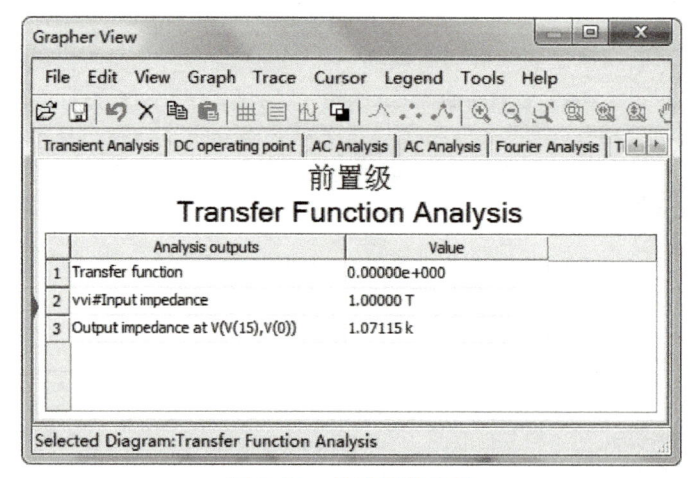

图 5-93　传递函数分析

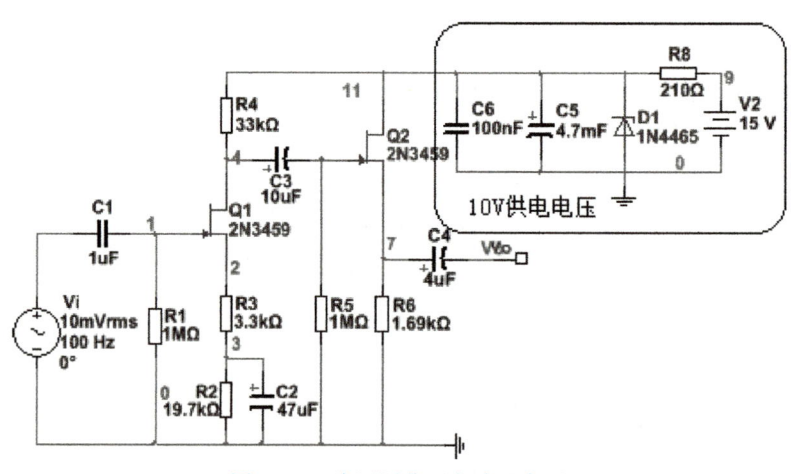

图 5-94　稳压源分压电路示意图

电阻 R_8 的另一个重要作用就是控制回路中的电流使之不超出稳压管的稳定电流范围，对 R_8 进行参数扫描，如图 5-95 所示，可以看到把电压源连入前置级电路中，当 R_8 选 210 Ω 左右，输出电压和 10 V 电压最接近。

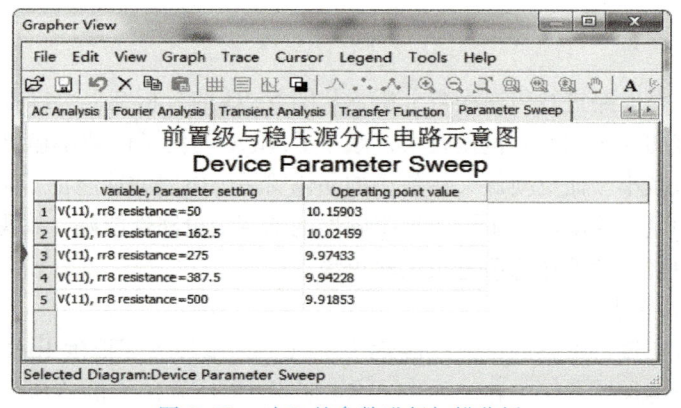

图 5-95　对 R_8 的参数进行扫描分析

4. 总体电路仿真分析

音频放大总体电路由以上分析的前置级、音调控制级和 OCL 功放级组成，如图 5-96 所

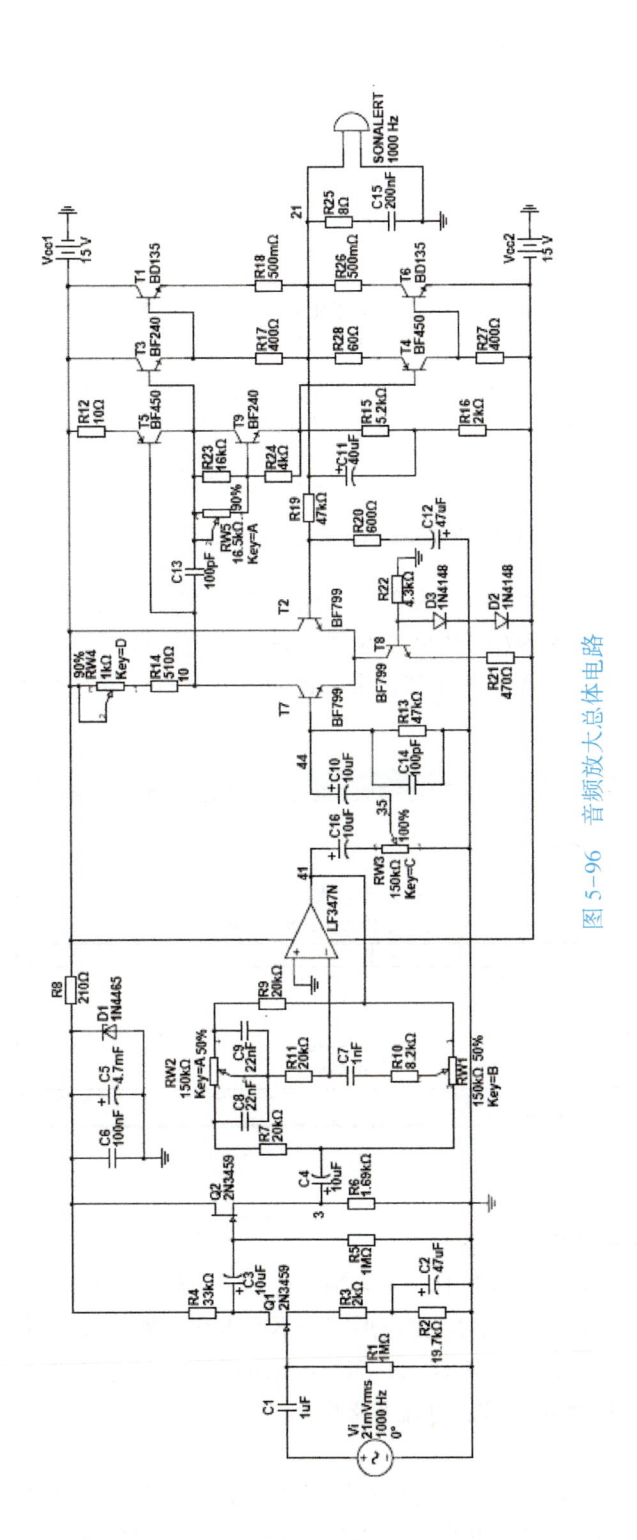

图 5-96 音频放大总体电路

示。为了控制音量,在音调控制电路的输出端通过耦合电容 C_{16} 接电位器 R_{W3},经分压后再由 C_{10} 送入 OCL 功率放大器。R_{W3} 的数值一般根据放大单元带负载能力来选择,本电路选择 R_{W3} 为 47 kΩ 的电位器,C_{16} 取 10 μF。考虑对小信号的放大能力,可适当减小 R_3 和 R_{20} 的阻值,以增加前置级和功放级的放大倍数。电路确定后,当输入的信号稍大,为防止削波失真,可调节 R_{W3},以获得理想的音质效果。

检查电路连接无误后,在 Multisim 中对整体电路进行仿真分析,测试电路的性能是否达到指标。

(1) 测量各级静态工作点

为保护功率管,首先负载开路测试。接通电源,先粗测各级管子静态工作情况,逐级检查各管 V_{BE} 和 V_{CE}。若发现 $V_{BE}=0$(管子截止)或 $V_{CE}≈0$(管子饱和)均属不正常。检查场效应晶体管 V_{GS} 和 V_{DS} 是否符合设计值。首先排除故障,再逐级调整工作点。

- 输出级:输出中点电位应为 0 V。若偏离 0 V,调节 R_{W4}。注意在调整时,R_{W4} 应由小到大,使 T_5 始终工作在放大区,防止 R_{W4} 过大烧毁 T_5。
- 前置级:调节 R_2,使 Q_1 管的源极电压 V_S 为设计数值。再调整 R_6,使 $V_{S2}=\dfrac{V_P}{2}$。

测量工作情况,要求输出端电压为 0 V。当供电电源微小变化时,对电路的输出端进行静态工作点分析,得到图 5-97 的结果,电路的静态输出接近于零。电源在允许范围内变化,偏移电压不应超过 100 mV。若偏移过大,说明互补对称管参数相差太大,或者差分对管不对称。

图 5-97 电路的静态输出

(2) 调试输出功率管静态电流

设置输入信号源参数,使 $f=1$ kHz,$V_i=20$ mA,R_{W1}、R_{W2} 置于中点,R_{W3} 置于最大,观察输出波形,调 R_{W5} 使波形刚好不产生交越失真,这时测出输出的静态电流(不加 V_i),$I_i≤(20~30)$ mA 即正常。在电路的输出端加探针,如图 5-98 所示,静态电流非常微小。

(3) 测输出最大功率

在前一步的基础上,逐渐加大 V_i 波形刚好不产生谐波失真。此时对电路进行傅里叶分析,如图 5-99 所示,电路总的谐波失真度 THD ≤ 3%。此时电路的输出电压最大,对电路添加探针,测得输出的电压电

图 5-98 静态电流的观察

流值，如图 5-100 所示。根据 $P_{\text{Om}} = \dfrac{V_{\text{Om}}^2}{R_{\text{L}}} = \dfrac{12.15^2}{8} \approx 18.45$，此数值大于设计指标。

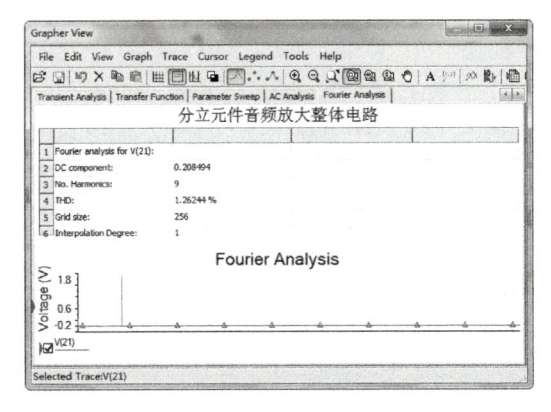

图 5-99　电路总的谐波失真

图 5-100　输出最大功率下输出探针显示

（4）测输入灵敏度

变化 V_i，使 P_{Om} 为指标要求的数字，侧 $V_i \leqslant 100\,\text{mV}$ 即可。

（5）测频率响应

保持 $V_i = 10\,\text{mV}$ 恒定，进行交流分析以观察电路的幅频特性，如图 5-101 所示。游标 1 和 2 分别指示了 20 Hz 和 20 kHz 下电路的输出电压值。这两个频率值都处于通带范围内。

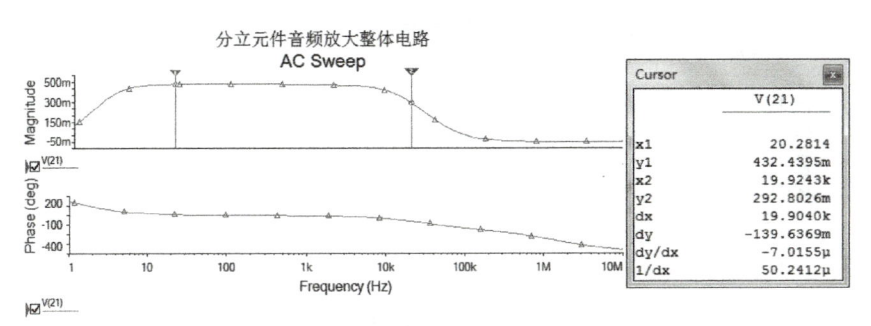

图 5-101　交流特性分析

在 20 Hz 和 20 kHz 下对电路进行瞬态分析，瞬态响应分别如图 5-102a 和图 5-102b 所示。

（6）失真度测量

当输入信号为 10 mV 正弦波，在表 5-1 所列的频率下分析电路总的失真度 THD。

表 5-1　失真度测量

频率	20 Hz	100 Hz	1 kHz	5 kHz	20 kHz
失真度	1.17%	0.41%	0.048%	0.047%	0.11%

（7）测量噪声电压

R_{W1}、R_{W2} 置于中点，R_{W3} 最大，V_i 短路，观察输出波形如图 5-103 所示。电压有效值 V_{rms} 远小于 15 mV，满足设计要求。

a) 20Hz下瞬态响应

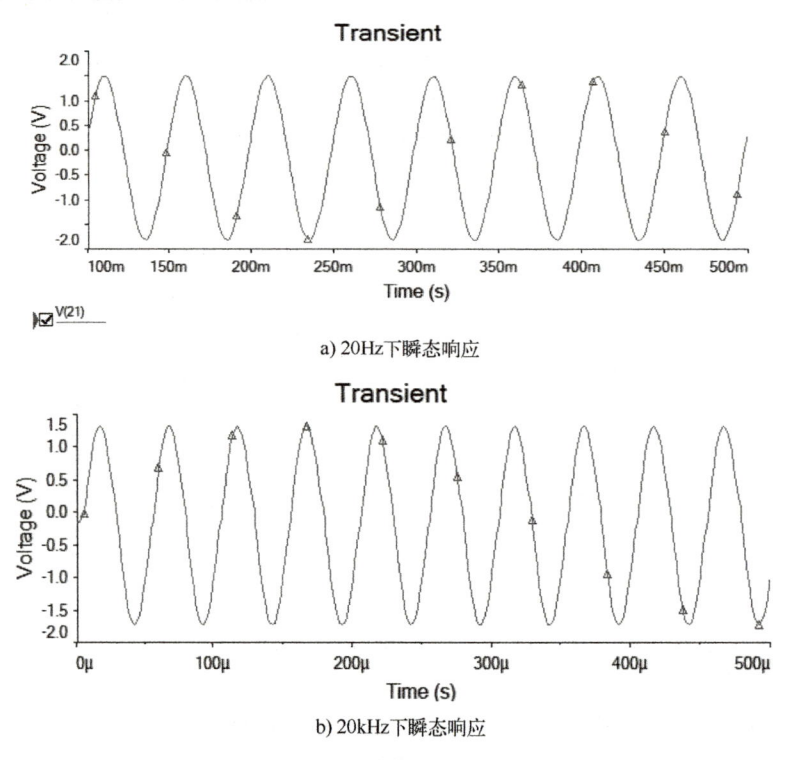

b) 20kHz下瞬态响应

图 5-102 瞬态分析结果

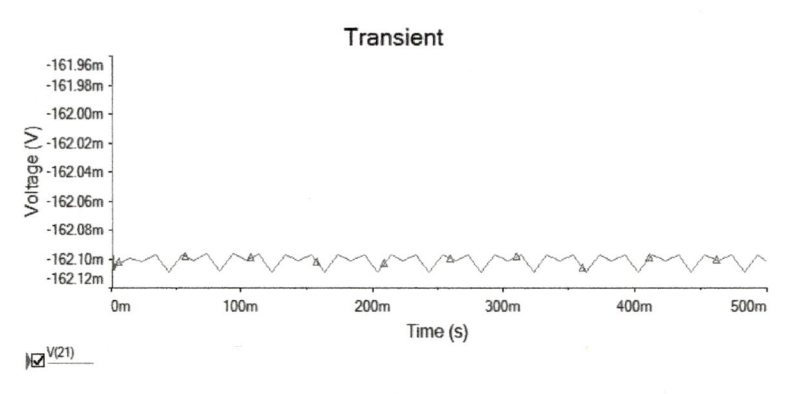

图 5-103 噪声电压测量

（8）测音调控制电路的高低音控制

使 V_i = 10 mV，R_{W3} 不动，A、C 点观察电路高音提升和低音提升的交流特性，如图 5-104a 所示。然后将 R_{W1}、R_{W2} 滑至 B、D 点观察高音衰减和低音衰减的交流特性，如图 5-104b 所示。

由以上的分析可知，电路的仿真设计完全达到设计要求。在参数满足要求的情况下，本文电路中所用的元器件，可以用其他的元件代替。但替换后电路其他元器件参数也应做相应的调整。

5. 硬件电路调试与电路散热问题

我们可以根据软件仿真的结果来合理设计硬件电路。实际的电路搭建起来后，我们需要检查电路元件焊接是否正确、可靠，注意元件的位置、管子型号、引脚是否接对，电解电容极性要正确无误；检查电源电压是否正确，正负电源电压数值要对称，要符合设计要求，接线要对。电路检查无误后，可按软件仿真调试的步骤对硬件电路进行调试，测试电路的接法如图 5-105 所示。电路测试通过后，输出接扬声器负载，开机后无 V_i 时，不应有严重的交流声。用收录机输入信号，加大 R_{W3}，则音量应逐渐加大。调 R_{W1} 和 R_{W2}，高低音应有明显变化，不应出现噪声。

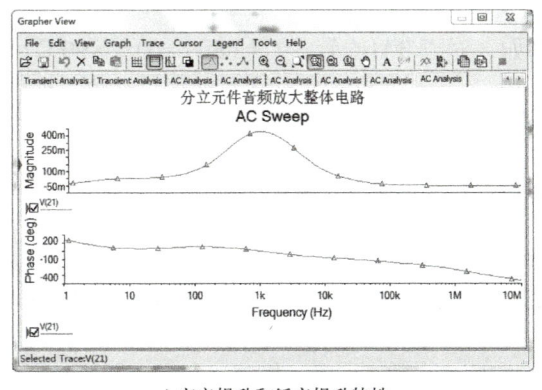

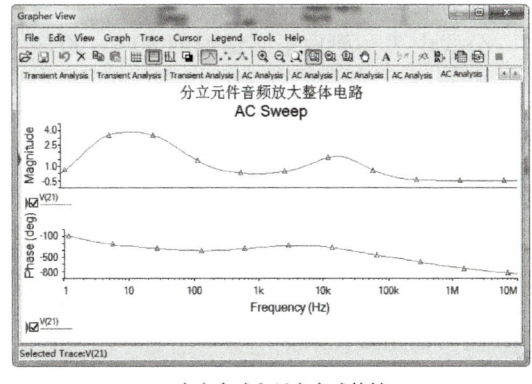

a) 高音提升和低音提升特性　　　　　　　b) 高音衰减和低音衰减特性

图 5-104　音调控制电路特性

电路制板前我们应考虑大功率管的散热问题。晶体管工作时，电流流过集电极，集电结会发热，而热量发散到外部空间，要受到一定的阻力，这种阻力称为热阻，用 R_T 表示。R_T 越小，管子热量越易于发散出去。

总热阻的计算公式为：

$$R_T = R_{TJC} + R_{TCH} + R_{THA} \quad (5-19)$$

其中，R_{TJC} 为集电极至管壳之间的热阻，可由管子手册查得。

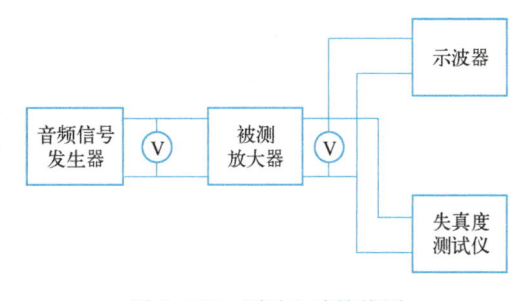

图 5-105　测试电路接线图

R_{TCH} 取决于管子和散热板之间是否垫有绝缘层、两者之间的接触面积和紧固程度，一般取值为 0.1~3℃/W。增大接触面（接触面光滑或涂上硅油脂）、增大接触压力、减小绝缘层厚度，甚至在可能的情况下取消绝缘垫片都能使 R_{TCH} 降低。

R_{THA} 为散热器到空间的热阻，其大小取决于散热板表面积、薄厚、材料、颜色表面状态和散热的放置位置。散热面积越大，热阻就越小；散热装置经氧化处理涂黑后，可使其热辐射加强，热阻也可减小；因垂直放置空气对流好，所以垂直放置比水平放置的热阻小。R_{THA} 与散热板面积可按表 5-2 进行估算。散热板较厚且垂直放置时，表中数值取下限；较薄且水平放置时取上限。

表 5-2　散热片面积与热阻的关系

散热板面积/cm²	100	200	300	400	500	600
R_{THA}/(℃/W)	4.5~6	3.5~4.5	3~3.5	2.5~3	2~2.5	1.5~2.5

散热器包括平板散热器和散热型材。目前，利用铝镁合金挤压型材做成的散热器已获得广泛的应用。铝型材散热器的热阻 R_{THA} 决定于它的包络体积 $V = H \times B \times L$。

散热器的尺寸可按以下计算过程来确定：

设总热阻为：

$$R_T = \frac{T_j - T_a}{P_{CM}} \tag{5-20}$$

其中，T_j 为管子最高结温；

T_a 为最高工作环境温度。

公式中 T_j 一般取最高结温的 80%～90%。例如，对于 3AD6 管，$T_j = (80 \sim 90)\% \times 90℃ \approx 80℃$。参看其手册得：$R_{TJC} = 2℃/W$，若要求 $P_{CM} = 8\,W$，$T_a = 40℃$，则 $R_T = \frac{T_j - T_a}{P_{CM}} = \frac{(80-40)℃}{8\,W} = 5℃/W$。若不加绝缘材料，且表面接触良好，则 $R_{TCH} \approx 0$，则

$$R_{THA} = R_T - R_{TJC} = 5℃/W - 2℃/W = 3℃/W$$

1）若采用平板散热器，如图 5-106a 所示，可得其散热板面积 $A \geq 300\,cm^2$，厚度 $d = 3\,mm$ 时可满足要求。

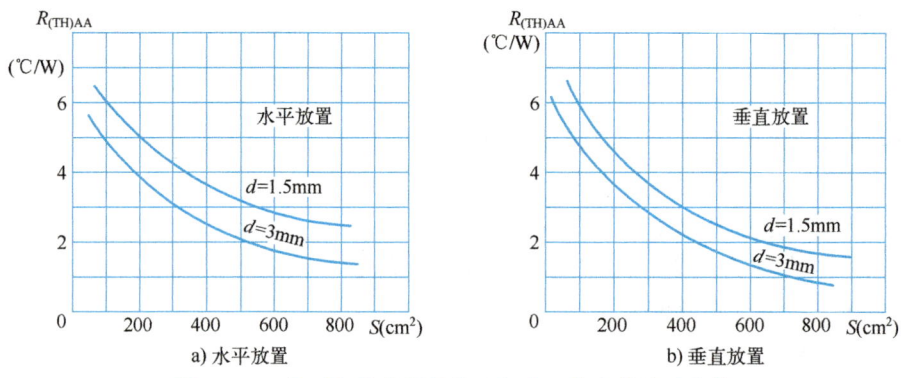

图 5-106　铝平板散热器的热阻与表面状态的关系曲线

2）若用铝型材散热器，3℃/W 的热阻对应得包络体积 $V = 150\,cm^3$，实际选取采用的体积 $V' = (1.5 \sim 2)V$，若取系数为 1.5，则 $V' = 1.5 \times 150\,cm^3 = 225\,cm^3$。若选 XC766 型，则 $B = 89\,mm$，$H = 40\,mm$，所以型材长度 $L = \frac{V'}{B \times H} = \frac{225}{8.9 \times 4} = 6.3\,cm$。

5.3.2　集成运放音频放大电路设计

音频功率放大电路不仅要求对音频信号进行功率放大，以足够的功率驱动扬声器发声，同时还要求音质效果良好。要实现功率放大，不仅要求对电流进行放大，而且要求有足够的电压放大倍数。利用集成运放对电压信号进行放大，不仅可减小元器件的数量，而且会使电路更加稳定。根据设计要求，在输入电压幅度为（5～10）mV、等效负载电阻 R_L 为 8 Ω 下，放大通道应满足额定输出功率 $P_{OR} \geq 2\,W$。设输出电压有效值为 U_{rsm}，输出功率为 P_O，则

$$U_{rsm} = \sqrt{P_O R_L} \geq 4$$

所以总体电路要求的电压放大倍数为预期的输出电压值除以输入电压值再加上一定的设计余量，为 500～1000 倍。单级放大不易实现如此大的放大倍数而同时保持电路性能。所以需要采取多级放大的合理连接。考虑多级放大电路虽然可以提高电路的增益，但级数太多也会使通频带变窄。所以下面采用三级放大设计，一级、二级电路组合以实现电压放大（各

提供20倍的放大倍数），同时加入改善音质的设计（滤波），第三级功放放大电流同时对电压放大倍数进行调节。

和晶体管功率放大器设计相同，为了保证电路安全可靠，通常使电路最大输出功率 P_{Om} 比额定输出功率 P_O 要大一些。一般取 $P_{Om}=(1.5\sim2)P_O$，所以最大输出电压应根据 P_{Om} 来计算 $V_{Om}=\sqrt{2P_{Om}R_L}$，因为考虑管子饱和压降等因素，放大器 V_{Om} 总是小于电源电压。

令：$\eta=\dfrac{V_{Om}}{V_{CC}}$ 称为电源电压利用率，一般为 0.6~0.8。

因此，$V_{CC}=\dfrac{1}{\eta}V_{Om}=\dfrac{1}{\eta}\sqrt{2P_{Om}R_L}=\dfrac{1}{0.6}\sqrt{2\times2\times2\times8}\,\text{V}=\dfrac{8}{0.6}\,\text{V}=13.3\,\text{V}$

以上指单边电源电压。再考虑功放的供电电源大小，最后选择 V_{CC} 为 15 V。

1. 前置放大电路设计

前置放大电路的作用是先对微弱的输入信号进行电压放大，以保证足够的音量。如图 5-107 所示，这是一个反向比例放大电路，参数设置如图中所示。电路输入为 10 mV 的交流源，产生 1 kHz 的正弦波信号。电容 C_1 是耦合电容，其容抗远小于放大器的输入电阻，它的作用是使前后两级电路的静态工作点的配置相互独立，有隔直的功能。扬声器上若叠加有直流成分，受话器线圈的位置就会发生偏移，从而增大失真，严重时甚至会因发热而烧断受话器线圈。

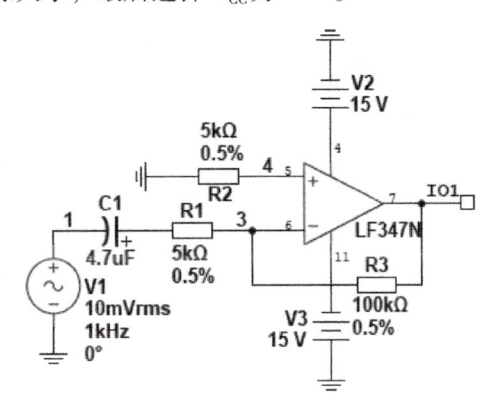

图 5-107 前置放大电路

音频功放设计要求电路有足够的带宽，噪声足够小，以及谐波失真足够小，这就要求合适选择各级电路中运放值。LF347 是一种低功耗、高速四片集成 JFET 输入运算放大器，它的主要性能指标如下：

- 低输入偏置电流：50 pA。
- 低输入噪声电流：$0.01\,\text{pA}/\sqrt{\text{Hz}}$。
- 宽增益带宽：4 MHz。
- 高回转率：13 V/μs。
- 低供电电流：7.2 mA。
- 高输入阻抗：1012 Ω。
- 低总谐波失真：$A_V=10$ 时小于 0.02%（$R_L=10\,\text{k}\Omega$，$V_O=20V_{p-p}$，$BW=20\,\text{Hz}\sim20\,\text{kHz}$）。
- 功率消耗：1000 mW。

下面对前置放大电路进行一系列仿真来分析电路的性能。

（1）交流分析

进行交流分析时首先应该双击打开输入信号源 V1，对交流分析的幅度进行设置（详见项目3交流分析一节）。交流分析的结果如图 5-108a 所示，单击显示游标按钮可在图上显示准确的值。中心频率约为 1 kHz，对应增益为 19.9958。通带截止频率处增益为 19.9958×0.707=14.137，而这个增益对应的频率为 6.8299 Hz 和 143.2905 kHz，具体数值见图 5-108b。可见一级放大有足够宽的带宽。由交流分析图可以看出低频有衰减，这是由于电容 C_1 的作用。

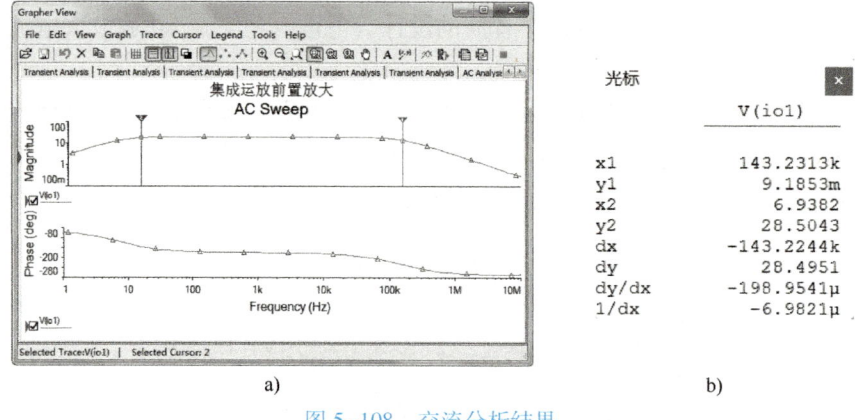

图 5-108 交流分析结果

（2）瞬态分析

图 5-109 为第一级放大输入端和输出端的瞬态分析。由于放大器接成反相放大，所以输入输出波形相反，输出波形基本不失真。

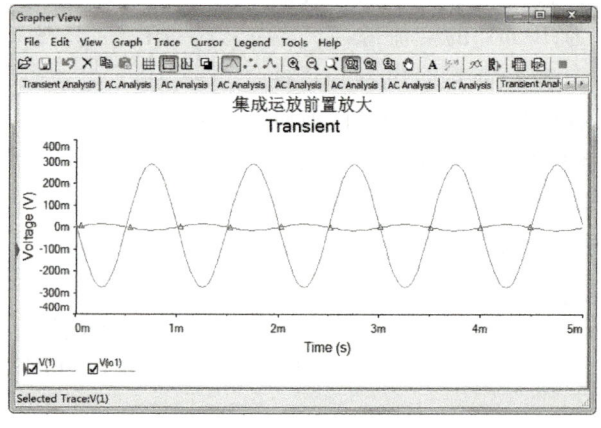

图 5-109 瞬态分析

（3）傅里叶分析

对电路进行傅里叶分析，如图 5-110 所示。选择仿真结果中的表格，单击对话框右上方的输出到 Excel 按钮，可生成关于傅里叶分析的 Excel 图表，见表 5-3。本电路的非线性失真度很小，各次谐波的幅值很小，可以忽略不计。

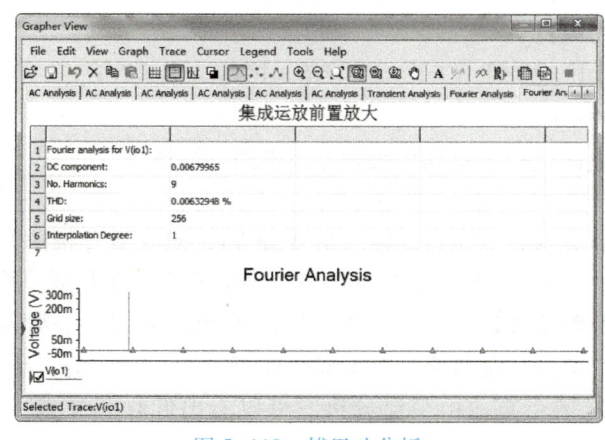

图 5-110 傅里叶分析

表 5-3 傅里叶分析具体结果

直流分量	0.00679964
谐波序号	9
失真率	0.00632948%
网格尺寸	256
插值度	1

谐 波	频 率	量 级	阶 段	标准幅值	标准阶段
1	1000	0.282665	179.986	1	0
2	2000	1.21644E-005	1.6173	4.30347E-005	-178.37
3	3000	8.15576E-006	2.04712	2.88531E-005	-177.94
4	4000	6.0839E-006	2.94356	2.15234E-005	-177.04
5	5000	4.82381E-006	4.01683	1.70655E-005	-175.97
6	6000	4.05779E-006	4.33434	1.43555E-005	-175.65
7	7000	3.56015E-006	4.50964	1.2595E-005	-175.48
8	8000	3.0453E-006	5.7411	1.07736E-005	-174.25
9	9000	2.6284E-006	7.20387	9.29866E-006	-172.78

(4) 噪声分析

如图 5-111 是由噪声分析所得的噪声谱密度曲线，其中有标记的曲线是输入噪声的谱密度曲线，没有标记的是输出噪声的谱密度曲线。输入输出噪声是由各元件产生的各类噪声在输入输出端等效而来的，单位是 V^2/Hz。

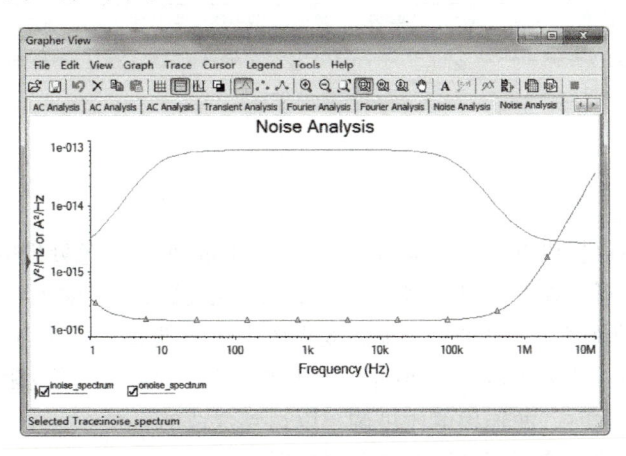

图 5-111 噪声谱密度曲线

(5) 交流灵敏度分析

下面分析电容 C_1 和电阻 R_2 关于电路交流特性的灵敏度。由图 5-112 可得，电容 C_1 的灵敏度随频率增加而减小，而电阻 R_2 的灵敏度随频率的增大而增大。但总体电容的灵敏度高于电阻的灵敏度。图 5-112 游标指示 20 Hz 和 20 kHz 处元件的灵敏度，其中，有标记的曲线是 C_1 的灵敏度分析，没有标记的曲线是 R_2 的灵敏度分析。

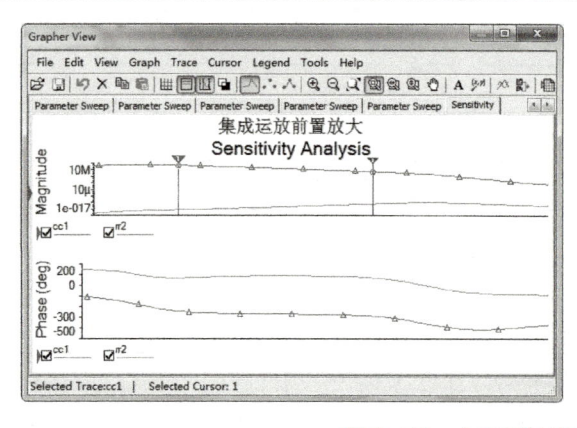

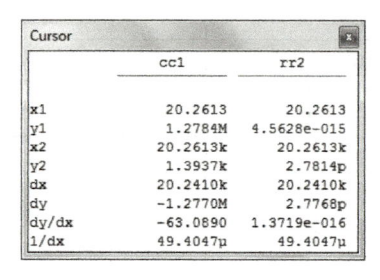

图 5-112　交流灵敏度分析

(6) 参数扫描分析

下面分析电容 C_1 对系统交流特性的影响。由图 5-113 可知电容越小，它的容抗越大，从而对低频信号的抑制作用越强。

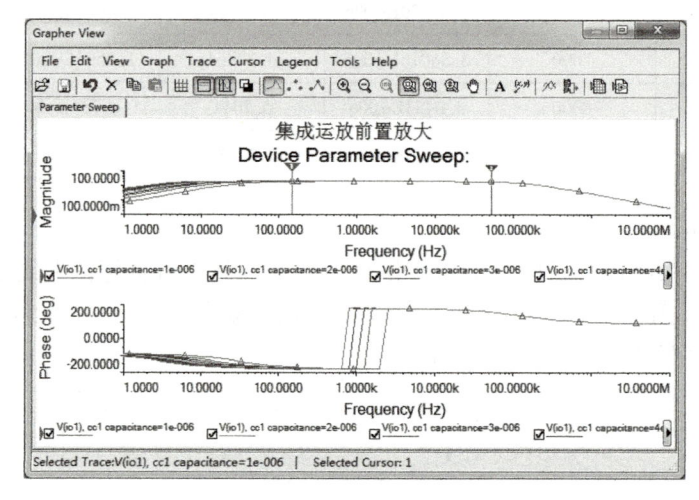

图 5-113　参数扫描分析

2. 音频功率放大器二级电路设计

二级放大电路不仅提供进一步的电压放大倍数，同时加入音色处理电路，还可对输出的幅度进行调节，电路形式如图 5-114 所示，各元件参数已设定。输入信号首先通过一个高通滤波电路滤除低频噪声（意外的振动输入麦克风中形成低频干扰使声音失真），然后通过一个反向电压放大器，放大倍数约为 20 倍，最后电路输出接一滑动变阻器，作用是当输入电压在一个范围内变化时，使输出电压可调，以达到合适的音量。

下面对这个电路的性能用 Multisim 来进行分析。

(1) 交流分析

高通滤波器的截止频率 $f_p = \dfrac{1}{2\pi R_2 C_1} = \dfrac{1}{2\pi \times 10^4 \times 10^{-6}}$ Hz ≈ 15.9 Hz。对此高通滤波器进行交流仿真，得到图 5-115 的结果图。由图得到的截止频率处的增益为中心频率（1 kHz）处增益的 0.707 倍，这个值如图 5-115b 所示，对应的截止频率约为 25 Hz。理论计算值和电路仿真结果存在一定差异，是由于带负载后使截止频率升高。

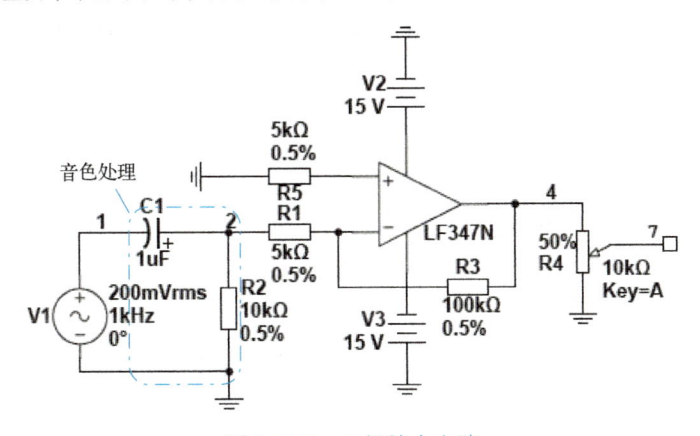

图 5-114　二级放大电路

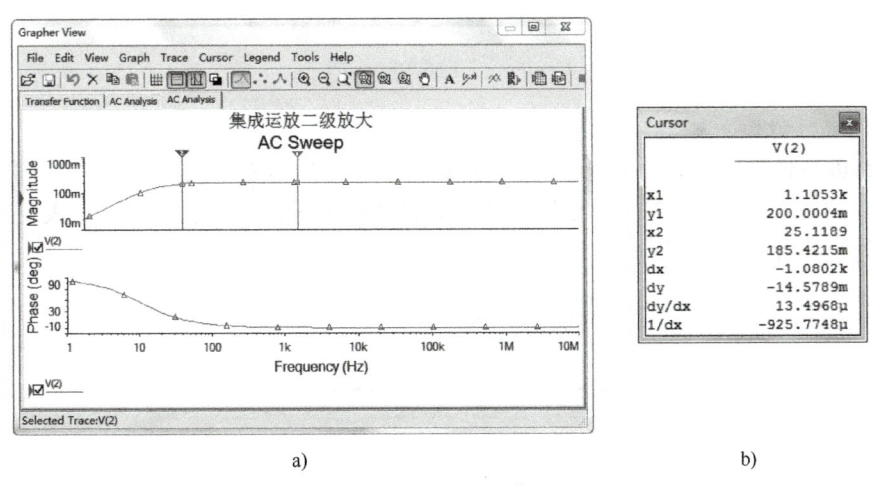

图 5-115　高通滤波器频率特性

整个电路的交流分析如图 5-116 所示，电压放大倍数由于反向比例放大器而提升，通带从 51 Hz 提升到 85.36 kHz。把电容的值增大到 4.7 μF，可使低频截止频率扩展到 17 Hz 左右。

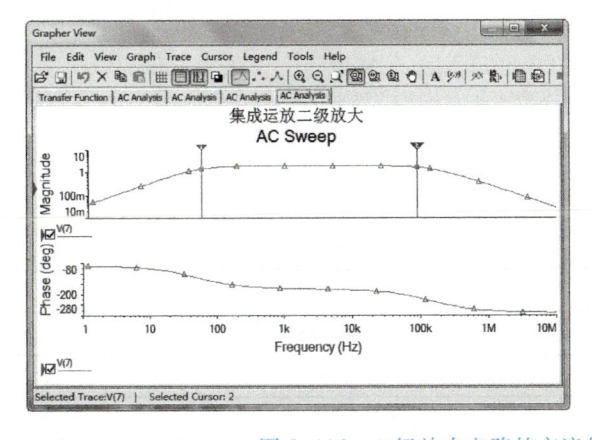

图 5-116　二级放大电路的交流分析

(2) 瞬态分析

当设定输入信号约为 200 mV，输出滑动变阻器滑到中间位置时，输出端的瞬态响应如图 5-117 所示。

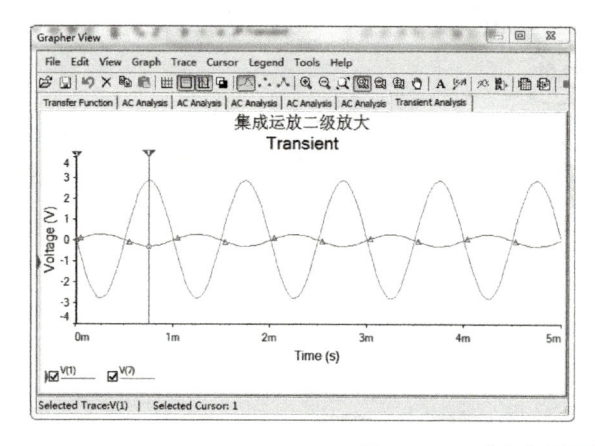

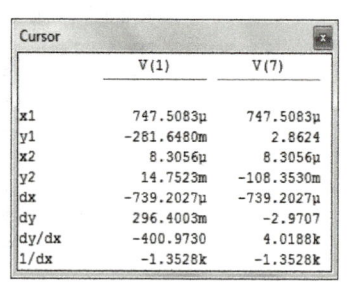

图 5-117　瞬态分析结果

(3) 傅里叶分析

对电路进行傅里叶分析，如图 5-118 所示。选择仿真结果中的表格，单击对话框右上方的输出到 Excel 按钮，可生成关于傅里叶分析的 Excel 图表，见表 5-4。由表可知，二级放大电路的非线性失真度很小。

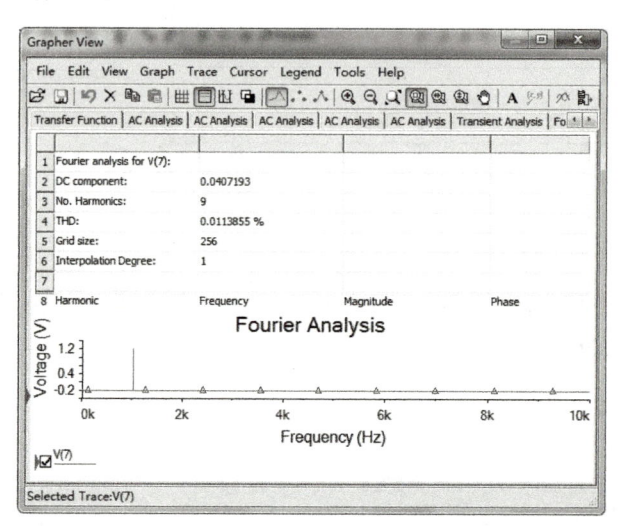

图 5-118　傅里叶分析

表 5-4　傅里叶分析具体结果

直流分量	0.0407193
谐波序号	9
失真率	0.0113855%
网格尺寸	256
插值度	1

（续）

谐 波	频 率	量 级	阶 段	标准幅值	标准阶段
0	0	0.0407193	0	0.0144069	0
1	1000	2.82637	-179.82	1	0
2	2000	0.000219	1.70428	7.75E-05	181.527
3	3000	0.000146	2.2074	5.16E-05	182.03
4	4000	0.00011	2.97202	3.87E-05	182.795
5	5000	8.79E-05	3.8235	3.11E-05	183.646
6	6000	7.3E-05	4.33669	2.58E-05	184.16
7	7000	6.33E-05	4.68648	2.24E-05	184.509
8	8000	5.48E-05	5.72551	1.94E-05	185.548
9	9000	4.81E-05	6.88723	1.7E-05	186.71

（4）噪声分析

如图 5-119 是由噪声分析所得的噪声谱密度曲线，其中没有标记的曲线为输入噪声，有标记的曲线是输出噪声，输入输出噪声是由各元件产生的各类噪声在输入输出端等效而来的，单位是 V^2/Hz。

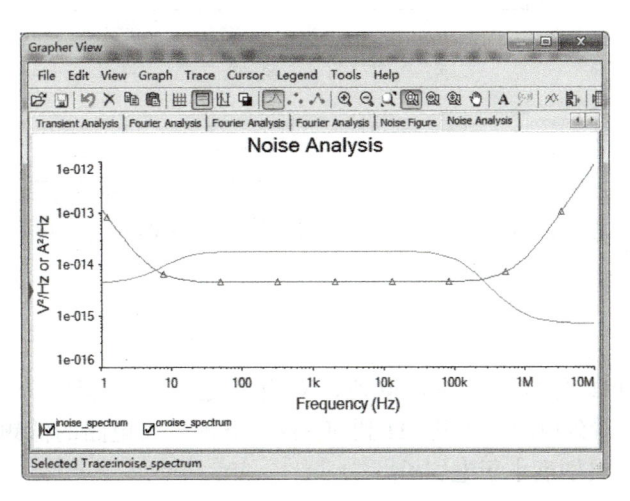

图 5-119　噪声谱密度曲线

（5）交流灵敏度分析

对高通滤波器中的 C_1 和 R_2 进行交流灵敏度分析如图 5-120 所示，其中有标记的曲线是 C_1 的灵敏度分析，没有标记的曲线是 R_2 的灵敏度分析。电容的交流灵敏度大于电阻。

（6）参数扫描分析

上面分析了高通滤波器的交流特性，下面具体分析电阻电容的取值对交流特性的影响。电容 C_1 取值从 1 μF 到 20 μF，从图 5-121 的交流扫描曲线可以看到电容越小，截止频率越高。

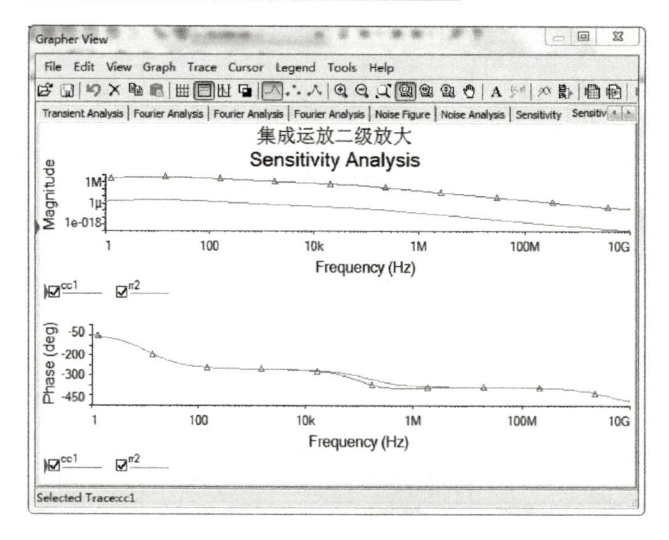

图 5-120 交流灵敏度分析

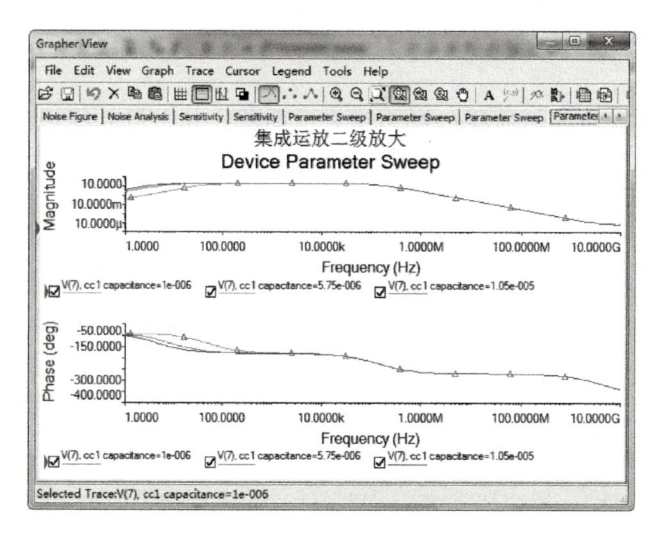

图 5-121 参数扫描分析

当电阻 R_2 在 1 kΩ 到 50 kΩ 均匀取值,对电路进行基于交流分析的参数扫描,如图 5-122 所示,可以看到电阻从十几 kΩ 到 50 kΩ 变化时,对电路的低频特性影响不大,即反映了电阻 R_2 的交流灵敏度小于电容 C_1。

3. 功率放大电路设计

和晶体管音频功率放大器一样,我们选择甲乙类无输出电容(Output Condensert Less,OCL)电路作为输出功率放大器。甲乙类功放前接一同相放大电路作为推动电路,如图 5-123 所示,电压放大倍数为 $1+\dfrac{R_3}{R_2}$,调节 R_3 的阻值,可实现输出电压大小的控制,同时电阻 R_3 连接到输出端,引入了负反馈,使电路系统稳定。为了不使电阻上消耗的功率太大,R_6 和 R_7 的阻值应小于 0.5 Ω。由于仿真库里没有扬声器,输出端接的是蜂鸣器,阻值约为 8 Ω。

下面我们先分析电路的静态工作点:当图 5-123 所示的电路中输入信号为 0 时,5 点电压近似为 0,所以

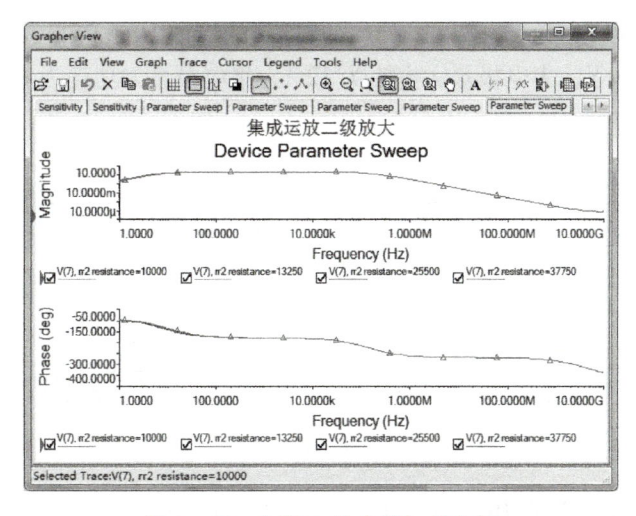

图 5-122　电阻 R_2 的参数扫描分析

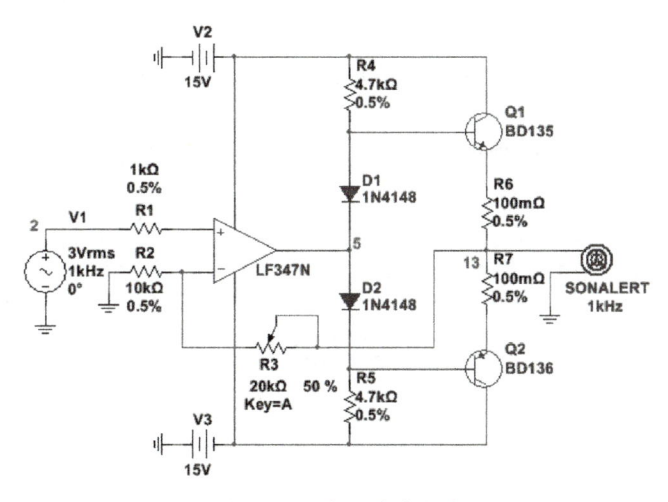

图 5-123　实际功放电路

$$i_{Q1B} = \frac{V_{CC} - V_{D1}}{R_4} = \frac{15 - 0.7}{4700} \approx 3.04 \text{ mA}$$

甲乙类放大器要求 i_C 不能太大，否则静态功耗太大。所以应选择合适的 R_4 和 R_5 的值，一般情况下，使 i_B 小于 5 mA 即可。

在 OCL 功率放大电路中，晶体管的选择有一定的要求。首先，NPN 和 PNP 的特性应对称。其次，还应考虑晶体管所承受的最大管压降、集电极最大电流和最大功耗。

本设计中在选择晶体管时，应满足：

$$\begin{cases} U_{CEO} > 2V_{CC} = 30 \text{ A} \\ I_{CM} > \dfrac{V_{CC}}{R_L} \approx 1.88 \text{ A} \\ P_{CM} > 0.2 P_{O\max} \end{cases}$$

可选择 BDX53/54F 作为输出晶体管。BDX53/54F 是一对互补的功率晶体管，其内部结构如图 5-124 所示。用复合管代替单管可增加电流放大倍数，使输出功率增加。输出二极管起到防止晶体管一次击穿的作用。R_1 和 R_2 的阻值分别为 $10\,\text{k}\Omega$ 和 $150\,\Omega$。查阅数据手册可知，最大管压降为 $160\,\text{V}$，集电极最大电流为 $12\,\text{A}$，集电极最大功耗为 $60\,\text{W}$，所有这些参数远大于最低标准值。

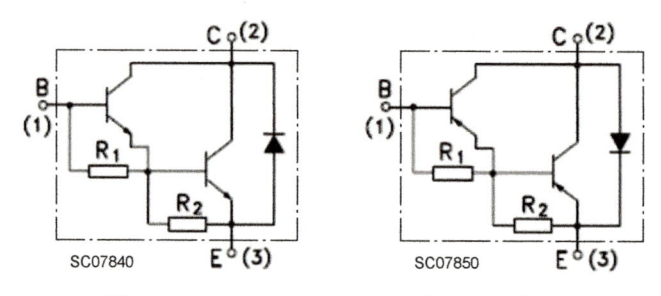

图 5-124　BDX53F 和 BDX54F 的内部结构图

仿真时由于元件库中没有 BDX53/54F，可用 BD135/136 代替，但这两个管子都是单管，最大管压降为 $45\,\text{V}$，集电极最大电流为 $3\,\text{A}$，集电极最大功耗为 $12.5\,\text{W}$，性能上远不如 BDX53/54F，但仍满足要求。

下面用 Multisim 对这个功放电路进行仿真分析。

（1）交流分析

对电路进行交流分析，得到图 5-125 的结果。可以看到功率放大电路具有很宽的带宽。

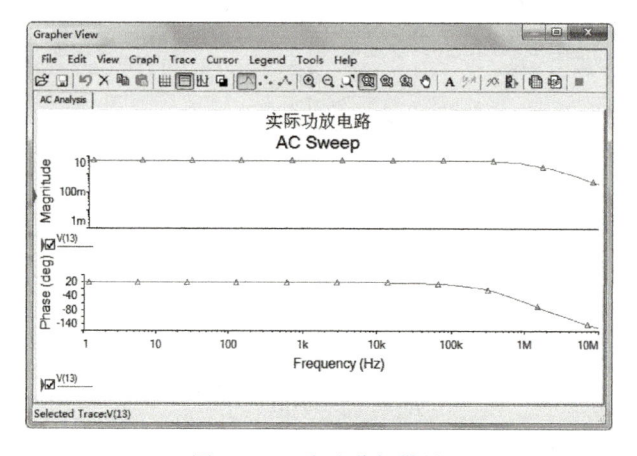

图 5-125　交流分析结果

（2）瞬态分析

在输入 $3\,\text{V}$ 交流信号，滑动变阻器中心抽头位于中间位置时，电路的瞬态响应如图 5-126 所示。

（3）噪声分析

对电路进行噪声分析，可得噪声谱密度曲线如图 5-127 所示，有标记的曲线是输入噪声的谱密度曲线，没有标记的是输出噪声的谱密度曲线。当频率大于 $1\,\text{M}$ 时，噪声明显增加。

（4）参数扫描

把滑动变阻器 R_3 用普通电阻代替，然后对 R_3 进行参数扫描，分析 R_3 对系统交流特性的影响，结果如图 5-128 所示。我们可以看到当反馈电阻越小，带宽越宽，即电路增益越小，带宽越宽。

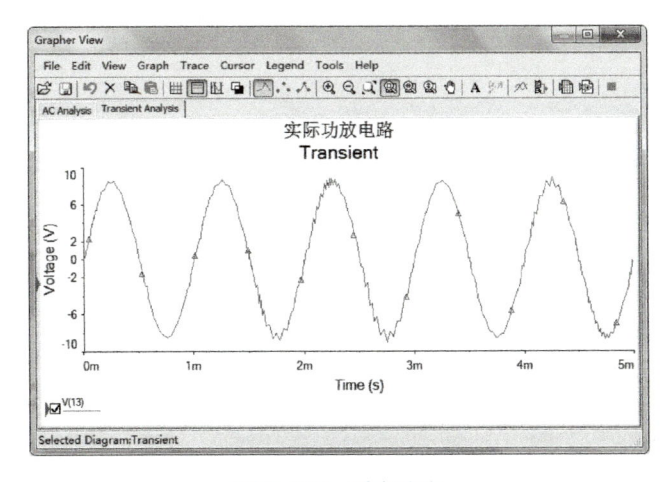

图 5-126　瞬态响应

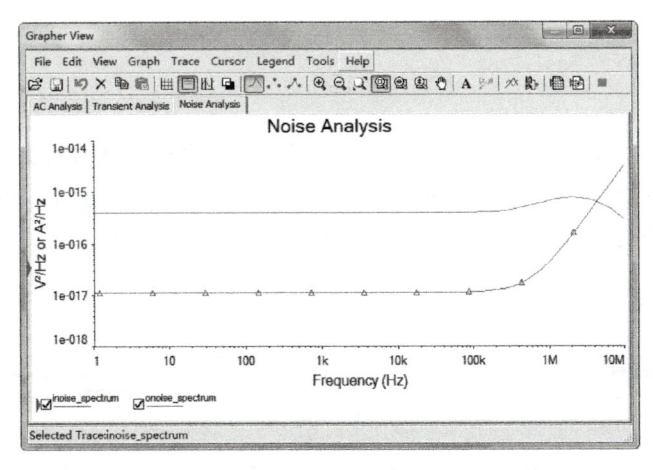

图 5-127　噪声谱密度曲线

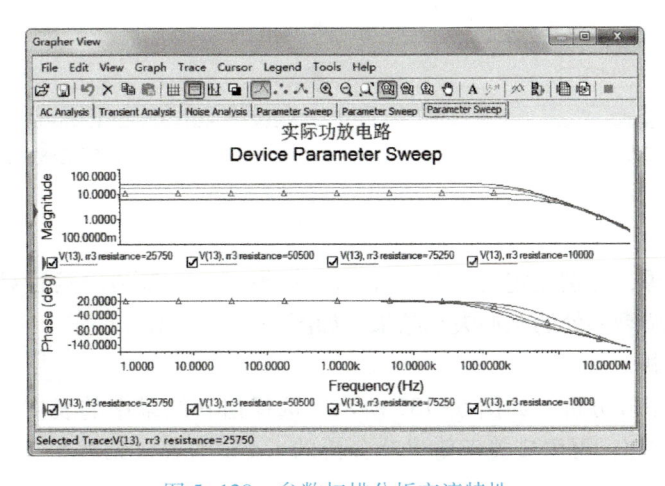

图 5-128　参数扫描分析交流特性

接着分析 R_3 电阻参数变化时对瞬态响应的影响,结果如图 5-129 所示。电阻 R_3 增大到约 30 kΩ 以后,波形失真。在电路总体设计考虑供电电压时,我们知道由于供电电压及管子性能的限制,功放电路存在最大输出电压,如果放大器的放大倍数太大,输出电压就会失真。

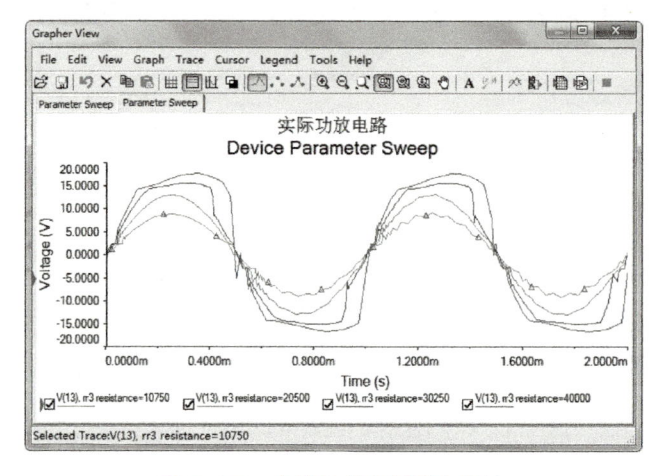

图 5-129 参数扫描分析瞬态特性

(5) 失真分析

双击输入信号源,设定失真频率 1 的幅值为 3 V。然后对电路进行失真分析,可得二次和三次谐波失真结果,如图 5-130 所示。由图中可以看到,10 Hz 以后,谐波失真增加。在 1 MHz 左右,谐波失真最大,此时二次谐波失真大于三次谐波失真。

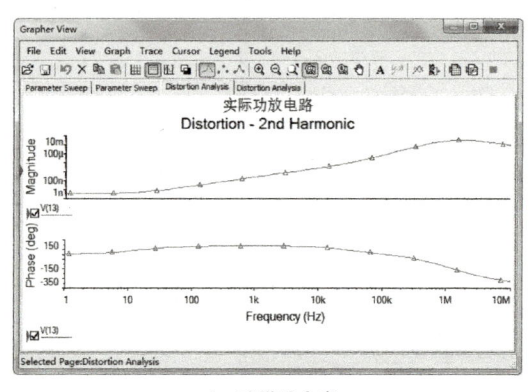

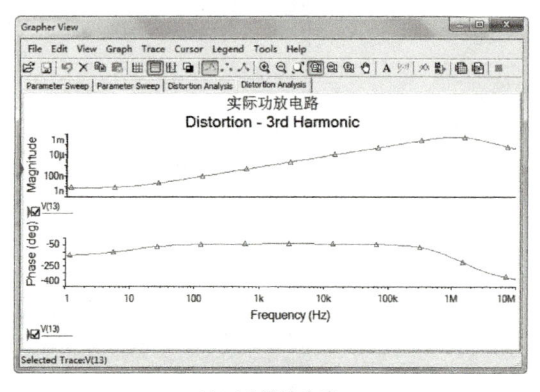

a) 二次谐波失真　　　　　　　　　　　　b) 三次谐波失真

图 5-130 谐波失真分析

双击输入信号源,分别设定失真频率 1 和失真频率 2 的幅值。然后对电路进行失真分析,可得在不同互调频率处的互调失真结果,如图 5-131 所示。

(6) 傅里叶分析

对电路进行傅里叶分析,如图 5-132 所示。选择仿真结果中的表格,单击对话框右上方的输出到 Excel 按钮,可生成关于傅里叶分析的 Excel 图表,见表 5-5。由表可知,功放电路的非线性失真度也很小。

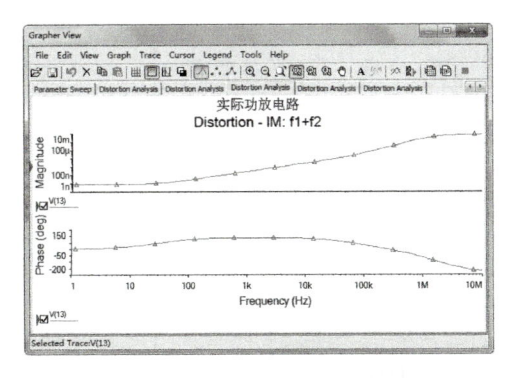

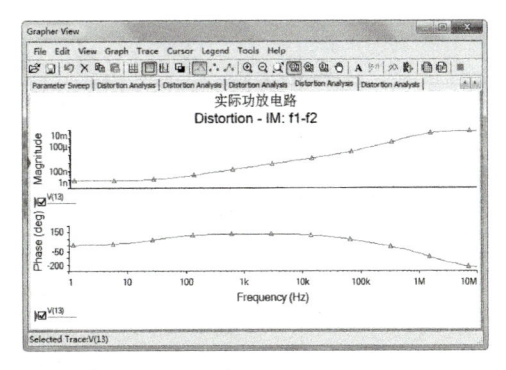

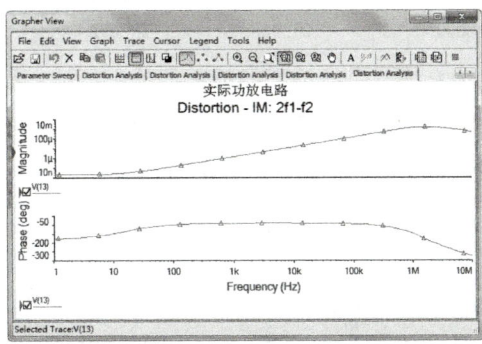

图 5-131　互调失真分析结果

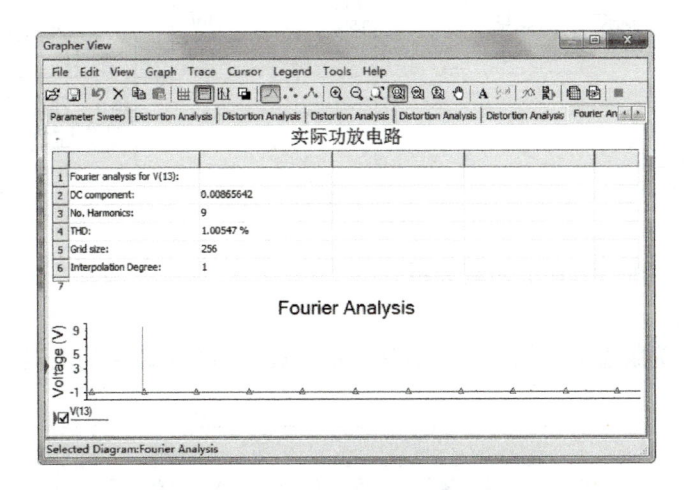

图 5-132　傅里叶分析

表 5-5　傅里叶分析具体结果

直流分量	0.00999978
谐波序号	9
失真率	7.25594e-005 %
网格尺寸	256
插值度	1

(续)

谐 波	频 率	量 级	阶 段	标准幅值	标准阶段
0	0	0.008656	0	0.001021	0
1	1000	8.47674	-0.50225	1	0
2	2000	0.005849	-32.022	0.00069	-31.52
3	3000	0.043034	-99.391	0.005077	-98.889
4	4000	0.004859	-32.495	0.000573	-31.993
5	5000	0.00468	-74.466	0.000552	-73.964
6	6000	0.003003	152.379	0.000354	152.882
7	7000	0.036179	57.1819	0.004268	57.6841
8	8000	0.015466	139.692	0.001824	140.194

4. 综合电路分析

把以上各电路组合起来就构成一个简单的音频功放电路，如图 5-133 所示，此电路没有加音调控制电路，如实际中需要，可在功放级前加入。

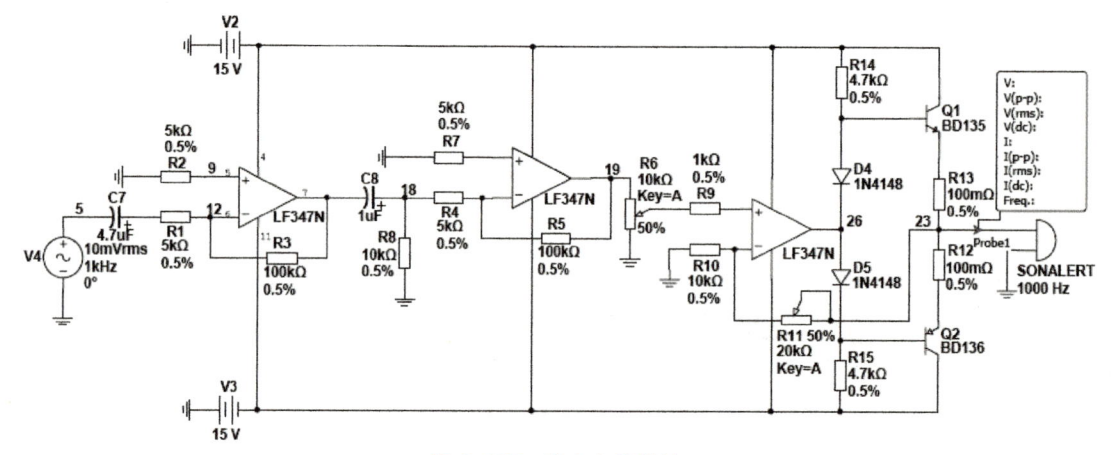

图 5-133 综合电路设计

下面对综合电路进行具体的仿真分析。

（1）瞬态分析

图 5-134 所示为瞬态分析结果，波形基本不失真。调节电路中的电阻 R_6 和 R_{11}，可改变输出幅度。

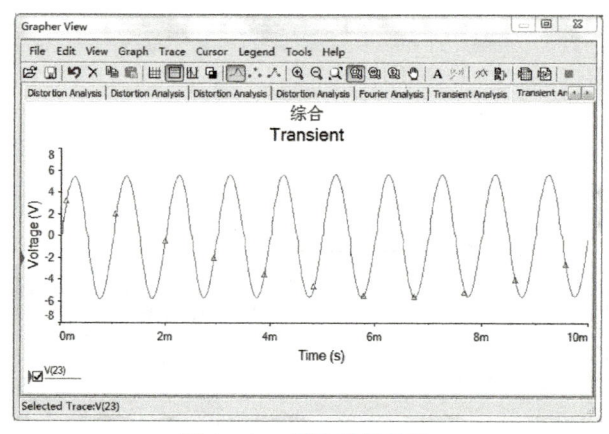

图 5-134 瞬态分析结果

当输入接地时，电路的瞬态输出如图 5-135a 所示，输出点探针指示结果如图 5-135b 所示。系统存在小幅度的交流噪声。但交流噪声功率远小于 10 mW。

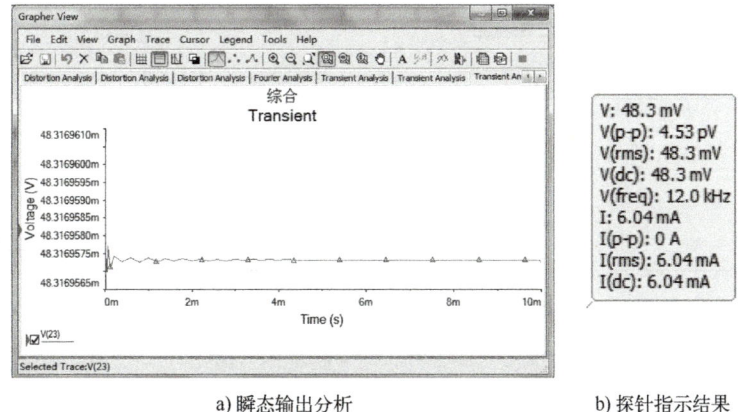

a) 瞬态输出分析　　　　　　　　b) 探针指示结果

图 5-135　电路的瞬态输出

（2）静态工作点分析

不加输入信号对电路进行静态工作点分析，如图 5-136 所示。由输出静态电压所计算而得的静态电流小于 20 mA，属于正常情况。我们看到集成运放功率放大电路的输出静态电流和电压都大于晶体管功率放大电路，且调节不方便。

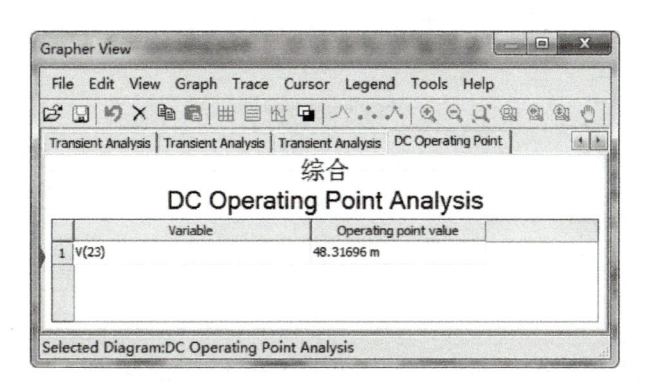

图 5-136　静态工作点分析

（3）交流分析

进行交流分析时，首先应该双击打开输入信号源 V1，对交流分析的幅度进行设置。交流分析的结果如图 5-137a 所示，单击显示游标按钮可在图上显示准确的值。中心频率约为 1 kHz，对应增益为 399.44。通带截止频率处增益为 399.44×0.707 = 282.4，而这个增益对应的频率为 49 Hz 和 67.5 kHz，具体数值如图 5-137b 所示。整体电路的带宽符合设计要求。

（4）傅里叶分析

把电路的输入信号幅值设为 100 mV，频率设为 1 kHz，然后对整体电路进行傅里叶分析，得图 5-138 所示的图表，由表可得此时非线性失真率为 0.36%，所以波形失真很小。

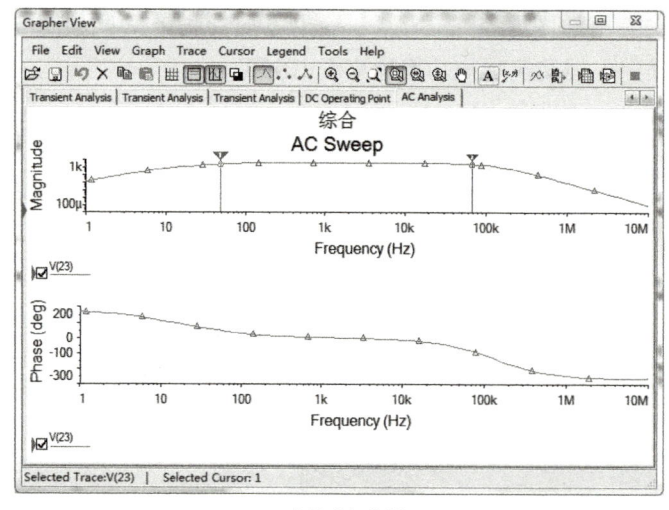

a) 交流分析结果   b) 数值结果

图 5-137　交流分析结果

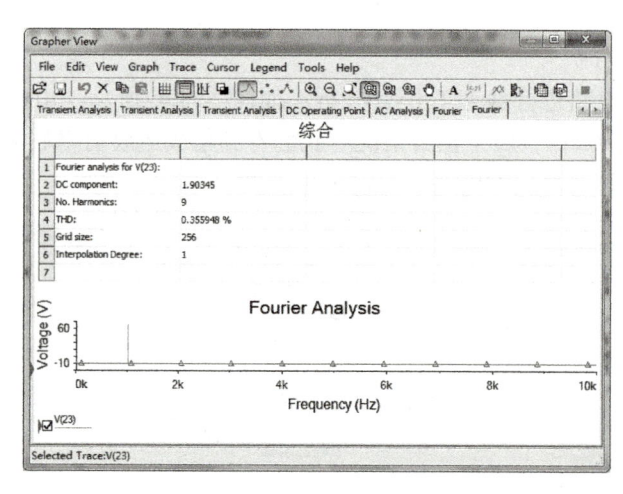

图 5-138　傅里叶分析结果

把输入信号的幅值改成 10 mV，分别在表 5-6 所列的频率下对电路进行傅里叶分析，得到相应的总谐波失真度值。在设计要求的频带内，总的失真度非常小，达到设计要求。

表 5-6　电路总谐波失真度分析

频率	20 Hz	100 Hz	1 kHz	5 kHz	20 kHz
失真度	0.33%	0.002%	0.00005%	0.0001%	0.014%

（5）噪声分析

噪声谱密度曲线如图 5-139 所示，元器件所产生的噪声数量级非常小。

（6）失真分析

首先分析电路的谐波失真，图 5-140 分别为二次和三次谐波失真曲线。

更改信号源设置，然后进行互调失真分析，结果如图 5-141 所示。三个波形分别为不同互调频率下的失真度。

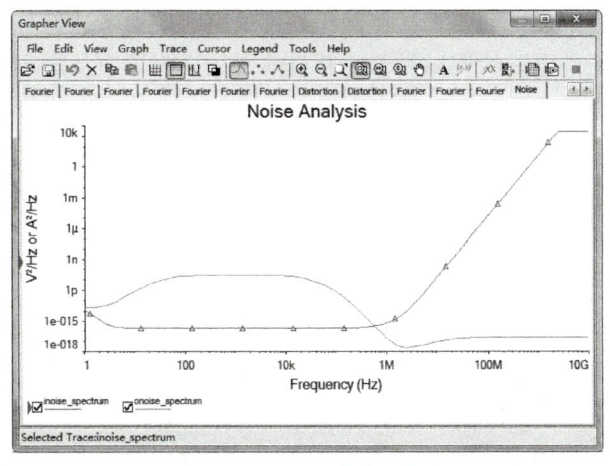

图 5-139　噪声谱密度曲线

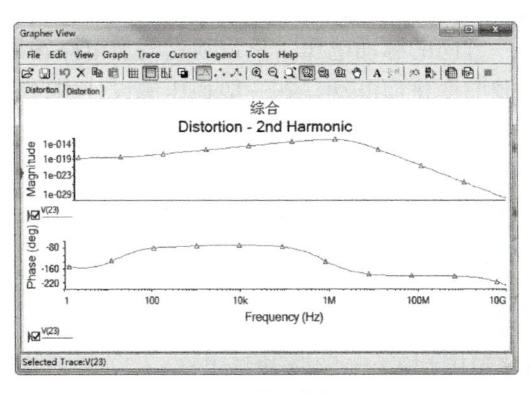

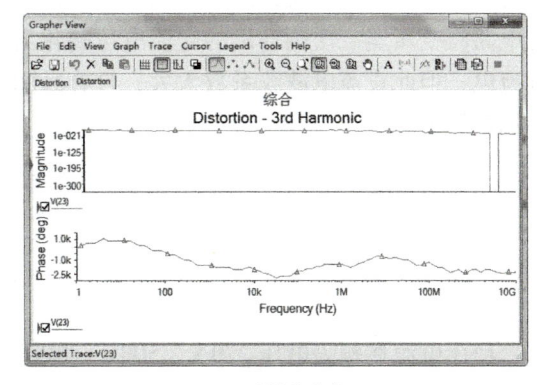

a) 二次谐波失真　　　　　　　　　　　　b) 三次谐波失真

图 5-140　谐波失真分析

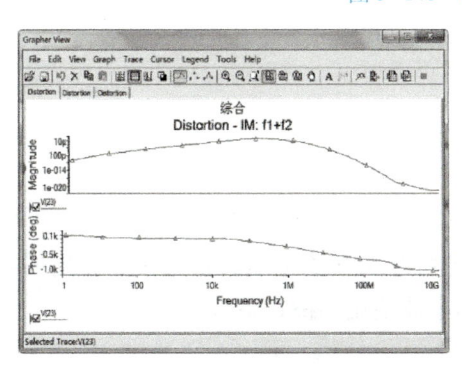

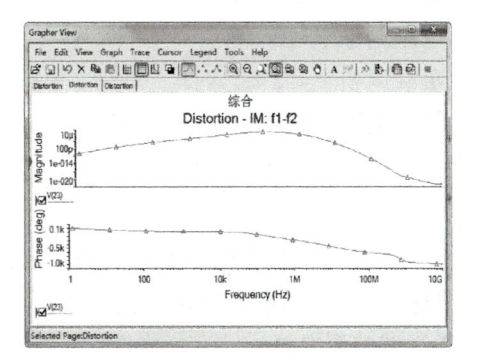

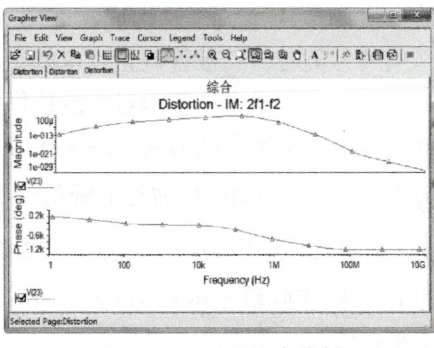

图 5-141　互调失真分析

电路软件仿真达到了设计的要求,在制作硬件电路时应参考软件分析的结果。硬件电路的调试和晶体管功放硬件电路的调试类似,开机前滑动变阻器应从最小值往大调,防止烧坏元器件。

5.3.3 拓展电路设计

上面介绍了简单的音频功率放大电路,下面设计一些附加的电路以实现更多的功能。

1. 直流稳压源设计

上面介绍的电路在仿真时,电路中的供电电源都采用 15 V 直流电源直接供电,而实际应用中,如果我们希望能通过市电来对电路进行供电,就需要设计直流稳压电路来实现交-直流的转换,以及稳定供电电压。一个性能良好的直流稳压源一般由四部分组成,如图 5-142 的框图所示。直流稳压源的输入为 220 V(50 Hz)的市电,由于所需直流电大小和交流电有效值相差较大,所以先用一变压器对交流电降压后,再进行交流和直流的转换。整流电路将变压器二次侧输出的交流电压转化为单一方向的脉动电压,然后通过滤波电路输出直流电,但此直流电波纹系数太大,且容易随负载的变化而波动,在一般稳压源设计中,都会加稳压电路。

图 5-142 直流稳压源的组成

稳压电源在输入电压 220 V、50 Hz、电压变化范围 +15%~-20% 条件下:
1)输出电压为 ±15 V。
2)最大输出电流为 0.1 A。
3)电压调整率 ≤0.2%。
4)负载调整率 ≤2%。
5)纹波电压(峰-峰值)≤5 mV。
6)具有过流及短路保护功能。

2. 整流电路

整流电路基本原理是利用整流二极管的导通特性将交流电压转换为单一方向的半波电压。根据整流二极管连接形式的不同,又可分为半波整流和桥式整流。

(1)半波整流电路

半波整流电路由变压器的二次侧接一个二极管构成,如图 5-143 所示。当变压器的二次电压为正时,二极管导通,当其为负时,二极管截止。也就是说,在半波整流电路中,二极管只在半个周期内导通,由于电路只在半个周期内对负载提供功率,所以半波整流电路的转换效率较低。变压器二次电压和半波整流电路的输出端电压分别如图 5-144a 和图 5-144b 所示,两个波形周期相同设为 T,变压器副边电压波形的峰值约等于 $\sqrt{2}U_2$,由于实际变压器存在内阻且二极管正向导通时存在损耗,所以整流电路输出电压峰值的绝对值略小于 $\sqrt{2}U_2$。设电路中的损耗电压峰值约为 U_S,则实际输出电压为 $\sqrt{2}U_2-U_S$。半波整流电路中二极管的正向平均电流约等于负载电流平均值。

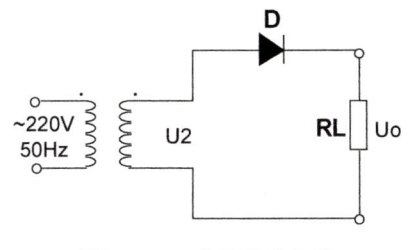

图 5-143 半波整流电路

a) 变压器二次电压波形

b) 半波整流电路的输出端电压波形

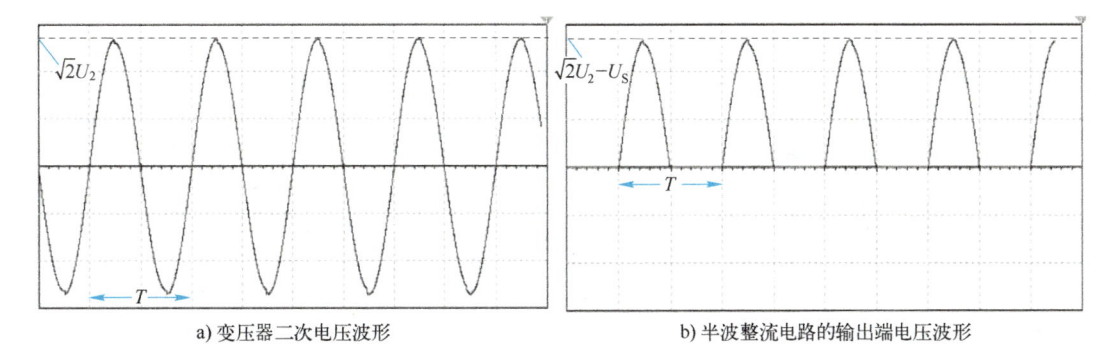

图 5-144 半波整流电路波形

(2) 变压器中心抽头式全波整流电路

利用有中心抽头的变压器和两个二极管可构成全波整流电路，如图 5-145 所示。中心抽头的上下部分分别构成半波整流电路，由于上下二极管交替导通，两个半波整流电路的波形在输出端叠加，就使输出电压在一个周期内有两个峰值，从而使平均输出电压是半波整流电路的两倍，提高了整流电路的效率。用虚拟示波器观察变压器二次侧中心抽头以上的电压波形和输出端电压波形如图 5-146 所示，U_S 同样为变压器和二极管的损耗。

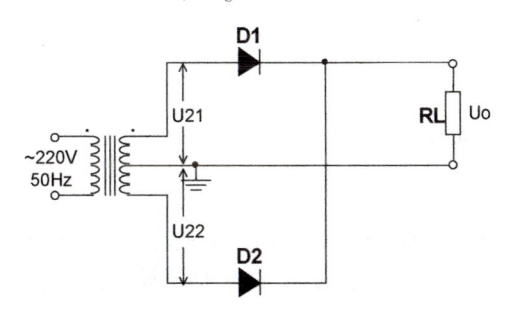

图 5-145 变压器中心抽头式全波整流电路

(3) 桥式全波整流电路

桥式全波整流电路由四只二极管组成，如图 5-147a 所示。当变压器二次电压为正时，二极管 D1 和 D3 导通；当变压器二次电压为负时，二极管 D2 和 D4 导通。这样两对二极管轮流导通，使负载上整个周期内都有电压输出。桥式全波整流电路的常用画法如图 5-147b 所示。

变压器二次电压波形如图 5-148a 所示，桥式全波整流电路的输出电压如图 5-148b 所示，由于都是全波整流，所以此电路的输出电压波形和变压器中心抽头式全波整流电路的输出电压波形相似。

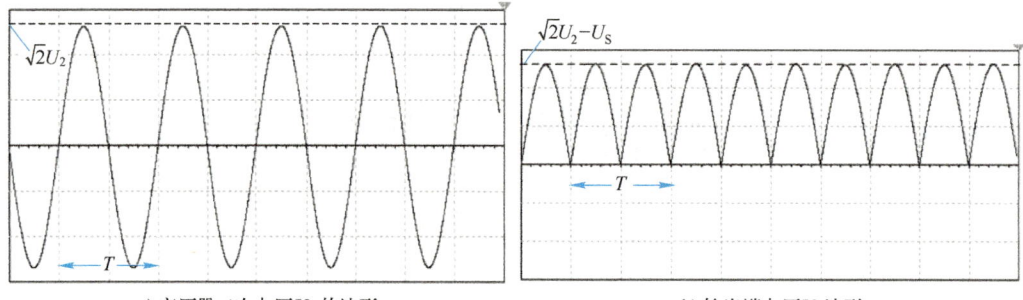

a) 变压器二次电压U_{21}的波形

b) 输出端电压U_O波形

图 5-146　变压器中心抽头式全波整流电路波形

a)

b)

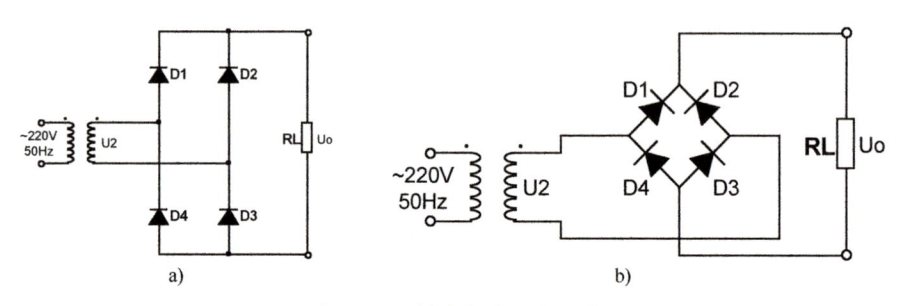

图 5-147　桥式全波整流电路

a) 变压器二次电压波形

b) 桥式全波整流电路输出端电压波形

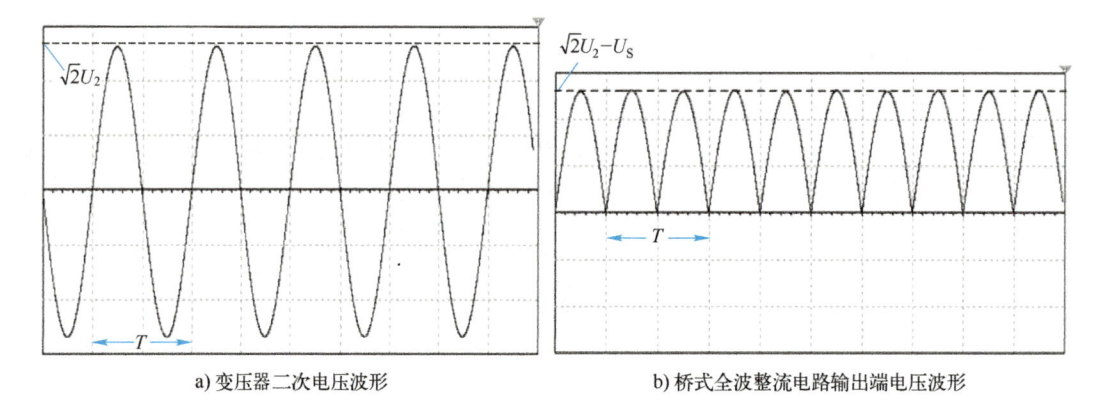

图 5-148　桥式全波整流电路波形

如果改用有中心抽头的变压器，则可在输出得到关于 x 轴对称的正负两个电压输出，电路如图 5-149 所示。正负输出电压的波形如图 5-150 所示，它们峰值的绝对值相等，略小于变压器二次电压的峰值。

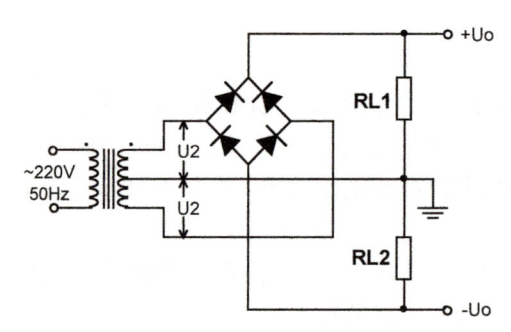

图 5-149　正负电压输出的桥式全波整流电路

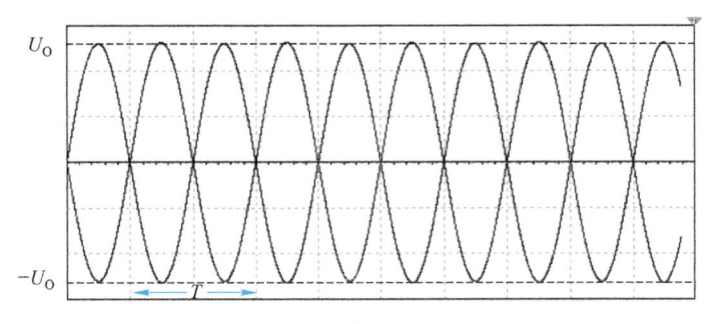

图 5-150　正负输出电压波形

3. 电容滤波电路

由整流电路输出的电压虽然是单方向的波形，但输出还不是直流电压，所以电路需要加平滑电容器来滤波，以得到近似直流的信号。此平滑滤波器采用无源电路，所以负载的大小会影响滤波效果。同时由于整流二极管工作在非线性状态，所以滤波特性也不相同。图 5-151 为加了滤波电容后的桥式全波整流电路，电路中当负载电阻较大，即 I_o 较小时，输出电压比较平滑，如图 5-152a 所示；而当负载电阻较小时，即 I_o 较大，则输出电压存在波动，反映了电容的充放电过程，如图 5-152b 所示。此时如果要减小脉动电压就要增大平滑电容的容量。

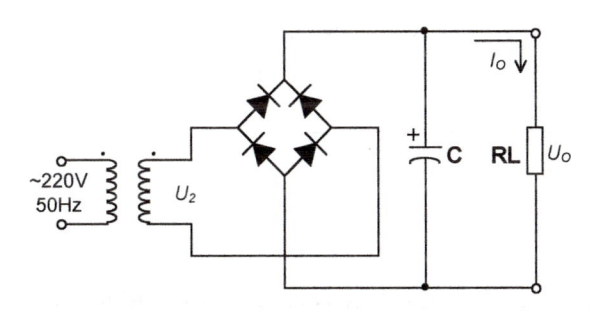

图 5-151　加滤波电容的桥式全波整流电路

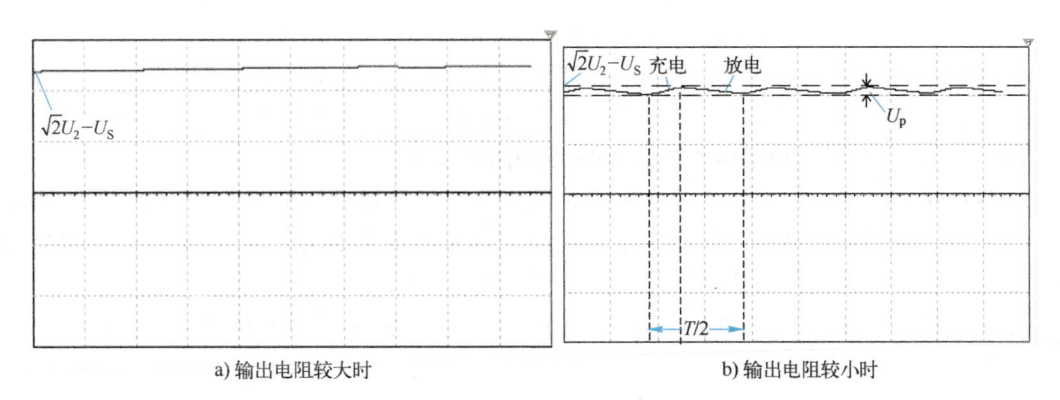

a) 输出电阻较大时　　　　b) 输出电阻较小时

图 5-152　输出电压波形

图 5-152b 的波形是考虑变压器内阻和二极管导通电阻值后的波形。当电容充电时，整流电路的内阻（变压器内阻和二极管导通电阻）为滤波回路中的电阻，其数值较小，因而充电时间较短；电容放电时，负载电阻 R_L 为滤波回路中的电阻，因而放电时间较长。滤波效果主要取决于放电时间，也就是说 $R_L C$ 越大，滤波效果越好。经过滤波处理后的电压波

形变得平滑，而且电压平均值也变大。由于整流电路内阻压降 U_S 的影响，输出电压的峰值略小于 $\sqrt{2}U_2$。

4. 稳压电路

以上的整流滤波电路输出的电压不够稳定，会随着电网电压的波动而波动，且和负载的大小变化有关，而在实际应用中常常需要输出稳定的电压源，这就需要增加稳压电路来稳定输出电压，减小电压的脉动。

（1）稳压二极管稳压电路

稳压二极管稳压电路是最简单的一种稳压电路，它由一个稳压二极管和一个限流电阻组成，如图 5-153 所示。从图 5-154 的稳压管稳压特性曲线可以看到，只要稳压管的电流 $I_Z \leq I_{DZ} \leq I_{ZM}$，则稳压管就使输出稳定在 U_Z 附近，其中 U_Z 是在规定的稳压管反向工作电流下，所对应的反向工作电压。限流电阻的作用一是起限流作用，以保护稳压管；其次是当输入电压或负载电流变化时，通过该电阻上电压降的变化，取出误差信号以调节稳压管的工作电流，从而起到稳压作用。

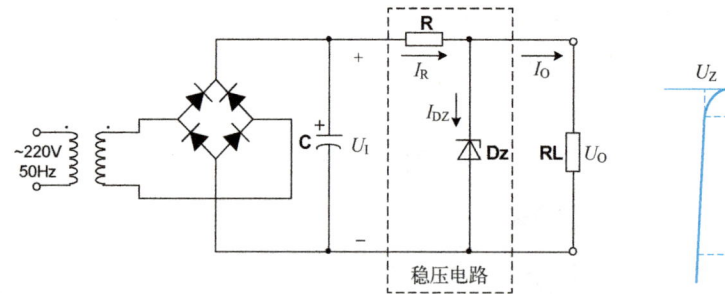

图 5-153　稳压二极管稳压电路　　　图 5-154　稳压二极管稳压特性曲线

设计稳压二极管稳压电路首先需要根据设计要求和实际电路的情况来合适的选取电路元件，以下参数是设计前必须知道的：要求的输出电压 U_O、负载电流的最小值 I_{Lmin} 和最大值 I_{Lmax}（或者负载 R_L 的最大值 R_{Lmax} 和最小值 R_{Lmin}）、输入电压 U_I 的波动范围。

1）输入电压 U_I 的确定。知道了要求的稳压输出 U_O，一般选 U_I 为 U_O 的 2~3 倍。

2）稳压二极管的选择。稳压二极管的主要参数有三个：稳压值 U_Z、最小稳定电流 I_{Zmin}（即手册中的 I_Z）和最大稳定电流 I_{Zmax}（即手册中的 I_{ZM}）。

选择稳压二极管时，应首先根据要求的输出电压来选择稳压值 U_Z，使 $U_O=U_Z$。确定了稳压值后，可根据负载的变化范围来确定稳定电流的最小值 I_Z 和最大值 I_{ZM}。一般要求额定稳定电流的变化范围大于实际负载电流的变化范围，即 $I_{ZM}-I_Z>I_{Lmax}-I_{Lmin}$，同时最大稳定电流的选择应留有一定的余量，以免稳压二极管被击穿。综上所述，选择稳压二极管应满足：

$$\begin{cases} U_Z = U_O \\ I_{ZM} - I_Z > I_{Lmax} - I_{Lmin} \\ I_{ZM} \geq I_{Lmax} + I_Z \end{cases} \quad (5-21)$$

3）限流电路 R 的选择。限流电阻的选取应是稳压管中的电流在额定的稳定电流范围内，即 $I_Z \leq I_{DZ} \leq I_{ZM}$。由图 5-153 可知：

$$\begin{cases} I_R = \dfrac{U_I - U_Z}{R} \\ I_Z = I_R - I_L \end{cases} \qquad (5-22)$$

当电网电压最低且负载电流最大时,稳压管中流过的电流最小,应保证此时的最小电流大于稳定电流的最小值 I_Z,即:

$$\dfrac{U_{Imin} - U_Z}{R} - I_{Lmax} \geq I_Z$$

可得限流电阻的上限值为:

$$R_{max} = \dfrac{U_{Imin} - U_Z}{I_{ZM} + I_{Lmax}} \qquad (5-23)$$

相反当电网电压最高且负载电流最小时,稳压管中流过的电流最大,此时应使此最大电流不超过稳定电流的最大值,即:

$$\dfrac{U_{Imax} - U_Z}{R} - I_{Lmin} \geq I_{ZM}$$

根据上式可得限流电阻的下限值为:

$$R_{min} = \dfrac{U_{Imax} - U_Z}{I_{ZM} + I_{Lmin}} \qquad (5-24)$$

稳压管稳压电路的电路简单,所用元器件少,但受稳压管自身参数的限制,其输出电流较小,输出电压不可调。此外,实际应用时负载电阻的变化范围有时也不易确定。

(2)简单三端稳压器稳压电路

实际中常用三端稳压器来做稳压电路。使用三端稳压器不仅元件数量少,使用方便,而且内部具有限流电路,输出断路时不会损坏元件,并具有热击穿功能。三端稳压器具有输入、输出和接地三端,外形和晶体管类似,最常用的各系列三端稳压器及其参数见表 5-7,78 系列输出正电压和正电流,79 系列输出负电压和负电流。三端稳压器输出电压不需调整,固定为 5 V、6 V、7 V、8 V、12 V、15 V、18 V、24 V。当制作中需要一个能输出 1.5 A 以上电流的稳压电源,通常采用几块三端稳压电路并联起来,但应用时需注意:并联使用的集成稳压电路应采用同一厂家、同一批号的产品,以保证参数的一致。另外在输出电流上留有一定的余量,以避免个别集成稳压电路失效时导致其他电路的连锁烧毁。表 5-8 为 78 系列三端稳压器的具体参数。

表 5-7 常用不同系列三端稳压器参数比较

参数	型号	78L	78N	78M	78	79L	79N	79M	79
输入最大电压/V	输入 5~18 V	35	35	35	35	−35	−35	−35	−35
	输入 24 V	40	40	40	40	−40	−40	−40	−40
输出电流/A		0.15	0.3	0.5	1	−0.15	−0.3	−0.5	−1
最大损耗/W		0.5	8	7.5	15	0.5	8	7.5	15
工作温度/℃		−30~75	−30~80	−30~75	−30~75	−30~75	−30~80	−30~75	−30~75

表 5-8 78 系列三端稳压器的具体参数

参数＼型号	7805	7806	7807	7808	7812	7815	7818	7824
输出电压/V	4.8~5.2	5.7~6.3	6.7~7.3	7.7~8.3	11.5~12.5	14.4~15.6	17.3~18.7	23~25
输入稳定度/mV	3	5	5.5	6	10	11	15	18
负荷稳定度/mV	15	14	13	12	12	12	12	12
偏流/mA	4.2	4.3	4.3	4.3	4.3	4.4	4.6	4.6
脉动压缩度/dB	78	75	73	72	71	70	69	66
最小输入输出电压差/V	3	3	3	3	3	3	3	3
输出短路电流/A	0.75	0.75	0.75	0.75	0.75	0.75	0.75	0.75
输出峰值电流/A	2.2	2.2	2.2	2.2	2.2	2.1	2.1	2.1
输出电压温度系数/(mV/℃)	-1.1	-0.8	-0.8	-0.8	-1	-1	-1	-1.5

从表 5-7 和表 5-8 可知，稳压器要正常工作，输入输出端需要存在一个压差。对于表 5-8 中的稳压器，这个差值为 3 V，而这个差值又不能太大，对于三端稳压器 7815 来说，最大输入电压不能超过 35 V。

上面我们简单介绍了稳压源的设计，下面我们将设计一种输出电压幅值可调的稳压源。直流稳压电源电路如图 5-155 所示。220 V 市电经变压器输出 24 V 交流电。由于所需直流电压与电网电压的有效值相差较大，因而需要通过先对电源变压器降压后，再对交流电压进行处理。变压器输出端接桥式整流器，将正弦波电压转换成单一方向的脉动电压，它含有较大的交流分量，会影响负载电路的正常工作，例如交流分量会混入输入信号被放大电路放大，甚至在放大电路的输出端所混入的电源交流分量大于有用信号，因而不易直接作为电子电路的供电电源。解决的办法是整流桥输出接入电容构成低通滤波器，使输出电压平滑。由于滤波电容容量较大，因此一般均采用电解电容。此时，虽然输出的支流电压中交流分量较小，但当电网电压波动或者负载变化时，其平均值也将随之变化。稳压电路的功能是使输出直流电压基本不受电网电压波动和负载电阻变化的影响，从而获得足够高的稳定性。

D2、D3 为输出端保护二极管，是防止输出突然开路而加的放电通路。C_3、C_4 属于大容量的电解电容，一般有一定的电感性，对高频及脉冲干扰信号不能有效滤除，故在其两端并连小容量的电容以解决这个问题。稳压电源最后输出的直流电压约 15 V，如果电路中需要 15 V 以下的直流电供电，则增加分压电路，分压电路的参数值根据所要求的输出电压而定。

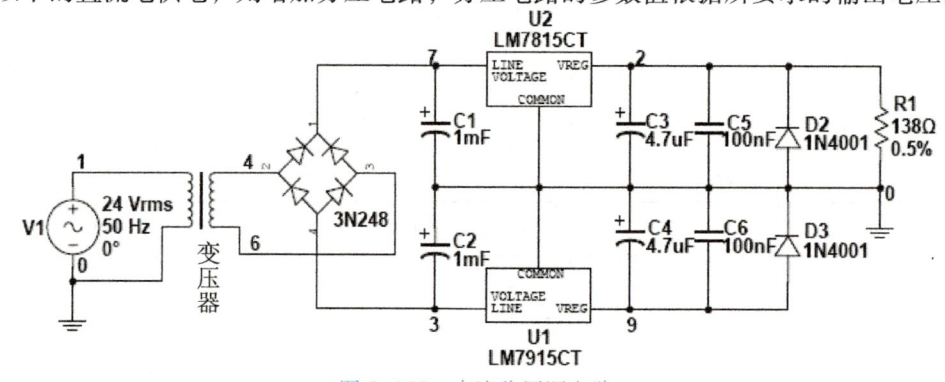

图 5-155 直流稳压源电路

下面用 Multisim 对这个电路进行如下仿真：

1）桥式整流输出电压：整流桥输出接负载后，用示波器观察波形如图 5-156 所示。正弦波经整流后输出单一方向的波动。

2）滤波后输出电压：整流桥后接滤波器，输出接电阻后电路输出波形如图 5-157 所示。由图可以看到，交流成分减小，但仍然存在小的波动。

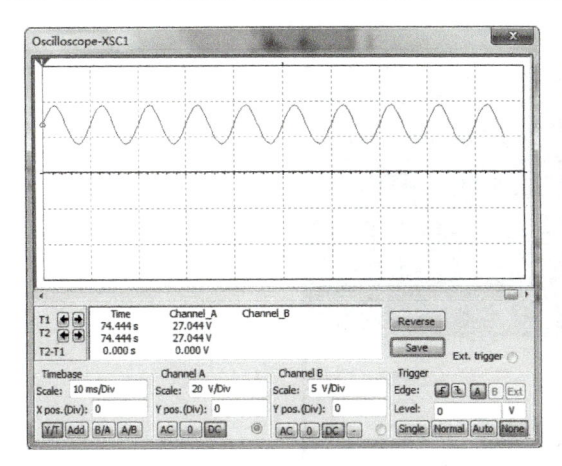

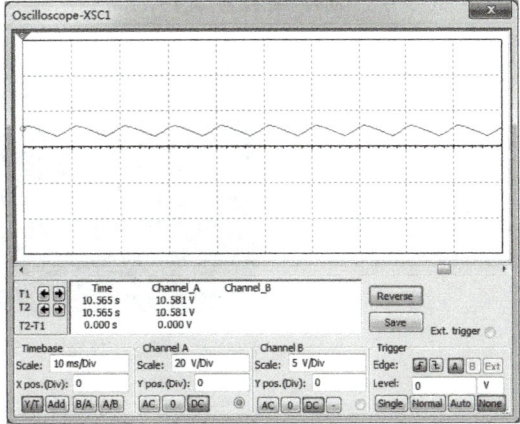

图 5-156　整流桥输出　　　　　　　　　图 5-157　滤波后输出

3）接三端稳压后输出：接三端稳压后，正端接负载后输出电压如图 5-158 所示。输出电压基本稳定。

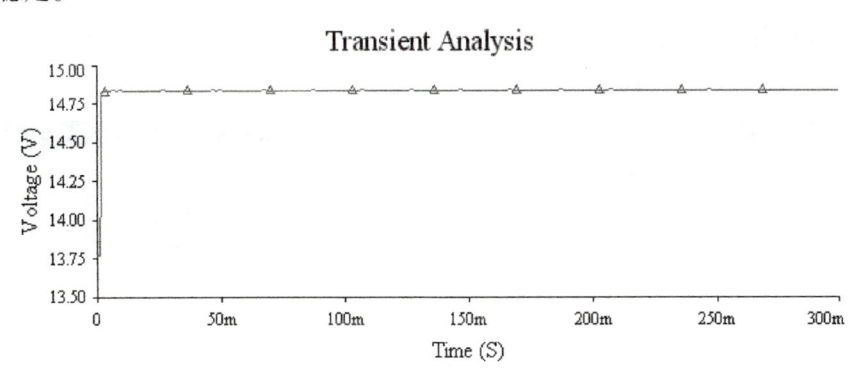

图 5-158　稳压源输出

4）电压调整率：输入 220 V 交流电，变化范围为 +15%～-20%，所以电压波动范围为 176～253 V。在额定输入电压下，当输出满载时，调整输出电阻，使电流约为最大输出电流，即 0.1 A，得满载时电阻为 138 Ω。当输入电压为 176 V、负载为 138 Ω 时，输出电压 U_1 为 14.832 V；当输入电压为 220 V、负载为 138 Ω 时，输出电压 U_0 为 14.839 V；当输入电压为 253 V，负载为 138 Ω 时，输出电压 U_2 为 14.842 V。

取 U 为 U_1 和 U_2 中相对 U_0 变化较大的值，则 U = 14.832 V，所以电压调整率：

$$S_V = \frac{|U-U_0|}{U_0} \times 100\% = \frac{|14.832-14.839|}{14.839} \times 100\% = \frac{0.007}{14.839} \times 100\% \approx 0.05\%$$

5）电流调整率：设输入信号为额定 220 V 交流电，当输出满载（138 Ω）时，输出电压 U_0 为 14.839 V；当输出空载时，输出电压 U 为 15.26 V；当输出为 50%满载时，输出电压 U_0

为 14.98 V 所以电压调整率：

$$S_\mathrm{I} = \frac{|U-U_0|}{U_0} \times 100\% = \frac{|15.26-14.98|}{14.98} \times 100\% = \frac{0.28}{14.98} \times 100\% \approx 1.9\%$$

6）纹波电压：在额定 220 V 输入电压下，输出满载，即负载电阻为 138 Ω 时，在示波器中观察输出波形，如图 5-159 所示。因只选择了观察交流成分，所以所观察到的信号即纹波电压信号，其峰峰值为 2.143 nV。

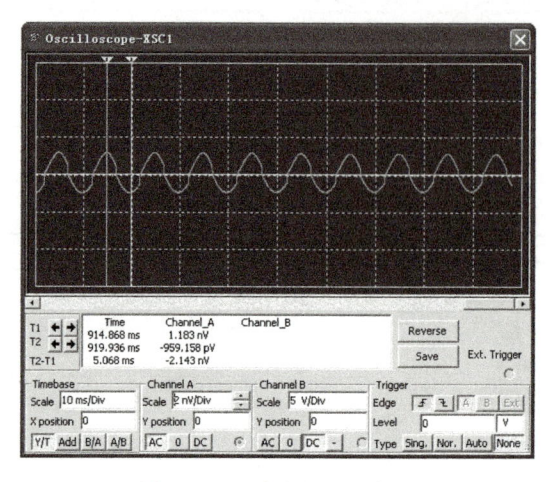

图 5-159　波纹电压示意图

7）输出抗干扰电路分析：图 5-160a 为未加抗干扰电路前系统的幅频响应图，可以看到交流成分的幅值很小。当输出加了抗干扰电路后，输出的幅频响应如图 5-160b 所示，可以看到高频噪声得到一定程度的抑制。

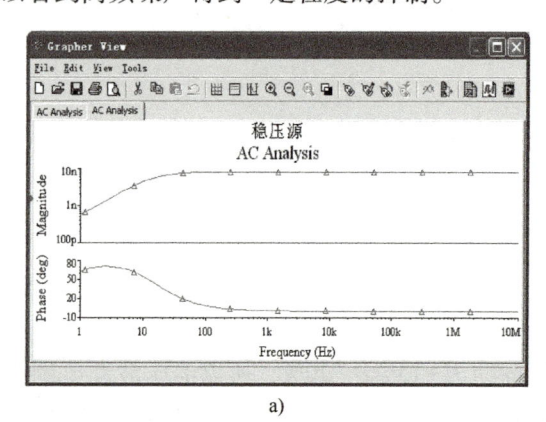

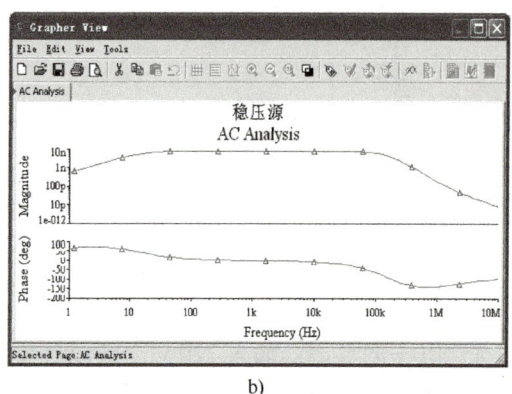

a)　　　　　　　　　　　　　　b)

图 5-160　抗干扰电路交流分析

5. 50 Hz 的陷波器设计

上面主体电路的仿真是由标准 15 V 直流源供电，而实际电路中，当用 220 V 交流电通过变压器及直流稳压电源对电路供电，可能会引入 50 Hz 的工频干扰。虽然晶体管功放的前置放大电路对共模干扰具有较强的抑制作用，但有部分工频干扰是以差模信号方式进入电路的，所以必须专门滤除。下面我们来介绍一种双 T 陷波器。

滤波器电路如图 5-161 所示，该电路的 Q 值和反馈系数 β 有关，其中 $0<\beta<1$。Q 值与 β

的关系如下：$Q=\dfrac{1}{4(1-\beta)}$。而 β 与 R_4 和 R_5 的比值有关，调节它们的比值就可改变 Q 值。同时电路引入了正反馈，适当的调整 R_3 和 C_3 可使中心频率 f_0 处的电压放大倍数增加，而又不会因正反馈过强而产生自激振荡。

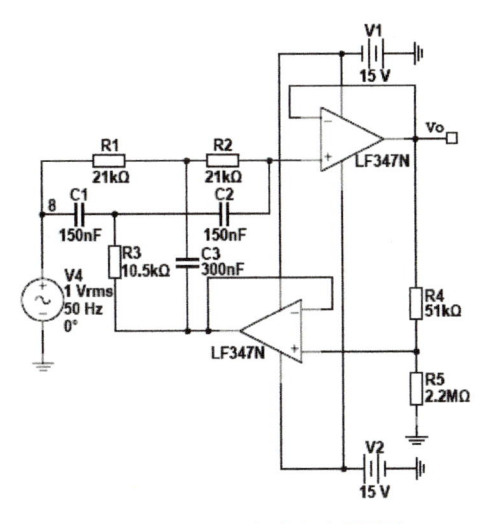

图 5-161　双 T 陷波滤波器设计

（1）元器件参数计算

根据双 T 陷波器的特性，应取 $R_1=R_2=R$，$R_3=R/2$，$C_1=C_2=C$，$C_3=2C$。

所以本电路中取 $C=0.15\,\mu\text{F}$，由公式 $R=\dfrac{1}{2\pi f_0 C}$，当中心频率 $f_0=50\,\text{Hz}$ 时，计算得 $R\approx 21\,\text{k}\Omega$，所以元器件参数可用设定为：$R_1=R_2=21\,\text{k}\Omega$，$C_1=C_2=0.15\,\mu\text{F}$，$R_3=R/2=10.5\,\text{k}\Omega$，$C_3=2C=0.3\,\mu\text{F}$。

50 Hz 陷波器的传递函数为：

$$H(s)=\dfrac{K_P(s^2+\omega_0^2)}{s^2+(\omega_0/Q)s+\omega_0^2} \tag{5-25}$$

幅频特性为：

$$A(\omega)=\dfrac{K_P|\omega^2-\omega_0^2|}{\sqrt{(\omega^2-\omega_0^2)^2+(\omega_0\omega/Q)^2}} \tag{5-26}$$

其中，$K_P=1$，$\omega_0=100\pi$。

国家允许交流供电频率在 49.5~50.5 Hz 范围内，所以 50 Hz 陷波器的 Q 值并不是越高越好，当 Q 值太高时，阻带过窄，若工频干扰频率发生波动，则根本达不到滤除工频干扰的目的。而 Q 值太小时，又可能会滤掉有用信号。本设计中选择 3 dB 处截止频率分别为 47.5 Hz 和 52.5 Hz，将 $\omega_1=2\pi\times 47.5$ 和 $\omega_2=2\pi\times 52.5$ 分别代入 $A(\omega)=\dfrac{K_P|\omega^2-\omega_0^2|}{\sqrt{(\omega^2-\omega_0^2)^2+(\omega_0\omega/Q)^2}}=\dfrac{1}{\sqrt{2}}$ 中进行计算，可得 $Q_1=9.74$，$Q_1=10.24$，所以取 $Q=\dfrac{1}{4(1-\beta)}=\dfrac{1}{4\left(1-\dfrac{R_5}{R_4+R_5}\right)}=\dfrac{1}{4\left(\dfrac{R_4}{R_4+R_5}\right)}=10$，可取 $R_4=51\,\text{k}\Omega$，$R_5=2.2\,\text{M}\Omega$。

(2) 电路仿真分析

按以上计算所得的参数选取合适的元器件，给电路加入正弦波输入信号，然后对电路进行仿真分析。首先观察电路的幅频特性，如图 5-162 所示。从图中我们可以看到在通带中的电压放大倍数为 1，在 50 Hz 的时候幅值为最小值，即陷波器的中心频率正好为 50 Hz。通过计算，我们知道最大放大倍数的 0.707 倍对应截止频率。从图 5-162b 我们可以看到 50 Hz 所对应的最小放大倍数为 0.185，而最大放大倍数的 0.707 倍所对应的频率为 43.3 Hz，所以电路参数还需要进行调整。

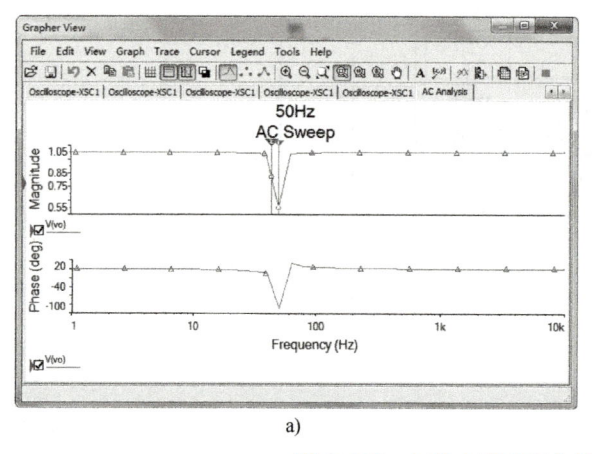

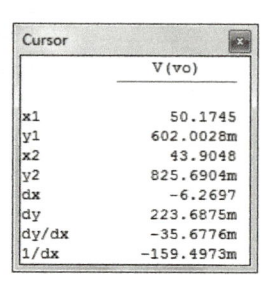

图 5-162 初始电路交流分析

从上面的计算过程我们知道滤波器的 Q 值大小与 R_4 和 R_5 的比值有关。所以在这里，我们固定 R_4，然后对 R_5 进行参数扫描，观察电路特性的变化，如图 5-163 所示，可以看到 R_5 的阻值越大，滤波器的阻带越小，但阻带放大倍数变小。考虑再增大 R_5 的阻值，阻带的变化不明显，所以可以其他方法来调整滤波器性能。

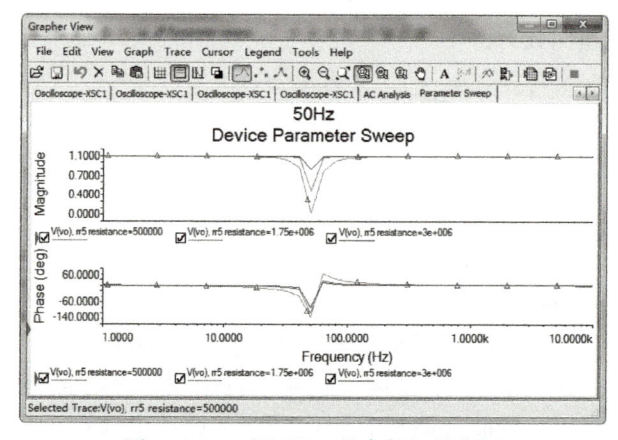

图 5-163 对电阻 R_5 的参数扫描分析

改变 R_3 的阻值可以改变中心频率处的放大倍数，对 R_3 进行参数扫描分析，观察 R_3 阻值变化对电路交流特性的影响，如图 5-164 所示。R_3 太大或太小，电路的阻带特性都不是很好，应在 10~11 kΩ 之间调节阻值，使电路阻带宽度达到要求的同时，又具备较高的阻带放大倍数，再在这个范围内对 R_3 进行参数扫描，结果如图 5-165 所示，选 $R_3 = 10$ kΩ 可使阻带宽度达到设计要求。

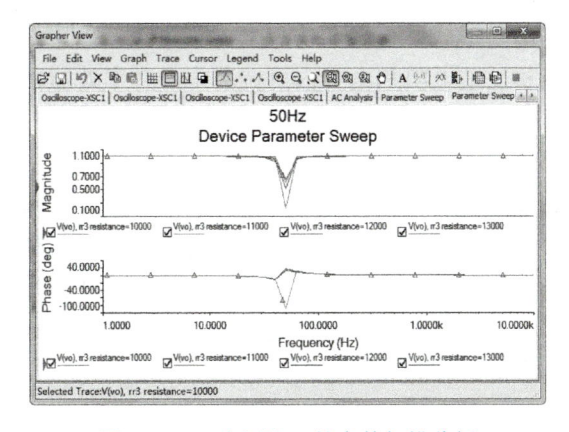

图 5-164　对电阻 R_3 的参数扫描分析

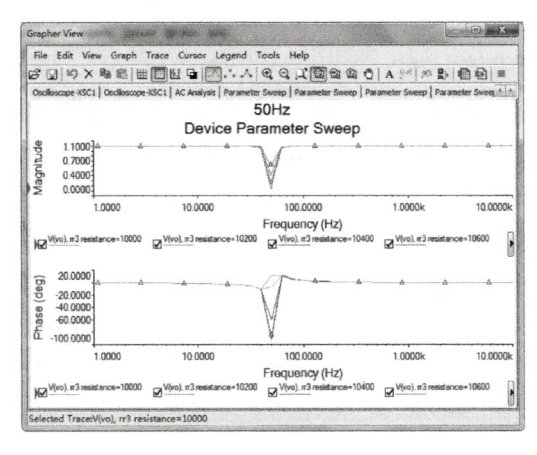

图 5-165　R_3 阻值的确定

同样，改变 C_3 的值也可达到改变中心频率处电压放大倍数的目的，对 C_3 进行参数扫描，观察其取值对滤波器特性的影响。从图 5-166 的分析结果可以看到，C_3 选的太大或太小，均会影响滤波器的幅度特性和相位特性。当信号频率趋于零时，由于 C_3 的电抗趋于无穷大，因而正反馈很弱。由于电容不易微调，所以一般按计算值取其大小即可，R_3 可先与一个 1 kΩ 的可变电阻器相串联，再对电路进行微调。

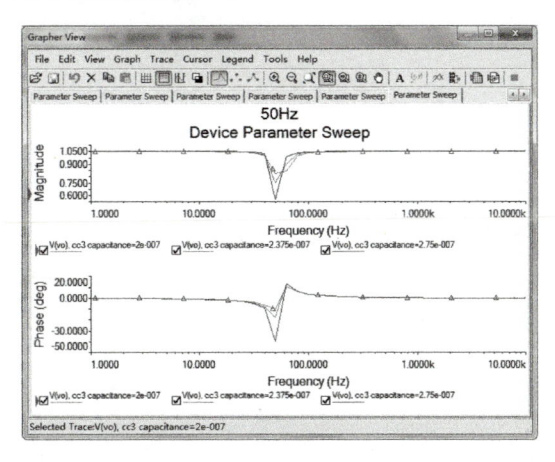

图 5-166　对电容 C_3 的参数扫描分析

模拟陷波器还有别的电路形式，但分析方法类似。根据设计要求合理选择 Q 点，是陷波器设计的关键。通过调整反馈电阻和电容，可调节中心频率处的幅值和相位。

素养目标

目前，集成电路已在各行各业中得到广泛的应用。集成电路技术及其产业的发展，可以推动消费类电子工业、计算机、通信以及相关产业的发展，集成电路芯片作为传统产业智能化改造的核心，对于提升国家整体工业水平和推动国民经济与社会信息化发展意义重大；通过设计案例分析，让学生知道国家的科技发展是一步一步实践出来的，国家大事离我们并不遥远，很多知识与我们的生活息息相关。

习题与思考题

1. 什么是理想集成运算放大器？
2. "虚地"的实质是什么？在什么情况下才能引用"虚地"的概念？
3. 试比较反相输入比例运算电路和同相输入比例运算电路的特点。
4. 甲乙类功率放大电路有什么优点？

项目 6
学习数字电路中组合逻辑电路

项目描述

门电路是组成数字电路的基本单元,本项目首先简要介绍门电路的基本特性,之后介绍组合逻辑电路的逻辑功能和电路结构,重点论述基于门级组合逻辑电路的分析方法和设计方法,接着介绍一些常用的组合逻辑电路,最后简要说明竞争冒险现象及其消除方法。

任务 6.1 学习门电路

实现基本逻辑运算和复合逻辑运算的单元电路称为门电路。基本的逻辑关系有与、或、非三种,与此对应的基本门电路有与门、或门、非门。复合逻辑关系有与非、或非、与或非、异或逻辑关系,与之对应的门电路有与非门、或非门、与或非门、异或门等。

集成门电路按照内部元器件的不同分为两大类,一类是由双极型晶体管组成的晶体管-晶体管逻辑集成门电路,称为 TTL 门电路;另一类是由金属氧化物绝缘栅场效应晶体管组成的互补型场效应晶体管集成门电路,称为 CMOS 门电路。

逻辑关系是二值逻辑函数,逻辑变量只有 1 和 0 两种逻辑状态,在逻辑电路中用高、低电平表示两种逻辑状态。可以用 1 表示高电平,0 表示低电平,称为正逻辑关系;也可以用 0 表示高电平,1 表示低电平,称为负逻辑关系。同一逻辑电路,可以采用正逻辑关系,也可以采用负逻辑关系。除非特殊说明,一般采用正逻辑关系。

6.1.1 半导体二极管逻辑门电路

1. 二极管开关电路

二极管是电路设计中最常用的电子元器件。二极管的主要特性是单向导电性,即在正向电压的作用下导通电阻很小而在反向电压作用下导通电阻极大或无穷大。由于半导体二极管具有单向导电性,即外加正向电压时导通,外加反向电压时截止,所以它相当于一个受外加电压极性控制的开关。

如图 6-1 所示为二极管开关电路的电路结构图。

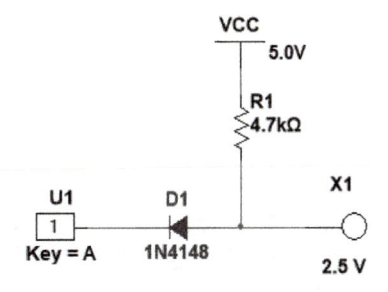

图 6-1 二极管开关电路

由仿真结果可以看出当输入高电平时,二极管截止,输出显示高电平;当输入为低电平时,二极管导通,结果显示输出低电平。结果如图 6-2 所示。

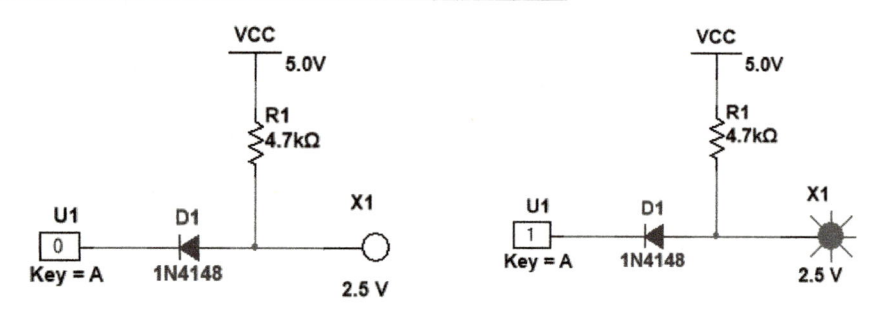

图 6-2　二极管输入电平时的状态

2. 二极管高频特性分析

二极管高频特性分析电路连接图如图 6-3 所示。

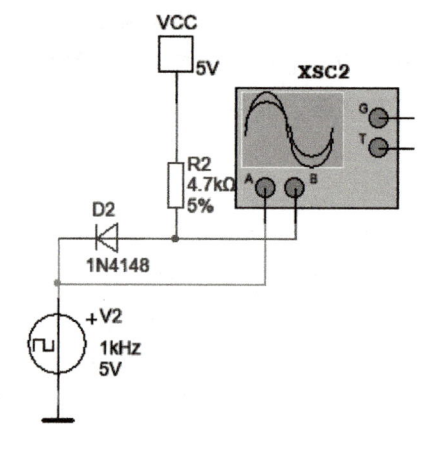

图 6-3　电路连接图

输入不同频率结果不同，仿真结果如图 6-4 所示。

信号频率越高，扫描时间越短。

综上可以发现，即使频率达到 10 MHz，输出波形二极管也基本不变。

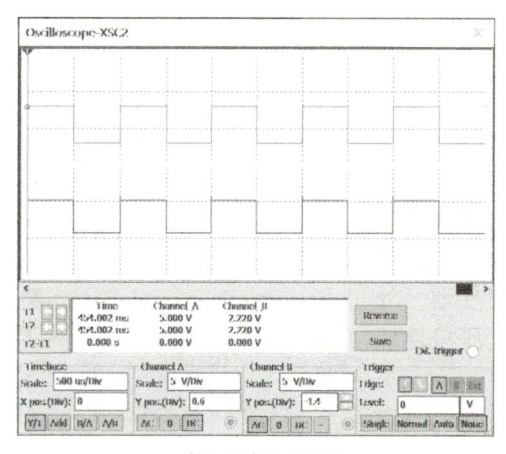

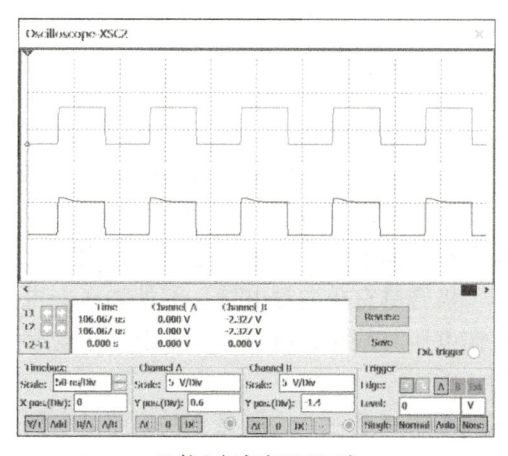

a) 输入频率为 1kHz 时　　　　　　b) 输入频率为 10MHz 时

图 6-4　仿真结果

3. 二极管基本门电路

在逻辑代数中只有三种基本的逻辑，即"与"逻辑、"或"逻辑、"非"逻辑。与之对应，在逻辑代数中只有三种基本的逻辑运算，即与、或、非。在实际运算中还会遇到更复杂的逻辑问题，但它们都是基于这三种基本逻辑的组合结构，称为复合逻辑或复合逻辑运算。这节我们只介绍三种基本的逻辑及逻辑门电路。图 6-5 所示为与、或、非的逻辑符号。上面为国标符号，下面为国际常用符号。

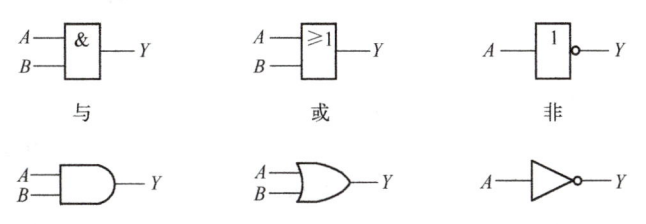

图 6-5　与、或、非逻辑符号

（1）与逻辑和与门

只有决定事物结果的全部条件同时具备时，结果才发生，这样的因果关系称为与逻辑。例如在图 6-6 所示电路中，只有当电路中的两个开关都合上，灯泡才会点亮。如果用逻辑变量 A、B 表示两个开关，用 1 代表接通，0 代表断开；灯泡用 1 表示亮，0 表示不亮，则可得出运算真值表如图 6-7 所示。（逻辑转换仪的使用在项目 2 中已详细说明）

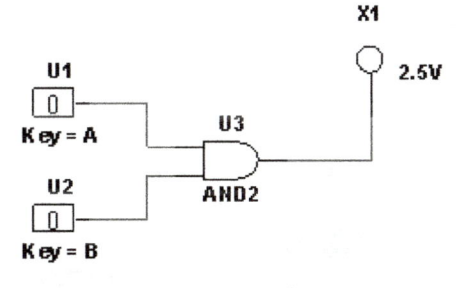

图 6-6　与逻辑电路原理图

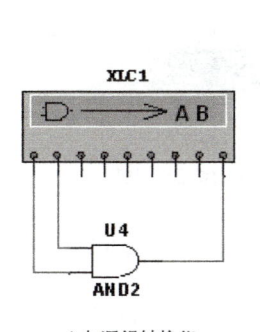

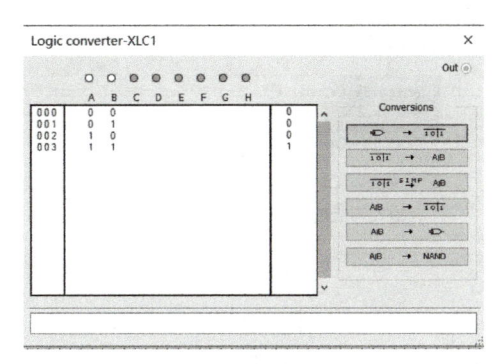

a）与逻辑转换仪　　　　　　b）与运算真值表

图 6-7　与逻辑转换仪及与运算真值表

若用文字表述为：有 0 出 0，全 1 出 1。

同样由图 6-7b 可得到与运算逻辑表达式为

$$Y = A \cdot B$$

式中的"·"表示逻辑乘，读作"与"，即"Y 等于 A 与 B"，在不需要特别强调的地方常将"·"省掉。

*补充：在实际电路中，"与"门一般不会像上述只有两个输入端，而是有多个输入端，此时真值表我们可以描述为：当输入全为高电平时，则输出为高电平，当输入有一个为低电平时，则输出为低电平。

且在故障判断中，实际数字逻辑电路有时会产生逻辑错误的现象，判断"与"门电路是否发生故障的方法：检测"与"门的输入信号，当输入信号全为高电平信号输入时，观察输出端信号，输出端应为输出高电平信号，如果输出端为低电平信号，即可判断该"与"门故障。

如图 6-8 所示是由两个二极管 D1 和 D2 组成的与门电路。

通过高低电平以及电压表的读数可以看到，当 A、B 同时接低电平 0 V，则必有一个二极管导通，使得输出电压为 9.986 V，结果如图 6-9a 所示。

若 A、B 中有一个接低电平 0，输出电压为 0.596 V，结果如图 6-9b、图 6-9c 所示。

当 A、B 同时为高电平时，输出电压为 5.527 V，结果如图 6-9d 所示。

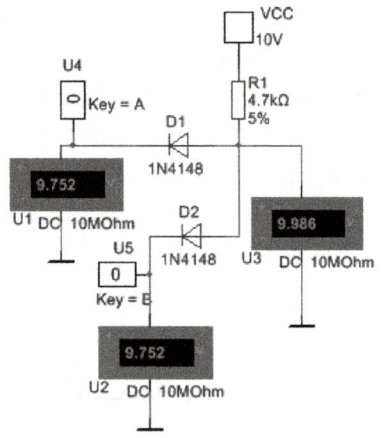

图 6-8　二极管与门电路

a) 输入为低电平时

b) A 接高电平时

c) B 接高电平时

d) A、B 同时为高电平时

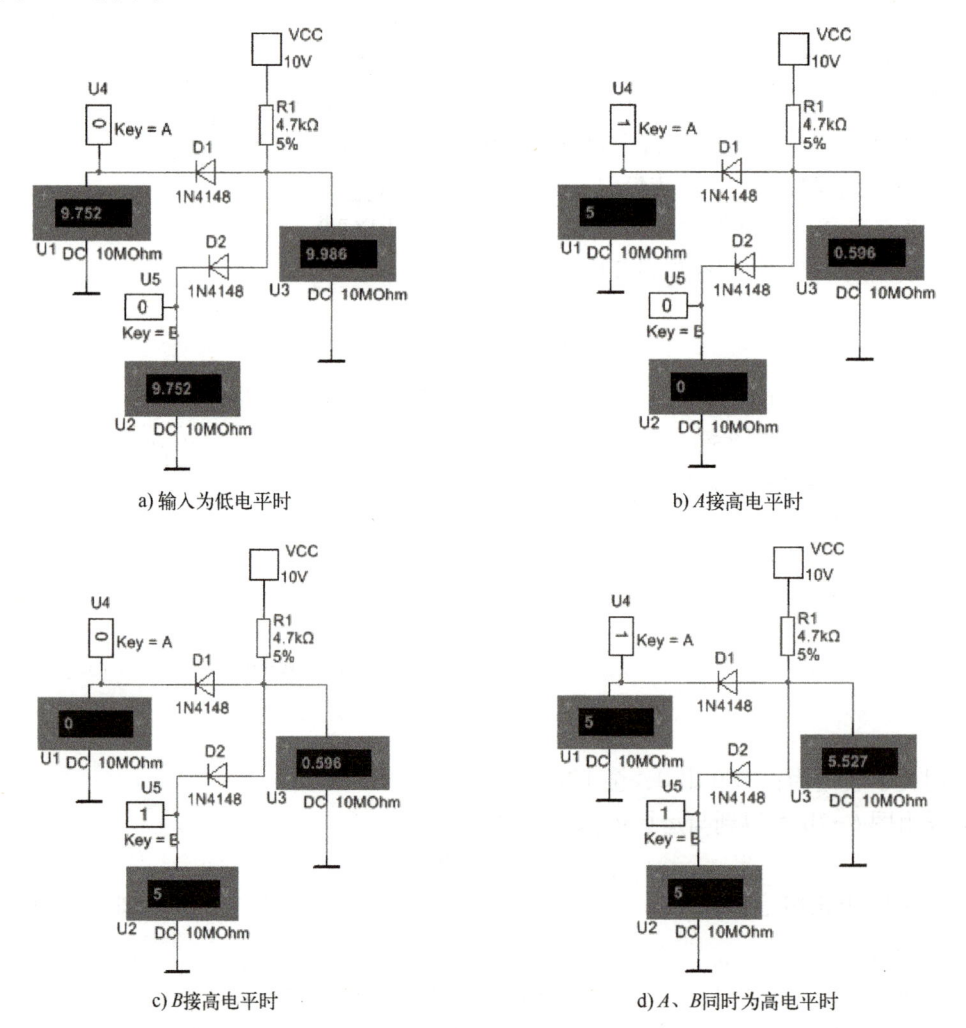

图 6-9　与门电路输出情况

(2) 或逻辑和或门

在决定事物结果的诸条件中只要有任何一个满足，结果就会发生，这样的因果关系称为或逻辑。例如在图 6-10 所示电路中，只要电路中的一个开关合上，灯泡会亮。如果用逻辑变量 A、B 表示两个开关，用 1 代表接通，0 代表断开；灯泡用 1 表示亮，0 表示不亮，则可得出运算真值表如图 6-11 所示。

若用文字表述为：有 1 就输出 1。

在实际电路中，"或"门一般不会像上述只有两个输入端，而是有多个输入端，此时真值表可以描述为：当输入全为低电平时，则输出为低电平，当输入有一个为高电平时，则输出为高电平。

图 6-10　或逻辑电路原理图

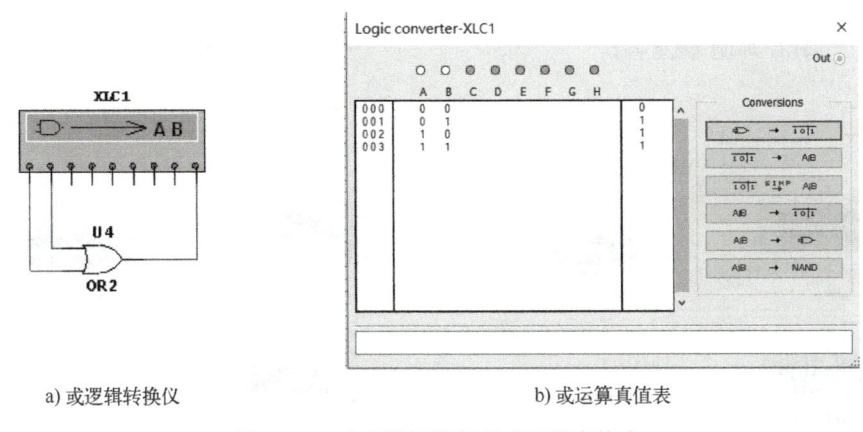

a) 或逻辑转换仪

b) 或运算真值表

图 6-11　或逻辑转换仪及或运算真值表

判断"或"门电路是否发生故障的方法：检测或门的输入信号，当输入信号全为低电平信号输入时，观察输出端信号，输出端应输出低电平信号，如果输出端为高电平信号，即可判断该"或"门故障。

如图 6-12 所示是由两个二极管 D1 和 D2 组成的或门电路。

通过高低电平以及电压表的读数可以看到，当 A、B 同时为低电平时，输出电压为 -0.596 V，结果如图 6-13a 所示。

若 A、B 中有一个接低电平 0，输出电压为 4.384 V 和 -0.596 V，结果如图 6-13b、图 6-13c 所示。

当 A、B 同时为高电平时，输出电压为 4.384 V，结果如图 6-13d 所示。

图 6-12　二极管或门电路

(3) 非逻辑

只要条件具备了，结果便不会发生；而条件不具备，结果一定发生，这样的因果关系称为非逻辑。例如在图 6-14 所示电路中，当电路中的开关合上时，灯泡就不亮；当电路中的开关断开时,灯泡就会亮。如果用逻辑变量 A、B 表示两个开关,用 1 代表接通,0 代表断开;灯泡用 1 表示亮,0 表示不亮,则可得出运算真值表如图 6-15 所示。

a) A、B 同时为低电平时   b) A 接高电平时

c) B 接高电平时   d) A、B 同时为高电平时

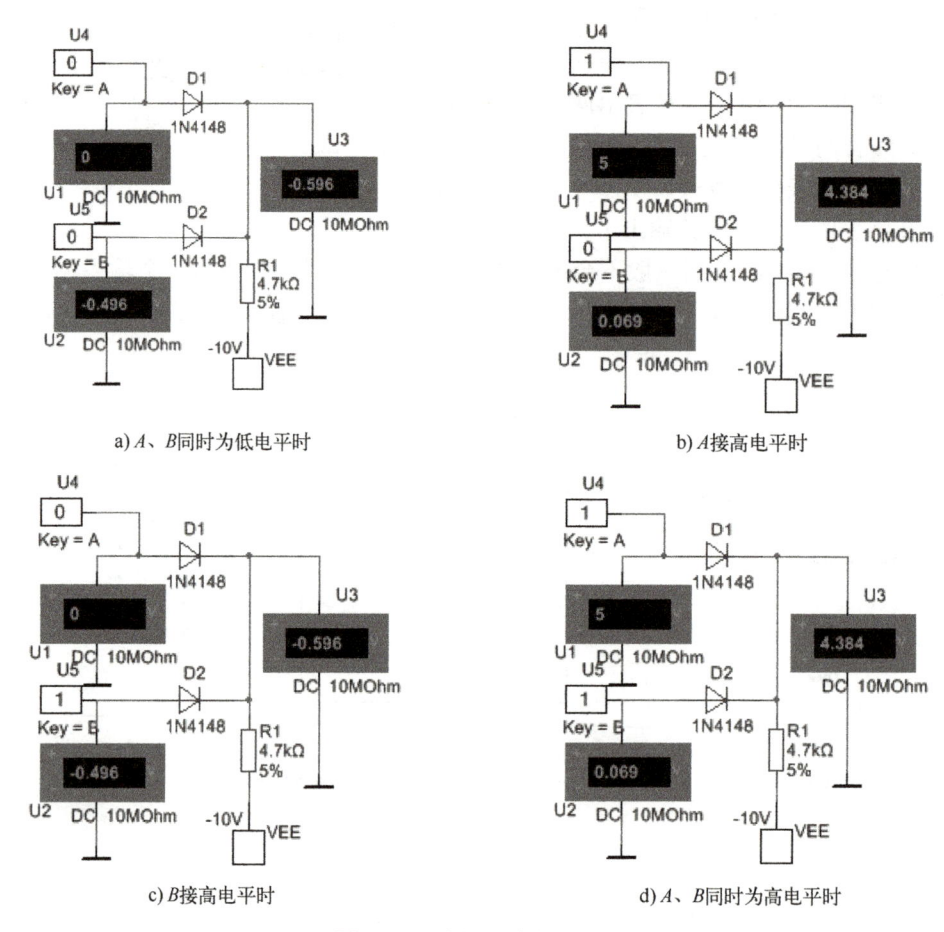

图 6-13　或门电路输出情况

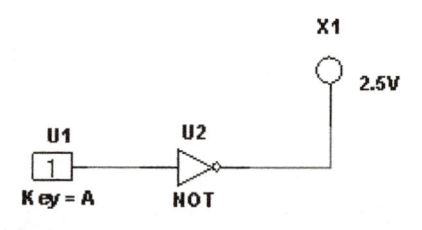

图 6-14　非逻辑电路原理图

若用文字表述为:输入 0 输出 1,输入 1 输出 0。

同理,在实际电路中,"非"门一般不会像上述只有两个输入端,而是有多个输入端,此时真值表我们可以描述为:当输入全为高电平时,则输出为低电平,当输入全为低电平时,则输出为高电平。

判断"非"门电路是否发生故障的方法:检测"非"门的输入信号,当输入信号全为高电平信号输入时,观察输出端信号,输出端应输出低电平信号,如果输出端为高电平信号,即可判断该"非"门故障。

a) 非逻辑转换仪　　　　　　　　　b) 非运算真值表

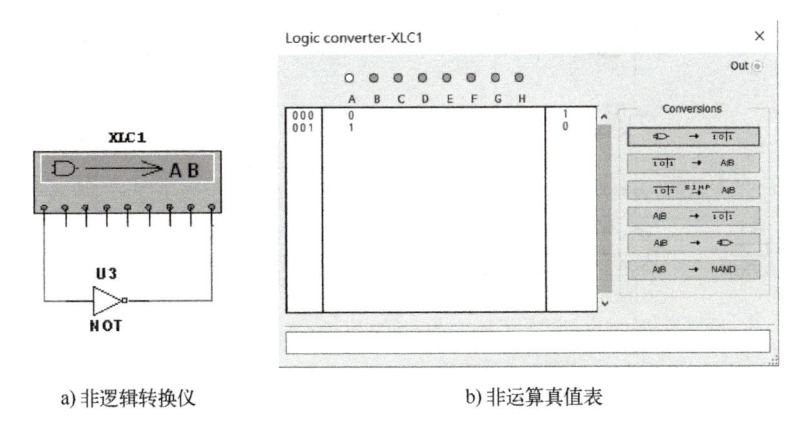

图 6-15　非逻辑转换仪及非运算真值表

6.1.2　TTL 门电路

上节讲的基本逻辑门电路都是由二极管组成的，它们由分立元件构成门电路。本节将着重介绍目前广泛应用的集成逻辑门。目前，集成逻辑门大多采用双极型晶体管作为开关器件，双极型集成门的主要形式是晶体管——晶体管逻辑门，简称 TTL。在学习集成逻辑门之前，我们必须先了解一下双极型晶体管的开关特性。

1. 双极型晶体管的开关特性

一个独立的双极型晶体管拥有三个电极：基极（Base）、集电极（Collector）和发射极（Emitter）。管芯由三层 P 型或 N 型半导体构成，有 NPN 型和 PNP 型，工作时有电子和空穴两种载流子参与导电过程，故称为双极型晶体管（Bipolar Junction Transistor，BJT）。

半导体晶体管是一种电流控制电流的半导体器件，其作用是把微弱信号放大成幅值较大的电信号。如图 6-16 所示的晶体管为 NPN 型硅管。

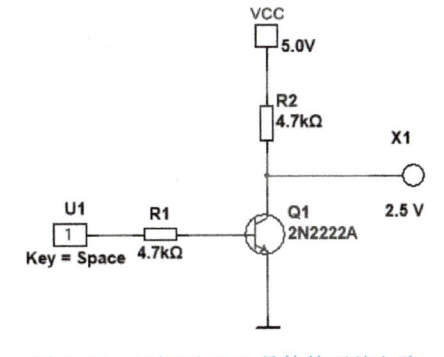

图 6-16　双极型 NPN 晶体管开关电路

电阻 R_2 为基极电阻，电阻 R_1 为集电极电阻，晶体管 Q1 的基极 b 起控制的作用，通过它来控制开关开闭动作，集电极 c 和发射极 e 形成开关的两个端点，其两端的电压即为开关电路的输出电压，由输出电平显示。

1）当时钟脉冲输入高电平时，晶体管导通，相当于开关闭合，所以集电极电压 $V_c \approx 0$，即输出为低电平。

2）当时钟脉冲输入低电平时，晶体管截止，相当于开关断开，所以集电极电压 $V_c \approx V_{CC}$，即输出为高电平。结果如图 6-17 所示。

2. 双极型晶体管高频特性

晶体管高频特性分析原理图如图 6-18 所示。

将频率提高到 200 kHz，输出波形已有很大的差别，如图 6-19 所示，说明晶体管的高频特性明显低于二极管，而且不同的管子性能差别很大。

a) 输入为低电平时   b) 输入为高电平时

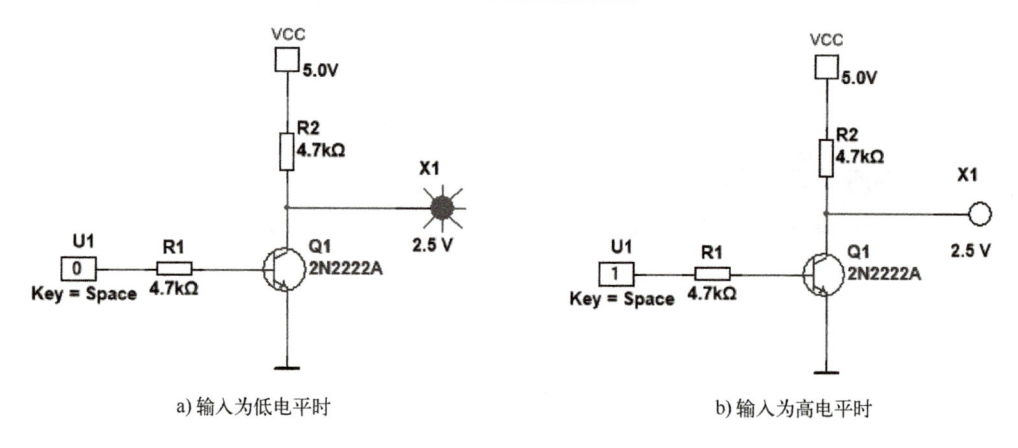

图 6-17　控制开关开闭

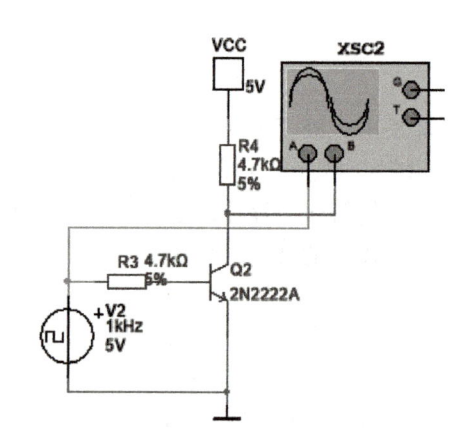

图 6-18　晶体管高频特性分析原理图

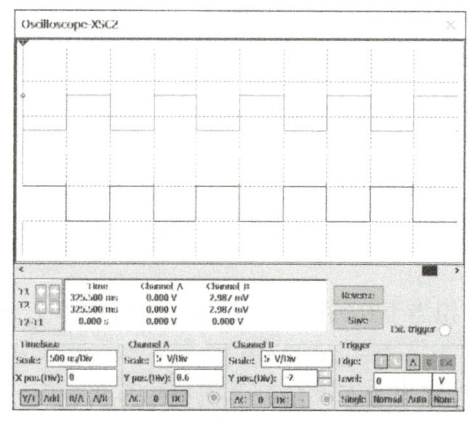

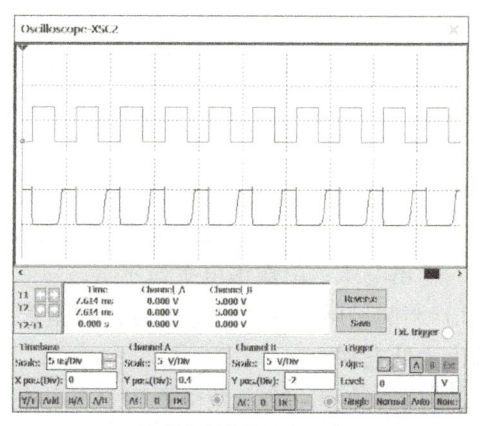

a) 输入频率为 1kHz 时   b) 输入频率为 200kHz 时

图 6-19　晶体管高频特性分析波形

3. 晶体管非门电路

如图 6-20 所示为晶体管非门电路结构图。

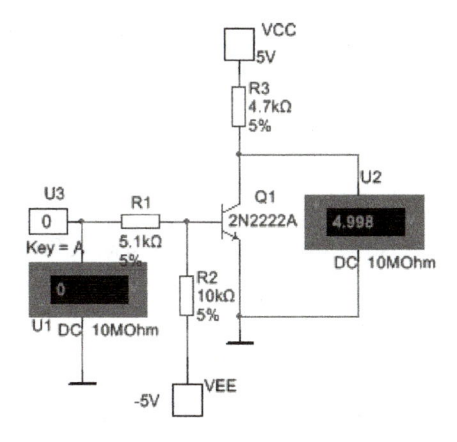

图 6-20 晶体管非门电路

当输入为高电平时,晶体管 Q1 的集电极有电流,则晶体管工作在饱和区,V_{ce} 很低接近 0 V,因此输出为低电平 0.034 V,结果如图 6-21a 所示。

a) 输入为高电平时　　　　　　　　　　　　b) 输入为低电平时

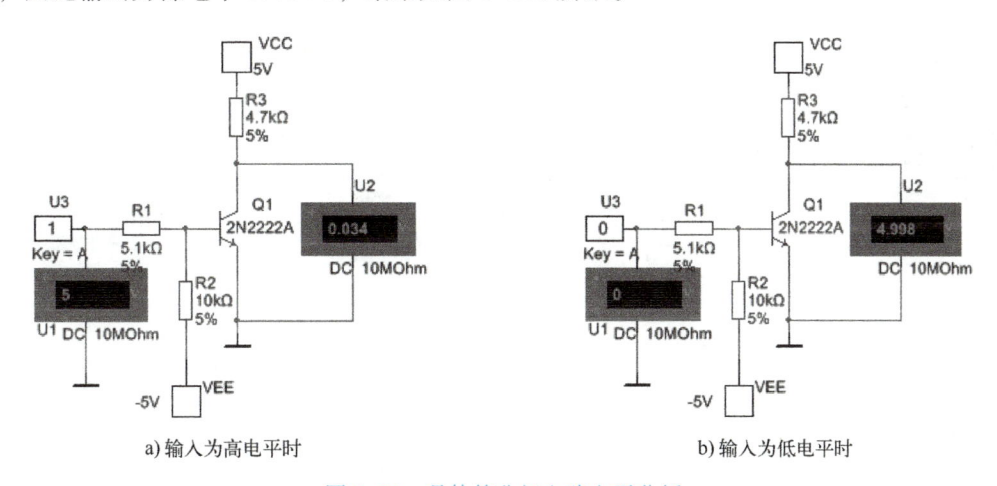

图 6-21 晶体管非门电路电平分析

当输入为低电平时,集电极没有电流,晶体管工作在截止区,所以输出等于 V_{CC},为 4.998 V,结果如图 6-21b 所示。由电平和电压表读数可以说明该电路符合非逻辑关系。

6.1.3 其他类型门电路

由于制造工艺简单、体积小、集成度高、低功耗和抗干扰能力强等特点,MOS 器件特别是 CMOS 电路在数字电路中已得到了广泛的应用。

MOS 电路按其所用 MOS 管的特性可分为两大类:一类是单沟道(PMOS 或 NMOS)集成电路;另一类是由 PMOS 和 NMOS 组成的双沟道互补 MOS 集成电路,即 CMOS 电路。

1. MOS 晶体管开关电路

MOS 晶体管为电压控制型半导体器件,如图 6-22 所示的晶体管为 MOS 晶体管。

MOS 晶体管 Q1 的栅极 G 和源极 S 间的电压起控制作用,通过它来控制开关开闭动作,源极 S 和漏极 D 两端的电压即为开关电路的输出电压,由示波器 B 路显示。

1）当时钟脉冲输入为低电平时，MOS 管工作在截止区，只要负载电阻 R1 远小于 MOS 管的截止电阻，输出端即为高电平，且 $R_1 \approx V_{CC}$。此时 MOS 管的 D-S 间就相当于一个断开的开关。

2）当时钟脉冲输入为高电平时，MOS 管的导通内阻变得很小，只要 R_1 远大于导通内阻，则输出端电压 $R_1 \approx 0$，即输出为低电平。

输入频率与输出电压波形图如图 6-23 所示，不同输入频率与输出电压关系如图 6-24 所示。

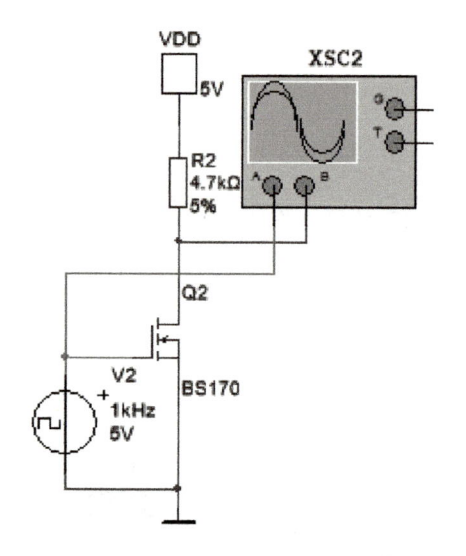

图 6-22 MOS 晶体管开关电路

图 6-23 波形图

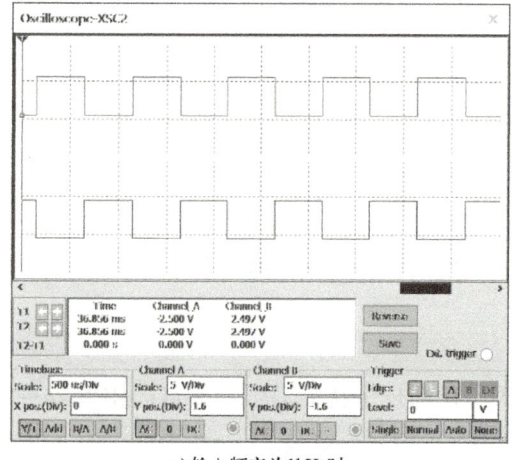

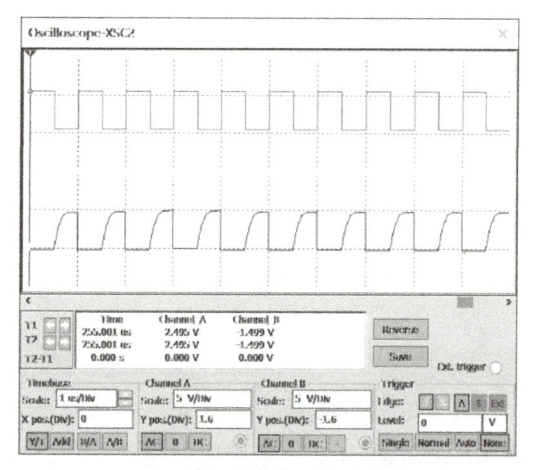

a）输入频率为1kHz时

b）输入频率为1MHz时

图 6-24 不同输入频率与输出电压关系

与双极型晶体管相比较，说明 MOS 晶体管的高频特性高于双极性晶体管，不同管子的性能差别也很大。

2. CMOS 与非门

如图 6-25 所示，为 CMOS 与非门电路原理图。

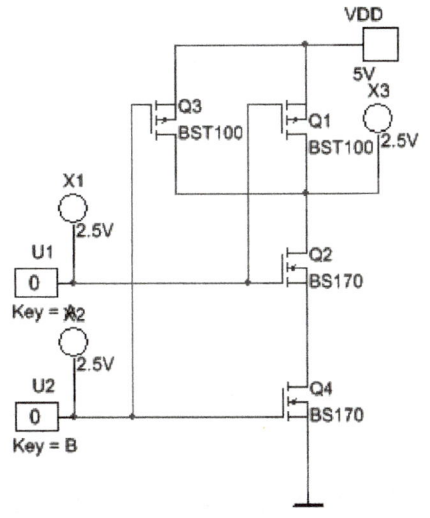

图 6-25 CMOS 与非门电路原理图

单击仿真按钮,通过转换高低电平选定输入状态的各种组合,可以验证其逻辑功能,结果如图 6-26 所示。

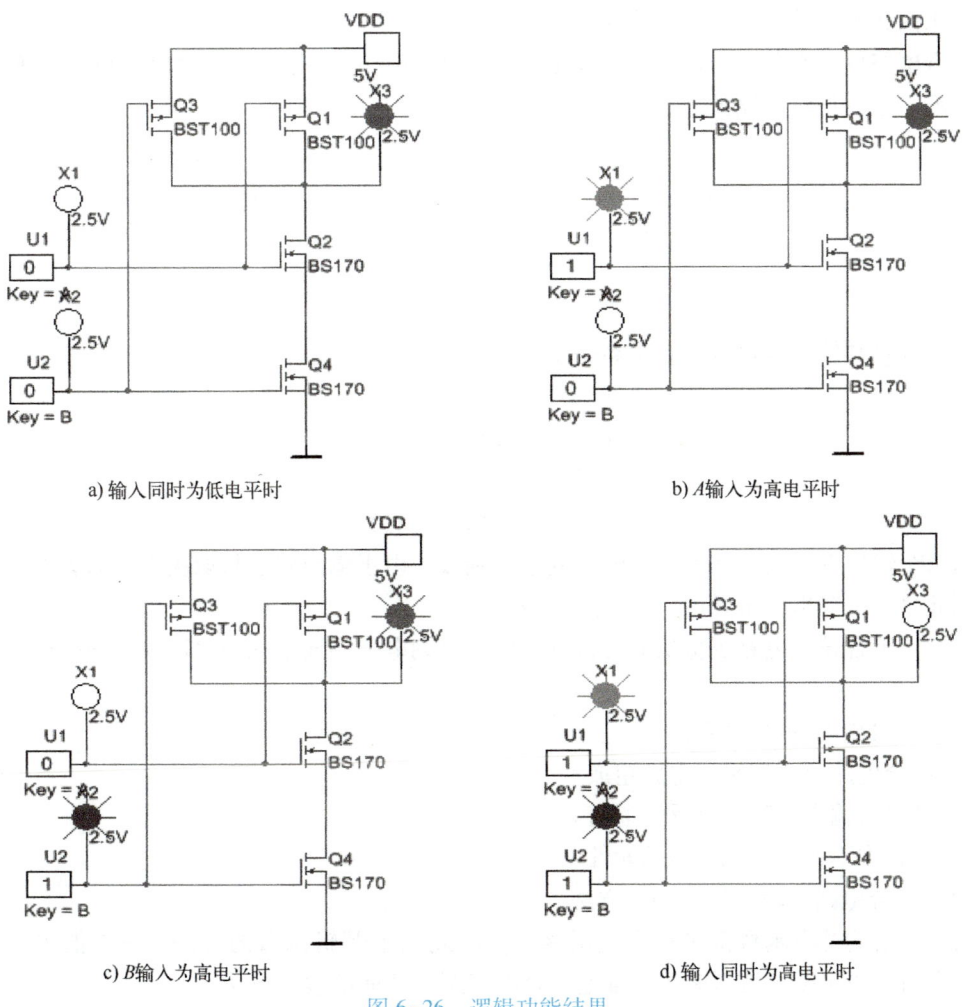

a) 输入同时为低电平时

b) A 输入为高电平时

c) B 输入为高电平时

d) 输入同时为高电平时

图 6-26 逻辑功能结果

其逻辑关系真值表见表 6-1。

表 6-1 与非逻辑关系真值表

X_1/X_4	X_2/X_5	X_3/X_6
0	0	1
0	1	1
1	0	1
1	1	0

任务 6.2 组合逻辑电路的分析与设计

数字系统中，根据电路逻辑功能和电路结构的不同，数字电路可以分为两大类：组合逻辑电路和时序逻辑电路。

（1）组合逻辑电路逻辑功能的特点

所谓组合逻辑电路，是指在任意时刻电路的输出状态只取决于该时刻的输入状态，而与电路原来的状态无关，该电路简称为组合电路。

组合电路可以有若干个输入逻辑变量 $X_1, X_2, X_3, \cdots, X_n$，有若干个输出逻辑变量 $F_1, F_2, F_3, \cdots, F_n$。组合逻辑电路的示意图如图 6-27 所示。

图 6-27 组合逻辑电路示意图

输出变量与输入变量的逻辑关系表示为

$$F_1 = f_1(X_1, X_2, \cdots, X_n)$$
$$F_2 = f_2(X_1, X_2, \cdots, X_n)$$
$$\vdots$$
$$F_n = f_n(X_1, X_2, \cdots, X_n)$$

即每个输出变量是全部或部分输入变量的函数。由于输出状态只取决于该时刻的输入状态，因此每一个输出变量只用一个表达式表示。

总之，组合逻辑电路逻辑功能的特点是任意时刻电路的输出状态只取决于该时刻的输入状态。

（2）组合电路的结构特点

1）组合电路只由逻辑门电路组成。

2）输出与输入之间没有反馈通道。

3）电路中不包含记忆功能的元件。

（3）组合电路逻辑功能的表示方法

前面介绍的逻辑函数都是组合逻辑函数，因此表示逻辑函数的方法——真值表、表达式、卡诺图、逻辑图、波形图等，都是组合电路逻辑功能的表示方法。

(4) 组合电路的分类

组合电路常常习惯按照逻辑功能分类,可以分为加法器、编码器、译码器、数据选择器等。

6.2.1 组合逻辑电路的分析

组合逻辑电路的分析是根据已知的逻辑电路,找到输入、输出信号之间的关系,进而判断逻辑电路的功能。

在进行电路分析之前,要先确定给定的电路是组合电路而非时序电路。组合电路只有逻辑门,没有反馈路径或存储单元。一条反馈路径就是从一个门的输出到另一个门的输入的连接,其中第二个门的输入是第一个门的输入的一部分。有反馈路径的数字电路就是时序电路,时序电路的分析方法将放到下一个项目中介绍。以下介绍组合电路的一般分析方法和分析举例。

由门电路组成的组合逻辑电路的分析,一般可以按照以下几个步骤进行:

1) 根据给定的逻辑电路图,按照从输入到输出逐级推导的方式,写出输出的逻辑函数表达式;
2) 对逻辑表达式进行化简;
3) 由已化简的输出函数表达式列写电路真值表;
4) 由真值表归纳出电路的逻辑功能。

下面举例来说明组合逻辑电路的分析方法。

【例 1】 试分析图 6-28 所示组合电路的逻辑功能。

图 6-28 逻辑电路图

1) 写出输出函数的表达式,按照从左到右逐级推导:

$$F = \overline{\overline{A \overline{AB}} \cdot \overline{B \overline{AB}}}$$

2) 对输出函数进行化简:

$$F = \overline{\overline{A \overline{AB}} \cdot \overline{B \overline{AB}}} = A\overline{AB} + B\overline{AB} = A(\overline{A}+\overline{B}) + B(\overline{A}+\overline{B}) = A\overline{B} + \overline{A}B$$

3) 写出函数真值表见表 6-2。

表 6-2 函数真值表

A	B	F
0	0	0
0	1	1
1	0	1
1	1	0

4）判断逻辑功能。由真值表可见，当输入变量相同时，输出 F 为 0；输入变量不同时，输出 F 为 1。因此，该电路实现的逻辑功能是异或。

【例 2】 分析图 6-29 所示逻辑电路的逻辑功能。

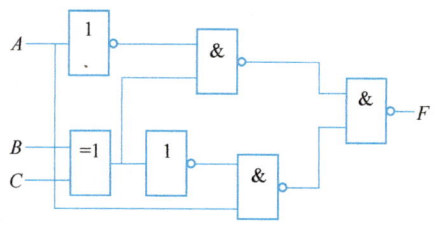

图 6-29　逻辑电路图

1）写出输出函数的逻辑表达式：

$$F = \overline{\overline{\overline{A}(B \oplus C)} \cdot \overline{A \overline{(B \oplus C)}}}$$

2）对输出函数进行化简：

$$F = \overline{\overline{\overline{A}(B \oplus C)} \cdot \overline{A \overline{(B \oplus C)}}} = \overline{A}(B \oplus C) + A\overline{B \oplus C} = \overline{A}\,\overline{B}C + \overline{A}B\overline{C} + A\,\overline{B}\,\overline{C} + ABC$$

3）写出函数真值表见表 6-3。

表 6-3　函数真值表

A	B	C	F
0	0	0	1
0	0	1	0
0	1	0	0
0	1	1	1
1	0	0	0
1	0	1	1
1	1	0	0
1	1	1	1

4）判断逻辑功能。由真值表可以看出，输入变量 A、B、C 的取值组合中，有奇数个 1 时，输出 F 为 1；否则，F 为 0。因此，称此电路为"输入奇校验电路"。奇（或偶）校验电路可用于校验所传送的二进制代码是否有错。

6.2.2　组合逻辑电路的设计

组合电路的设计方法有很多种，针对不同的设计对象、不同的实现手段，可以采用不同的设计方法；而对于相同的设计对象，如果采用不同的设计方法和设计思路，也可以得到不同的设计结果。

电路的设计过程可以概括为两个阶段：从逻辑功能的文字描述到某种形式的逻辑表达；各种逻辑描述之间的变换。真值表、逻辑方程、逻辑框图、逻辑图、硬件描述语言等都是用于逻辑表达的工具，对于相同的逻辑问题，若设计者采用不同的设计工具，则其设计方法也不同。本节介绍由小规模集成电路构成的组合电路的设计方法。

设计由小规模集成电路构成的组合电路时，强调的基本原则是能获得最简电路，即所用的门电路最少以及每个门的输入端数最少。一般可以按以下步骤进行。

1）由实际问题列出真值表。一般首先根据事件的因果关系确定输入、输出变量，进而对输入、输出进行逻辑赋值，即用 0、1 表示输入、输出各自的两种不同状态；再根据输入、输出之间的逻辑关系列出真值表。n 个输入变量，应用 2^n 个输入变量取值的组合，即真值表中有 2^n 行。但有些实际问题，只出现部分输入变量取值的组合。未出现者在真值表中可以不列出。如果列出，可在相应的输出处标记"×"号，以示区别；化简逻辑函数时，可做无关项处理。

2）由真值表写出输出函数逻辑表达式。对于简单的逻辑问题，也可以不列真值表，而直接根据逻辑问题写出函数逻辑表达式。

3）化简、变换输出函数逻辑表达式。因为由真值表写出的函数逻辑表达式不一定是最简式，为使所设计的电路最简，需要运用化简逻辑函数的方法，使输出表达式化为最简。同时根据实际要求（如级数限制等）和客观条件（如使用门电路的种类、输入有无反变量等）将输出表达式变换成适当的形式，例如要求用与非门来实现所设计的电路，则需将输出表达式变换成最简的与非-与非式。

4）画出逻辑图。以上步骤并非是固定不变的，设计时应根据具体情况和问题的难易程度进行取舍。

【例3】试用与非门设计一个三人表决器，多数人赞成决议通过，否则决议不通过。

1）对给定命题分析，将参与表决的人设定为输入变量，分别表示为 A、B、C；决议设定为输出变量，表示为 F。赞成决议用"1"表示，不赞成或弃权用"0"表示；决议通过用"1"表示，不通过用"0"表示。由题意，二人或二人以上赞成，则决议通过。可列写真值表见表6-4。

表 6-4 三人表决电路真值表

A	B	C	F
0	0	0	0
0	0	1	0
0	1	0	0
0	1	1	1
1	0	0	0
1	0	1	1
1	1	0	1
1	1	1	1

2）由真值表写出输出 F 的表达式。先分析输出 F 为 1 的条件，将输出为 1 各行中的输入变量为 1 者取原变量，为 0 者取反变量，再将它们用"与"的关系写出来。显然由于这些行中任何一个得到满足，F 都为 1，因此最后将各行的表达式进行或的关系，由此得到的即输出数 F 的"与或"表达式。

对表6-4有，F 为 1 的有 4 行，按照上述规则，可写出 F 的表达式为：
$$F = \overline{A}BC + A\overline{B}C + AB\overline{C} + ABC$$

3）对逻辑表达式进行化简：

$$F = \overline{A}BC + A\overline{B}C + AB\overline{C} + ABC = \overline{A}BC + A\overline{B}C + AB(C+\overline{C})$$
$$= \overline{A}BC + A\overline{B}C + AB = \overline{A}BC + A(\overline{B}C + B) = \overline{A}BC + A(C+B)$$
$$= \overline{A}BC + AC + AB = (\overline{A}B + A)C + AB = BC + AC + AB$$

4）由题意，只能用与非门，因此将 F 的表达式进行变形得：

$$F = BC + AC + AB = \overline{\overline{BC + AC + AB}} = \overline{\overline{BC} \cdot \overline{AC} \cdot \overline{AB}}$$

画出对应的逻辑电路图如图 6-30 所示。

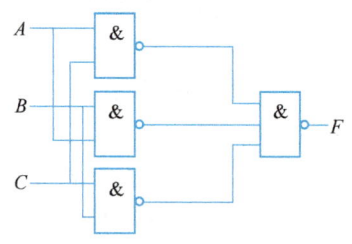

图 6-30　用与非门实现的三人表决电路逻辑电路图

任务 6.3　常用组合逻辑电路

人们在实践中遇到的逻辑问题层出不穷，因而为解决这些逻辑问题而设计的逻辑电路也不胜枚举。所以我们会发现，其中有些逻辑电路经常大量地出现在各种数字系统当中。这些电路包括编码器、译码器、数据选择器、数值比较器、加法器等。为了使用方便，人们将这些逻辑电路制成了中小规模集成的标准化集成电路产品。下面介绍几种常用的集成组合逻辑电路。

6.3.1　加法器

计算机中的加、减、乘、除运算，都是用加法运算来实现的，因此加法运算电路是计算机中最基本的运算电路。加法运算的核心部件是半加器和全加器，由它们组成加法器。

1. 半加器

半加器是实现两个一位二进制数加法运算的器件。它具有两个输入端（被加数 A 和加数 B）及两个输出端（和数 S 和进位数 C）。所谓半加就是不考虑进位的加法。半加器输入两个二进制数，经异或（XOR）运算后即为 S，经和（AND）运算后即为 C。半加器虽能产生进位值，但半加器本身并不能处理进位值。半加器的原理图如图 6-31 所示，它的真值表见表 6-5。

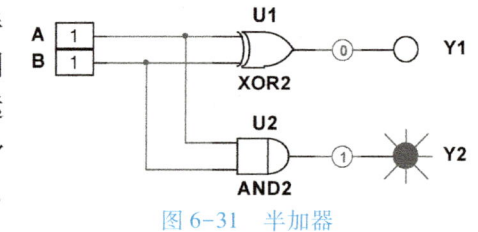

图 6-31　半加器

表 6-5　半加器真值表

输	入	输	出
加数 A	加数 B	和数 S	进位数 C
0	0	0	0
0	1	1	0
1	0	1	0
1	1	0	1

由表 6-5 得到半加器表达式为

$$\begin{cases} S = A\overline{B} + \overline{A}B = A \oplus B \\ C = AB \end{cases}$$

2. 全加器

两个一位二进制数相加时，考虑来自低位的进位的运算，称为全加，能够完成包括低位进位的三个一位二进制数加法运算的电路称为全加器。设 A、B 为两个二进制数，C_{i-1} 为来自低位的进位，S 为本位和，C_i 为向高位的进位。根据全加器的功能得到真值表见表 6-6。

表 6-6 全加器的真值表

输入			输出	
A	B	C_{i-1}	和数 S	进位数 C_i
0	0	0	0	0
0	0	1	1	0
0	1	0	1	0
0	1	1	0	1
1	0	0	1	0
1	0	1	0	1
1	1	0	0	1
1	1	1	1	1

由真值表得到全加器的表达式为

$$\begin{cases} S = \overline{A}\,\overline{B}C_{i-1} + \overline{A}B\overline{C_{i-1}} + A\overline{B}\,\overline{C_{i-1}} + ABC_{i-1} = A \oplus B \oplus C_{i-1} \\ C = \overline{A}BC_{i-1} + A\overline{B}C_{i-1} + AB\overline{C_{i-1}} = AB + AC_{i-1} + BC_{i-1} \end{cases}$$

6.3.2 编码器

将具有特定意义的信息编成相应二进制代码的过程称为编码。实现编码功能的电路称为编码器。对于一般编码器，输出为 n 位进制代码时，共有 2^n 个不同的组合；当输入 N 个信息时，则可根据式 $2^n \geq N$ 来确定二进制代码的位数。如编码器有 8 个输入端 3 个输出端，称为 8 线-3 线编码器；如有 10 个输入端 4 个输出端，称为 10 线-4 线编码器……编码器主要有普通编码器、优先编码器等。

1. 普通编码器

在普通编码器中最简单的编码器是二进制编码器，即将 $N = 2^n$ 个输入信息转换成 n 位二进制代码输出的逻辑电路。以三位二进制编码器为例，分析普通编码器的工作原理。

如图 6-32 所示是三位二进制普通编码器，它由 3 个 4072 芯片（四输入或门）组成。其中，$I_0 \sim I_7$ 表示输入信号，Y_0、Y_1、Y_2 表示输出信号，所以它又称为 8 线-3 线编码器。对于普通编码器，任何时刻只允许输入一个有效编码请求信号，即假设输入高电平有效，则任何时刻只允许一个输入端子为"1"，其余均为"0"。三位二进制普通编码器的输入输出关系见表 6-7。

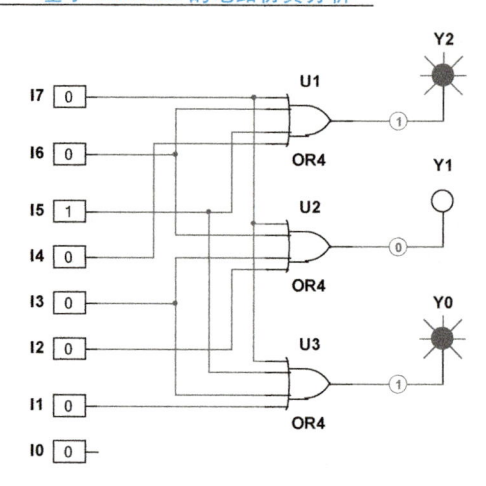

图 6-32 三位二进制普通编码器

表 6-7 三位二进制普通编码器的输入输出关系

输入								输出		
I_0	I_1	I_2	I_3	I_4	I_5	I_6	I_7	Y_2	Y_1	Y_0
1	0	0	0	0	0	0	0	0	0	0
0	1	0	0	0	0	0	0	0	0	1
0	0	1	0	0	0	0	0	0	1	0
0	0	0	1	0	0	0	0	0	1	1
0	0	0	0	1	0	0	0	1	0	0
0	0	0	0	0	1	0	0	1	0	1
0	0	0	0	0	0	1	0	1	1	0
0	0	0	0	0	0	0	1	1	1	1

由真值表得到输出逻辑表达式为

$$\begin{cases} Y_2 = I_4 + I_5 + I_6 + I_7 \\ Y_1 = I_2 + I_3 + I_6 + I_7 \\ Y_0 = I_1 + I_3 + I_5 + I_7 \end{cases}$$

普通编码器的特点是：输入端的个数为 2，输出端的个数为 n；任何时刻最多只允许输入一个编码信号，这是普通编码器最大的缺点，如果在任意时刻有多个输入端输入编码信号，输出的编码将出现错误。

2. 优先编码器

普通编码器存在输入的编码信号相互排斥的严重的缺点，优先编码是解决这个不足最好的方法。优先编码允许多个输入信号同时请求编码，但电路只对其中一个优先级别最高的有效信号进行编码，这样的逻辑电路称为优先编码器。在优先编码器中，优先级别高的编码信号屏蔽级别低的编码信号。至于输入编码信号优先级别的高低，则由设计者根据实际需要事先设定的。

74LS148D 芯片是 BCD 二进制转换器，由它构成了 8 线-3 线优先编码器的逻辑图。其中，$I_0 \sim I_7$ 是输入引脚，EI 是使能引脚，$Y_0 \sim Y_2$ 是编码输出，GS、EO 是功能输出引脚。在 EI

引脚为低电平时，电路处于正常工作状态下，允许 I_0 到 I_7 当中同时有几个输入端为低电平，即有编码输入信号。其中，I_7 的优先权最高，I_0 的优先权最低。只要有输入，GS 就输出低电平。如图 6-33 所示，在正常工作状态下（EI 端为低电平），当输入信号 I_0 为 "0"，$I_1 \sim I_7$ 均为 "1" 时，只对 I_0 进行编码，此时的输出信号为 "111"。8 线-3 线优先编码器的输入输出关系见表 6-8。

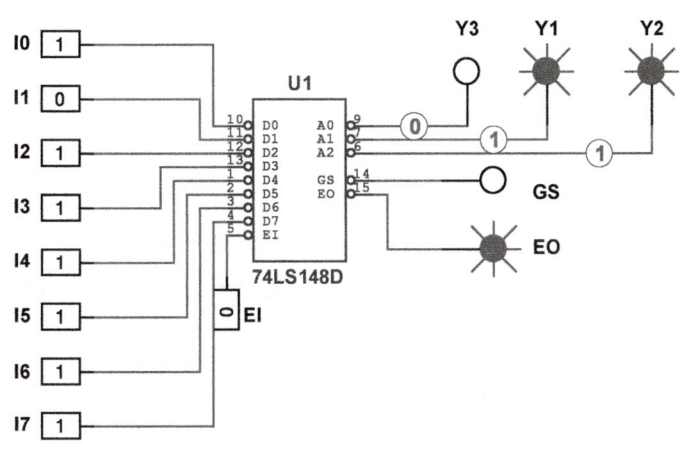

图 6-33 8 线-3 线优先编码器 74LS148D

表 6-8 8 线-3 线优先编码器的输入输出关系

输入									输出				
EI	I_0	I_1	I_2	I_3	I_4	I_5	I_6	I_7	Y_2	Y_1	Y_0	GS	EO
1	×	×	×	×	×	×	×	×	1	1	1	1	1
0	1	1	1	1	1	1	1	1	1	1	1	1	0
0	×	×	×	×	×	×	×	0	0	0	0	0	1
0	×	×	×	×	×	×	0	1	0	0	1	0	1
0	×	×	×	×	×	0	1	1	0	1	0	0	1
0	×	×	×	×	0	1	1	1	0	1	1	0	1
0	×	×	×	0	1	1	1	1	1	0	0	0	1
0	×	×	0	1	1	1	1	1	1	0	1	0	1
0	×	0	1	1	1	1	1	1	1	1	0	0	1
0	0	1	1	1	1	1	1	1	1	1	1	0	1

由 8 线-3 线优先编码器真值表得到其输出逻辑表达式为

$$\begin{cases} Y_2 = I_7 + \overline{I_7}I_6 + \overline{I_7}\overline{I_6}I_5 + \overline{I_7}\overline{I_6}\overline{I_5}I_4 = I_7 + I_6 + I_5 + I_4 \\ Y_1 = I_7 + \overline{I_7}I_6 + \overline{I_7}\overline{I_6}\overline{I_5}\overline{I_4}I_3 + \overline{I_7}\overline{I_6}\overline{I_5}\overline{I_4}\overline{I_3}I_2 = I_7 + I_6 + \overline{I_5}\overline{I_4}I_3 + \overline{I_5}\overline{I_4}I_2 \\ Y_0 = I_7 + \overline{I_7}\overline{I_6}I_5 + \overline{I_7}\overline{I_6}\overline{I_5}\overline{I_4}I_3 + \overline{I_7}\overline{I_6}\overline{I_5}\overline{I_4}\overline{I_3}\overline{I_2}I_1 = I_7 + \overline{I_6}I_5 + \overline{I_6}\overline{I_4}I_3 + \overline{I_6}\overline{I_4}\overline{I_2}I_1 \end{cases}$$

6.3.3 译码器

译码是编码的逆过程，其功能就是将特定意义的二进制代码识别出来，翻译成具有特定意义的信息代码。这种将特定意义的二进制代码翻译出来的过程称为译码，实现译码功能的电路称为译码器。

译码器的输入为二进制代码，输出为具有特定意义的信息代码，因此译码器就是将一种代码转换成另一种代码的电路。

常见的译码器主要有二进制译码器、二-十进制译码器和BCD显示译码器三种类型。

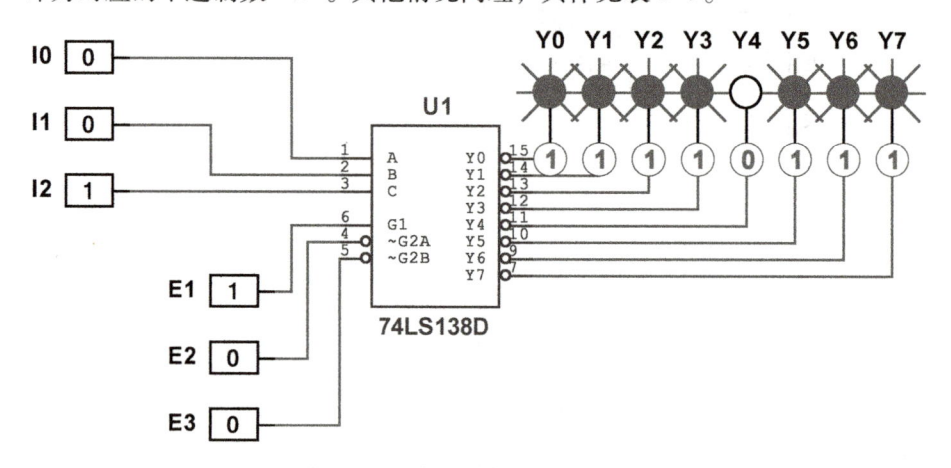

1. 3线-8线译码器74LS138D

74LS138D具有3个输入端：I_0、I_1、I_2，8个输出端：$Y_0 \sim Y_7$和3个使能端（又称选通端）：$E1$、$E2$、$E3$。74LS138D的三个输入使能信号之间是逻辑"与"关系，$E1$高电平有效，$E2$和$E3$低电平有效。只有在所有使能端都为有效电平（$E1=1$，$E2=0$，$E3=0$）时，74LS138D才对输入进行译码，相应输出端为低电平，即输出信号为低电平有效。当使能端不满足正常工作的电平时，译码器停止译码，输出无效电平（高电平）。如图6-34所示，I_2、I_1、I_0输入信号为"100"时，输出端$Y_4=0$，其余输出端为"1"，表示将三位二进制数"100"译为对应的十进制数"4"。其他情况同理，具体见表6-9。

图6-34　3线-8线译码器74LS138D

表6-9　3线-8线译码器74LS138D输入输出关系

输入						输出							
$E1$	$E2$	$E3$	I_2	I_1	I_0	Y_7	Y_6	Y_5	Y_4	Y_3	Y_2	Y_1	Y_0
0	×	×	×	×	×	1	1	1	1	1	1	1	1
×	1	×	×	×	×	1	1	1	1	1	1	1	1
×	×	1	×	×	×	1	1	1	1	1	1	1	1
1	0	0	0	0	0	1	1	1	1	1	1	1	0
			0	0	1	1	1	1	1	1	1	0	1
			0	1	0	1	1	1	1	1	0	1	1
			0	1	1	1	1	1	1	0	1	1	1
			1	0	0	1	1	1	0	1	1	1	1
			1	0	1	1	1	0	1	1	1	1	1
			1	1	0	1	0	1	1	1	1	1	1
			1	1	1	0	1	1	1	1	1	1	1

2. 七段数码显示器

74LS48D是高电平驱动的显示译码器，用于驱动共阴极连接数码管。74LS48D的显示的原理图如图 6-35 所示。

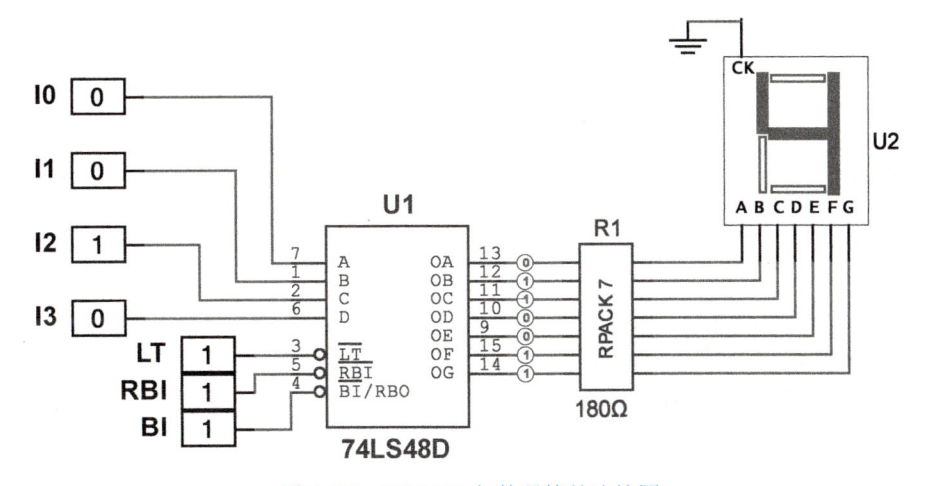

图 6-35　74LS48D 与数码管的连接图

74LS48D 的输入端是四位二进制信号（8421BCD 码），a、b、c、d、e、f、g 是七段译码器的输出驱动信号，高电平有效，可直接驱动共阴极七段数码管。LT、BI、RBI 是使能端，起辅助控制作用。使能端的作用如下：

1) LT 是试灯输入端，当 $LT=0$，$BI=1$ 时，不管其他输入是什么状态，a~g 七段全亮；

2) BI 是静态灭灯输入，当 $BI=0$，不论其他输入状态如何，a~g 均为 0，显示管熄灭；

3) RBI 是动态灭零输入，将不希望显示的 0 熄灭，当 $LT=1$，$RBI=0$ 时，如果 $I_3I_2I_1I_0=0000$ 时，a~g 均为各段熄灭；

4) RBO 是动态灭零输出，它与灭灯输入 BI 共用一个引出端。当在动态灭零时输出才为 0。片间与 RBI 配合，可用于熄灭多位数字前后所不需要显示的零。

七段显示译码器 74LS48D 输入输出关系见表 6-10。

表 6-10　七段显示译码器 74LS48D 输入输出关系

输入							输出						
LT	RBI	BI/RBO	I_3	I_2	I_1	I_0	a	b	c	d	e	f	g
0	×	1	1	1	1	1	1	1	1	1	1	1	1
×	×	0	0	0	0	0	0	0	0	0	0	0	0
1	×	1	0	0	0	0	1	1	1	1	1	1	0
1	×	1	0	0	0	1	0	1	1	0	0	0	0
1	×	1	0	0	1	0	1	1	0	1	1	0	1
1	×	1	0	0	1	1	1	1	1	1	0	0	1
1	×	1	0	1	0	0	0	1	1	0	0	1	1
1	×	1	0	1	0	1	1	0	1	1	0	1	1
1	×	1	0	1	1	0	0	0	1	1	1	1	1
1	×	1	0	1	1	1	1	1	1	0	0	0	0
1	×	1	1	0	0	0	1	1	1	1	1	1	1
1	×	1	1	0	0	1	1	1	1	0	0	1	1

6.3.4 数据选择器

数据选择器又称多路开关,它是在地址信号的控制下,从输入的多路数据中选择其中一路输出的电路。

在数据选择器中通常用地址信号来完成选择哪路输入数据从输出端输出的任务,如 4 选 1 的数据选择器需有 2 位地址信号输入端,它共有 $2^2=4$ 种不同组合地址,每一种组合地址可选择对应的一路数据输出。8 选 1 的数据选择器应有 3 位地址信号输入端……其余以此类推。

(1) 4 选 1 数据选择器

4 选 1 数据选择器有两个地址端 A_1、A_0,4 个输入信号端 D_3、D_2、D_1、D_0,一个输出端 Y,其逻辑电路如图 6-36 所示。

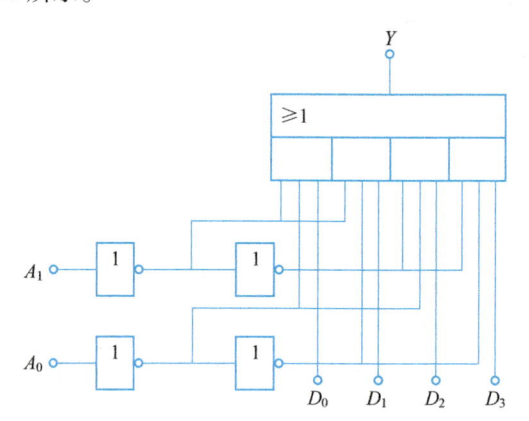

图 6-36 4 选 1 数据选择器逻辑电路图

由图 6-36 可得 4 选 1 数据选择器表达式为

$$Y = \overline{A_1}\,\overline{A_0}D_0 + \overline{A_1}A_0D_1 + A_1\overline{A_0}D_2 + A_1A_0D_3$$

由 4 选 1 数据选择器的表达式得到其真值表见表 6-11。

表 6-11 4 选 1 数据选择器的真值表

地址输入		数据输入	输出
A_1	A_0	D	Y
0	0	$D_0 \sim D_3$	D_0
0	1	$D_0 \sim D_3$	D_1
1	0	$D_0 \sim D_3$	D_2
1	1	$D_0 \sim D_3$	D_3

从 4 选 1 数据选择器的真值表看到,当 $A_1A_0=00$ 时,选择第一路输入数据 D_0 输出,$Y=D_0$;当 $A_1A_0=01$ 时,选择第二路输入数据 D_1 输出,$Y=D_1$;当 $A_1A_0=10$ 时,选择第三路输入数据 D_2 输出,$Y=D_2$;当 $A_1A_0=11$ 时,选择第四路输入数据 D_3 输出,$Y=D_3$。实现了 4 选 1 数据选择器的功能。

(2) 双 4 选 1 数据选择器

双 4 选 1 数据选择器是在一块集成芯片上有两个 4 选 1 数据选择器。如图 6-37 所示为双 4 选 1 数据选择器示意图：$1G$、$2G$（引脚 1、15）为两个独立的使能端；B、A（引脚 2、14）为公用的地址输入端，其中 B 是高位；$1C_0 \sim 1C_3$（引脚 6~3）和 $2C_0 \sim 2C_3$（引脚 10~13）分别为两个 4 选 1 数据选择器的数据输入端；Y_1、Y_2（引脚 7、9）为两个输出端。

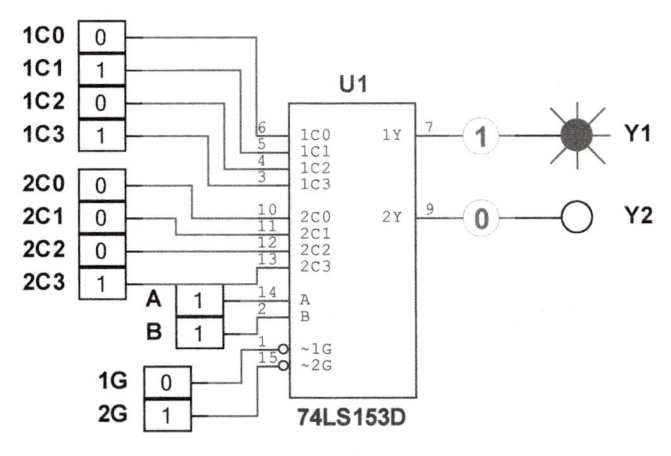

图 6-37 双 4 选 1 数据选择器 74LS153D

1）当使能端 $1G(2G) = 1$ 时，多路开关被禁止，无输出，$Y = 0$。

2）当使能端 $1G(2G) = 0$ 时，多路开关正常工作，根据地址码 B、A 的状态，将相应的数据 $C_0 \sim C_3$ 送到输出端 Y。如：$BA = 00$，则选择 C_0 数据到输出端，即 $Y = C_0$。$BA = 01$，则选择 C_1 数据到输出端，即 $Y = C_1$，其余类推。

如图 6-37 所示，$1G = 0$，$2G = 1$，则 $1G$ 控制的选择器正常工作，$2G$ 控制的选择器被禁止。由于 $BA = 11$，将数据 $1C_3 = 1$ 送到输出端 Y_1，即 $Y_1 = 1$。而第二路选择器被禁止所以 Y_2 没有输出。

任务 6.4　组合逻辑电路中的竞争冒险

前面在分析和设计组合逻辑电路时，均为讨论电路逻辑输出和输入都处于稳定状态下的情况，没有考虑信号变化时的过渡过程和信号在电路内部的传输延迟时间。而在实际电路中，信号变化的过渡过程不一致和门电路的传输延时的存在，都会对电路的工作产生不可忽视的影响，出现竞争与冒险现象，致使电路无法正常工作。因此，为了保证数字系统可靠地工作，必须研究信号的传输延迟对电路的影响。

6.4.1　竞争冒险的概念与产生的原因

1. 竞争冒险产生原因

在如图 6-38a 所示的电路中，如果不考虑信号的传输延时，则按照 $Y = A \cdot \overline{A} = 0$ 的运算规则，电路输出应该是稳定的低电平和高电平，如图 6-38b 所示。如果考虑信号的传输延迟，通过非门的信号 A 要比没有通过非门的信号 A 延迟一段时间，则在电路的输出信号中出现了非预期的尖峰干扰，如图 6-38c 所示。这就产生了竞争冒险。

2. 竞争

数字电路从一个稳定状态转换到另一个稳定状态，其中某个门电路的两个输入端出现同时向相反逻辑电平跳变的现象，称该电路存在竞争。所谓同时向相反逻辑电平跳变即一个输入端由 1 变成 0，同时另一个输入端由 0 变成 1。

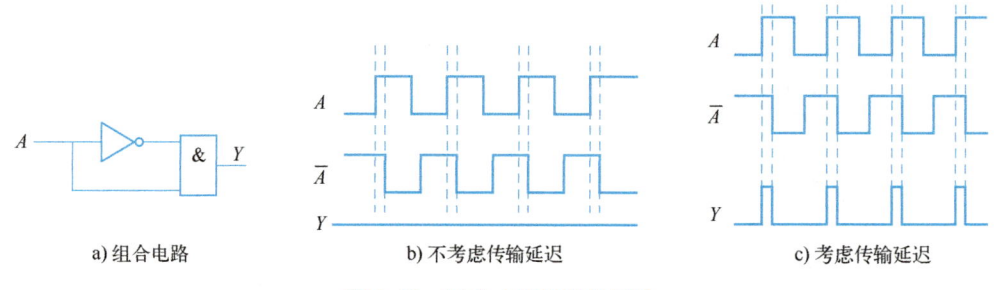

a) 组合电路　　　　b) 不考虑传输延迟　　　　c) 考虑传输延迟

图 6-38　组合电路的竞争冒险

把数字电路的输入信号称为一次信号，在输入级之后的信号称为二次信号。一般一次信号都是按照同样的节奏有序变化的，一次信号之间不存在竞争；但是一次信号和二次信号之间以及二次信号和二次信号之间可能存在竞争。

3. 冒险

冒险是指在某一瞬间，数字电路中出现非预期信号的现象，即出现违背真值表规定的逻辑电平的情况。冒险也可以看成一种过渡现象，信号中的干扰脉冲，如图 6-38c 所示。

冒险分为 0 态冒险和 1 态冒险。

1）0 态冒险：出现冒险时，在输出端产生负尖脉冲干扰脉冲，称为 0 态冒险。

2）1 态冒险：出现冒险时，在输出端产生正尖脉冲干扰脉冲，称为 1 态冒险。

需要说明的是竞争的结果不一定都产生冒险，只是有可能会产生冒险现象。在组合电路中，当输入信号改变状态时，在电路输出端出现虚假信号的现象，称为竞争冒险。

6.4.2　竞争冒险的判断方法

由上述分析总结出产生冒险的原因一是门电路存在延迟，二是信号之间的竞争。只要条件具备，就会有竞争冒险存在。为保证系统工作的可靠性，一般认为只要存在竞争，就可能出现冒险，必须预先采取措施避免竞争的产生。

判断电路是否存在竞争的简便方法是利用代数法进行判断，判别规则为：

组合电路中，如果有一个逻辑表达式在某些条件下能简化成 $X+\overline{X}$ 或 $X \cdot \overline{X}$ 的形式，那么这个电路就可能出现竞争冒险。

判别步骤是：

1）首先判断逻辑表达式是否同时存在某个变量的原变量和反变量的形式，这是产生竞争的基本条件。

2）然后再判断在一定条件下，逻辑表达式是否转换为 $X+\overline{X}$ 或 $X \cdot \overline{X}$ 的形式，如果具有这样的形式，就说明可能出现竞争冒险。

6.4.3　消除竞争冒险的方法

消除竞争冒险的方法主要有修改逻辑设计、输出端并联滤波电容、引入选通脉冲和引入封锁脉冲等。

1. 修改逻辑设计

消除竞争冒险可以修改逻辑设计，增加冗余项。以逻辑表达式 $Y_1=AB+\overline{A}C$ 为例，已知

当满足条件 $B=C=1$ 时，Y_1 存在 0 态冒险。如果将逻辑表达式加入冗余项（冗余项为存在 0 态冒险时，由满足条件变量的乘积组成），转换为

$$Y_1 = AB + \overline{A}C + BC$$

由添加公式可知，增加了冗余项，没有改变逻辑函数关系。此时，在 $B=C=1$ 的条件下，由于冗余项的存在，使得逻辑函数在出现冒险的瞬间加入一个 1 电平，从而消除了 0 态冒险，如图 6-39 所示。

a) 存在竞争冒险电路   b) 增加冗余项的电路

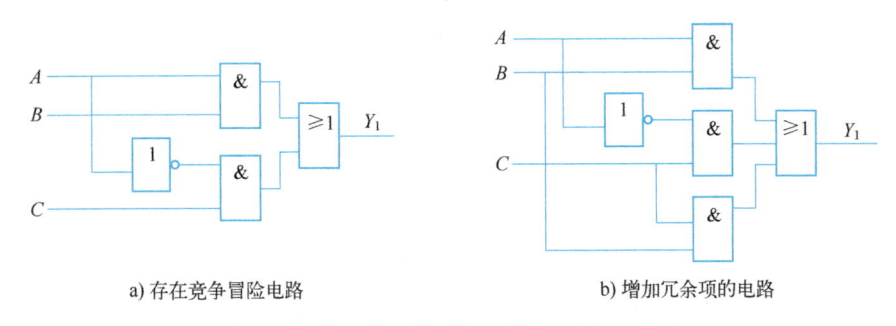

图 6-39　增加冗余项消除冒险的逻辑电路图

同理，逻辑函数 $Y_2 = (A+B)(\overline{A}+C)$ 在 $B=C=0$ 的条件下，存在 1 态冒险。如果在逻辑表达式中增加冗余项（冗余项为存在 1 态冒险时，由满足条件变量的和组成），转换为

$$Y_2 = (A+B)(\overline{A}+C)(B+C)$$

增加了冗余项，没有改变逻辑函数关系。此时，在 $B=C=0$ 的条件下，由于冗余项的存在，使得逻辑函数在出现冒险的瞬间与一个 0 电平相与，从而消除了 1 态冒险。

2. 引入选通脉冲

由于竞争冒险只发生在电路输入信号状态变化的瞬间，因此，在可能产生干扰脉冲门电路的输入端引入一个选通脉冲 P_1，在电路达到新的稳定状态后才发出选通脉冲，这样在输出端就不会出现干扰信号了，消除了冒险现象，如图 6-40 所示。选通脉冲加在与门、与非门输入端时，为正脉冲；选通脉冲加在或门、或非门输入端时，为负脉冲。需要指出的是，加入选通脉冲后，正常的输出信号也变成脉冲形式，其宽度与选通脉冲 P_1 相同。

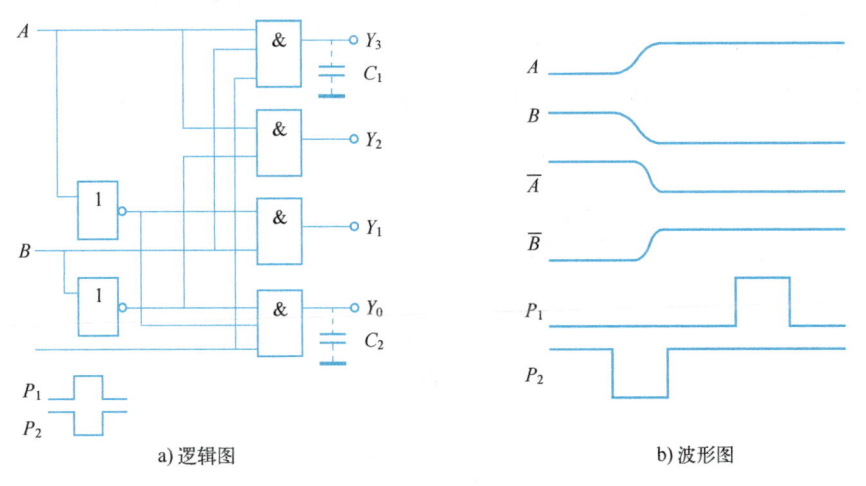

a) 逻辑图   b) 波形图

图 6-40　消除竞争冒险的方法

3. 引入封锁脉冲

在输入信号发生竞争期间，引入了一个封锁脉冲 P_2，把可能产生干扰脉冲的门封锁住，如图 6-40 所示。对于与门、与非门，封锁脉冲为负脉冲；对于或门、或非门，封锁脉冲为正脉冲。

4. 输出端并联滤波电容

由于冒险产生的尖脉冲宽度很窄，因此，在电路输出端并联一个不大的滤波电容（C_1、C_2）就可把尖脉冲的幅度削弱到小于门电路的阈值电压，电路如图 6-40 所示。图中，滤波电容（C_1、C_2）的数值通常在数十到数百皮法。

任务 6.5 组合逻辑电路的设计实例——竞赛抢答器设计

6.5.1 设计目的

（1）学习数字电路设计竞赛抢答器电路的工作原理及设计思路；
（2）学习用 Multisim 对竞赛抢答器进行仿真和分析；
（3）验证竞赛抢答器的功能并对竞赛抢答器电路进行完善。

6.5.2 设计任务

以四人抢答电路为例。四人参加比赛，每人一个按钮，其中一人按下按钮后，相应的指示灯点亮，并且在没有清零时，其他人按下按钮不起作用。

6.5.3 设计原理

1. 竞赛抢答器的功能及原理

这里以 74LS175N 为核心器件设计四人竞赛抢答电路。

74LS175N 内部包含了四个 D 触发器，各输入、输出以序号相区别，并且包含清零端，引脚如图 6-41 所示。

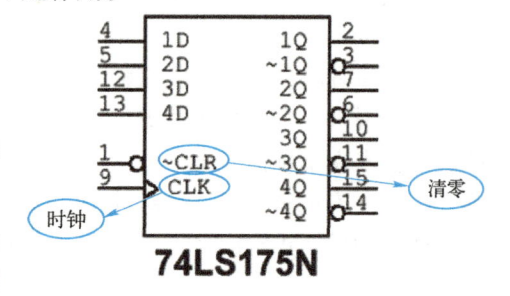

图 6-41　74LS175N 引脚图

以 74LS175N 四 D 触发器为核心器件设计四人竞赛抢答器电路如图 6-42 所示。

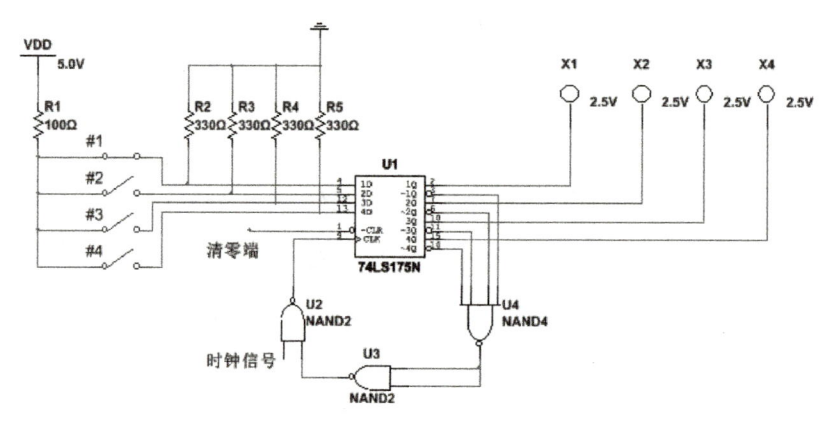

图 6-42　74LS175N 四 D 触发器为核心器件设计的四人竞赛抢答器电路

其中清零信号用于赛前清零,清零后电路结果如图 6-43 所示。

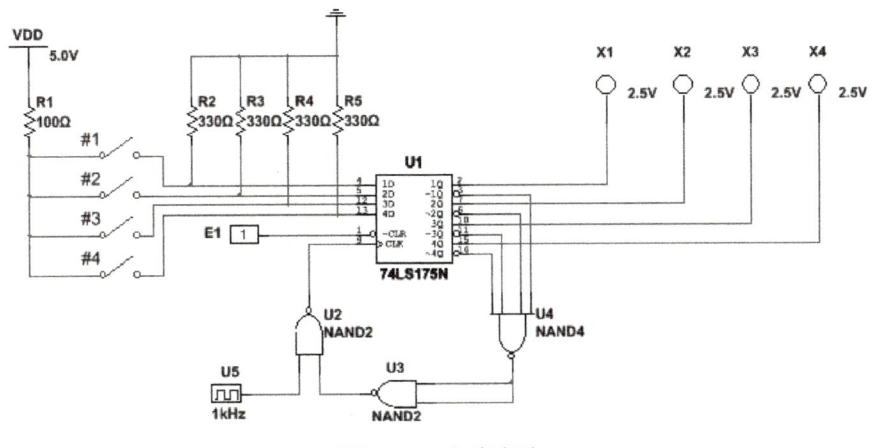

图 6-43　电路清零

此时四个信号灯均熄灭,电路的反相端输出均为 1,时钟端"与"门开启,等待输入信号。当第一个按钮被按下时,Q_1 端输出信号为高,点亮第一个信号灯,而 $\overline{Q_1}$ 端输出信号为低,如图 6-44 所示。

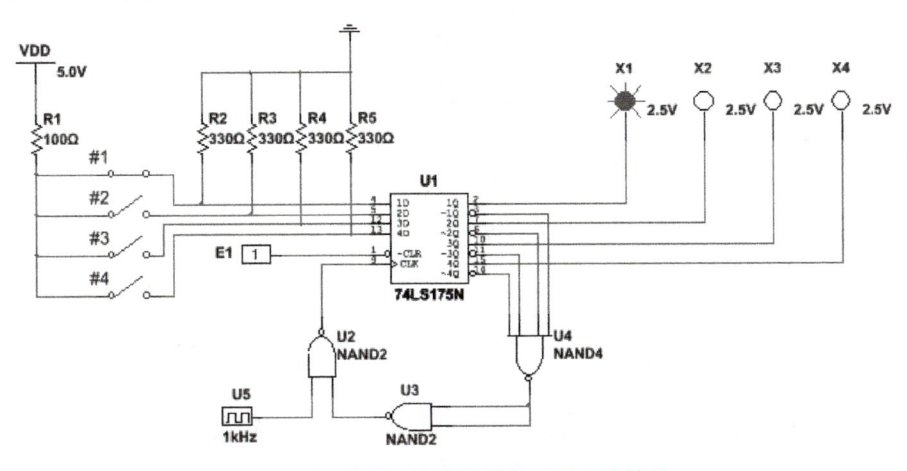

图 6-44　当第一个按钮被按下时电路结果

当 $\overline{Q_1}$ 端输出信号为低时,74LS175N 时钟端被封,此后其他输入信号对系统输出不起作用。

2. 搭建竞赛抢答器电路

首先在原理图中添加元器件,单击右键选择"Place Component",从弹出的选项卡中选取所需元器件元件,按图 6-45 搭建原理图,并单击右键 Place graphic/text 标注按钮。

3. 编辑数字时钟信号源及数字单周期脉冲信号源

在电路中添加数字时钟仿真输入源,由于人们对于激励的最快响应时间为 0.02 s,则设置数字时钟信号源的频率为 1 kHz,也就使按键速度识别的周期为 1 ms,能够满足实际要求。

放置交互式的数字常量按键(INTERACTIVE_DIGITAL_CONSTANT),并将其与 74LS175N 的清零引脚相连,当置 0 时,起到清零作用,当置为 1 时,可以响应按键操作。编辑好的电路如图 6-46 所示。

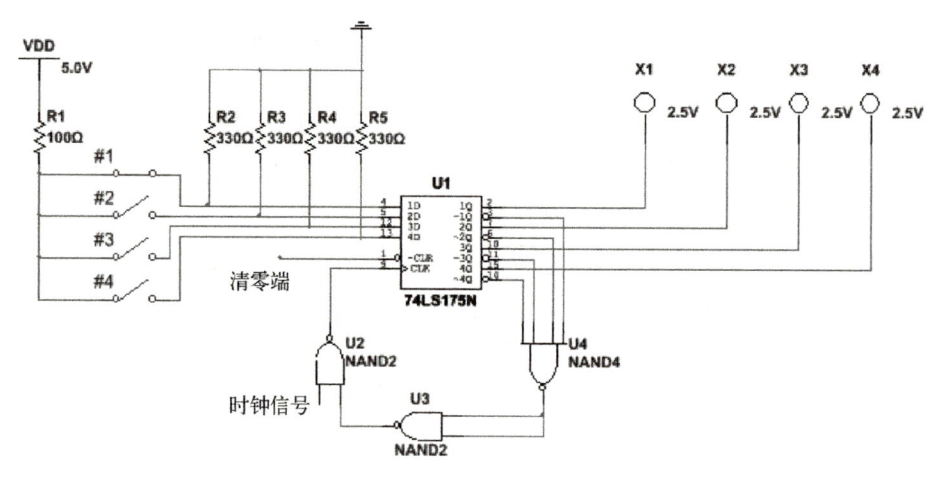

图 6-45 竞赛抢答器原理图

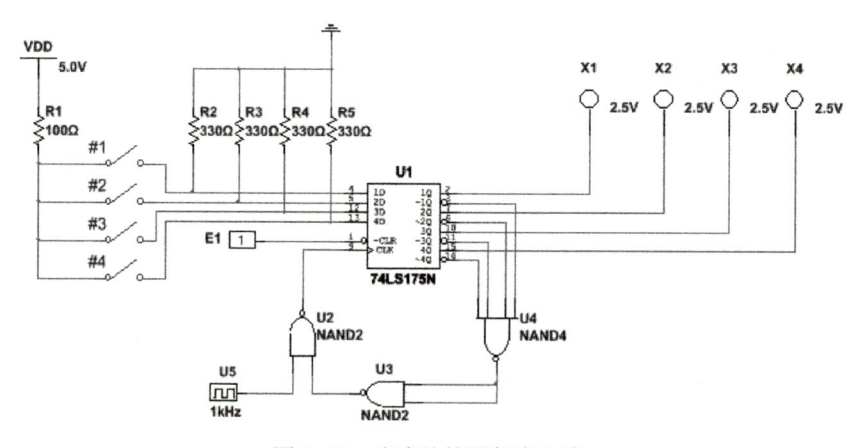

图 6-46 竞赛抢答器仿真电路

6.5.4 系统仿真与电路分析

下面开始仿真，验证设计的正确性。单击控制面板中的运行按钮，系统进入仿真状态。开始仿真后，应先对系统进行清零，从系统的仿真图可知，系统经清零后，信号灯全部熄灭，且系统输入时钟有效，如图 6-47 所示。

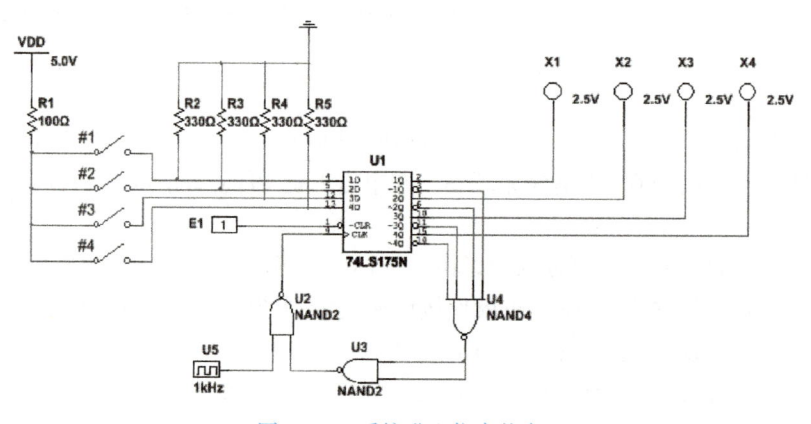

图 6-47 系统进入仿真状态

当按下#1键后,系统的仿真结果如图6-48所示。

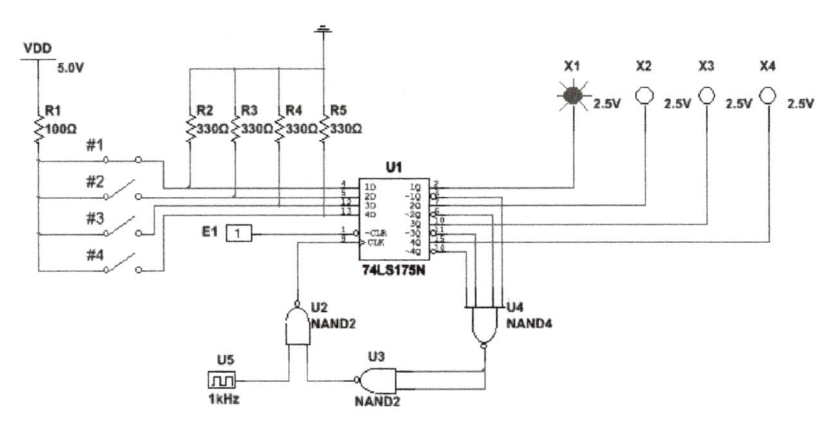

图6-48 按下#1键后系统的仿真结果

从系统的仿真结果可知,按下#1键后,X_1信号灯点亮,同时系统的时钟输入端被锁定。

在上述情形下,按动其他按键,系统不响应动作,如图6-49所示。

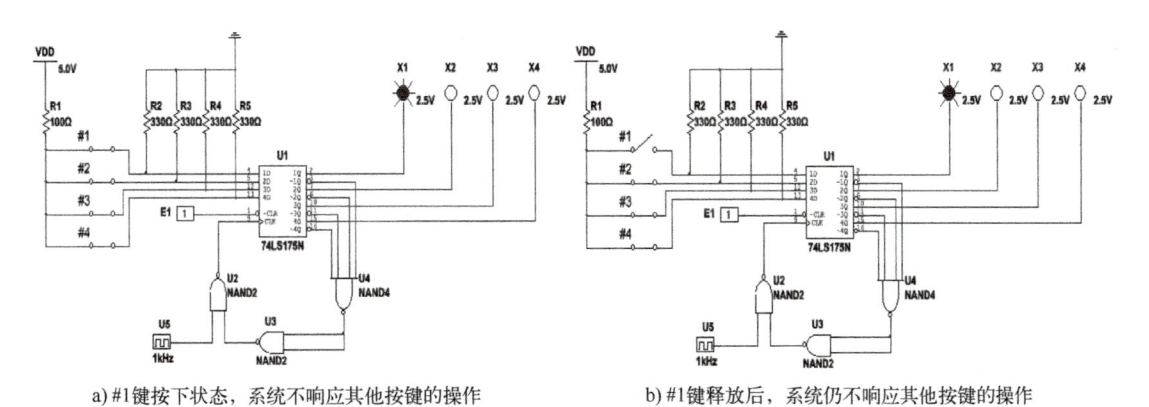

a) #1键按下状态,系统不响应其他按键的操作   b) #1键释放后,系统仍不响应其他按键的操作

图6-49 系统不响应其他按键的操作

素养目标

我们身边处处可见组合逻辑电路。

组合逻辑电路这个名称对我们可能很陌生,其实我们几乎处处都在和组合逻辑电路打交道。我们每天都用的笔记本电脑的计算电路,洗衣机、电冰箱、空调的显示及控制电路,交通信号灯控制电路,汽车防盗控制电路,举重比赛的裁判器……我们无时无刻不在用到、见到组合逻辑电路。

学习组合逻辑电路有助于培养思维习惯,一是从宏观层面来考虑问题,并妥善分析综合各种因素,大致思考如何创造设计,二是从微观层面去细化各自部件,有针对性地分析并给出具体设计方案。

习题与思考题

1. 试用 4 位加法器 74LS283D 设计一个 8 位二进制加法电路。

2. 设计一个检测三个阀门是否正常工作的电路，要求三个阀门中有两个或两个以上阀门开通时，为工作正常，输出工作正常信号，否则为工作不正常，输出工作不正常信号。要求用与非门实现。

3. 试用两片 74LS148D 设计一个 16 线-4 线优先编码器。

4. 试用两片 74LS138D 构成一个 4 线-16 线译码器。

5. 试用数据选择器设计一个合格产品检测器，某产品有 A、B、C、D 共 4 项质量指标，A 为主要指标。检验合格品时，每件产品如果有包含主要指标 A 在内的三项或三项以上质量指标合格，则为正品，否则即为次品。

6. 试判断逻辑函数 $F=AB+\overline{B}C$ 出现竞争冒险的可能性。

项目 7
学习数字电路中时序逻辑电路

❋ 项目描述

本项目首先简单介绍时序逻辑电路，然后详细介绍时序逻辑电路的分析方法和设计方法。接着介绍几种常用的时序电路，例如寄存器、计数器等。最后给出一个时序逻辑电路的应用案例。

任务 7.1 时序逻辑电路概述

逻辑电路可分为组合逻辑电路与时序逻辑电路。经过项目 6 组合逻辑电路的学习，从功能上看，组合逻辑电路的输出与电路原状态无关，仅取决于当时的输入。而本项目所介绍的时序逻辑电路的输出不仅与当时的输入有关，还与原来的状态有关，更通俗地说，就是还与先前的输入有关。所以从结构上看，组合逻辑电路仅由若干逻辑门电路组成，没有存储单元，一组输入即得到一组相应的输出，因而无记忆功能；在时序逻辑电路中，除了包含反映当前输入状态的组合逻辑电路外，还包含能够反映先前输入状态的存储电路，因而具有记忆功能。记忆电路可以是触发器，也可以是延时电路，其他记忆元件较少采用。时序逻辑电路结构图如图 7-1 所示。

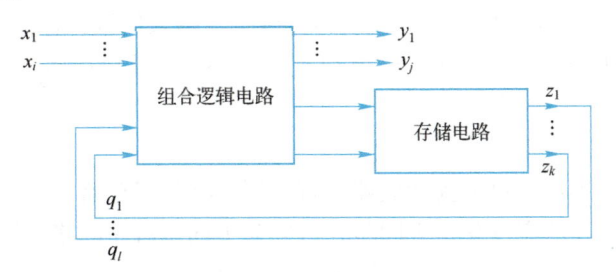

图 7-1 时序逻辑电路结构图

1. 时序逻辑电路的特点

1）在一般情况下，电路包含组合逻辑电路和存储电路两部分。

2）组合逻辑电路至少有一个输出反馈到存储电路的输入端，而存储电路的输出中至少有一个是组合逻辑电路的输入，与当前的其他外输入共同决定电路当前的输出。

2. 时序逻辑电路功能的表示方法

时序电路的逻辑功能的表示方法有逻辑表达式、状态转换图、状态转换表、时序图、卡诺图等。

(1) 逻辑表达式

在图 7-1 中，$X(x_1, x_2, \cdots, x_i)$ 代表当前的输入信号，$Y(y_1, y_2, \cdots, y_j)$ 代表当前的输出信号，$W(w_1, w_2, \cdots, w_n)$ 代表存储电路的当前输入信号，$Q(q_1, q_2, \cdots, q_l)$ 代表存储电路的当前输出信号，这些信号之间的逻辑关系可以用三个函数表达式表示，即

$$Y(t_n) = F[X(t_n), Q(t_n)] \tag{7-1}$$

$$W(t_n) = G[X(t_n), Q(t_n)] \tag{7-2}$$

$$Q(t_{n+1}) = H[W(t_n), Q(t_n)] \tag{7-3}$$

式中 t_n、t_{n+1} 表示相邻的两个离散时间。

式 (7-1) 称为输出方程，表示时序电路的输出信号与输入信号和状态之间的关系；式 (7-2) 称为驱动方程，也称为激励方程，表示激励信号与输入信号和状态之间的关系；式 (7-3) 称为状态方程，表示存储电路从现态到次态的转换。

(2) 状态转换图

描述时序电路状态转换的几何图形称为状态转换图，简称状态图，如图 7-2 所示。在状态图中，圆圈内的字母或数字表示电路的各个状态，箭头表示状态转换的方向。当箭头的起点和终点在同一个圆圈上时，则表示状态不变，标在连线上的数字表示状态转换前输入信号的取值和输出值。通常将输入信号的取值写在斜线上方，输出值写在下方。用状态图描述时序电路的逻辑功能，不仅反映出输出状态与输入信号之间的关系，还能反映出输出状态与电路的原来状态之间的关系，故状态图是描述时序电路的逻辑功能的重要方法。

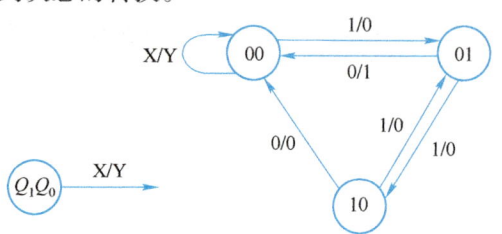

图 7-2 时序电路状态图

(3) 状态转换表

描述时序电路输出状态与输入、电路的现态、次态之间关系的表格形式称为状态转换表，简称状态表。对于描述时序电路的逻辑功能状态表和状态图起着同样的作用。

(4) 时序图

时序图是依据时间变化顺序，画出反映时钟脉冲、输入信号、各存储器件状态及输出之间对应关系的波形图。时序图直观、形象地表示出各种信号与电路状态发生转换的时间顺序。

3. 时序电路的分类

1) 按逻辑功能的不同，可分为计数器、寄存器、移位寄存器、顺序脉冲发生器等。

2) 按电路中触发器状态变化是否同步，可以分为同步时序电路和异步时序电路。

同步时序电路是指电路中所有的触发器受同一时钟控制，各触发器状态的转换是同步发生的。

异步时序电路是指电路中触发器不受同一时钟控制，各触发器状态的转换不是同步发生的。

3) 按电路输出信号的特点可分为米里 (Mealy) 型和摩尔 (Moore) 型电路。

Mealy 型电路是指输出不仅与当时的输入有关，还与电路的现态有关，其输出、输入的关系如式 (7-1) 所示。

Moore 型电路是指输出仅与电路的状态有关，其输出表达式为

$$Y(t_n) = F[Q(t_n)] \tag{7-4}$$

任务 7.2 时序逻辑电路分析与设计

7.2.1 时序逻辑电路的分析

下面首先介绍时序逻辑电路的一般分析方法，然后以例题形式分别介绍同步时序电路以及异步时序电路在分析中需要注意的不同点。

时序逻辑电路分析的一般步骤如下。

1）根据给定的时序电路结构图写出下列各逻辑方程式：各触发器的时钟信号 CP 的逻辑表达式、时序电路的输出方程、各触发器的驱动方程。

2）将驱动方程代入相应触发器的特征方程，求得触发器的次态方程，进而求得时序逻辑电路的状态方程。

3）根据状态方程和输出方程，列出该时序电路的状态表，画出状态图或时序图。

4）由时序图归纳给定时序逻辑电路的逻辑功能。

下面举例说明时序逻辑电路分析的方法。

【例 1】 试分析如图 7-3 所示时序电路的逻辑功能。

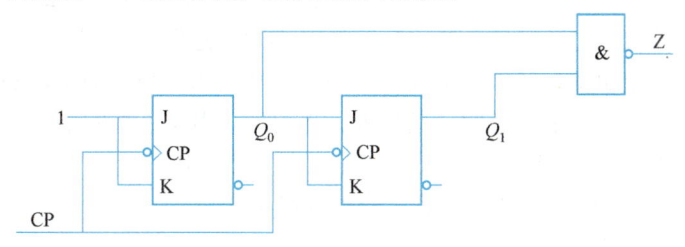

图 7-3 例 1 的时序逻辑电路图

由图 7-3 可以看出，这是一个由 J-K 触发器构成的同步时序逻辑电路，分析过程如下：

1）写出各逻辑方程。

输出方程：$Z = Q_1^n Q_0^n$

状态方程：$J_0 = 1 \quad K_0 = 1$

$J_1 = Q_0^n \quad K_1 = Q_0^n$

2）将驱动方程代入相应的 J-K 触发器的特性方程，求得各 J-K 触发器的状态方程为：

$$Q_0^{n+1} = J_0 \overline{Q_0^N} + \overline{K_0} Q_0^n = \overline{Q_0^n}$$

$$Q_1^{n+1} = J_1 \overline{Q_1^N} + \overline{K_1} Q_1^n = Q_0^n \overline{Q_1^n} + \overline{Q_0^n} Q_1^n$$

$$= Q_0^n \oplus Q_1^n$$

3）列状态表、画状态图和时序图。

根据上述状态方程和输出方程，列出时序逻辑电路的状态表，见表 7-1。

表 7-1 例 1 的时序逻辑电路的状态表

Q_1^n	Q_0^n	Q_1^{n+1}	Q_0^{n+1}	Z
0	0	0	1	0
0	1	1	0	0
1	0	1	1	1
1	1	0	0	0

根据状态表画出状态转移图，如图 7-4 所示。由于电路的输出信号仅与存储电路的输出状态有关，因此为 Moore 型电路。

4）逻辑功能分析。

根据状态转移图可以看出这是一个计数器，由于各触发器时钟信号为同一个 CP 信号，因此为同步计数器。这个计数器是模为 4 的二进制加法计数器，计数状态从 00 到 11，计数满 4 个数时，输出 Z=1，即逢 4 进 1 的进位输出。

【例 2】 试分析如图 7-5 所示时序电路的逻辑功能。

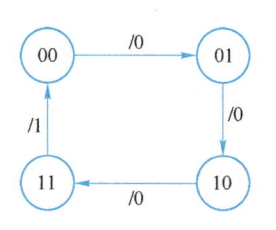

图 7-4　例 1 的状态转移图　　　　　　图 7-5　例 2 的逻辑电路图

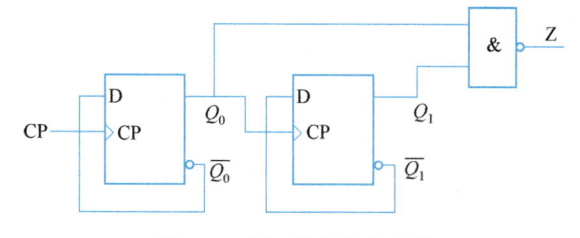

由图 7-5 可以看出，这是一个由 D 触发器构成的异步时序逻辑电路。在异步时序逻辑电路中，由于各触发器的时钟脉冲不统一，分析时必须注意触发器只有在该触发器 CP 端信号有效时，才会有可能触发翻转。无触发信号作用的触发器保持原有的状态不变。因此在考虑各触发器状态转换时，除了考虑驱动信号外，还要考虑其 CP 端的情况，即根据各触发器的时钟信号 CP 的逻辑表达式和触发方式，确定各触发器 CP 端是否有触发信号作用。对于例 2 的电路来说 CP 端信号为上升沿有效。分析过程如下：

1）写出各逻辑方程。

各触发器的时钟信号的逻辑方程为：

$CP_0 = CP$（时钟脉冲源），上升沿触发。

$CP_1 = Q_0$，仅当 Q_0 由 0 变成 1 时，Q_1 才可能改变状态。

输出方程：$Z = Q_1^n Q_0^n$

驱动方程：$D_0 = \overline{Q_0^n}$　　$D_1 = \overline{Q_1^n}$

2）将驱动方程代入相应的 D 触发器的特性方程，求得各 D 触发器的状态方程如下：

$$Q_0^{n+1} = D_0 = \overline{Q_0^n} \qquad Q_1^{n+1} = D_1 = \overline{Q_1^n}$$

3）列状态表、画状态图和时序图。

根据上述状态方程和输出方程，列出时序逻辑电路的状态表，见表 7-2。根据状态表画出状态转移图，如图 7-6 所示。

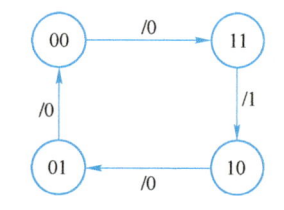

图 7-6　例 2 的状态转移图

表 7-2　例 2 的时序逻辑电路的状态表

Q_1^n	Q_0^n	Q_1^{n+1}	Q_0^{n+1}	Z
0	0	1	1	0
1	1	1	0	1
1	0	0	1	0
0	1	0	0	0

4)逻辑功能分析。

根据状态转移图可以看出这是一个计数器,由于各触发器时钟信号不是同一个 CP 信号,因此是异步计数器。这个计数器模是为 4 的二进制减法计数器,计数状态从 11 到 00,计数满 4 个数时,输出 Z 等于 1,即逢 4 进 1 的进位输出。

7.2.2 时序逻辑电路的设计

时序逻辑电路的设计又称时序逻辑电路综合,它是时序电路分析的逆过程,即根据给定的逻辑功能要求,选择适当的逻辑器件,设计出符合要求的时序逻辑电路。

时序逻辑电路设计的一般步骤如下:

1)由给定的逻辑功能求出原始状态图,正确画出原始状态图是时序逻辑电路设计中最关键的一步。首先分析给定的逻辑功能,确定输入变量、输出变量、该电路应该包含的状态以及状态转移图。

2)状态化简。对原始状态转移图进行化简,使状态数目减少,从而可以减少电路中所需触发器的个数或门电路的个数。

3)状态编码。对化简后的状态进行二进制编码,画出编码后的状态转移图。

4)求出所选触发器的驱动方程、时序电路的状态方程和输出方程。

由编码后的状态转移图选择触发器的类型和个数,其个数 n 应满足:$2^{n-1}<M\leq 2^n$,其中 M 为电路包含的状态个数。再由编码后的状态转移图及触发器的驱动表求得电路的输出方程和各触发器的驱动方程。

5)画出设计好的逻辑电路图并检查自启动功能。

根据驱动方程和输出方程,画出逻辑电路图,最后检查自启动能力。如果不能自启动,应修改某个触发器的驱动方程。

下面举例说明时序逻辑电路分析的方法。

【**例 3**】 设计一个序列脉冲检测器,当连续输入信号 100 时,该电路输出为 1,否则为 0。

(1)由题意确定电路应该包含的状态,并画出原始状态图

由于该电路连续收到信号 100 时,该电路输出为 1,其他情况下为 0,因此要求该电路能记忆收到的输入为 0、收到 1、收到 10、连续收到 100 后的状态,可见该电路应有 4 个状态,将这 4 个状态分别表示为 S_0、S_1、S_2、S_3。先假设电路处于状态 S_0,在此状态下,电路可能的输入有 $X=0$ 和 $X=1$ 两种情况。若 $X=0$,则输出 $Z=0$,且电路应该保持在状态 S_0;若 $X=1$,则输出 $Z=0$,且电路应该转向状态 S_1,表示电路已经收到一个 1。现在假设电路处于状态 S_1,若这时输入信号 $X=1$,则输出 $Z=0$,且电路应该保持状态 S_1;若 $X=0$,则输出 $Z=0$,且电路应该转向状态 S_2,表示已收到 10。又假设电路处于状态 S_2,若这时输入信号 $X=0$,则输出 $Z=1$,且电路应该进入状态 S_3;若 $X=1$,则输出 $Z=0$,且电路应该转向状态 S_1,重新开始检测。再假设电路处于状态 S_3,若输入信号 $X=0$,则输出 $Z=0$,且电路应该转向状态 S_0;若 $X=1$,则输出 $Z=0$,且电路应该转向状态 S_1,表示又收到了一个 1。根据上述分析,画出原始状态图,如图 7-7 所示。

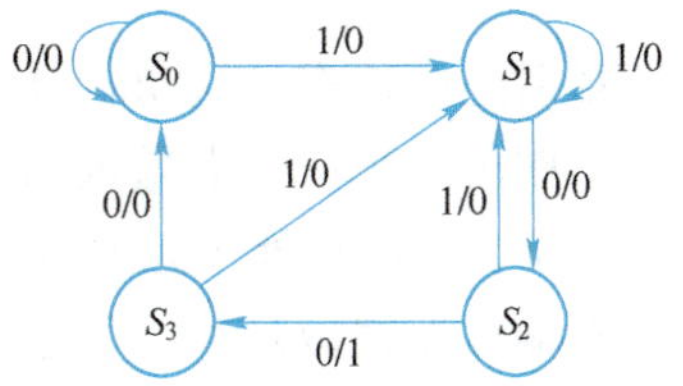

图 7-7 例 3 的原始状态图

(2) 状态化简

观察图 7-7 知，S_0 和 S_3 是等价状态，因为当输入 $X=0$ 时，输出 Z 都为 0，而且次态均转向 S_0；当 $X=1$ 时，输出 Z 都为 0，而且次态均转向 S_1，因此 S_0 和 S_3 可以合并。进行状态合并后的简化状态图如图 7-8 所示。

(3) 状态编码及画编码形式的状态表

由图 7-8 可知，该电路有 3 个状态，可以用两位二进制代码组合，这里取 00、01、10 分别表示状态 S_0、S_1、S_2，即令 $S_0=00$、$S_1=01$、$S_2=10$。编码形式的状态图如图 7-9 所示。

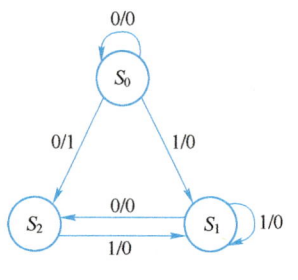

图 7-8　例 3 的简化状态图

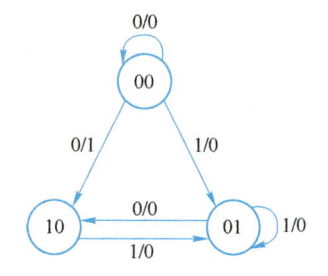

图 7-9　例 3 的编码状态图

(4) 求出所选触发器的驱动方程、时序电路的状态方程和输出方程

本例共包含三个状态，因此需要两个触发器，可选用 J-K 触发器。根据编码状态图及 J-K 触发器的驱动表，画出各触发器驱动信号及电路输出信号的真值表，见表 7-3。

表 7-3　例 3 的驱动信号及输出信号表

输入	现态		次态		输出	驱动信号			
X	Q_1^n	Q_0^n	Q_1^{n+1}	Q_0^{n+1}	Z	J_1	K_1	J_0	K_0
0	0	0	0	0	0	0	×	0	×
0	0	1	1	0	0	1	×	×	1
0	1	0	0	0	1	×	1	0	×
1	0	0	0	1	0	0	×	1	×
1	0	1	0	1	0	0	×	×	0
1	1	0	0	1	0	×	1	1	×

然后可以采用直接列些有关项的与或形式再进行化简的方法。

$$J_0=X, \quad K_0=\overline{X}$$
$$J_1=X, \quad K_1=\overline{X}$$
$$Z=\overline{X}Q_1$$

最后还应检查自启动能力，当电路进入无效状态 11 后，由上述方程可知，若输入信号 $X=0$，则次态为 00；若输入信号 $X=1$，则次态为 1，电路能自动进入有效状态。但是对于输出信号 Z，当电路处于无效状态且 $X=0$ 时，$Z=1$，这是错误的。为了消除这个错误输出，需要对输出方程做修改，令电路处于无效状态 11 时，$Z=0$，输出方程变为 $X=\overline{X}Q_1\overline{Q_0}$。根据得到的驱动方程及电路的输出方程画出逻辑电路图，如图 7-10 所示。

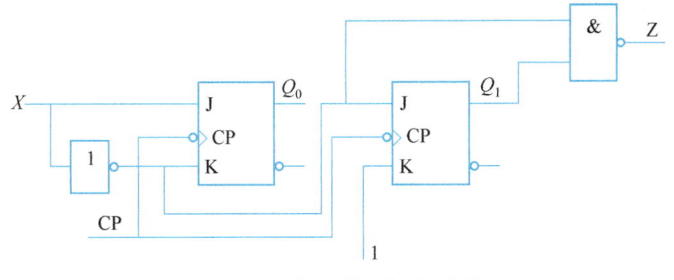

图 7-10 例 3 的逻辑电路图

任务 7.3 常用时序逻辑电路

7.3.1 触发器

在数字系统中，能够存储 1 位二值信号的基本逻辑单元电路统称为触发器，这包括了对脉冲电平敏感的锁存器和对脉冲边沿敏感的触发器（只是在作为触发信号的时钟脉冲上升沿或下降沿的变化瞬间才能改变状态）。组合逻辑电路与基本存储单元电路（触发器）相结合即可构成时序逻辑电路。触发器有两个输出状态稳定且逻辑关系互补（0 和 1）的输出端，常用 Q 和 $\overline{Q}$ 表示。其输出状态为，一是能自行保持稳定，有两个稳定状态，用以表示逻辑 0 和 1，或二进制数的 0 和 1；二是在触发信号的作用下，可以置成 1 或 0 状态，且在触发信号消失后，已置换的状态可长期稳定保持，具有记忆功能。

根据逻辑功能的不同，触发器可分为 RS 触发器、D 触发器、JK 触发器、T 触发器、T 触发器等；根据触发方式的不同，触发器可分为电平触发器、边沿触发器等；根据电路结构的不同，触发器可分为基本 RS 触发器、同步 RS 触发器、边沿触发器等。

1. 基本 RS 触发器

基本 RS 触发器也称 RS 锁存器，是各类触发器的基本组成部分，也可单独作为一个记忆元件来使用。同一逻辑功能的触发器可以用不同结构的逻辑电路实现，同一基本电路结构也可以构成不同逻辑功能的触发器。对于某种特定的电路结构，只不过是可能更易于实现某一逻辑功能而已。基本 RS 触发器可由或非门构成，也可由与非门构成。下面介绍的由与非门构成的基本 RS 触发器，是常用的基本逻辑电路之一。由与非门构成的基本 RS 触发器电路原理图如图 7-11 所示。

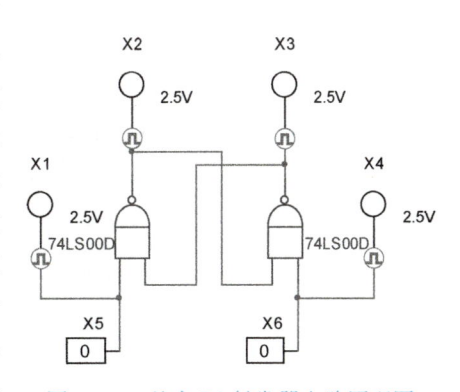

图 7-11 基本 RS 触发器电路原理图

如图 7-11 所示，是由与非门组成的 RS 触发器，真值表见表 7-4，单击仿真按钮，可以根据逻辑探针的亮灭检验其逻辑关系。

表 7-4 真值表

X_1	X_4	X_2	X_3
1	0	0	1
1	1	保持不变	保持不变

(续)

X_1	X_4	X_2	X_3
0	1	1	0
0	0	1	1

与非门是数字电路的一种基本逻辑电路。是与门和非门的叠加，有多个输入和一个输出。若当输入均为高电平（逻辑 1），则输出为低电平（逻辑 0）；若输入中至少有一个为低电平（逻辑 0），则输出为高电平（逻辑 1）。

当 X_5 为高电平、X_6 为低电平时，此时 X_2 为低电平、X_3 为高电平，如图 7-12a 所示，当 X_6 为高电平时，X_2、X_3 保持原状态不变；当 X_5 为低电平、X_6 为高电平时，X_2 为高电平、X_3 为低电平，如图 7-12b 所示。X_5、X_6 都为低电平时，X_2、X_3 都为高电平，如图 7-12c 所示。

a) 当 X_5 为高电平、X_6 为低电平时
b) 当 X_5 为低电平、X_6 为高电平时
c) 当输入都为低电平时

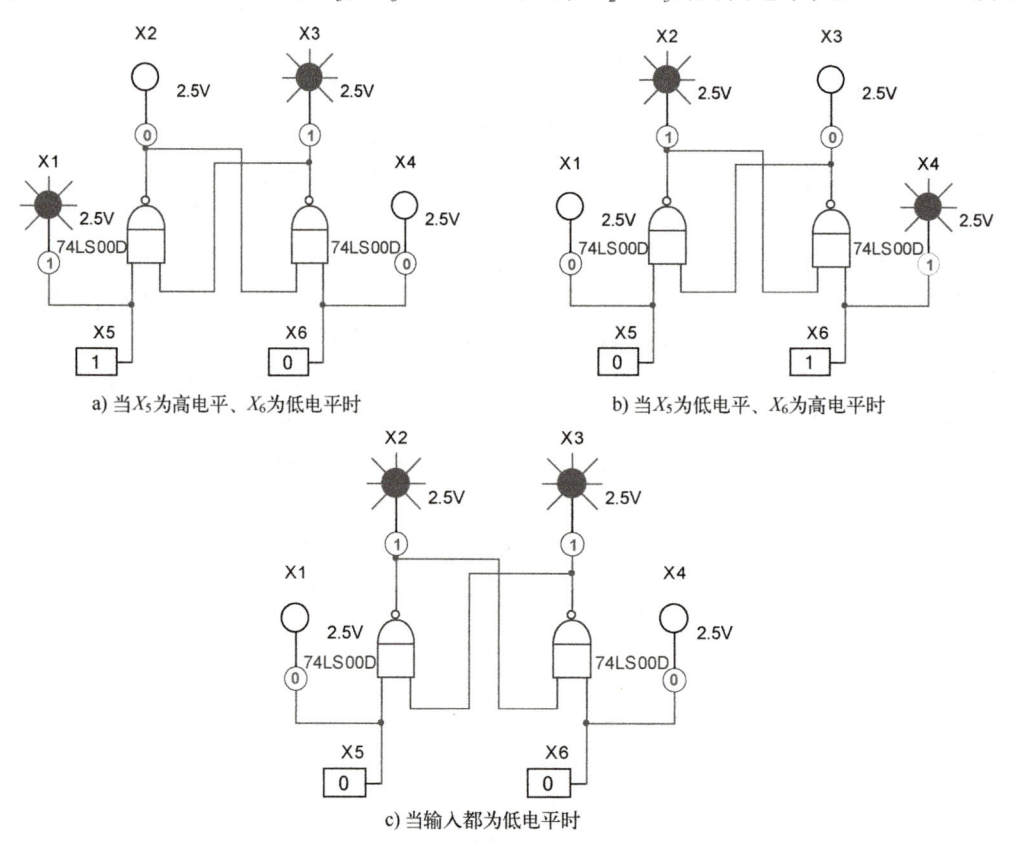

图 7-12 与非门数字电路输出状态

2. 同步 RS 触发器

工程上，除要求逻辑电路的输出状态受输入信号的控制外，还要求触发电路能够按一定的节拍，与数字系统中其他的电路实现同步翻转变化。因此，常在触发电路中加入一个时钟信号 CP，只是在时钟信号 CP 变为有效电平后，触发器的状态才能发生变化，故此称为电平触发器。具有时钟脉冲控制的触发器又称为时钟触发器，亦称为同步触发器（时钟触发器），时钟控制（同步控制）信号常用 CLK（Clock）表示。

如图 7-13 所示是电平触发 RS 触发器基本的电路结构形式，也称为同步 RS 触发器。它是由与非门组成的 RS 锁存器和由与非门组成的输入控制电路组成的。其电路的特性见

表 7-5，单击仿真按钮，可以根据开关控制和逻辑探针的亮灭检验其逻辑关系。

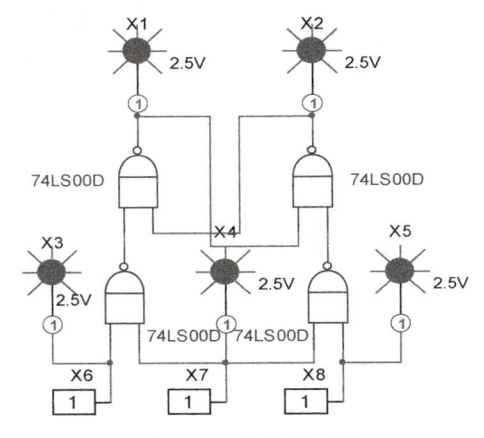

图 7-13　电路原理图

表 7-5　真值表

X_4(CLK)	X_3(S)	X_5(R)	X_1	X_1'（X_1的下一个状态）
0	/	/	0	0
0	/	/	1	1
1	0	0	0	0
1	0	0	1	1
1	1	0	0	1
1	1	0	1	1
1	0	1	0	0
1	0	1	1	0
1	1	1	0	1
1	1	1	1	1

与常规 RS 触发器相比，同步 RS 触发器多出一个端子，称为时钟信号输入端结构，可以使同步 RS 触发器根据时钟脉冲时序改变输出状态。当输入端（S、R）状态发生变化。同时只有时钟信号输入端有方波信号时，同步 RS 触发器状态才会发生改变。即在时钟脉冲下降沿时，触发器才会按照输入状态改变输出状态，反之亦然。

7.3.2　寄存器

在计算机和很多数字电路中，常常需要暂时存放一些二值数码，而寄存器（Register）就是用来存放二值数据、指令和代码的逻辑部件的。用一个触发器组成的寄存器可以寄存一位二进制代码，用 N 个触发器组成的寄存器就可以存放 N 位二进制数码，这也是寄存器存入数码的基本原理。寄存器不同于存储器，它容量小，存放时间短，只适合于暂时存放一些中间处理结果；而存储器容量大，存放日时间长，常用于存放最终结果。

寄存器可以分为数码寄存器和移位寄存器。

1. 同步 D 触发器 74LS75 组成的 4 位寄存器

如图 7-14 所示，74LS75 芯片是 4 位双稳态 D 型锁存器，如图所示，构成一个四位寄存器，时钟脉冲设置为 100 Hz，在脉冲作用下，锁存器的每一位都能够寄存一位二进制码，低电平时，寄存器储存为 0，高电平时寄存器储存为 1，由开关控制的仿真结果可以检验。

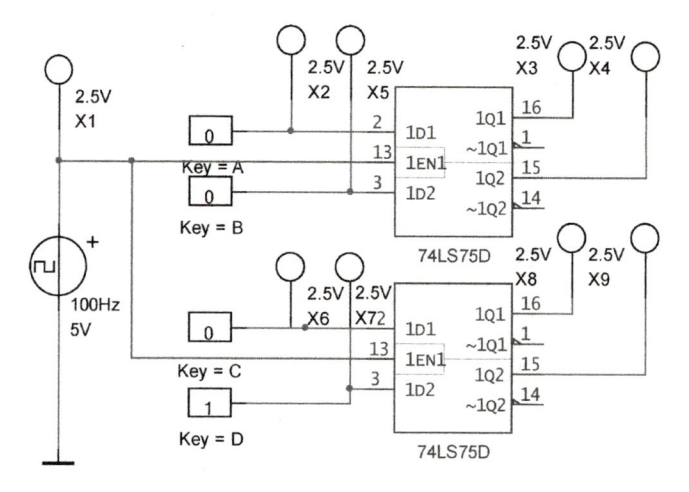

图 7-14　寄存器电路图

图 7-15 是一个用电平触发的 D 触发器组成的 4 位寄存器的实例——74LS75 的逻辑图。由电平触发的动作特点可知，在 CLK 的高电平期间 Q 端状态跟随 D 端状态而变，在 CLK 变成低电平以后，Q 端将保持 CLK 变为低电时刻 D 端的状态。图 7-15a 到图 7-15d 表示寄存器的部分状态。真值表如表 7-6 所示。

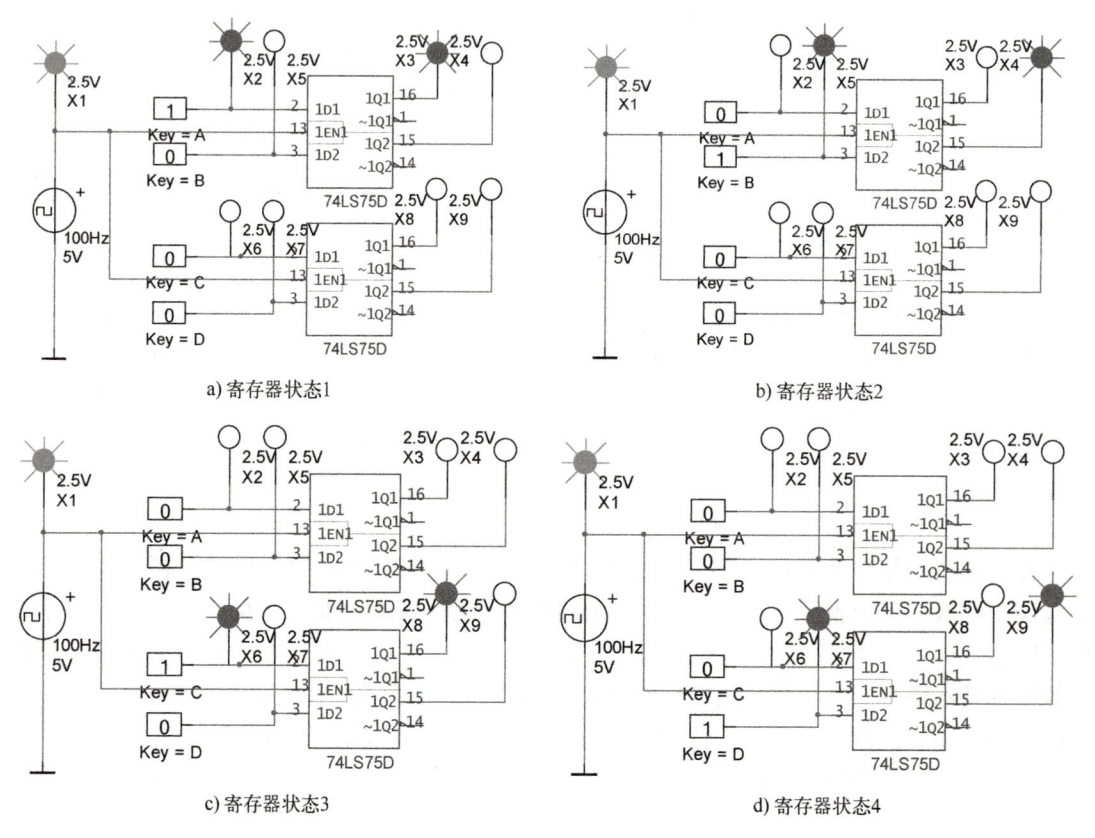

a) 寄存器状态1　　　　　　　　　　　　b) 寄存器状态2

c) 寄存器状态3　　　　　　　　　　　　d) 寄存器状态4

图 7-15　74LS75 的逻辑图

表 7-6 真值表

KeyA	KeyB	KeyC	KeyD	X_3	X_4	X_8	X_9
0	0	0	0	0	0	0	0
0	0	0	1	0	0	0	1
0	0	1	0	0	0	1	0
0	0	1	1	0	0	1	1
0	1	0	0	0	1	0	0
0	1	0	1	0	1	0	1
0	1	1	0	0	1	1	0
0	1	1	1	0	1	1	1
1	0	0	0	1	0	0	0
1	0	0	1	1	0	0	1
1	0	1	0	1	0	1	0
1	0	1	1	1	0	1	1
1	1	0	0	1	1	0	0
1	1	0	1	1	1	0	1
1	1	1	0	1	1	1	0
1	1	1	1	1	1	1	1

图 7-15 的寄存器电路，接收数据时所有各位代码是同时输入的，而且触发器中的数据是并行地出现在输出端，因此将这种输入输出方式称为并行输入、并行输出方式。

2. 用 D 触发器 74LS74 组成的移位寄存器

74LS74 芯片是双 D 型正沿触发器（带预置和清除端），移位寄存器是指寄存器里储存的代码能在移位脉冲的作用下依次左移或右移。

如图 7-16 所示的 74LS74 组成的移位寄存器除了具有存储代码的功能以外，还具有移位功能。所谓移位功能，是指寄存器里存储的代码能在移位脉冲的作用下依次左移或右移。因此，移位寄存器不但可以用来寄存代码，还可以用来实现数据的串行-并行转换、数值的运算以及数据处理等。

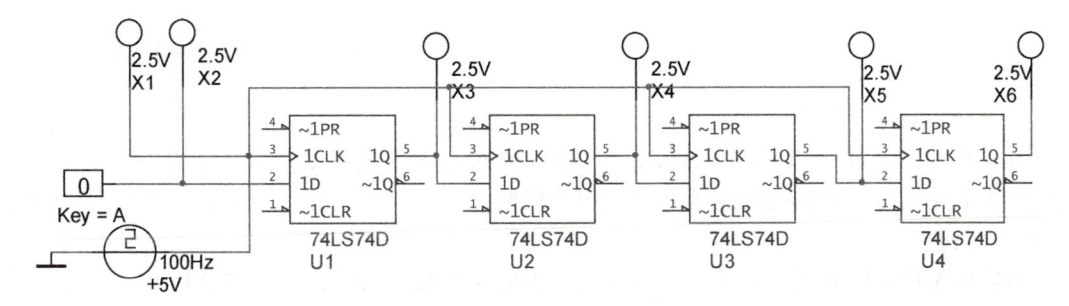

图 7-16 用 D 触发器 74LS74 组成的移位寄存器

因为从脉冲信号上升沿到达开始到输出端新状态的建立需要经历一段传输延迟时间，所以，于是当脉冲信号的上升沿同时作用于所有触发器时，它们的输入端的状态还没有改变，后一个芯片的输出端按照前一个芯片的输出端的状态翻转，同时加到寄存器输入端的代码也存入第一个芯片中，总的效果相当于移位寄存器里的原有代码依次右移了一位。

具体过程为当 KeyA 变为高电平时，第一个触发器 U1 的输入端接收输入信号，其余的每个触发器输入端均与前边一个触发器的 Q 端相连。因为从 CLK 上升沿到达开始到输出端新状态的建立迟时间所以当 CLK 的上升沿同时作用于所有的触发器需要经过一段传输延时，它们输入端（D 端）的状态还没有改变。于是 U2 按 Q_1 原来的状态翻转，U3 按 Q_2 原来的状态翻转，U4 按 Q_3 原来的状态翻转。同时，加到寄存器输入端 D_1 的代码存入 U1。总的效果相当于移位寄存器里原有的代码依次右移了 1 位。

例如，在 4 个时钟周期内输入代码依次为 1011，而移位寄存器的初始状为 $Q_1Q_2Q_3Q_4$ = 0000，那么在移位脉冲（也就是触发器的时钟脉冲）的作用下，移位寄存器里代码的移动情况见表 7-7。将时钟频率放慢为 0.1 Hz，代码 1 的移动过程如图 7-17a 到图 7-17d 所示。

表 7-7 移位寄存器中代码的移动情况

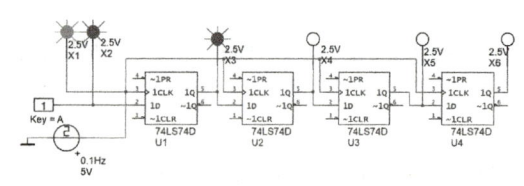

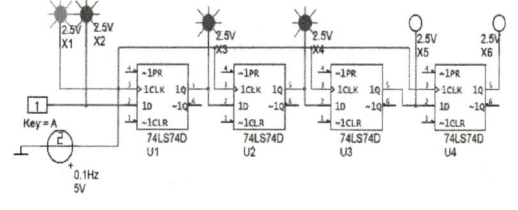

CLK 的顺序	输入 D_1	Q_1	Q_2	Q_3	Q_4
0	0	0	0	0	0
1	1	1	0	0	0
2	0	0	1	0	0
3	1	1	0	1	0
4	1	1	1	0	1

a) 移位寄存器中代码的移动图1

b) 移位寄存器中代码的移动图2

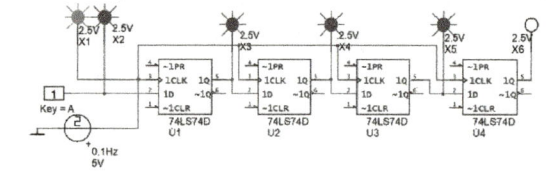

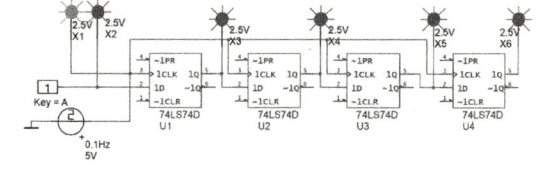

c) 移位寄存器中代码的移动图3

d) 移位寄存器中代码的移动图4

图 7-17 移位寄存器中代码 1 的移动过程

可以看到，经过 4 个 CLK 信号以后，串行输入的 4 为代码全部移入了移位寄存器中，同时在 4 个触发器的输出端得到了并行输出的代码。因此，利用移位寄存器可以实现代码的串行-并行转换。

如果首先将 4 位数据并行地置入移位寄存器的 4 个触发器中，然后连续加入 4 个移位脉冲，则移位寄存器里的 4 位代码将从串行输出端 D1 依次送出，从而实现了数据的并行-串行转换。

7.3.3 计数器

计数器是数字电路中应用最广泛的逻辑部件。计数器的功能是记录输入脉冲的个数。计数器所能记忆的最大脉冲个数称为计数器的模,又称为计数器的容量或计数器的长度。例如3 位二进制计数器的模为 $M=2^3=8$;n 位二进制计数器的模为 $M=2^n$。

计数器有各种不同的分类方法。按计数器状态的转换是否受同一时钟控制,可分为同步计数器和异步计数器;按计数过程中计数器的数值是递增还是递减,又可以分为加法计数器、减法计数器和加/减计数器(又称为可逆计数器);按计数器的计数进制还可以分为二进制计数器、十进制计数器和任意进制计数器。

中规模集成计数器的产品种类多,通用性强,应用十分广泛。下面介绍几种常用的集成计数器的功能和使用方法。

1. 4 位同步二进制加法计数器 74LS161

4 位同步二进制加法计数器 74LS161 的原理图如图 7-18 所示。

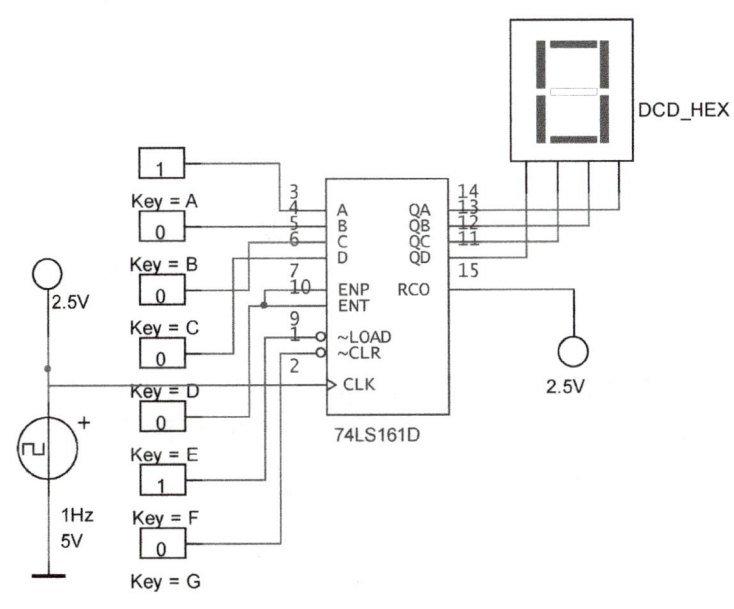

图 7-18 4 位同步二进制加法计数器 74LS161

74LS161 芯片为同步 4 位二进制计数器,它具有时钟端 CLK、四个数据输入端 $A \sim B$、清零端 CLR、使能端 ENP 和 ENT、置数端 LOAD、数据输出端 $Q_A \sim Q_D$、以及进位输出端 RCO。74LS161 的功能表见表 7-8。当清零端 MR = "0",计数器输出 Q_D、Q_C、Q_B、Q_A 立即为全"0",这个时候为异步清零功能,如图 7-19a 所示。当 CLR = "1" 且 LOAD = "0" 时,在 CP 信号上升沿作用后,74LS161 输出端 $Q_A \sim Q_D$ 的状态分别与并行数据输入端 $D_A \sim D_D$ 的状态一样,称为同步置数功能,如图 7-19b 所示。而只有当 CLR = LOAD = ENP = ENT = "1"、CLK 脉冲上升沿作用后,计数器加 1。74LS161 还有一个进位输出端 RCO,其逻辑关系是 RCO = $Q_A \cdot Q_B \cdot Q_C \cdot Q_D \cdot$ ENT。

表 7-8 74LS161 功能表

输入									输出			
CLR	LOAD	ENT	ENP	CLK	A	B	C	D	Q_A	Q_B	Q_C	Q_D
0	×	×	×	×	×	×	×	×	0	0	0	0
1	0	×	×	↑	d0	d1	d2	d3	d0	d1	d2	d3

(续)

输入									输出			
CLR	LOAD	ENT	ENP	CLK	A	B	C	D	Q_A	Q_B	Q_C	Q_D
1	1	1	1	↑	×	×	×	×	计数			
1	1	0	×	×	×	×	×	×	保持			
1	1	×	0	×	×	×	×	×	保持			

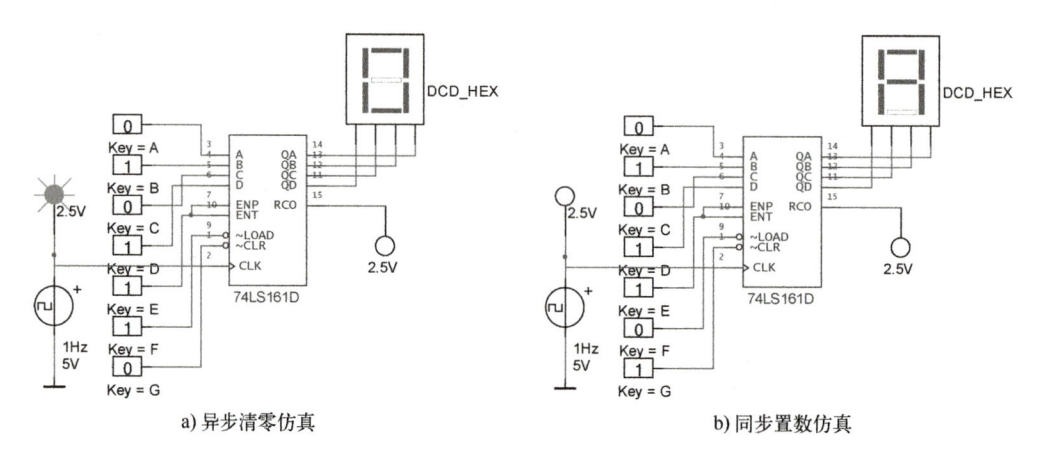

a) 异步清零仿真　　　　　　　　　b) 同步置数仿真

图 7-19　74LS161 芯片功能

如图 7-20 所示，将时钟脉冲频率设置为 1 Hz，令 CLR = LOAD = ENP = ENT = "1"，由仿真可以观察到 LED 数码管的数字变化，计数过程从 0 开始，每次加 1，数到 F（十进制的 15）后，回到 0 并重新开始计数。

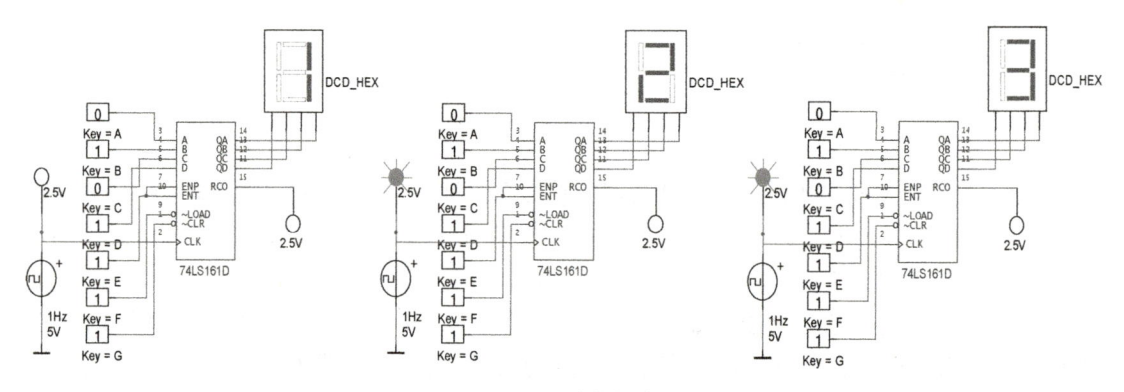

图 7-20　计数仿真

2. 用 T 触发器构成的同步二进制减法计数器

用 T 触发器构成的同步二进制减法计数器原理图如图 7-21 所示。

为了提高计数速度，可采用同步计数器，其特点是，计数脉冲同时接于各位触发器的时钟脉冲输入端，当计数脉冲到来时，各触发器同时被触发，应该翻转的触发器是同时翻转的，没有各级延迟时间的积累问题。同步计数器也可称为并行计数器。按二进制数运算规律进行计数的同步计数器称作二进制同步计数器，其中随着计数脉冲的输入作递减计数的计数器称作同步二进制减法计数器。

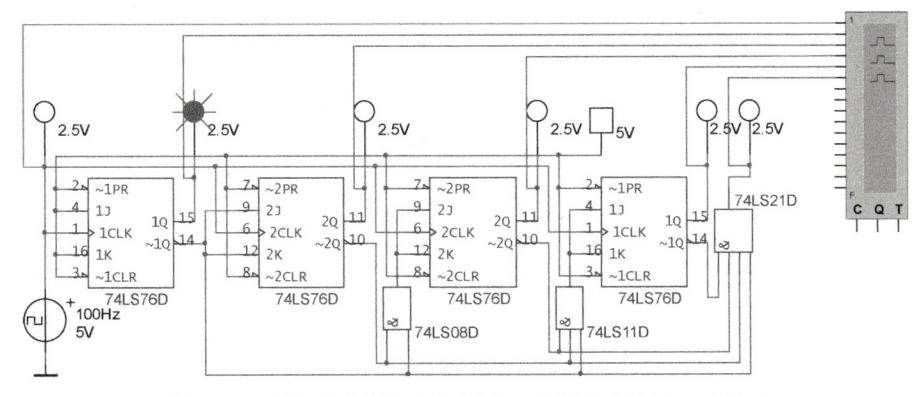

图 7-21 用 T 触发器构成的同步二进制减法计数器原理图

同步二进制减法计数器的设计思想如下：

1）所有触发器的时钟控制端均由计数脉冲 CLK 输入，CLK 的每一个触发沿都会使所有的触发器状态更新。

2）应控制触发器的输入端，可将触发器接成 T 触发器。

当低位不向高位借位时，令高位触发器的 T=0，触发器状态保持不变；

当低位向高位借位时，令高位触发器的 T=1，触发器翻转，计数减 1。

将时钟脉冲的频率设置为 1Hz，可以清楚地观察到减法计数器的工作规律。将 J、K 引脚连接起来构成 T 触发器，继而连接成如图 7-21 所示的二进制减法计数器。二进制减法计数器的规则：在 n 位二进制减法计数器中，只有当第 i 位以下各位触发器同时为 0 时，再减 1 才能使第 i 位触发器翻转。波形仿真如图 7-22 所示。

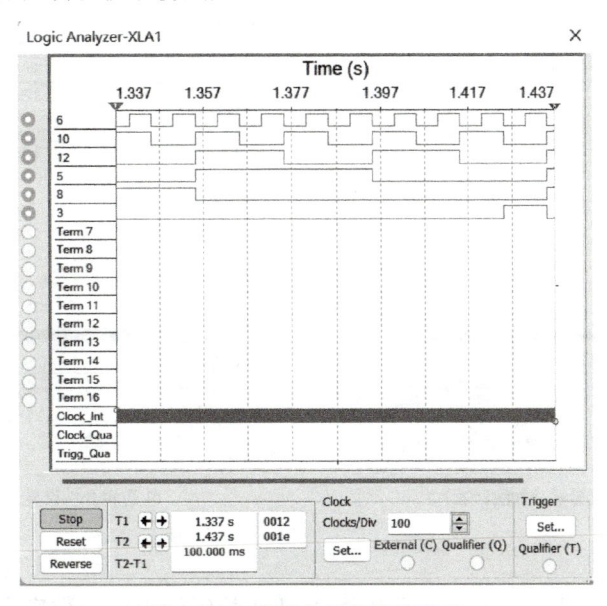

图 7-22 逻辑分析仪波形显示

3. 同步十进制可逆计数器 74LS190

同步十进制可逆计数器 74LS190 原理图如图 7-23 所示。

在加/减控制信号作用下，可递增计数，也可递减计数的电路，称作加/减计数器，又称可逆计数器。

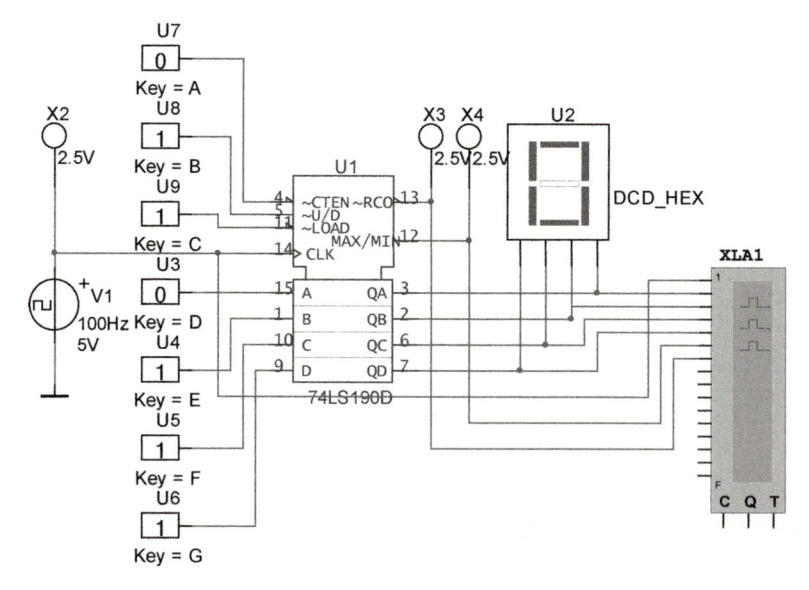

图 7-23 同步十进制可逆计数器 74LS190

74LS190 芯片为可预置十进制同步可逆计数器。如图 7-23 所示，74LS190 的引脚中，A~D 为数据输入端（置数端），QA~QD 为数据输出端；CTEN 为控制端，低电平有效；U/D 为加/减控制端，低电平时加法计数，高电平时减法计数；LOAD 为置数控制端，低电平有效；RCO 为进位/借位输出端；CLK 为脉冲信号输入端。由逻辑分析仪可以观察其加法计数和减法计数的时序图，如图 7-24a 和图 7-24b 所示。

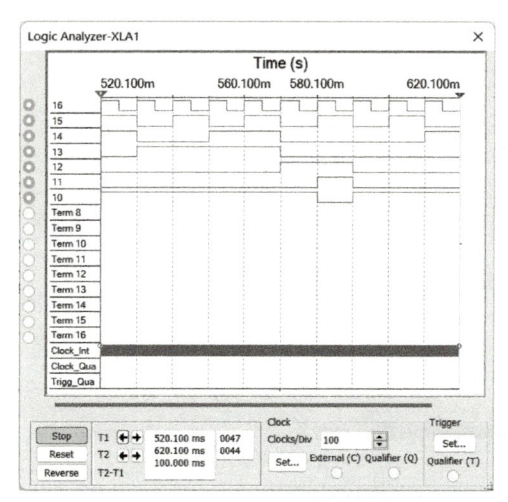

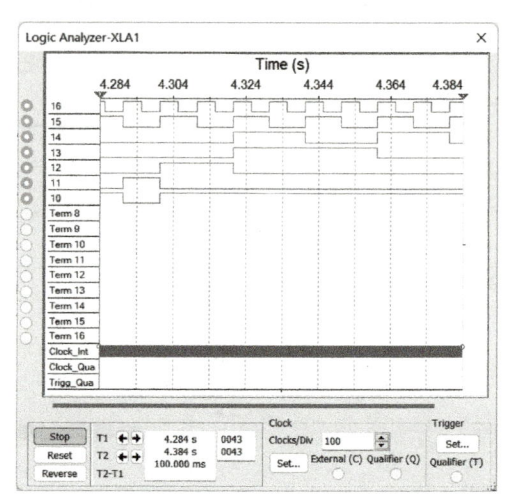

a) 逻辑分析仪显示（加法计数）　　　　　　b) 逻辑分析仪显示（减法计数）

图 7-24　74LS190 加法计数和减法计数的时序图

将时钟脉冲频率设置为 100 Hz，可以通过 LED 数码管观察到数字变化：当引脚 CTEN、U/D、LOAD 分别置为 0、0、1 时，电路工作在加法计数状态，此时数码管的显示从 0 开始计数，每次加 1，数到 9 后，回到 0 并重新开始计数，数码管计数如图 7-25 所示；当引脚 CTEN、U/D、LOAD 分别置为 0、1、1 时，电路工作在减法计数状态，此时数码管的显示从 9 开始计数，每次减 1，数到 0 后，回到 9 并重新开始计数，数码管计数如图 7-26 所示。

项目7 学习数字电路中时序逻辑电路

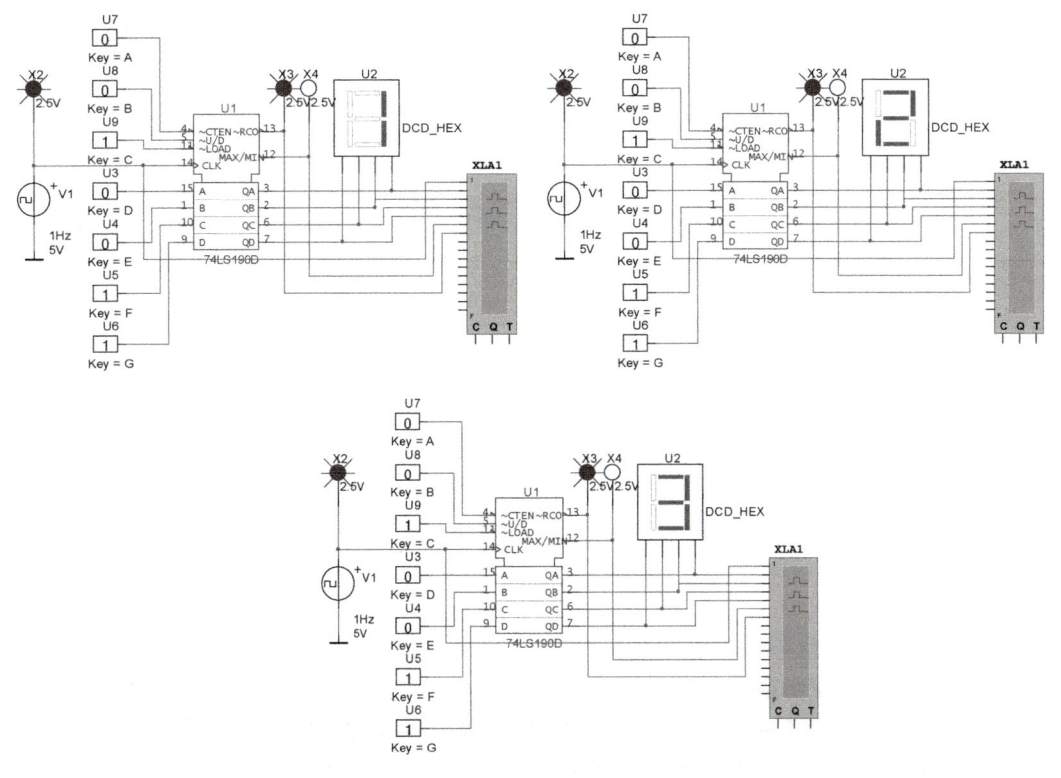

图 7-25 加法计数仿真

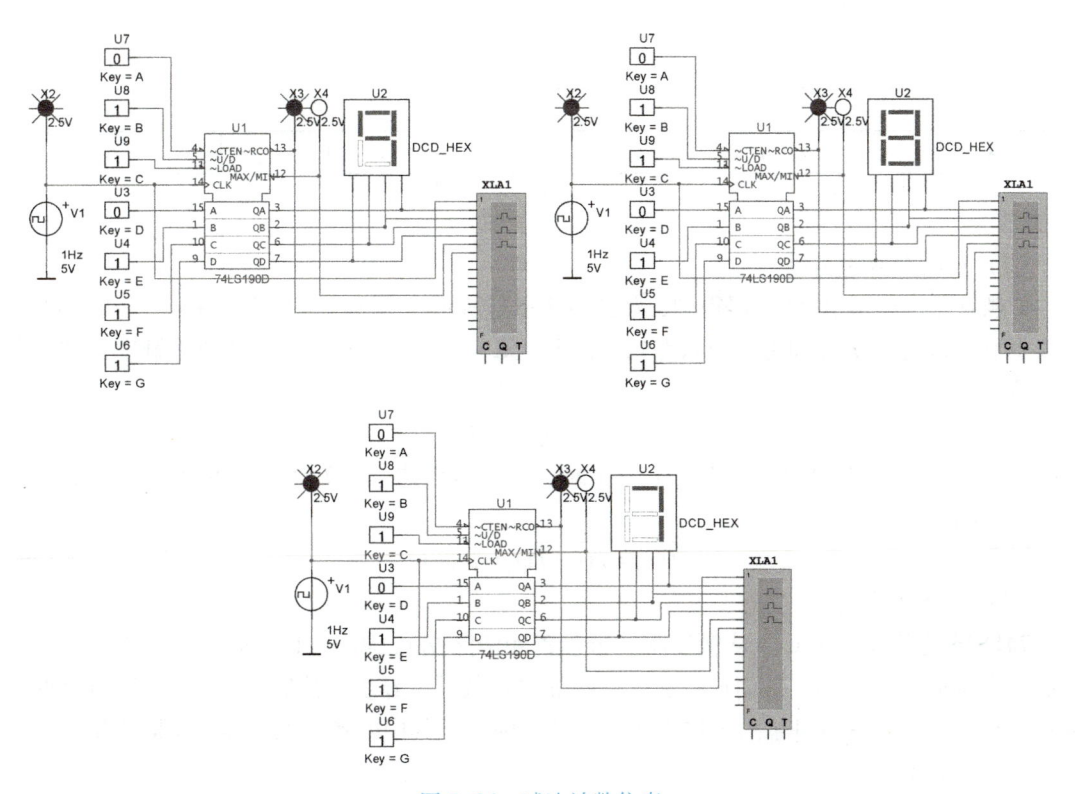

图 7-26 减法计数仿真

233

当 PL=0 时，输出端 QD~QA 的状态分别与并行数据输入端 D~A 的状态一样，称为同步置数功能，如图 7-27 所示。

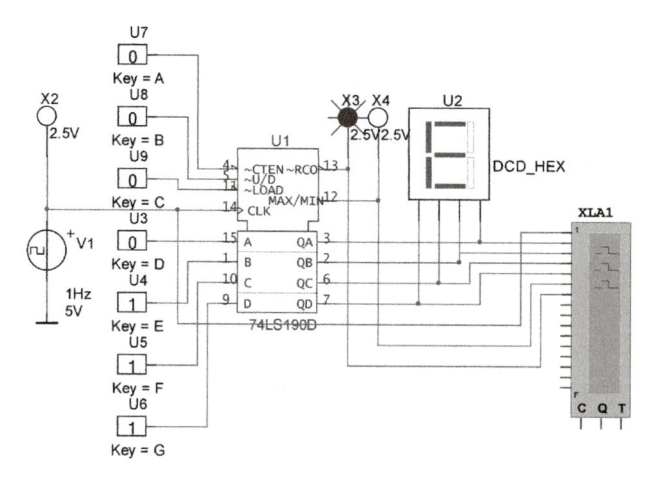

图 7-27　同步置数仿真

4. 用 T′触发器构成的异步二进制加法计数器

（1）T′触发器的逻辑描述

T 触发器指的是 $T=1$ 时，触发器可以对 CP 计数：$T=0$ 时，保持状态不变，表 7-9 是 T 触发器的真值表。而 T′触发器是 T 触发器恒为 1 的特别情况，即 T′触发器直接对 CP 计数。

表 7-9　T 触发器真值表

CP	T	Q_n	Q_{n+1}	$\overline{Q_{n+1}}$
有效	0	0	0	1
有效	0	1	1	0
有效	1	0	1	0
有效	1	1	0	1

（2）T′触发器的实现

T 触发器可以由 JK 触发器得到，如式（7-5）所示，当 $J=K=1$ 时，每来一个时钟脉冲触发器状态改变一次（即为计数状态），而当 $J=K=0$ 时，每来一个时钟脉冲触发器状态保持不变。

$$Q_{n+1} = J\overline{Q_n} + \overline{K}Q_n \tag{7-5}$$

令 JK 触发器的输入 $J=K=T$，当 $T=1$ 时，触发器计数；当 $T=0$ 时，触发器保持，如式（7-6）所示。

$$Q_{n+1} = T\overline{Q_n} + \overline{T}Q_n = T \oplus Q_n \tag{7-6}$$

（3）74LS76 芯片

74LS76 芯片是双 J-K 主从触发器（带预置和清除端），将 J、K 引脚连接起来并给定一个高电平构成 T′触发器，继而连接成二进制加法计数器。异步计数器在做"加 1"计数时是采用从低位到高位逐位进位的工作方式工作的，因此，其中的各个触发器不是同步翻转的。

（4）功能说明

该电路满足二进制加法原则：逢二进一（1+1=10，即 Q 由 1 加 1→0 时有进位）；各触发器满足两个条件:每当 CP 有效触发沿到来时,触发器翻转一次,即用 T'触发器。控制触发器的 CP 端,只有当低位触发器 Q 由 1→0(下降沿)时,应向高位 CP 端输出一个进位信号(有效触发沿),高位触发器翻转,计数加 1。

异步置 0 端 $\overline{R_D}$ 上加负脉冲,各触发器都为 0 状态,即 $U_{2B} \cdot U_{2A} \cdot U_{1B} \cdot U_{1A}$ = 0000 状态。在计数过程中,$\overline{R_D}$ 为高电平。只要低位触发器由 1 状态翻到 0 状态,相邻高位触发器接收到有效 CP 触发沿,T'的状态便翻转。状态转换顺序表见表 7-10。

表 7-10 状态转换顺序表

计数顺序	计数器状态 $U_{2B} \cdot U_{2A} \cdot U_{1B} \cdot U_{1A}$
0	0000
1	0001
2	0010
3	0011
4	0100
5	0101
6	0110
7	0111
8	1000
9	1001
10	1010
11	1011
12	1100
13	1101
14	1110
15	1111
16	0000

5. 仿真结果

如图 7-27 所示为利用 Multisim 软件实现的仿真结果,从左到右芯片编号为 $U_{2B} \cdot U_{2A} \cdot U_{1B} \cdot U_{1A}$ 单击仿真按钮开始仿真,按 key 进行输入高低电平输入,调整脉冲信号,电路进行二进制加法计数,图 7-28 为加法计数器为 6 时的截图。

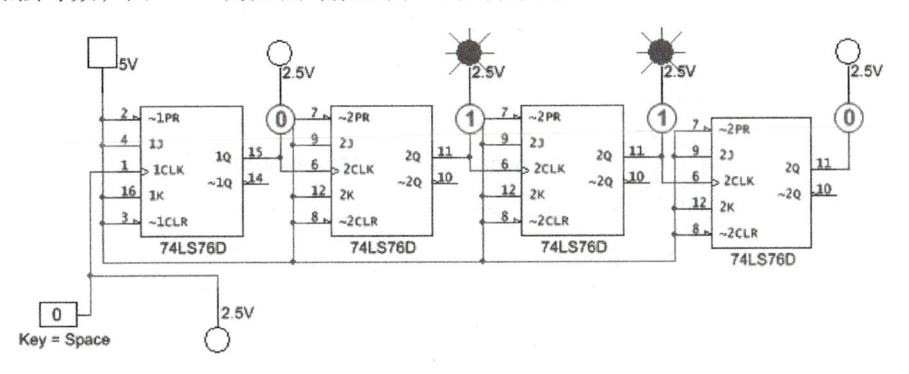

图 7-28 Multisim 仿真原理图

7.3.4 顺序脉冲发生器

在数字系统中，有时需要系统按照规定的顺序进行一系列的操作，就需要有一组在时间上有一定先后顺序的脉冲信号，再用这组脉冲信号形成所需要的各种控制信号。顺序脉冲发生器就是产生顺序脉冲的电路。

1. 功能说明

74LS161 为二进制计数器，可直接清除，74LS138 为 3-8 线译码器（多路转换器），由它们构成了顺序脉冲发生器。

2. 仿真原理图

如图 7-29 所示为利用 Multisim 的仿真原理图，图中为计数器计数的状态。

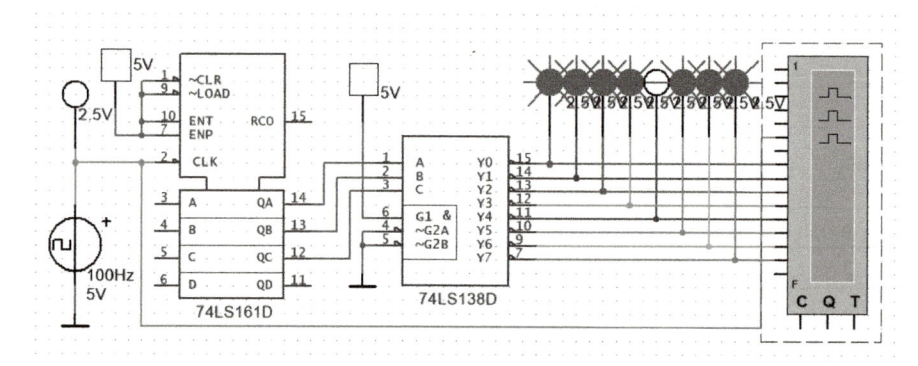

图 7-29　顺序脉冲发生器仿真原理图

虽然 74LS161 是同步电路，但由于各触发器的传输延迟时间不可能完全相同，将计数器输出状态输入译码器进行译码时，存在竞争-冒险现象。为了消除竞争-冒险现象，可以在 74LS138 的使能端 G_1 端加入选通脉冲，选通脉冲的有效时间应与触发器的翻转时间错开，可选择 G_1 信号作为 74LS138 的选通脉冲。输出的顺序脉冲波形图如图 7-30 所示。

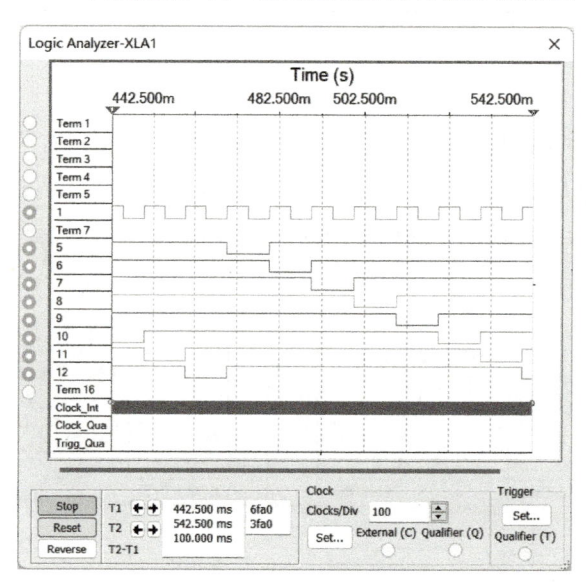

图 7-30　顺序脉冲波形图

任务 7.4 时序逻辑电路的设计实例——110 序列检测器设计

7.4.1 设计目的

（1）学习数字电路 110 序列检测器的原理；
（2）掌握用 Multisim 对数字电路进行仿真和分析的方法；
（3）了解序列检测器的构成和功能并对其进行调试。

7.4.2 设计任务

利用数电的基础知识和 Multisim 软件设计一个序列编码检测器，当检测到输入信号出现 110 序列编码（按照自左至右的顺序）时，电路输出为 1，否则输出为 0。

7.4.3 设计思路

（1）由给定的逻辑功能建立原始状态图和原始状态表；
（2）状态简化；
（3）状态分配；
（4）选择触发器类型；
（5）确定激励方程和输出方程；
（6）画出逻辑图并检查自启动能力。

7.4.4 设计过程

1. 建立原始状态图和原始状态表

根据设计任务的要求，电路有一个输入信号 A 以及一个输出信号 Y，该电路是要对输入信号 A 的编码序列进行检测。设电路的初始状态为 $S1$，初始状态 $S1$ 对应的输出为 $Y=0$，此时的输入可能是 $A=0$ 或 $A=1$。当时钟脉冲上升沿到来时，$A=0$ 则保持状态 $S1$ 不变，表示收到一个 0；$A=1$ 则转向第二个状态 $S2$，表示收到一个 1。当在状态 $S2$ 时，若 $A=0$ 则表示连续输入编码 10 而不是 110，则回到初始状态 $S1$ 重新检测；若 $A=1$ 则表示连续输入编码为 11，则继续检测，转向第三个状态 $S3$。当在状态 $S3$ 时，若 $A=0$ 则表示连续输入编码 110，则输出 $Y=1$ 并转向第四个状态 $S4$；若 $A=1$ 则表示连续输入编码为 110 后又收到一个 1，视为进行下一轮检测。当在状态 $S4$ 时，无论 A 为何值，输出 Y 均为 0。

根据给定的逻辑功能可列出电路的原始状态转换表见表 7-11，并画出原始状态转换图如图 7-31 所示。

表 7-11 110 序列检测器的原始状态转换表

现态（Sn）	次态/输出（/Y）	
	$A=0$	$A=1$
$S1$	$S1/0$	$S2/0$
$S2$	$S1/0$	$S3/0$
$S3$	$S4/1$	$S3/0$
$S4$	$S1/0$	$S2/0$

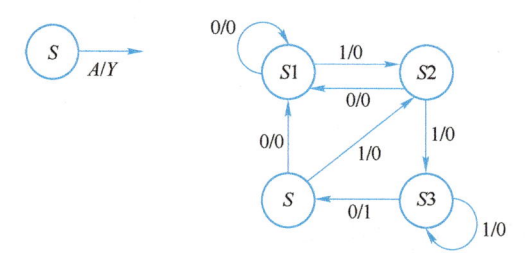

图 7-31　110 序列检测器原始状态转换图

2. 状态化简

下面进行状态化简，观察 110 序列检测原始状态转换表中的 $S1$ 与 $S4$ 可得出，当 $A=0$ 和 $A=1$ 时，分别具有相同的次态及相同的输出，因此 $S1$ 与 $S4$ 存在等价状态，故可以对原始状态表进行化简。得到的化简后的状态转换表见表 7-12。

表 7-12　化简后的状态转换表

现态（Sn）	次态/输出（$Sn+1/Y$）	
	$A=0$	$A=1$
$S1$	$S1/0$	$S2/0$
$S2$	$S1/0$	$S3/0$
$S3$	$S1/1$	$S3/0$

3. 状态分配

化简后的三个状态可以用二进制代码组合（00,01,10,11）中任意三个来表示，于是选用 $S1=00$，$S2=01$，$S3=11$。用两个触发器组合电路，观察表 7-12，当输入信号 $A=1$ 时，有 $S1 \to S2 \to S3$ 的变化顺序，当 $A=0$ 的时候，又有 $S3 \to S1$ 的变化，综合这两方面，这里采取 $00 \to 01 \to 11 \to 00$ 的变化顺序，能使其中的组合电路变得简单。根据状态转换表可以确定 110 序列检测器的变化状态图如图 7-32 所示。

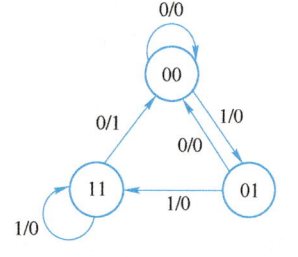

图 7-32　110 序列检测器的变化状态分配图

4. 触发器的选择

为实现 110 序列选择器电路功能，本设计中采用了小规模集成触发芯片 JK 触发器，其功能最为齐全并且有很强的通用性，适用于简化的组合电路。JK 触发器的特征表见表 7-13。

表 7-13　JK 触发器的特征表

J	K	Q_n	Q_{n+1}	功　　能
0	0	0	0	$Q_{n+1}=Q_n$
0	0	1	1	保持
0	1	0	0	$Q_{n+1}=0$
0	1	1	0	置 0
1	0	0	1	$Q_{n+1}=1$
1	0	1	1	置 1
1	1	0	1	Q_{n+1}
1	1	1	0	翻转

根据 JK 触发器特性表可以得出其特性方程如下：

$$Q^{n+1} = J\overline{Q^n} + \overline{K}Q^n$$

5. 确定激励和输出方程组

用 JK 触发器设计时序电路时，电路的激励方程需要间接导出。与设计要求和状态转换结合，将特性表做适当变换推导出激励条件，建立 JK 触发器的激励表见表 7-14。（×表示逻辑值与该行状态转换无关）

表 7-14 JK 触发器的激励表

Q_n	Q_{n+1}	J	K
0	0	0	×
0	1	1	×
1	0	×	1
1	1	×	0

根据图 7-32 所示的状态分配图和表 7-14 的激励表可以建立状态转换真值和激励信号表，而状态转换真值表和激励信号由此建立见表 7-15。根据化简和推导得出的激励方程组以及输出方程如下：

$$J_1 = Q_0 A \quad K_1 = \overline{A}$$
$$J_0 = A \quad K_0 = \overline{A}$$
$$Y = Q_1 \overline{A}$$

表 7-15 真值激励表

Q_1^n	Q_0^n	A	Q_1^{n+1}	Q_0^{n+1}	Y	J_1	K_1	J_0	K_0
0	0	0	0	0	0	0	×	0	×
0	0	1	0	1	0	0	×	1	×
0	1	0	0	0	0	0	×	×	1
0	1	1	1	1	0	1	×	×	0
1	1	0	0	0	1	×	1	×	1
1	1	1	1	1	0	×	0	×	0

6. 根据真值表设计逻辑电路图

首先在原理图中添加元器件，单击右键选择"Place Component"，从弹出的选项卡中选取所需元器件元件，并按图 7-33 搭建原理图。

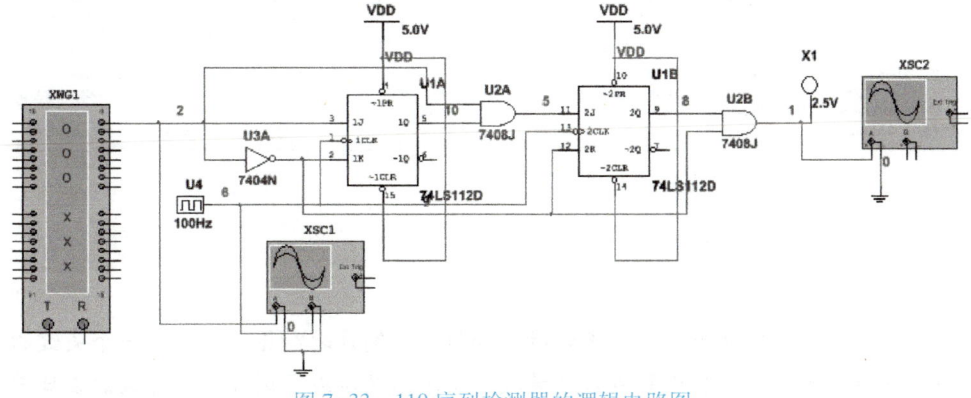

图 7-33 110 序列检测器的逻辑电路图

放置数字时钟信号源作为时钟信号（频率设为 100 Hz，占空比为 50%）；输入的随机脉冲序列由字信号发生器产生，字信号发生器的设置如图 7-34 所示，其中，因为字信号发生器的输出是并行输出，且连接的是第一个信号通道，故字信号发生器的最低位为有效位；当检测到一个"110"序列后，输出端的灯会亮一下，同时也可以在示波器中看到一个脉冲信号。

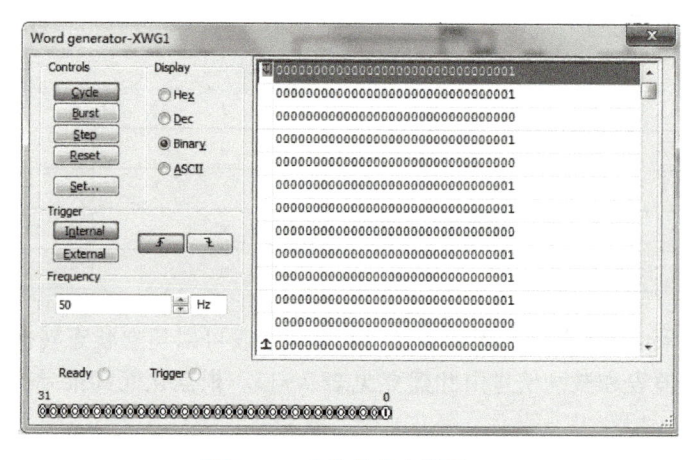

图 7-34　字信号发生器设置

7.4.5　系统仿真

连接好逻辑电路图后，对 110 序列检测器进行仿真。为打开输入端示波器，可以看到输入的时钟信号和随机脉冲信号的波形，如图 7-35 所示。

电路仿真结果如图 7-36 所示，从输出端示波器可知，当有时钟脉冲触发并且输入为 110 时，输出会产生一个相应的脉冲，从而实现了序列检测的功能。

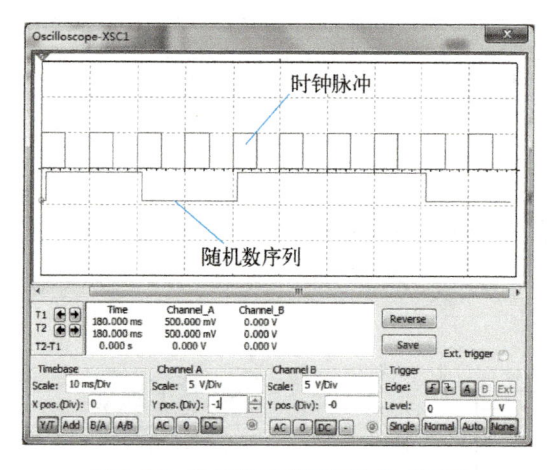

图 7-35　数字模式信号源编辑对话框　　　　　图 7-36　仿真结果

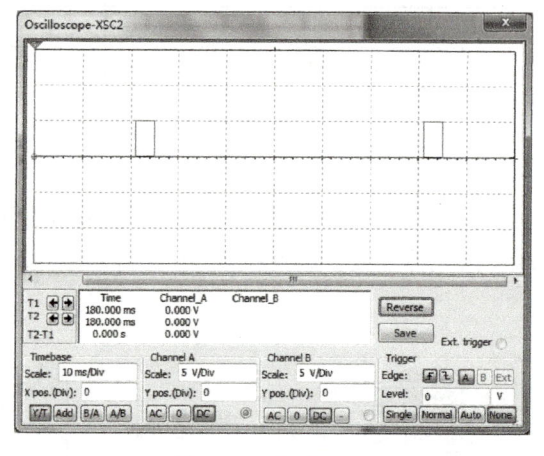

素养目标

十字路口交通灯时间显示采用了倒计时，如何实现倒计时？原来使用了一个关键的数字电子器件——计数器，计数器设置成减法计数，使时间显示成了倒计时。计数器在日常生活中处处可见，应用在方方面面。电子科技不仅给我们的生活带来了便利，同样也使我们的生活有了秩序，国家才能在一个和平稳定的环境中稳步发展。

习题与思考题

1. 分析如图所示的时序电路的逻辑功能。

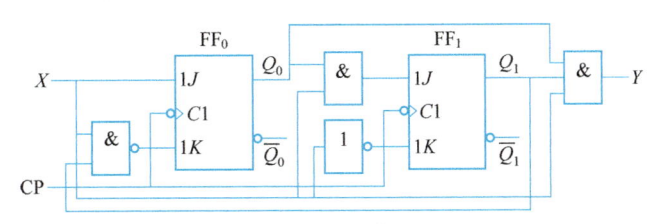

2. 如何用两片 74LS160 连接组成一百进制计数器？
3. 试用同步十进制加法计数器 74LS162 使用清零法设计七进制计数器。
4. 下降沿触发的边沿 JK 触发器的输入信号的波形如图 a 所示，触发器的初态为 0 状态，试画出输出 Q、$\overline{Q}$ 的波形图。
5. 简述 110 序列检测器的设计思路和过程。

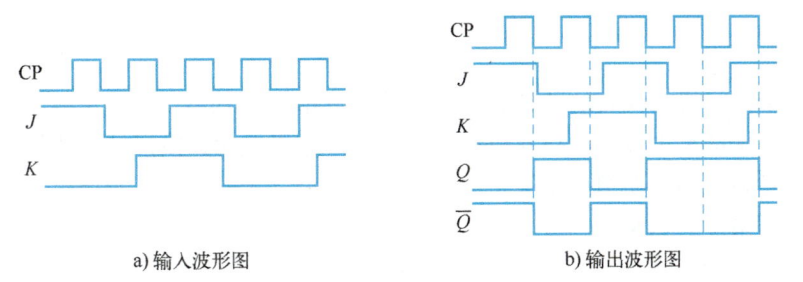

a) 输入波形图

b) 输出波形图

项目 8
学习数/模混合电路

> **项目描述**

数/模转换器与模/数转换器是数字电路与模拟电路的连接器件，数模转换电路能够将一个数字信号转换为模拟信号。数/模转换电路主要由数字寄存器、模拟电子开关、参考电源和电阻解码网络组成。本项目首先介绍数/模转换器的电路结构、工作原理、主要性能指标。然后介绍模/数转换器的电路结构、工作原理、主要性能指标。最后介绍 ADC、DAC 的应用。

任务 8.1 典型数/模混合电路的仿真

1. 数/模、模/数转换是模拟电路与数字电路的桥梁

随着以数字计算机为代表的各种数字系统的广泛应用，使数字系统和模拟系统相融合，任何一个控制系统都是由数字电路和模拟电路两大部分组成的，模拟信号和数字信号的转换成为系统中不可缺少的重要组成部分，如图 8-1 所示就是一个控制系统的示意图。

在图示的控制系统中，数字电路起着存储信息、分析数据、发出控制指令的作用；模拟电路承担着获取检测信息，驱动控制设备的任务。工作过程是首先从模拟电路的传感器中获得检测模拟信号，通过 A/D 转换器转换成数字量，输送到计算机，进行分析比较，如果超出了限定值，计算机就发出控制指令，通过 D/A 转换器转换成驱动电压或电流，改变执行设备的工作状态。显然，D/A、A/D 转换器起着连接数字电路和模拟电路的桥梁作用。

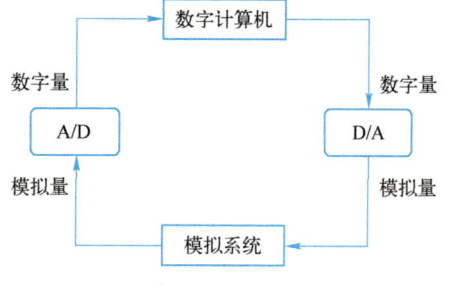

图 8-1 控制系统示意图

2. D/A 转换器

把数字信号转换成模拟信号的过程称为数/模转换，简称 D/A 转换。能够实现数/模转换的电路称为 D/A 转换器，简称 DAC。

3. A/D 转换器

把模拟信号转换成数字信号的过程称为模/数转换，简称 A/D 转换。能够实现模/数转换的电路称为 A/D 转换器，简称 ADC。

8.1.1 D/A 转换电路的仿真

1. DAC 的基本概念

为了将数字量转换为模拟量，必须将二进制数的每一位数码按权值转换成相应的模拟

量，然后将代表各位二进制数的模拟量相加，得到与数字量成正比的模拟量。例如，有一个 n 位二进制数 D，转换为十进制数有

$$D = D_{n-1} \times 2^{n-1} + D_{n-2} \times 2^{n-2} + \cdots + D_i \times 2^i + \cdots + D_0 \times 2^0 = \sum_{i=0}^{n-1} D_i 2^i$$

如果 DAC 电路输入此二进制数 D，输出是与数字量成正比的电压 U_O 或 I_O，则有

$$U_O(\text{或} I_O) = K \cdot \sum_{i=0}^{n-1} D_i 2^i \tag{8-1}$$

式中，K 为转换比例系数，由 DAC 电路的元件参数决定。

如图 8-2 所示为 DAC 输入、输出关系框图。当 $n=3$ 时，DAC 转换电路的输入数字量与输出模拟量的转换关系如图 8-3 所示，输出为阶梯形。

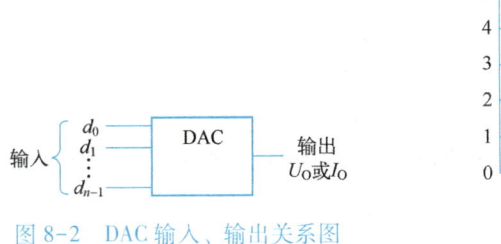

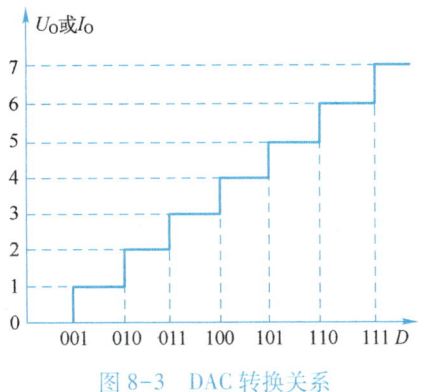

图 8-2　DAC 输入、输出关系图

图 8-3　DAC 转换关系

2. DAC 的主要技术指标

（1）转换精度

转换精度表示转换的准确程度，用于保证处理结果的准确性。

在集成 DAC 中，一般用分辨率和转换误差来描述转换精度。

1) 分辨率。分辨率是指输入数字量最低有效位为 1 时，对应输出可分辨的最小输出电压 U_{LSB} 与最大输出电压 U_m 之比，即

$$\text{分辨率} = \frac{U_{LSB}}{U_m} = \frac{1}{2^n - 1} \tag{8-2}$$

它反映了 DAC 对输出最小电压的分辨能力，n 越大，DAC 的分辨能力就越高。例如

当 $n=10$ 时，分辨率 $=\frac{1}{2^n-1}=0.098\%$；

当 $n=12$ 时，分辨率 $=\frac{1}{2^n-1}=0.024\%$。

如果输出模拟电压满量程 $U_m = 10\text{V}$，那么 10 位 DAC 能分辨的最小输出电压为
$$U_{LSB} = 10 \times 0.098\% = 9.8(\text{mA})$$

而 12 位 DAC 能分辨的最小输出电压为
$$U_{LSB} = 10 \times 0.024\% = 2.4(\text{mA})$$

由此可见，DAC 位数越多，分辨输出的最小电压的能力就越强，转换精度也越高。因此，常用输入数字量的位数来表示分辨率。

2) 转换误差。转换误差是指 DAC 的实际输出值与理论值之差。转换误差一般应低于最

小输出电压 U_{LSB} 的一半。DAC 的转换误差越小，说明转换精度越高。

转换误差产生的原因很多，主要有参考电压的波动、运算放大器的零漂、模拟开关的导通压降、电阻值的偏差等。

转换精度通常用输出电压满刻度时绝对误差的百分数表示，即

$$转换精度 = \frac{绝对误差}{输出电压} \times 100\%$$

（2）转换速度

转换速度表示数据转换的快慢，以适应快速控制和实时监测的需要。

转换速度是指从数码输入到模拟电压稳定输出之间所经历的响应时间，也称为建立时间，一般取输入由全 0 变为全 1 或由全 1 变为全 0 时，其输出达到稳定值所需的时间。

目前在不包含运算放大器的集成 DAC 中，转换时间最短可达到 0.1 μs 以内；在包含运算放大器的集成 DAC 中，转换时间最短可达到 0.15 μs 以内。

一般情况下，位数越多转换精度就越高，转换速度就越慢，即转换精度与转换速度是相互制约的。

3. 常见的 DAC 电路

常见的 DAC 电路中，主要有权电阻网络、倒 T 形电阻网络、权电流型等几种类型。下面以权电阻网络的 DAC 电路为例分析数字量转换为模拟量的过程。

从数字信号到模拟信号的转换称为数/模转换，简称为 D/A 转换。而一个多位二进制数中每一位的 1 所代表的数值大小称为这一位的权。为了将数字量转换成模拟量，必须将每一位的二进制数按其权的大小转换成相应的模拟量，然后相加，即可得到与数字量成正比的总模拟量，从而实现 D/A 转换。如图 8-4 所示是一个四位权电阻网络 D/A 转换器的原理图，它由权电阻网络、4 个逻辑开关和一个求和放大器组成。单击仿真按钮，由 LED 管以及电流表、电压表可以观察其规律。

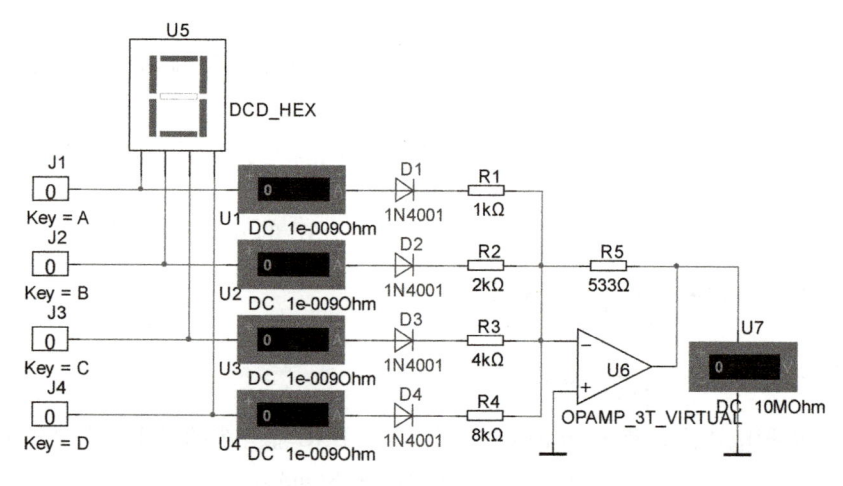

图 8-4 权电阻网络 D/A 转换器

4. 原理介绍

一个多位二进制数可表示为：

$$D_n = d_{n-1}d_{n-2}\cdots d_1 d_0 = 2^{n-1}d_{n-1} + 2^{n-2}d_{n-2} + \cdots 2^1 d_1 + 2^0 d_0 \tag{8-3}$$

其中：2^{n-1}、2^{n-2}、2^1、2^0 称为最高位（Most Significant Bit，MSB）到最低位（Least Significant Bit, LSB）的权。

在图 8-2 中左侧由上至下为 MSB 至 LSB，分别为 d_3、d_2、d_1、d_0。

本节的基准电压 $V_{REF}=5\,V$（高电平），运用其求和放大器原理即可得到输出模拟电压公式为：

$$V_0 = -R_5\left(\frac{V_{REF}}{2^0 R_1}d_3 + \frac{V_{REF}}{2^1 R_2}d_2 + \frac{V_{REF}}{2^2 R_3}d_1 + \frac{V_{REF}}{2^3 R_4}d_0\right) \tag{8-4}$$

在该电路中，用电流表显示电路中的转换电流，数码管显示待转换的二进制数，用电压表显示转换成的模拟电压。打开电源开关，用 A、B、C、D 共 4 个开关依次组合成 0~F 这 16 个数，对应求出转换成的模拟电压，容易发现其中的线性关系。下面将仿真两种 D/A 转换情况。

1）当逻辑开关 J4 置于高电平时，数码管显示该位的权值"1"，且经过 D/A 转换器处理在求和放大器输出端显示其"模拟电压"。根据式（8-4）可计算出模拟电压。如图 8-5 所示。

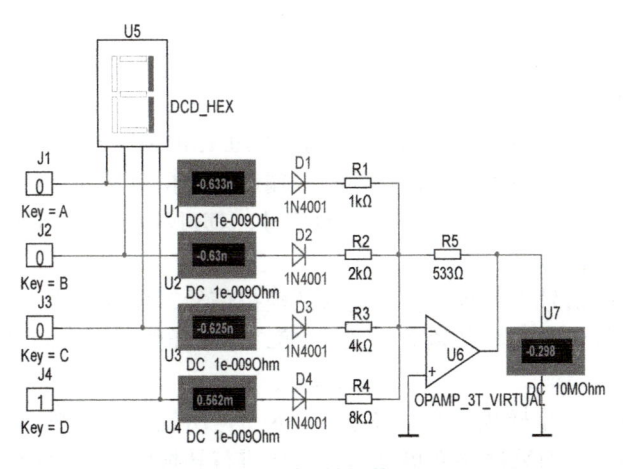

图 8-5 D/A 转换情况一

2）当逻辑开关 J4、J3 置于高电平时，数码管显示该位的权值"3"，且经过 D/A 转换器处理在求和放大器输出端显示其"模拟电压"。根据式（8-4）可计算出模拟电压。如图 8-6 所示。

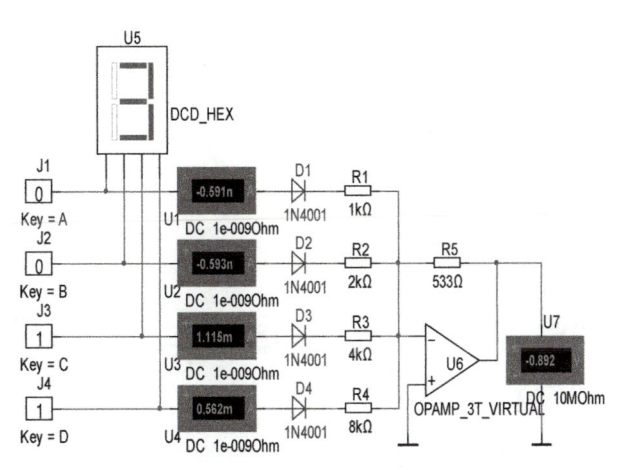

图 8-6 D/A 转换情况二

由上述仿真可以发现，根据输入不同的二进制数，可以将其转换成不同的"模拟电压"。

8.1.2 A/D 转换电路的仿真

1. ADC 的基本概念

ADC 的任务是将模拟信号转换为数字信号。输入的模拟信号在时间上是连续变化的量，而输出的数字信号是离散量，所以当不再进行转换时，必须在一系列选定的时间瞬间对输入的模拟信号采样，然后再把这些样值转换为输出的数字量。因此，转换过程通常通过采样、保持、量化、编码4个步骤，其转换原理图如图 8-7 所示。

图 8-7 ADC 转换原理图

2. ADC 的电路工作原理

ADC 的工作过程是首先对输入端模拟电压信号采样，采样后进入保持时间，在保持时间内将采样的电压量化为数字量，并按一定的编码形式进行编码。然后进入下一次采样。

（1）采样和保持

1) 采样。为了把输入的模拟信号转换为与之成正比的数字量，首先要对输入的模拟信号采样，就是按一定的时间间隔，周期性地提取输入的模拟信号的幅值的过程。这样就把在时间上连续变化的信号转换为在时间上离散的信号，其过程如图 8-8 所示，其中 U_i 是输入的模拟信号，U_s 是采样信号。

为了使采样以后的信号不失真地代表输入的模拟信号，根据采样定理，采样频率 f_s 必须大于等于输入模拟信号包含的最高频率 f_{max} 的两倍，即采样频率必须满足

$$f_s \geqslant 2f_{max} \tag{8-5}$$

因此，ADC 工作时，采样频率必须高于式（8-5）所规定的频率。采样频率越高，还原后的模拟信号失真越小。但采样频率提高后，每次进行转换的时间也相应缩短，要求加快转换电路的工作速度。因此，通常取 $f_s = (3 \sim 5)f_{max}$ 便能满足要求。

2) 保持。模拟信号采样后，得到一系列样值脉冲，采样脉冲宽度很窄，在下一个采样脉冲到来前，应暂时保持所得到的样值脉冲幅度，以便进行转换。因此，在采样后，必须加保持电路。采样-保持电路的原理电路如图 8-9 所示。

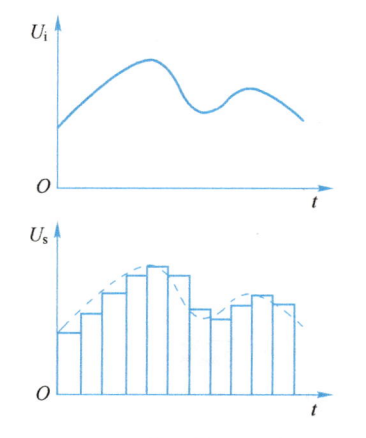

图 8-8 对输入模拟信号的采样并保持 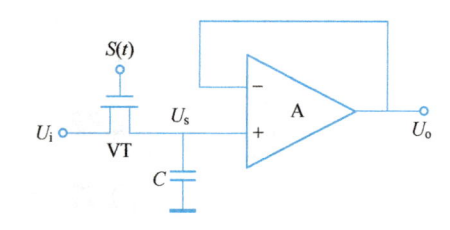　　图 8-9 采样-保持电路的原理电路

电路中的场效应晶体管 VT 为采样开关，受控于采样脉冲 $S(t)$，C 是保持电容，集成运放为跟随器，起缓冲隔离的作用。当采样脉冲到来时，场效应晶体管 VT 导通，模拟信号经过场效应晶体管 VT 向电容 C 充电，电容 C 上的电压跟随输入信号变化。当采样脉冲消失时，场效应晶体管 VT 截止，模拟开关断开，电容 C 上的电压会保持到下一个采样脉冲到来。

（2）量化编码

1）量化。输入的模拟电压经过采样保持后，得到的是阶梯波，阶梯波的幅度是任意的。而任何一个数字量的大小，都是以某个规定的最小数量单位的整倍数来表示的。因此，在用数字量表示采样电压时，必须把采样电压化成这个最小数量单位的整倍数，这个转化过程就称为量化。所规定的最小数量单位称为量化单位，用 Δ 表示。显然，数字信号最低有效位中的 1 表示的数量大小就等于 Δ。

2）编码。把量化得到的数值用二进制代码表示，称为编码。这个二进制代码就是 A/D 转换的输出信号。

3）量化的方法。模拟信号是连续的，它不一定能被 Δ 整除必然会产生误差，我们把这种误差称为量化误差。用不同的方法进行量化，会得到不同的量化误差。量化方法一般有两种，舍尾取整法和四舍五入法

① 舍尾取整法：取最小量化单位 $\Delta = U_m/2^n$，其中 U_m 为模拟电压最大值，n 为数字代码位数。将 $0 \sim \Delta$ 的模拟电压归并到 $0 \cdot \Delta$，把 $\Delta \sim 2\Delta$ 的模拟电压归并到 $1 \cdot \Delta$……以此类推。最大量化误差为 Δ。

例如把 $0 \sim 1\text{V}$ 的模拟电压信号转换为三位二进制代码，取量化单位 $\Delta = (1/8)\text{V}$，那么 $0 \sim (1/8)\text{V}$ 之间的电压就归并为 $0 \cdot \Delta$，用二进制数 000 表示；数值在 $(1/8) \sim (2/8)\text{V}$ 的电压归并为 $1 \cdot \Delta$，用二进制数 001 表示，以此类推，如图 8-10a 所示。

② 四舍五入法：取最小量化单位 $\Delta = 2U_m/(2^n-1)$，量化时将 $0 \sim \Delta/2$ 的模拟电压归并到 $0 \cdot \Delta$，把 $\Delta/2 \sim 3\Delta/2$ 的模拟电压归并到 $1 \cdot \Delta$……以此类推。最大量化误差为 $\Delta/2$。

例如，把 $0 \sim 1\text{V}$ 的模拟电压信号转换为三位二进制代码，取量化单位 $\Delta = (2/15)\text{V}$，那么 $0 \sim (1/15)\text{V}$ 的电压就归并为 $0 \cdot \Delta$，用二进制数 000 表示；数值在 $(1/15) \sim (3/15)\text{V}$ 的电压归并为 $1 \cdot \Delta$，用二进制数 001 表示，以此类推，如图 8-10b 所示。

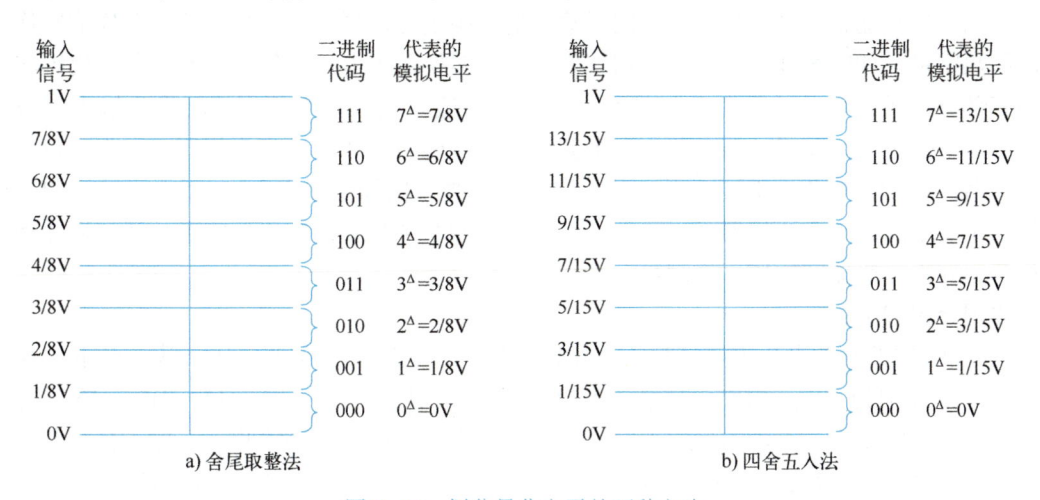

输入信号	二进制代码	代表的模拟电平		输入信号	二进制代码	代表的模拟电平
1V	111	$7^\Delta = 7/8\text{V}$		1V	111	$7^\Delta = 13/15\text{V}$
7/8V	110	$6^\Delta = 6/8\text{V}$		13/15V	110	$6^\Delta = 11/15\text{V}$
6/8V	101	$5^\Delta = 5/8\text{V}$		11/15V	101	$5^\Delta = 9/15\text{V}$
5/8V	100	$4^\Delta = 4/8\text{V}$		9/15V	100	$4^\Delta = 7/15\text{V}$
4/8V	011	$3^\Delta = 3/8\text{V}$		7/15V	011	$3^\Delta = 5/15\text{V}$
3/8V	010	$2^\Delta = 2/8\text{V}$		5/15V	010	$2^\Delta = 3/15\text{V}$
2/8V	001	$1^\Delta = 1/8\text{V}$		3/15V	001	$1^\Delta = 1/15\text{V}$
1/8V	000	$0^\Delta = 0\text{V}$		1/15V	000	$0^\Delta = 0\text{V}$
0V				0V		
a）舍尾取整法				b）四舍五入法		

图 8-10 划分量化电平的两种方法

3. ADC 的主要技术指标

ADC 的主要性能指标有转换精度和转换速度。

（1）转换精度

转换精度表示转换的准确程度。在集成 ADC 中，一般用分辨率和转换误差来描述转换精度。

1) 分辨率。分辨率是指 ADC 对输入模拟信号的分辨能力。从理论上讲，一个 n 位二进制数字输出的 ADC 应能区分输入模拟电压的 2^n 个不同数量级，即能够区分输入模拟电压的最小差异为满量程输入量 U_m 的 $1/2^n$。例如，ADC 输出为 10 位二进制数，输入模拟信号的电压变化范围为 0~8V，则

$$分辨率 = \frac{U_m}{2} = \frac{8}{2^{10}} = 7.81(\text{mV})$$

ADC 输出的位数越多，分辨输入的最小电压的能力越强，转换精度越高。因此，常用输出数字量的位数来表示分辨率。

2) 转换误差。转换误差是指 ADC 实际输出的数字量与理论输出的数字量之差。转换误差通常是以输出误差最大值的形式给出的，一般以最低有效位的倍数表示。例如，转换误差小于等于 LSB/2，表明实际输出的数字量和理论上输出的数字量之间的误差小于等于最低有效位的一半。

（2）转换速度

ADC 的转换速度主要取决于转换电路的类型。并联比较型 ADC 的转换速度最高，例如 8 位输出单片集成的 ADC 转换时间可在 50 ns 之内；其次为逐次渐近型 ADC，转换时间为 10~100 μs；双积分型 ADC 转换速度最低，转换时间多在几十到几百毫秒之间。

4. 常见的 ADC 电路

常见的 ADC 电路中，按其工作原理不同分直接型 ADC 和间接型 ADC。直接型 ADC 直接将模拟信号转换为数字信号，典型电路有逐次渐近型 ADC、并联比较型 ADC。间接型 ADC 则是将模拟信号首先转换成某一中间变量，然后再将中间变量转换为数字量输出，典型电路有双积分型 ADC 电路。

在 A/D 转换器中，因为输入的模拟信号在时间上是连续的，而输出的数字信号是离散的，所以转换只能在一系列选定的瞬间对输入的模拟信号取样，然后再将这些取样值转换成输出的数字量。如图 8-11 所示的并联比较型 A/D 转换器由电压比较器、寄存器和代码转换电路三部分组成，它属于直接 A/D 转换器，它能将输入的模拟电压直接转换为输出的数字量而不需要经过中间变量。该电路用一个分压器代替模拟电压。不管为何值，在与比较器前的分压器比较时，总会大于（等于）某几个分压数值（例如中间 2 个），而小于其他的分压数值。于是中间的 2 个比较器输出高电平，而其他的 5 个比较器输出低电平。其结果经寄存器保持，并由译码器转换成二进制数。

原理介绍如下：

图 8-11 中的参考电压 V_{REF} 分为 7 个等级作为 7 个比较器的参考电压，从上至下比较器的参考电压分别为 $13V_{REF}/15$、$11V_{REF}/15$、$9V_{REF}/15$、$7V_{REF}/15$、$5V_{REF}/15$、$3V_{REF}/15$、$V_{REF}/15$。比较器的同相输入端接的是输入信号 $U1$，反相输入端接的是参考电压。输入信号与参考电压进行比较，高于参考电压输出高电平，否则为低电平，然后比较器输出由 D 触发器存储，CP 作用后，触发器的输出与比较器的输出一致。经代码转换电路输出数字量 D_2、D_1、D_0。

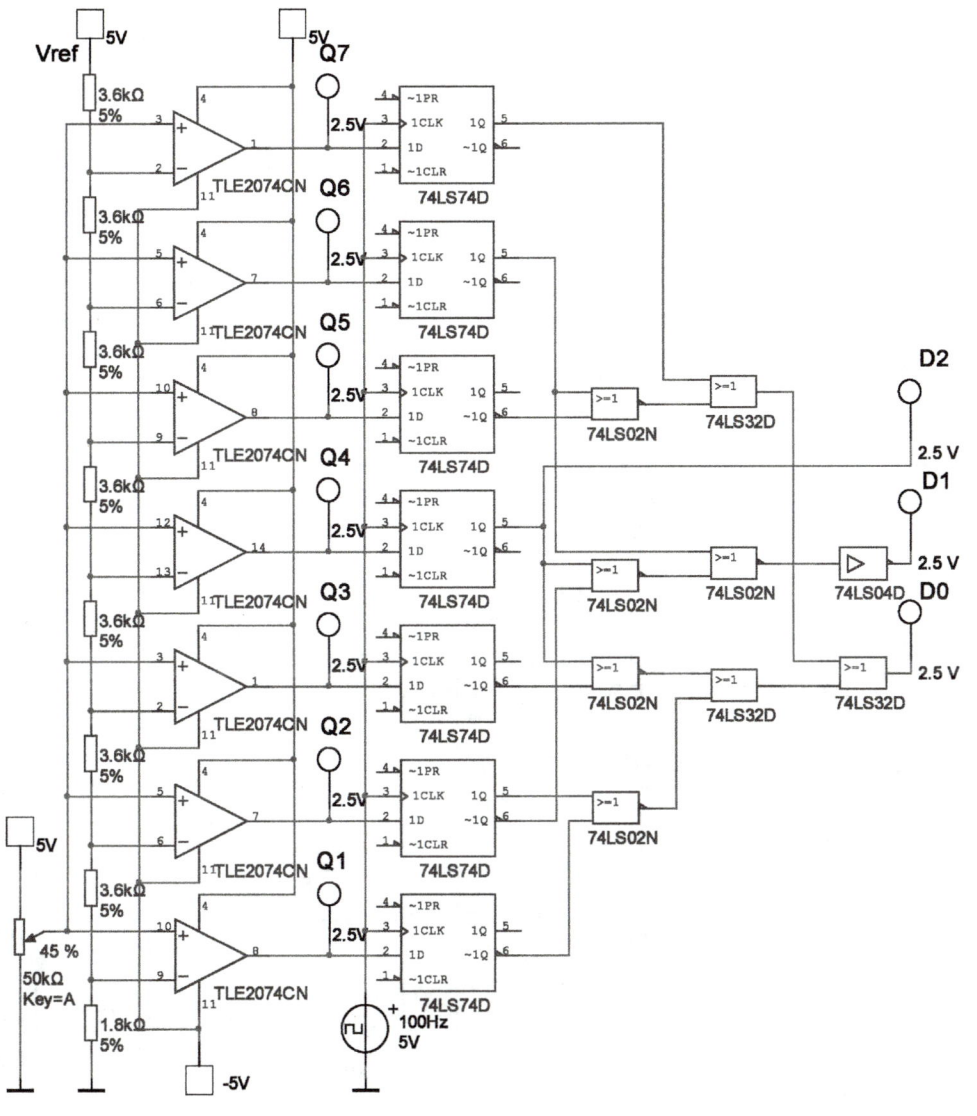

图 8-11 并联比较型 A/D 转换器

下面通过两个仿真详细验证上述理论。

1) 调整滑动变阻器使其输入信号在 $5V_{REF}/15 \leq U_1 < 7V_{REF}/15$ 之间，观察寄存器输出为"0000111"，数字输出为"011"。如图 8-12 所示。

2) 调整滑动变阻器使其输入信号在 $9V_{REF}/15 \leq U_1 < 11V_{REF}/15$ 之间，观察寄存器输出为"0011111"，数字输出为"101"。如图 8-13 所示。

通过与表 8-1 真值表比较，仿真结果正确。

表 8-1 并联比较型 A/D 转换器

模拟信号输入	比较器输出							数字输出		
	Q_7	Q_6	Q_5	Q_4	Q_3	Q_2	Q_1	D_2	D_1	D_0
$0 \leq U_1 < V_{REF}/15$	0	0	0	0	0	0	0	0	0	0
$V_{REF}/15 \leq U_1 < 3V_{REF}/15$	0	0	0	0	0	0	1	0	0	1

（续）

模拟信号输入	比较器输出							数字输出		
	Q_7	Q_6	Q_5	Q_4	Q_3	Q_2	Q_1	D_2	D_1	D_0
$3V_{REF}/15 \leqslant U_1 < 5V_{REF}/15$	0	0	0	0	0	1	1	0	1	0
$5V_{REF}/15 \leqslant U_1 < 7V_{REF}/15$	0	0	0	0	1	1	1	0	1	1
$7V_{REF}/15 \leqslant U_1 < 9V_{REF}/15$	0	0	0	1	1	1	1	1	0	0
$9V_{REF}/15 \leqslant U_1 < 11V_{REF}/15$	0	0	1	1	1	1	1	1	0	1
$11V_{REF}/15 \leqslant U_1 < 13V_{REF}/15$	0	1	1	1	1	1	1	1	1	0
$13V_{REF}/15 \leqslant U_1 < V_{REF}/15$	1	1	1	1	1	1	1	1	1	1

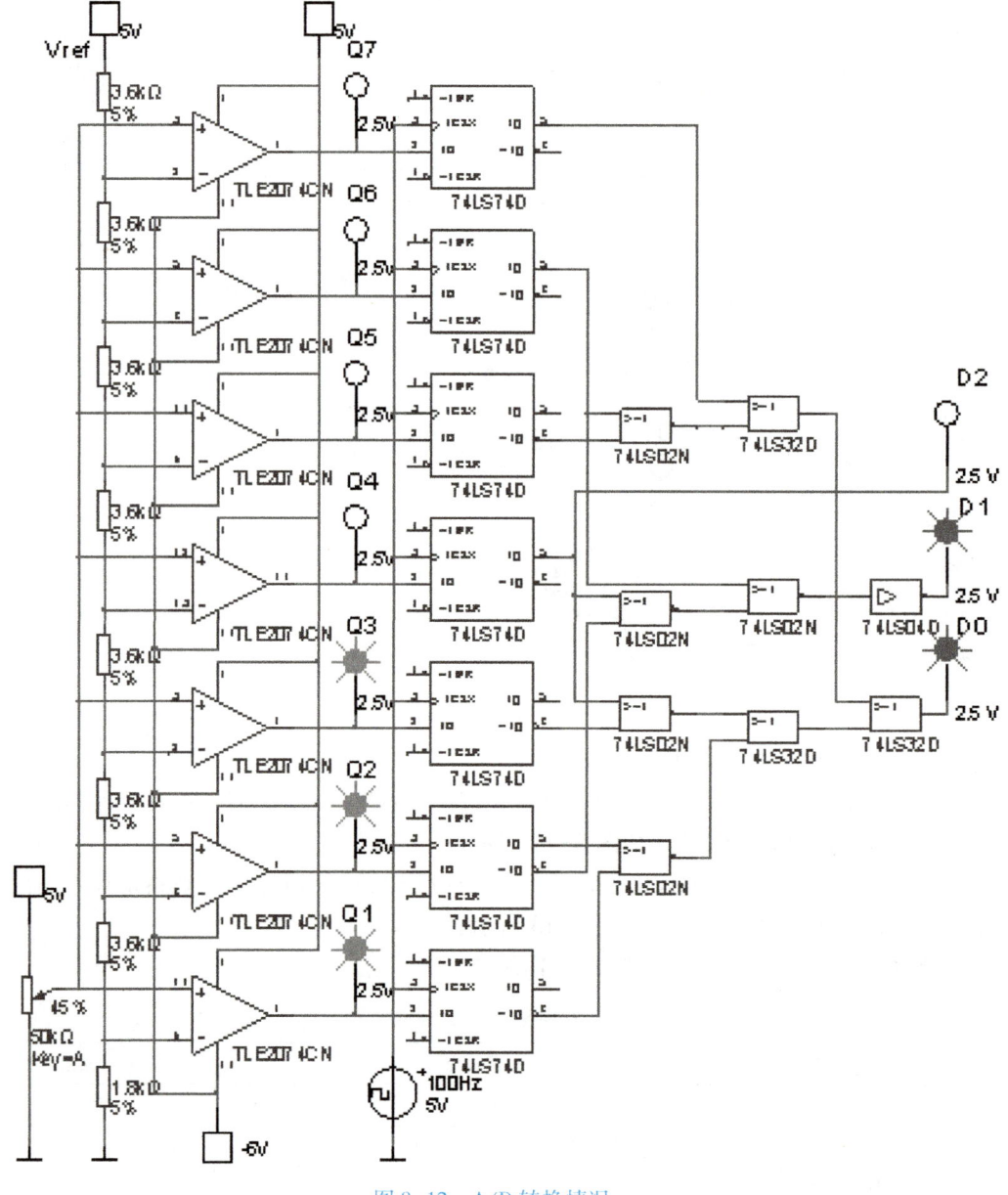

图 8-12　A/D 转换情况一

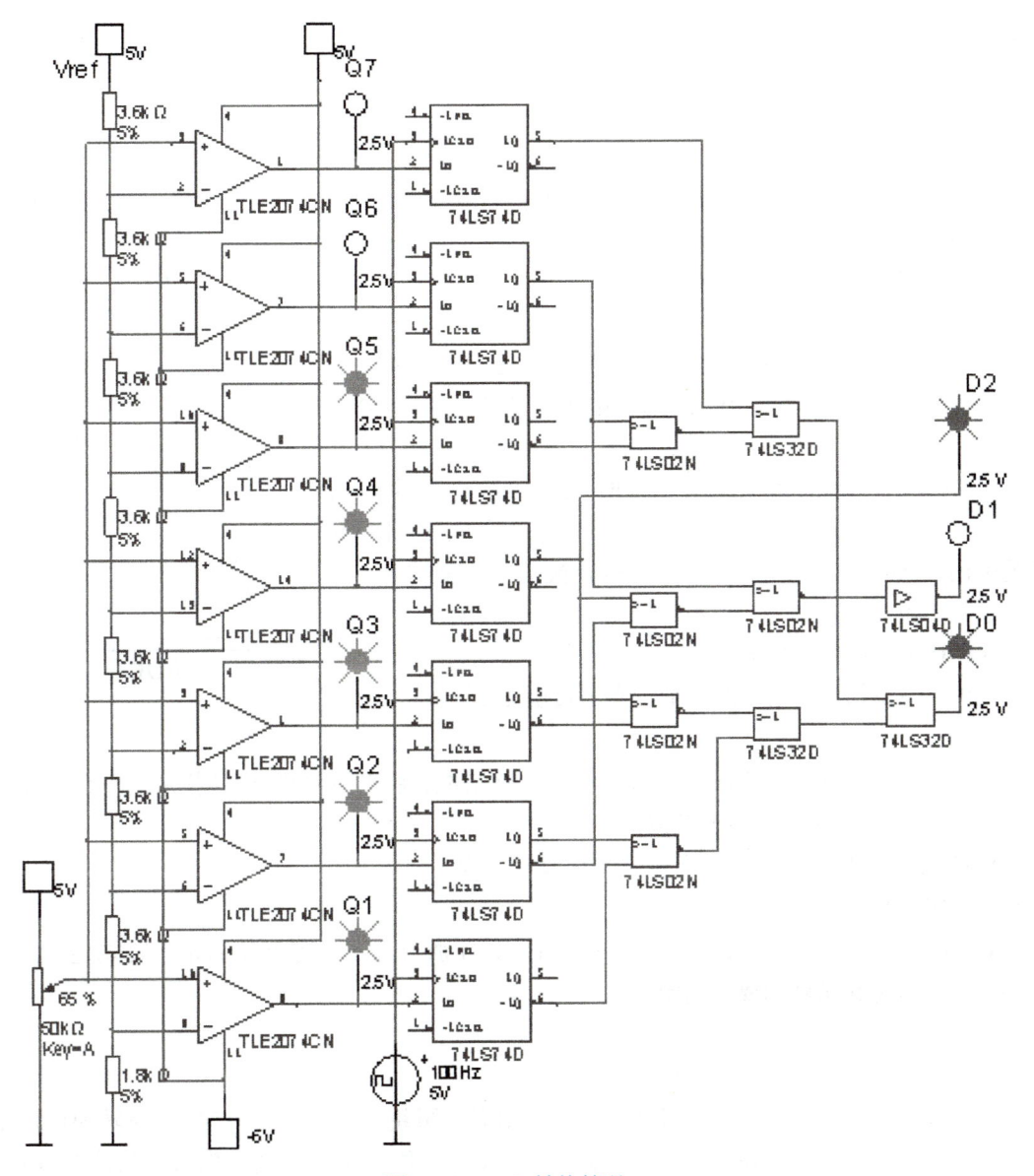

图 8-13　A/D 转换情况二

任务 8.2　数/模混合电路的设计实例——A/D、D/A 转换设计

8.2.1　设计目的

（1）学习 8 位数字电路 A/D、D/A 转换的原理；
（2）掌握用 Multisim 对数字电路进行仿真和分析的方法；
（3）验证 A/D、D/A 转换器的功能并熟悉操作。

8.2.2　设计任务

利用数电的基础知识和 Multisim 软件设计一个 A/D、D/A 转换电路，并对 D/A 转换后的输出电压进行放大。

8.2.3 设计思路

1. A/D 转换电路

A/D 转换电路主要由 ADC 芯片和相应电路组成,本次仿真将正弦波作为 ADC 芯片的触发信号,经过 A/D 转换器将模拟量转变为 8 位数字量输出。

ADC 芯片引脚如图 8-14 所示,各引脚功能为:

Vin:模拟电压输入。

Vref+/Vref-:参考电压的"+""-"端,要分别与直流参考电压的正、负端连接,其大小视用户对量化精度的要求而定。

SOC:ADC 转换的触发信号,ADC 只有触发信号到来时,才会启动 ADC 转换,将模拟量转换为数字量,所以在 ADC 允许范围内,SOC 频率越高,单位时间内转换的次数就越多,响应就越快。没有触发信号,ADC 就不启动模/数转换。

D0~D7:8 位数字量输出。

EOC:转换结束时输出低电平,表示转换完毕。

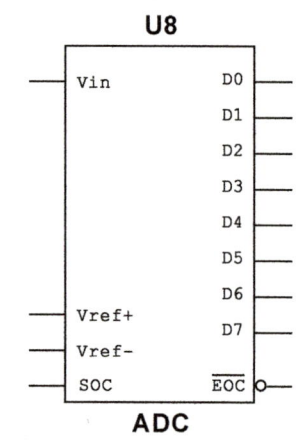

图 8-14 ADC 芯片引脚图

2. D/A 转换电路

D/A 转换电路主要由 VDAC 芯片和相应电路组成,将前一级模/数转换后的 8 位数字量输入到 D/A 转换电路中,输出模拟量。

VDAC 芯片引脚如图 8-15 所示,各引脚功能为:

D0~D7:8 位数字输入量。

Vref+/Vref-:参考电压的"+""-"端,要分别与直流参考电压的正、负端连接,其大小视用户对量化精度的要求而定。

Output:模拟量输出。

3. 反相放大电路

反相放大电路由运算放大器 TLC272ID 和相应电阻组成。由于前一级数/模转换电路的模拟电压较小,这一级电路选择放大倍数为 2,将前一级模拟电压初步放大。从图 8-16 仿真结果来看,实现了对上级信号的反向 2 倍放大。

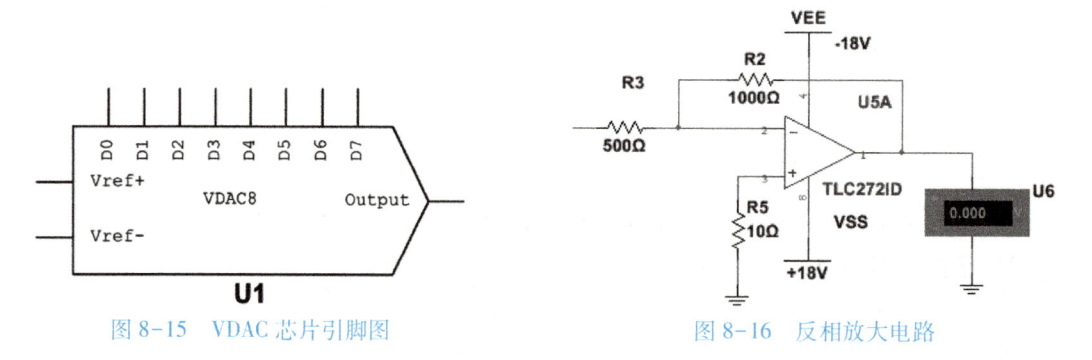

图 8-15 VDAC 芯片引脚图

图 8-16 反相放大电路

将前面三部分电路进行组合可得到完整的 A/D、D/A 转换电路,如图 8-17 所示。通过改变输入端滑动变阻器的阻值,就可以改变模拟电压的输入,不同的模拟输入电压对应不同的数字量输出，进而影响整个电路的输出。

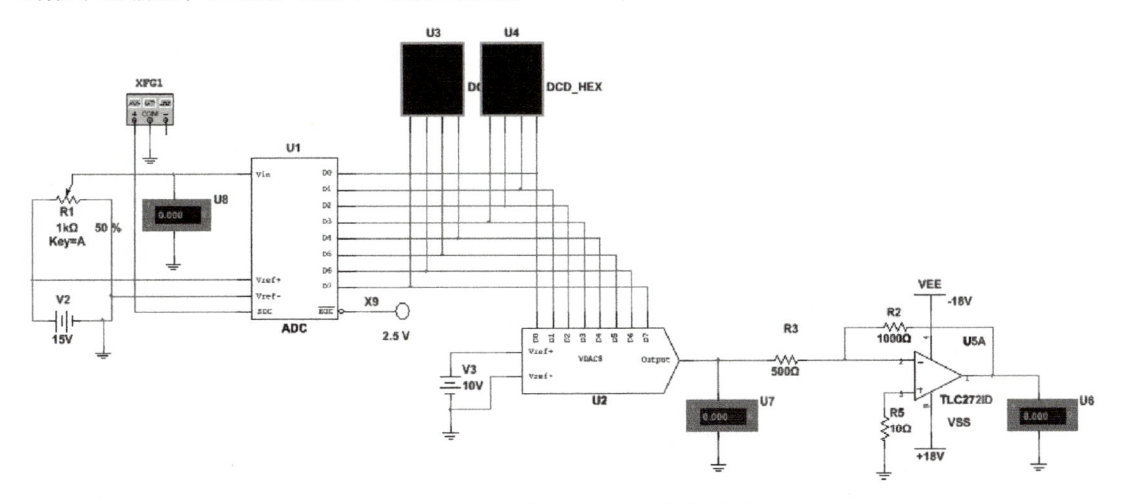

图 8-17　完整的 A/D、D/A 转换电路

8.2.4　系统仿真及电路分析

依照图 8-18 连接好电路后，将函数信号发生器设置成频率为 1 kHz，振幅为 10 Vp，补偿电压（Offset）为 5 V 的正弦波。打开电源后，调整滑动变阻器到 80% 的位置，当完成一次转换时，EOC 连接的指示灯就会点亮一次，由图 8-17 所示可以看到 A/D 转换器输出的是 33。

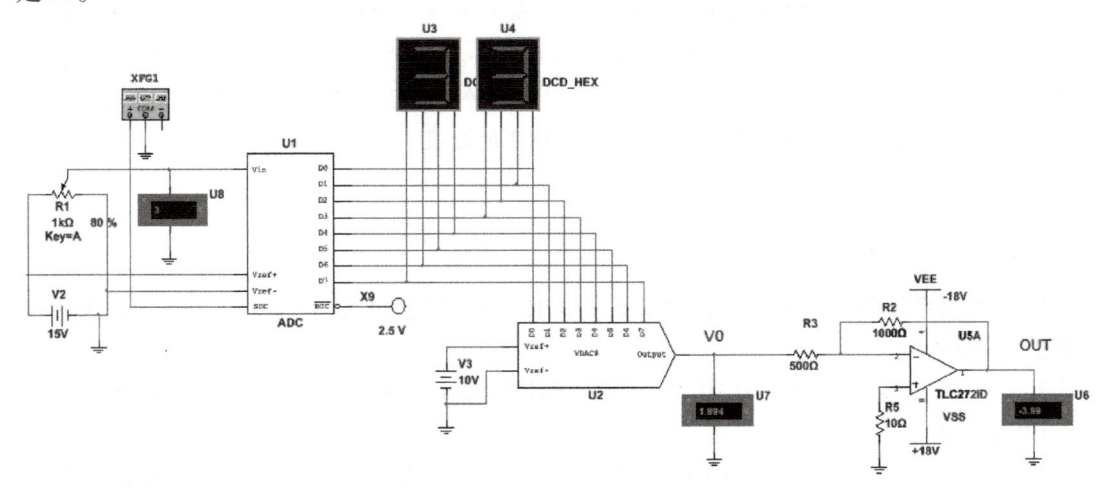

图 8-18　A/D、D/A 转换电路输出结果

（1）A/D 转换电路
输出的数字信号：

$$\text{OUT} = \frac{V_{in} \times 255}{V_{fs}} \tag{8-6}$$

其中，V_{in} 为输入电压，V_{fs} 为基准电压 $V_{fs} = (V_{ref+}) - (V_{ref-})$。

我们可以验证 A/D 转换的正确性，由图 8-18 中电压表可知 V_{in} 为 3 V，V_{fs} 为 15 V。代入式（8-6）得输出的数字信号：

$$\text{OUT} = \frac{3 \times 255}{15} = 51$$

51 转换成二进制为 00110011，转换为十六进制为 33，与指示灯一致。

（2）D/A 转换电路

输出电压：

$$V_0 = \frac{V_{\text{REF}} \times D_{10}}{28} \tag{8-7}$$

其中，基准电压 $V_{\text{REF}} = (V_{\text{ref}+}) - (V_{\text{ref}-})$，$D_{10}$ 为输入的 8 位二进制数转换成的十进制数。由图 8-18 所示可知 V_{REF} 为 10 V，由（1）可知 D_{10} 为 51。代入式（8-7）得：

$$V_0 = \frac{10 \times 51}{256} \text{V} = 1.992 \text{ V}$$

与图中显示电压值 1.987 V 相吻合，可知 D/A 转换正确。

（3）反向放大电路

在反相放大电路部分，数/模转换后的电压 1.987 V 进入反相放大电路后的输出电压为 -3.976 V，可知将前一级的电压反向放大了两倍，与设计相符。

素养目标

竞速小车在跑道上飞速行驶，进入弯道减速，行驶到直道又加速。单片机是怎样控制竞速小车的速度的？它是利用调整驱动电机的电压大小，改变电机的转速，使小车实现加速和减速。单片机发出的信号能直接驱动电机吗？不能，单片机是数字电路，电机的驱动电路是模拟电路，数字电路无法提供电机所需的高电压和大电流。它们之间必须用数/模转换器与模/数转换器连接起来，使数字电路与模拟电路成为一个整体，才能协调工作。就如同我们学习一样，个人和集体只有依靠团结的力量，才能把个人的愿望和团队的目标结合起来，超越个体的局限，发挥集体的协作作用，产生 1+1>2 的效果。

习题与思考题

1. 某控制系统中有一个 DAC，如果系统要求该 DAC 的转换误差小于 0.25%，试求应该选多少位的 DAC？

2. 三位 ADC 输入满量程为 10 V，求输入模拟电压 $U_1 = 3$ V 时，电路数字量的输出为多少？（用舍尾取整法量化）？

3. 如果要将一个最大幅值为 10.2 V 的模拟信号转换为数字信号，要求能分辨出 5 mV 的输入信号变化，试问应选多少位的 ADC？

参 考 文 献

［1］周润景，崔婧，等．Multisim 电路系统设计与仿真教程［M］．北京：机械工业出版社，2018．
［2］周润景，李波，王伟．Multisim 14 电子电路设计与仿真实战［M］．北京：化学工业出版社，2023．
［3］熊伟，等．基于 Multisim 14 的电路仿真与创新［M］．北京：清华大学出版社，2021．
［4］李曦，艾武．模拟电子技术与应用［M］．武汉：华中科技大学出版社，2013．
［5］王连英，万皓．数字电子技术［M］．西安：西安电子科技大学出版社，2011．
［6］唐朝仁．模拟电子技术基础［M］．北京：清华大学出版社，2014．